Hola a tod@s!!

Esta edición impresa del material pretende ser una ayuda más para todos aquellos que no siempre tenéis disponible internet para consultar #BertoBlog o que simplemente (y al igual que me pasa a mí) preferís tener las cosas en papel a la hora de estudiar. Espero que resulte útil a todo el mundo y que con todo vuestro esfuerzo, y este pequeño granito de arena que os aporto yo, alcancéis todos vuestros objetivos. Es un año importante y las pruebas de acceso a la universidad siempre asustan. Pero no puedes dejar que ese miedo te paralice, si no usarlo de motivación para salir a por todas!

Encontraréis en este libro las pruebas de acceso a la universidad de la Comunidad Valenciana de los últimos años con sus soluciones.

Tenéis mucho más contenido en #BertoBlog, y lo mejor es que un pequeño gesto como el que has tenido tú al adquirir el libro, ayudará a que cada día haya más y más contenido disponible.

Un saludo y muchas gracias por adquirir y recomendar el libro.

Espero que te sea de mucha ayuda. Para cualquier cosa nos vemos en #BertoBlog!!

PRUEBAS DE ACCESO

A LA UNIVERSIDAD

COMUNIDAD

VALENCIANA

FISICA

2010-2024

INDICE

OPCIÓN A JUNIO 2010

BLOQUE I – CUESTIÓN

Un planeta gira alrededor del sol con una trayectoria elíptica. Razona en qué punto de dicha trayectoria la velocidad del planeta es máxima.

BLOQUE II – PROBLEMA

Un cuerpo realiza un movimiento armónico simple. La amplitud del movimiento es A = 2 cm, el periodo T = 200 ms y la elongación en el instante inicial es y(0) = +1 cm.

 a) Escribe la ecuación de la elongación del movimiento en cualquier instante y(t). (1 punto)
 b) Representa gráficamente dicha elongación en función del tiempo. (1 punto)

BLOQUE III – CUESTIÓN

Un rayo de luz se propaga por una fibra de cuarzo con velocidad de $2 \cdot 10^8$ m/s, como muestra la figura. Teniendo en cuenta que el medio que rodea a la fibra es aire, calcula el ángulo mínimo con el que el rayo debe incidir sobre la superficie de separación cuarzo-aire para que éste quede confinado en el interior de la fibra.

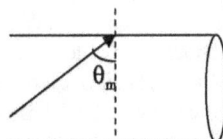

Datos: índice de refracción del aire $n_A = 1$; velocidad de la luz en el aire $c = 3 \cdot 10^8$ m/s

BLOQUE IV – PROBLEMA

Un electrón se mueve dentro de un campo eléctrico uniforme $\vec{E} = E(-\vec{j})$. El electrón parte del reposo desde el punto A, de coordenadas (1, 0) m, y llega al punto B con una velocidad de 10^7 m/s después de recorrer 50 cm.

 a) Indica la trayectoria del electrón y las coordenadas del punto B (1 punto)
 b) Calcula el módulo del campo eléctrico (1 punto)

Datos: carga del electrón $e = 1,6 \cdot 10^{-19}$ C ; masa del electrón $m_e = 9,1 \cdot 10^{-31}$ kg

BLOQUE V – CUESTIÓN

Si se duplica la frecuencia de la radiación que incide sobre un metal ¿se duplica la energía cinética de los electrones extraídos? Justifica brevemente la respuesta.

BLOQUE VI – CUESTIÓN

Calcula la longitud de onda de De Broglie de una pelota de 500 g que se mueve a 2 m/s y explica su significado. ¿Sería posible observar la difracción de dicha onda? Justifica la respuesta.

Dato: Constante de Planck $h = 6,63 \cdot 10^{-34}$ J·s

OPCIÓN B

BLOQUE I – PROBLEMA

Un objeto de masa m_1 se encuentra situado en el origen de coordenadas, mientras que un segundo objeto de masa m_2 se encuentra en un punto de coordenadas $(8, 0)$ m. Considerando únicamente la interacción gravitatoria y suponiendo que son masas puntuales, calcula:

   a) La relación entre las masas m_1/m_2 si el campo gravitatorio en el punto $(2, 0)$ m es nulo   (1,2 puntos)
   b) El módulo, dirección y sentido del momento angular de la masa m_2 con respecto al origen de coordenadas si $m_2 = 200$ kg y su velocidad es $(0, 100)$ m/s (0,8 puntos).

BLOQUE II - CUESTIÓN

Una partícula realiza un movimiento armónico simple. Si la frecuencia se duplica, manteniendo la amplitud constante, ¿qué ocurre con el periodo, la velocidad máxima y la energía total? Justifica la respuesta.

BLOQUE III – PROBLEMA

Un objeto de 1 cm de altura se sitúa entre el centro de curvatura y el foco de un espejo cóncavo. La imagen proyectada sobre una pantalla plana situada a 2 m del objeto es tres veces mayor que el objeto.

   a) Dibuja el trazado de rayos (0,6 puntos)
   b) Calcula la distancia del objeto y de la imagen al espejo   (0,6 puntos)
   c) Calcula el radio del espejo y la distancia focal (0,8 puntos)

BLOQUE IV – CUESTIÓN

¿Qué energía libera una tormenta eléctrica en la que se transfieren 50 rayos entre las nubes y el suelo? Supón que la diferencia de potencial media entre las nubes y el suelo es de 10^9 V y que la cantidad de carga media transferida en cada rayo es de 25 C.

BLOQUE V – CUESTIÓN

Calcula la longitud de onda de una línea espectral correspondiente a una transición entre dos niveles electrónicos cuya diferencia de energía es de 2 eV.

Datos: constante de Planck $h = 6{,}63 \cdot 10^{-34}$ J·s, carga del electrón $e = 1{,}6 \cdot 10^{-19}$ C, velocidad de la luz $c = 3 \cdot 10^8$ m/s.

BLOQUE VI – CUESTIÓN

Si la actividad de una muestra radiactiva se reduce un 75% en 6 días, ¿cuál es su periodo de semidesintegración? Justifica brevemente tu respuesta.

OPCIÓN A

BLOQUE I - CUESTIÓN

Cuando un planeta orbita elipticamente alrededor

del Sol, el momento de la fuerza gravitatoria es nulo

en todo momento, al ser la fuerza gravitatoria siempre

paralela al radio vector.

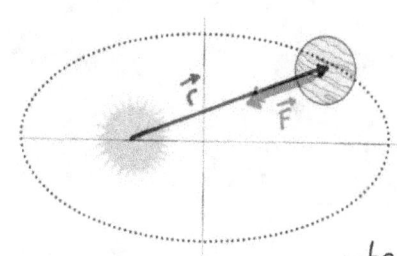

Al ser $\vec{M} = \vec{r} \times \vec{F}$ y ser

nulo el producto vectorial

de vectores paralelos, se

tendrá que el momento $\vec{M} = \vec{0}$

en cualquier instante.

Por otro lado, el momento de la fuerza $\vec{F}$ nos da la

variación del momento angular $\vec{L}$, por tanto:

$$\vec{M} = \frac{d\vec{L}}{dt} \implies \vec{0} = \frac{d\vec{L}}{dt} \implies \vec{L} = constante$$

Es decir, que el momento angular permanece constante.

$$\vec{L} = \vec{r} \times \vec{p} = \vec{r} \times (m \cdot \vec{v}) = m \cdot (\vec{r} \times \vec{v})$$

$$L = m \cdot r \cdot v \cdot sen\, 90 \quad (la\ velocidad\ es\ tangente\ a\ la\ trayectoria)$$

$$L = m\,r\,v = cte \implies r \cdot v = cte.$$

PÁGINA 1

Como vemos, que el momento $\vec{M}$ de la fuerza gravitatoria sea nulo, implica la conservación del momento angular $\vec{L}$, lo que a su vez implica que $r \cdot v = cte$.

Como el producto $r \cdot v$ tiene que ser constante, la velocidad será máxima cuando el radio sea mínimo. Esto es, en el perihelio.

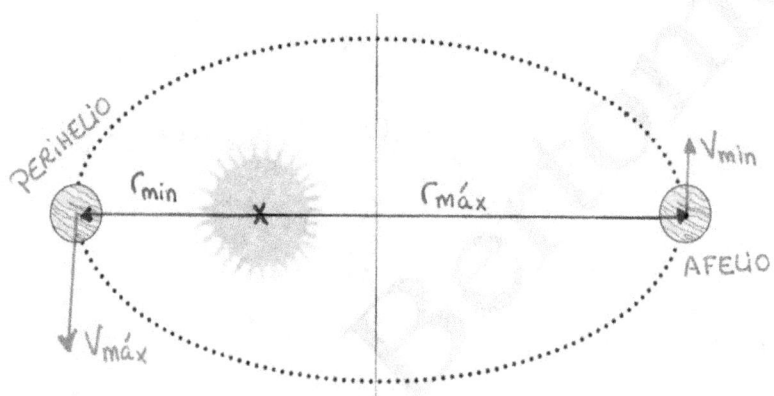

{BLOQUE II - PROBLEMA}

La ecuación de la elongación de un movimiento armónico simple viene dada por:

$$y(t) = A \cdot sen(\omega t + \varphi_0)$$

y nos dicen:

$A = 2cm = 0'02 \, m$

$T = 200 \, ms = 0'2s \Rightarrow \omega = \dfrac{2\pi}{T} = \dfrac{2\pi}{0'2} = 10\pi \, rad/s$

Con lo que $\quad y(t) = 0'02 \, \text{sen}(10\pi t + \varphi_0) \, \text{m} \, (t \, \text{en s})$

Por otro lado, nos dicen $y(0) = 0'01 \, \text{m}$, y por tanto:

$$y(0) = 0'01 \, \text{m} \Rightarrow 0'01 = 0'02 \cdot \text{sen}(10\pi \cdot 0 + \varphi_0) \Rightarrow$$

$$\Rightarrow \text{sen}\,\varphi_0 = \frac{1}{2} \Rightarrow \varphi_0 = \text{arcsen}\left(\frac{1}{2}\right) = \frac{\pi}{6} \, \text{rad}$$

$$\Rightarrow y(t) = 0'02 \, \text{sen}\left(10\pi t + \frac{\pi}{6}\right) \, \text{m} \, (t \, \text{en s})$$

La gráfica pedida:

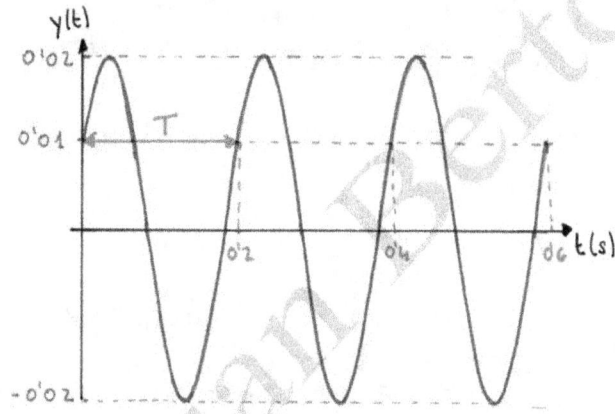

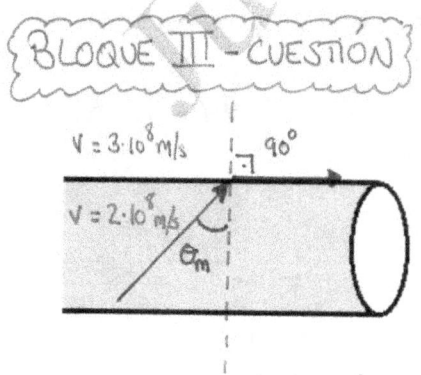

BLOQUE III - CUESTIÓN

$v = 3 \cdot 10^8 \, \text{m/s}$

$90°$

$v = 2 \cdot 10^8 \, \text{m/s}$

θ_m

El rayo quedará confinado si se produce el fenómeno de reflexión total. Ésta sucederá siempre que el ángulo de incidencia sea mayor que el ÁNGULO LÍMITE θ_m

PÁGINA 3

11

que vemos representado en la figura.

El ángulo límite es aquel ángulo de incidencia al que le corresponde un ángulo de refracción de 90°. Por tanto, aplicando Snell:

$$n_{cuarzo} \cdot sen\, \theta_m = n_{aire} \cdot sen\, \hat{r}$$

$$\frac{c}{V_c} \cdot sen\, \theta_m = 1 \cdot sen\, 90^{\overset{1}{\circ}}$$

$$sen\, \theta_m = \frac{V_c}{c} \implies \theta_m = arcsen\left(\frac{2 \cdot 10^8}{3 \cdot 10^8}\right) = 41'81°$$

* Puedes ampliar esta cuestión mirando el examen de JUNIO 2012 donde se explica el funcionamiento de la fibra óptica.

BLOQUE IV - PROBLEMA

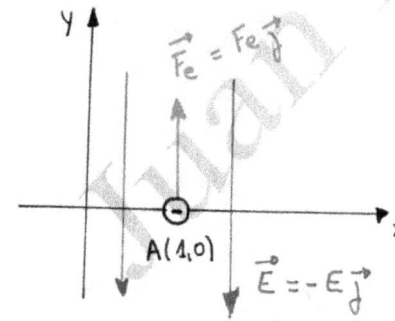

Tenemos un electrón ($q<0$) dentro de un campo eléctrico $\vec{E} = -E\,\vec{j}$. Por tanto el electrón estará sometido a una fuerza eléctrica dada por:

$$\vec{F_e} = q \cdot \vec{E} = q \cdot (-E\,\vec{j}) \underset{\substack{\vec{F} \\ q<0}}{=} +|q| \cdot E\,\vec{j} = F_e\,\vec{j}$$

Es decir, como el campo va hacia abajo y el electrón tiene carga negativa, ese electrón saldrá disparado en contra del campo (hacia arriba) en trayectoria rectilínea hasta el punto B que, por tanto, será el punto B (1, 0'5) m

b) En su desplazamiento desde A hasta B, la única fuerza que actúa sobre el electrón es la fuerza eléctrica, que al ser conservativa:

$$\Delta E_m = 0 \Rightarrow \Delta E_c + \Delta E_p = 0 \Rightarrow \Delta E_c = -\Delta E_p \Rightarrow$$

$$\Rightarrow \frac{1}{2} m \cdot v^2 = -q \cdot \Delta V_A^B \Rightarrow \frac{1}{2} \cdot 9'1 \cdot 10^{-31} \cdot (10^7)^2 = -(-1'6 \cdot 10^{-19}) \cdot \Delta V_A^B$$

$$\Rightarrow \Delta V_A^B = 284'375 \ V$$

y la relación entre la ddp y el módulo del campo:

$$E = \left| \frac{\Delta V}{\Delta r} \right| = \frac{284'375}{0'5} = 568'75 \ V/m$$

13

BLOQUE V - CUESTIÓN

El balance energético en el efecto fotoeléctrico es:

$$E_{fotón} = W_{ext} + E_c \Rightarrow E_c = E_{fotón} - W_{ext}$$

La energía del fotón incidente, según la hipótesis cuántica de Planck:

$$E_{fotón} = h \cdot f$$, y por tanto $W_{ext} = h \cdot f_0$, siendo f_0 la frecuencia umbral del metal y siendo $f > f_0$ para que los electrones extraídos tengan energía cinética dada por:

$$E_c = E_{fotón} - W_{ext} = h \cdot f - h \cdot f_0 \quad (con \ f > f_0)$$

Tomemos dos radiaciones con frecuencias f_1 y $f_2 = 2f_1$.
La energía cinética de los electrones extraídos:

$$E_{c_1} = h \cdot f_1 - h \cdot f_0$$
$$E_{c_2} = h \cdot f_2 - h \cdot f_0 = h \cdot (2f_1) - h f_0 = 2 h f_1 - h \cdot f_0$$

Como vemos la E_{c_2} NO es el doble de la E_{c_1}, sino que es más del doble. $E_{c_2} > 2 \cdot E_{c_1}$

$$E_{c_2} > 2 E_{c_1} \Rightarrow E_{c_2} - 2 E_{c_1} > 0 \Rightarrow$$

$$\Rightarrow 2hf_1 - hf_0 - 2(hf_1 - hf_0) > 0 \Rightarrow -hf_0 + 2hf_0 > 0 \Rightarrow$$

$$\Rightarrow h f_0 > 0 \ como \ queríamos \ demostrar$$

{BLOQUE VI - CUESTIÓN}

De Broglie afirmó en su hipótesis que "toda la materia presenta características tanto ondulatorias como corpusculares, comportándose de un modo u otro dependiendo del experimento específico".

Dada la naturaleza dual (onda-corpúsculo) de toda la materia, De Broglie estableció la relación entre la longitud de onda asociada a un corpúsculo y su momento lineal cuando éste se comporta con características ondulatorias:

$$\lambda_{asociada} = \frac{h}{P} = \frac{h}{m \cdot v}$$

En nuestro caso:

$$\lambda = \frac{h}{m \cdot v} = \frac{6'63 \cdot 10^{-34}}{0'5 \cdot 2} = 6'63 \cdot 10^{-34} \, m$$

Esta longitud de onda es tan pequeña que será imposible observar ningún fenómeno ondulatorio en la pelota.

OPCIÓN B

BLOQUE I - PROBLEMA

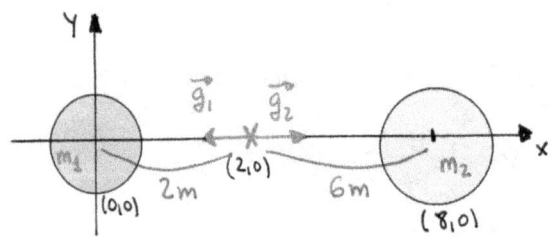

Si el campo $\vec{g}_{TOTAL} = \vec{0}$, los vectores $\vec{g}_1$ y $\vec{g}_2$ tendrán

el mismo módulo. Así:

$$g_1 = g_2 \implies \frac{\cancel{G} \cdot m_1}{r_1^2} = \frac{\cancel{G} \cdot m_2}{r_2^2} \implies \frac{m_1}{2^2} = \frac{m_2}{6^2} \implies$$

$$\implies \frac{m_1}{m_2} = \frac{4}{36} = \frac{1}{9}$$

b) El vector momento angular será:

$$\vec{L} = \vec{r} \times \vec{p} = \vec{r} \times (m \cdot \vec{v}) = m \cdot (\vec{r} \times \vec{v}) =$$

$$= 200 \cdot \begin{vmatrix} \vec{i} & \vec{j} & \vec{k} \\ 8 & 0 & 0 \\ 0 & 100 & 0 \end{vmatrix} = 160000 \, \vec{k} \quad kg \cdot m^2/s$$

que es un vector de módulo $L = 160000 \; kg \cdot m^2/s$ y

que tiene dirección y sentido dada por el vector $\vec{k}$.

PÁGINA 8

{ BLOQUE II - CUESTIÓN }

El periodo es la inversa de la frecuencia $\Rightarrow T = \dfrac{1}{f}$

$$T_2 = \frac{1}{f_2} \underset{\underset{f_2 = 2 \cdot f_1}{\uparrow}}{=} \frac{1}{2 \cdot f_1} = \frac{1}{2} \cdot \frac{1}{f_1} = \frac{1}{2} T_1$$

La velocidad máxima viene dada por $V_{máx} = A \cdot \omega$

$$V_{máx_2} = A_2 \cdot \omega_2 \underset{\underset{\substack{A_1 = A_2 \\ \omega = 2\pi \cdot f}}{\uparrow}}{=} A_1 \cdot 2\pi \cdot f_2 \underset{\underset{f_2 = 2 \cdot f_1}{\uparrow}}{=} A_1 \cdot 2\pi \, (2 f_1) = 2 \cdot A_1 \cdot 2\pi \, f_1 =$$

$$= 2 \cdot A_1 \cdot \omega_1 = 2 \cdot V_{máx_1}$$

La energía total viene dada por $E_{TOTAL} = \dfrac{1}{2} \, m \cdot \omega^2 \cdot A^2$

$$E_{T_2} = \frac{1}{2} \, m \cdot \omega_2^2 \cdot A_2^2 \underset{\underset{\substack{A_1 = A_2 \\ \omega = 2\pi f}}{\uparrow}}{=} \frac{1}{2} \, m \cdot \left(2\pi \cdot f_2\right)^2 A_1^2 \underset{\underset{f_2 = 2 \cdot f_1}{\uparrow}}{=} \frac{1}{2} m \left(2\pi \cdot 2 f_1\right)^2 \cdot A_1^2 =$$

$$= 4 \cdot \frac{1}{2} m \left(2\pi \, f_1\right)^2 \cdot A_1^2 = 4 \cdot \frac{1}{2} \, m \cdot \omega_1^2 \cdot A_1^2 = 4 \cdot E_{T_1}$$

Por lo tanto, el periodo se reduce a la mitad, la velocidad máxima será el doble y la energía total el cuádruple.

{BLOQUE III - PROBLEMA}

Empezamos haciendo el trazado de rayos:

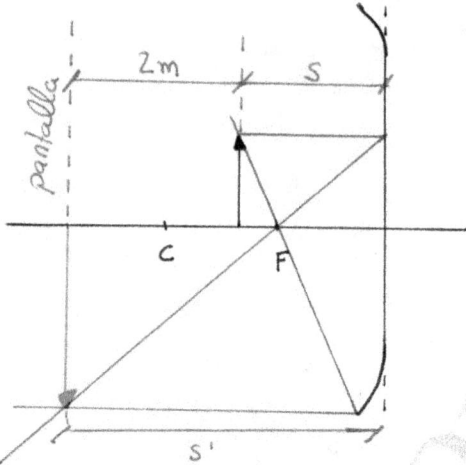

Tal y como muestra el trazado de rayos, la imagen la vamos

a obtener invertida, y por tanto:

$$A_L = -3 \underset{\substack{\text{Invertida!!}}}{\underset{\text{tres veces}}{\text{mayor}}} \Rightarrow -3 = -\frac{s'}{s} \Rightarrow s' = 3s$$

Por otro lado, vemos que del objeto a la pantalla hay

2 metros, y por tanto:

$$s' = s - 2 \underset{s'=3s}{\Rightarrow} 3s = s - 2 \Rightarrow 2s = -2 \Rightarrow s = -1m \Rightarrow s' = -3m$$

Por último, de la ecuación de los espejos:

$$\frac{1}{s'} + \frac{1}{s} = \frac{1}{f} \Rightarrow \frac{1}{-3} + \frac{1}{-1} = \frac{1}{f} \Rightarrow f = -0'75m \Rightarrow$$

$$\Rightarrow R = 2 \cdot f = -1'5 m$$

{BLOQUE IV - CUESTIÓN}

Un rayo es una descarga eléctrica que se produce en la atmosfera (formada por aire). Usualmente, el aire no conduce la electricidad, pero cuando sus átomos se ionizan y se separan las cargas positivas de las negativas, se crean diferencias de potencial que generarán los campos eléctricos responsables de esas descargas eléctricas en las tormentas.

La evaporación natural que se produce en la superficie terrestre lleva hacia arriba en una corriente ascendente pequeñas gotitas de agua. Esas gotitas llegan a capas altas donde se congelan y forman cristales de hielo, que al ser más grandes y pesados no pueden ser sostenidos por la corriente ascendente y empiezan a caer por efecto de la gravedad. En su camino descendente chocan con las gotitas que subían y fruto de estas colisiones, las partículas se ionizan y se produce una separación de cargas de modo

PÁGINA 11

que las partículas mayores quedan cargadas negativamente y las menores positivamente. Las menores y más ligeras se sitúan por tanto en la parte superior de la nube (cargas positivas) y las más grandes y pesadas lo harán en la parte inferior.

Por el fenómeno de INDUCCIÓN ELECTROSTÁTICA, las cargas positivas de la tierra que hay debajo de esas nubes quedan en la parte superior (se polarizan) originándose una diferencia de potencial entre la base de la nube y la tierra que, caso de ser lo suficientemente grande para vencer la rigidez dieléctrica de la atmósfera, dará lugar a la descarga eléctrica a la que llamamos rayo.

Esas descargas fruto de la separación entre cargas positivas y negativas también se dan lógicamente dentro de la propia nube (rayo intranube), así como entre nubes (rayo nube-nube).

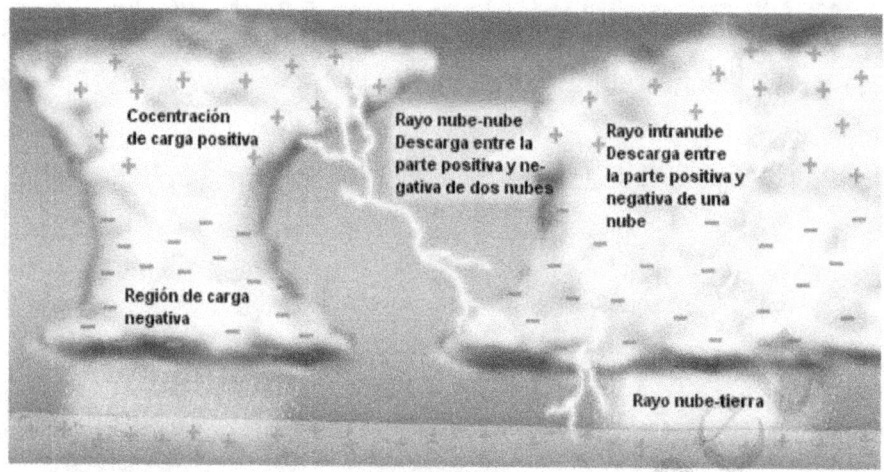

Sabemos que la energía de una carga que se mueve dentro de un campo eléctrico:

$$E = q \cdot \Delta V = 25 \cdot 10^9 = 2'5 \cdot 10^{10} \text{ J} / \text{cada rayo}$$

Como nos dicen que se transfieren 50 rayos:

$$50 \text{ rayos} \times \frac{2'5 \cdot 10^{10} \text{ J}}{1 \text{ rayo}} = 1'25 \cdot 10^{12} \text{ J se liberan}$$

BLOQUE V - CUESTIÓN

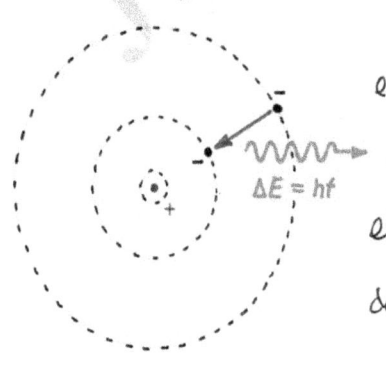

$\Delta E = hf$

En una transición electrónica en la que se libera energía, un electrón "salta" de un nivel electrónico de energía E_2 a otro de energía menor E_1.

la diferencia energética $\Delta E = E_2 - E_1$ se libera en

forma de fotón, de modo que $E_{fotón} = \Delta E$. Así:

$$\Delta E = 2 \, eV \times \frac{1'6 \cdot 10^{-19} \, J}{1 \, eV} = 3'2 \cdot 10^{-19} \, J$$

$E_{fotón} = h \cdot f = h \cdot \frac{c}{\lambda}$ (Hipótesis cuántica Planck)

$$\Rightarrow 3'2 \cdot 10^{-19} = 6'63 \cdot 10^{-34} \cdot \frac{3 \cdot 10^8}{\lambda} \Rightarrow \lambda = 6'21 \cdot 10^{-7} m = 621 \, nm$$

BLOQUE VI - CUESTIÓN

$$\boxed{A_0} \xrightarrow{t = 6 \, días} \boxed{A = 0'25 \, A_0}$$

Si se reduce un 75%, queda el 25%

Aplicando la ley de desintegración radiactiva

$$A = A_0 \cdot e^{-\lambda \cdot t} \Rightarrow 0'25 \, A_0 = A_0 \cdot e^{-\lambda \cdot 6} \Rightarrow \frac{1}{4} = e^{-\lambda \cdot 6} \Rightarrow$$

$$\Rightarrow \ln\left(\frac{1}{4}\right) = -\lambda \cdot 6 \Rightarrow \overset{0}{\ln(1)} - \ln(4) = -\lambda \cdot 6 \Rightarrow$$

$$\Rightarrow \lambda = \frac{\ln(4)}{6} = \frac{\ln(2^2)}{6} = \frac{2\ln(2)}{6} = \frac{\ln(2)}{3} \, días^{-1}$$

Como sabemos que $\lambda = \frac{\ln(2)}{T_{1/2}} \Rightarrow$

$$\Rightarrow \frac{\ln(2)}{T_{1/2}} = \frac{\ln(2)}{3} \Rightarrow T_{1/2} = 3 \, días$$

PROVES D'ACCÉS A LA UNIVERSITAT   PRUEBAS DE ACCESO A LA UNIVERSIDAD

CONVOCATÒRIA: SETEMBRE 2010	CONVOCATORIA: SEPTIEMBRE 2010
FÍSICA	FÍSICA

BAREM DE L'EXAMEN: La puntuació màxima de cada problema és de 2 punts i la de cada qüestió d'1,5 punts.
BAREMO DEL EXAMEN: La puntuación máxima de cada problema es de 2 puntos y la de cada cuestión de 1,5 puntos.

OPCIÓN A

BLOQUE I – CUESTIÓN

Explica brevemente el significado de la velocidad de escape. ¿Qué valor adquiere la velocidad de escape en la superficie terrestre? Calcúlala utilizando exclusivamente los siguientes datos: el radio terrestre $R = 6,4 \cdot 10^6$ m y la aceleración de la gravedad $g = 9,8$ m/s^2.

BLOQUE II – PROBLEMA

Dos fuentes sonoras que están separadas por una pequeña distancia emiten ondas armónicas planas de igual amplitud, en fase y de frecuencia 1 kHz. Estas ondas se transmiten en el medio a una velocidad de 340 m/s.

 a) Calcula el número de onda, la longitud de onda y el periodo de la onda resultante de la interferencia entre ellas. (1,2 puntos)
 b) Calcula la diferencia de fase en un punto situado a 1024 m de una fuente y a 990 m de la otra. (0,8 puntos)

BLOQUE III – CUESTIÓN

Deseamos conseguir una imagen derecha de un objeto situado a 20 cm del vértice de un espejo. El tamaño de la imagen debe ser la quinta parte del tamaño del objeto. ¿Qué tipo de espejo debemos utilizar y qué radio de curvatura debe tener? Justifica brevemente tu respuesta.

BLOQUE IV – PROBLEMA

Por dos conductores rectilíneos e indefinidos, que coinciden con los ejes Y y Z, circulan corrientes de 2 A en el sentido positivo de dichos ejes. Calcula:

 a) El campo magnético en el punto P de coordenadas (0, 2, 1) cm. (1,2 puntos)
 b) La fuerza magnética sobre un electrón situado en el punto P que se mueve con velocidad $\vec{v} = 10^4(\vec{j})$ m/s (0,8 puntos)

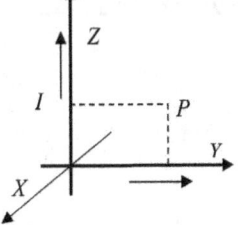

Datos: permeabilidad magnética del vacío $\mu_0 = 4\pi \cdot 10^{-7}$ T·m·A^{-1}; carga del electrón $e = 1,6 \cdot 10^{-19}$ C

BLOQUE V – CUESTIÓN

Se quiere diseñar un sistema de diagnóstico por rayos X y se ha establecido que la longitud de onda óptima de la radiación sería de 1 nm. ¿Cuál ha de ser la diferencia de potencial entre el ánodo y el cátodo de nuestro sistema?

Datos: carga del electrón $e = 1,6 \cdot 10^{-19}$ C; constante de Planck $h = 6,63 \cdot 10^{-34}$ J·s; velocidad de la luz $c = 3 \cdot 10^8$ m/s.

BLOQUE VI – CUESTIÓN

Ajusta las siguientes reacciones nucleares completando los valores de número atómico y número másico que faltan.

a) ${}_{Z}^{A}Li + {}_{1}^{1}H \rightarrow 2\alpha$ b) ${}_{92}^{235}U + {}_{1}^{1}n \rightarrow {}_{38}^{95}Sr + {}_{Z}^{A}Xe + 2\,{}^{1}n$

UENEKALI IAI
VALENCIANA

CONSELLERIA D'EDUCACIÓ

COMISSIÓ GESTORA DE LES PROVES D'ACCÉS A LA UNIVERSITAT

COMISIÓN GESTORA DE LAS PRUEBAS DE ACCESO A LA UNIVERSIDAD

SISTEMA UNIVERSITARI VALENCIÁ
SISTEMA UNIVERSITARIO VALENCIANO

PROVES D'ACCÉS A LA UNIVERSITAT	PRUEBAS DE ACCESO A LA UNIVERSIDAD
CONVOCATÒRIA: SETEMBRE 2010	CONVOCATORIA: SEPTIEMBRE 2010
FÍSICA	FÍSICA

BAREM DE L'EXAMEN: La puntuació màxima de cada problema és de 2 punts i la de cada qüestió d'1,5 punts.
BAREMO DEL EXAMEN: La puntuación máxima de cada problema es de 2 puntos y la de cada cuestión de 1,5 puntos.

OPCIÓN B

BLOQUE I - PROBLEMA

Un satélite se sitúa en órbita circular alrededor de la Tierra. Si su velocidad orbital es de $7,6\cdot10^3$ m/s, calcula:
  a) El radio de la órbita y el periodo orbital del satélite. (1,2 puntos)
  b) La velocidad de escape del satélite desde ese punto. (0,8 puntos)

Utilizar exclusivamente estos datos: aceleración de la gravedad en la superficie terrestre g = 9,8 m/s²; radio de la Tierra R = $6,4\cdot10^6$ m.

BLOQUE II - CUESTIÓN

La ecuación de una onda es: $y(x, t) = 0,02\cdot sen(10 \pi(x-2t)+0,52)$ donde x se mide en metros y t en segundos. Calcula la amplitud, la longitud de onda, la frecuencia, la velocidad de propagación y la fase inicial de dicha onda.

BLOQUE III - CUESTIÓN

¿Por qué se dispersa la luz blanca al atravesar un prisma?. Explica brevemente este fenómeno.

BLOQUE IV - CUESTIÓN

Calcula el flujo de un campo magnético uniforme de 5 T a través de una espira cuadrada, de 1 metro de lado, cuyo vector superficie sea:
  a) Perpendicular al campo magnético.
  b) Paralelo al campo magnético.
  c) Formando un ángulo de 30° con el campo magnético.

BLOQUE V - PROBLEMA

Una célula fotoeléctrica se ilumina con luz monocromática de 250 nm. Para anular la fotocorriente producida es necesario aplicar una diferencia de potencial de 2 voltios. Calcula:
  a) La longitud de onda máxima de la radiación incidente para que se produzca el efecto fotoeléctrico en el metal. (1 punto)
  b) El trabajo de extracción del metal en electrón-volt. (1 punto)

Datos: constante de Planck h = $6,63\cdot10^{-34}$ J·s; carga del electrón e = $1,6\cdot10^{-19}$ C; velocidad de la luz c = $3\cdot10^8$ m/s

BLOQUE VI - CUESTIÓN

Los periodos de semidesintegración de dos muestras radiactivas son T_1 y $T_2 = 2T_1$. Si ambas tienen inicialmente el mismo número de núcleos radiactivos, razona cuál de las dos muestras presentará mayor actividad inicial.

OPCIÓN A

BLOQUE I - CUESTIÓN

La velocidad de escape es la velocidad mínima con la que debe lanzarse un cuerpo para que llegue al infinito con velocidad nula.

En términos energéticos, tenemos que comunicar a ese cuerpo una energía (cinética) para que eso sea posible.

$(E_{P_\infty} = 0)$ Por el principio de conservación de la energía:

$$\Delta E_m = 0 \implies E_{inicial} = E_{final}$$

$$E_{P_0} + E_{C_0} = E_{P_f} + E_{C_f}$$

$$- G\frac{M_T m}{R_T} + \frac{1}{2} m \cdot V_{esc}^2 = 0 \implies$$

$$\implies V_{esc} = \sqrt{\frac{2 \cdot G \cdot M_T}{R_T}}$$

Por otro lado, nos dan la gravedad:

$$g_0 = G \cdot \frac{M_T}{R_T^2} \implies G \cdot M_T = g_0 \cdot R_T^2$$

Y así:

$$V_{esc} = \sqrt{\frac{2 \cdot G \cdot M_T}{R_T}} = \sqrt{\frac{2 \cdot g_0 \cdot R_T^2}{R_T}} = \sqrt{2 \cdot g_0 \cdot R_T} = 11200 \, m/s$$

$$G \cdot M_T = g_0 \cdot R_T^2$$

PÁGINA 1

{ BLOQUE II - PROBLEMA : }

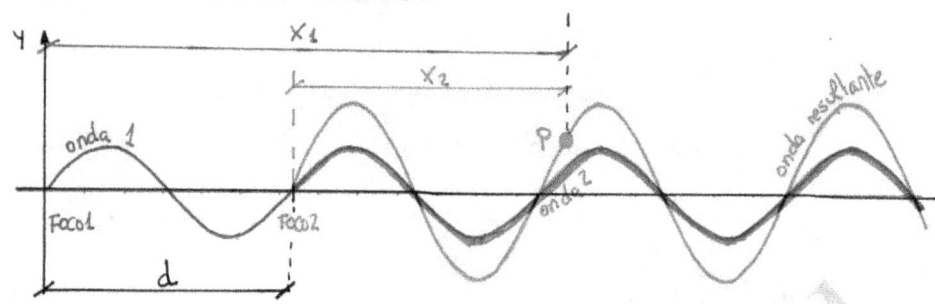

Tenemos dos movimientos ondulatorios con la misma amplitud, con la misma frecuencia y con la misma velocidad de propagación. Además ambos focos emiten en fase. Por tanto sus ecuaciones:

$$y_1 = A \cdot \text{sen}(\omega t - k x_1)$$

$$y_2 = A \cdot \text{sen}(\omega t - k x_2) = A \,\text{sen}(\omega t - k(x_1 - d)) \Rightarrow$$

$$\Rightarrow y_2 = A \,\text{sen}(\omega t - k x_1 + k \cdot d)$$

Diferencia de fase fruto de
la distancia "d" entre los focos!!

De acuerdo con el principio de superposición, la perturbación resultante de la interferencia de estas dos ondas (en un punto P más allá del foco 2) es la suma de perturbaciones que origina cada una de las dos ondas.

$$\Rightarrow y_{TOTAL} = y_1 + y_2$$

PÁGINA 2

$$y_{TOTAL} = A\,sen(\omega t - kx_1) + A\,sen(\omega t - kx_1 + k \cdot d)$$

$$y_{TOTAL} = A \cdot \left[sen(\omega t - kx_1) + sen(\omega t - kx_1 + k \cdot d) \right]$$

$$\Downarrow \quad sen(\alpha) + sen(\beta) = 2 \cdot \cos\left(\frac{\alpha - \beta}{2}\right) \cdot sen\left(\frac{\alpha + \beta}{2}\right)$$

$$y_{TOTAL} = A \cdot 2\cos\left(\frac{\omega t - kx_1 - (\omega t - kx_1 + k \cdot d)}{2}\right) \cdot sen\left(\frac{\omega t - kx_1 + \omega t - kx_1 + kd}{2}\right)$$

$$y_{TOTAL} = 2 \cdot A \cdot \cos\left(-\frac{k \cdot d}{2}\right) \cdot sen\left(\omega t - kx_1 + \frac{k \cdot d}{2}\right)$$

$$\Downarrow \quad \cos(-\alpha) = \cos(\alpha)$$

$$y_{TOTAL} = \underbrace{2 \cdot A \cdot \cos\left(\frac{k \cdot d}{2}\right)}_{A_{resultante}} \cdot sen\left(\omega t - kx_1 + \frac{k \cdot d}{2}\right)$$

$$\Rightarrow y_{TOTAL} = A_{resultante} \cdot sen\left(\omega t - kx_1 + \frac{k \cdot d}{2}\right)$$

Como vemos, en este caso particular, la onda resultante tiene el mismo número de onda y la misma frecuencia angular que las ondas que interfieren. Así:

$$V_p = \lambda \cdot f \Rightarrow \lambda = \frac{V_p}{f} = \frac{340}{1000} = 0'34\,m$$

$$k = \frac{2\pi}{\lambda} = \frac{2\pi}{0'34} = 18'48\,rad/m$$

$$T = \frac{1}{f} = \frac{1}{1000} = 0'001\,s$$

PÁGINA 3

b) Ya hemos visto que, aunque los focos emitan en fase (sincronizados), el hecho de estar separados una distancia "d" hace que cuando interfieran lo hagan con una diferencia de fase $\varphi = k \cdot d$. Así:

$$\varphi = k \cdot d = \frac{2\pi}{\lambda} \cdot (x_1 - x_2) = \frac{2\pi}{0'34} \cdot (1024 - 990) = 200 \, \pi \text{ rad}$$

$\boxed{\text{BLOQUE III - CUESTIÓN}}$

El espejo tendrá que ser convexo. Sabemos que en los espejos cóncavos se pueden obtener imágenes derechas, pero siempre son mayores. Las imágenes que obtenemos con los espejos convexos (siempre menores, derechas y virtuales) son como la de este ejercicio. Así:

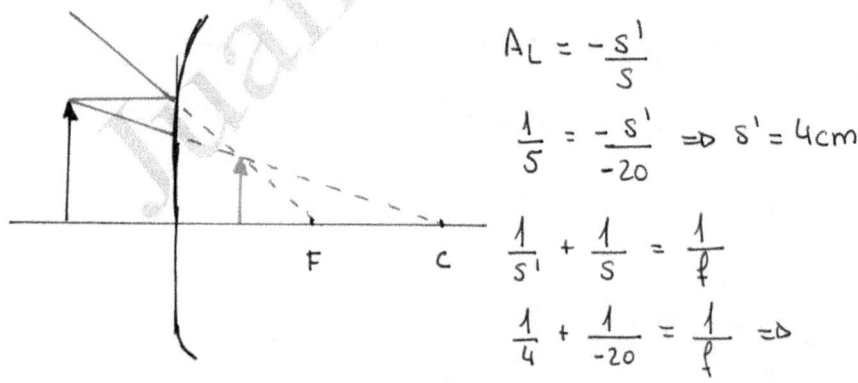

$$A_L = -\frac{s'}{s}$$

$$\frac{1}{5} = \frac{-s'}{-20} \Rightarrow s' = 4 \text{cm}$$

$$\frac{1}{s'} + \frac{1}{s} = \frac{1}{f}$$

$$\frac{1}{4} + \frac{1}{-20} = \frac{1}{f} \Rightarrow$$

$$\Rightarrow f = 5 \text{cm} \; (f > 0 \Rightarrow \text{Espejo convexo!!}) \Rightarrow R = 2f = 10 \text{cm}$$

PÁGINA 4

BLOQUE IV - PROBLEMA

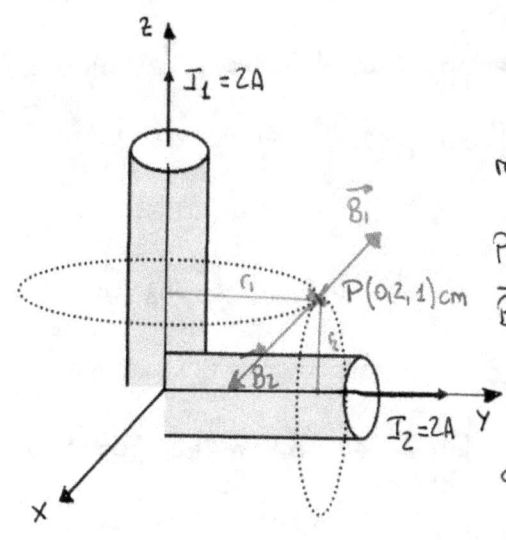

a) Hemos utilizado la regla de la mano derecha para representar los campos $\vec{B_1}$ y $\vec{B_2}$ y ahora calculamos los módulos de dichos campos con la ley de Biot.

Así:

$$B_1 = \frac{\mu I_1}{2\pi r_1} = \frac{4\pi \cdot 10^{-7} \cdot 2}{2 \cdot \pi \cdot 2 \cdot 10^{-2}} = 2 \cdot 10^{-5} T \Rightarrow \vec{B_1}(-2 \cdot 10^{-5}, 0, 0) T$$

$$B_2 = \frac{\mu I_2}{2\pi r_2} = \frac{4\pi \cdot 10^{-7} \cdot 2}{2\pi \cdot 1 \cdot 10^{-2}} = 4 \cdot 10^{-5} T \Rightarrow \vec{B_2} = (4 \cdot 10^{-5}, 0, 0) T$$

$$\Rightarrow \vec{B}_{TOTAL} = \vec{B_1} + \vec{B_2} = (2 \cdot 10^{-5}, 0, 0) T = 2 \cdot 10^{-5} \vec{\imath} \ T$$

b) La fuerza magnética pedida viene dada por:

$$\vec{F_M} = q(\vec{v} \times \vec{B}) = -1'6 \cdot 10^{-19} \cdot \begin{vmatrix} \vec{\imath} & \vec{\jmath} & \vec{k} \\ 0 & 10^4 & 0 \\ 2 \cdot 10^{-5} & 0 & 0 \end{vmatrix} = 3'2 \cdot 10^{-20} \vec{k} \ N$$

PÁGINA 5

BLOQUE V - CUESTIÓN

Un tubo generador de rayos X consiste en un cátodo y un ánodo en el que generamos una diferencia de potencial. En el cátodo tenemos un filamento (como el de una bombilla) por el que hacemos circular una corriente eléctrica. Además dicho filamento lo calentamos al rojo vivo de modo que, por emisión termoiónica, los electrones del filamento se desprenden del metal, creando una nube de electrones alrededor de dicho filamento.

Es cuando los electrones están "sueltos" cuando son acelerados por la diferencia de potencial entre cátodo y ánodo y salen disparados hacia el ánodo metálico. Fruto de estas colisiones, se producen los rayos X

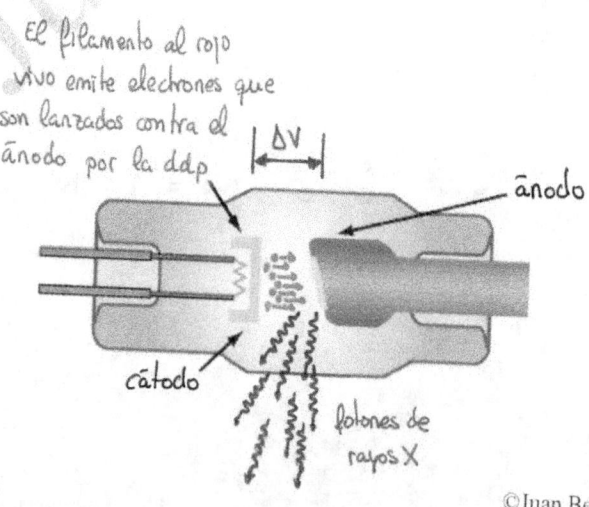

El filamento al rojo vivo emite electrones que son lanzados contra el ánodo por la d.d.p.

|ΔV|

ánodo

cátodo

fotones de rayos X

PÁGINA 6

Los electrones acelerados adquieren la energía cinética suficiente para "perforar" hasta llegar a la capa más interior del átomo (n=1) donde chocan con un electrón expulsándolo. Al ocurrir esto, el átomo queda muy inestable y un electrón de las capas superiores "descenderá" para llenar ese hueco. Al saltar de un orbital más energético al orbital n=1, toda esa energía es la que se emite en forma de fotones de rayos X (<u>radiación característica</u>)

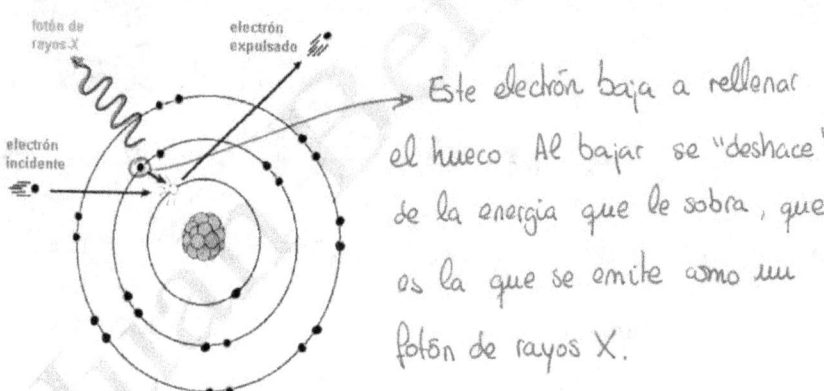

Este electrón baja a rellenar el hueco. Al bajar se "deshace" de la energía que le sobra, que es la que se emite como un fotón de rayos X.

La energía de esta radiación de rayos X no depende de la energía cinética del electrón incidente si no que es característica (y de ahí su nombre) de cada átomo y de los dos niveles energéticos afectados.

Además de esta radiación característica (que sólo se producirá si la energía cinética del electrón incidente supera a la energía de enlace del electrón a expulsar) se produce otra, llamada radiación de frenado.

Cuando el electrón pasa más o menos cerca del núcleo atómico, puede que la atracción electromagnética frene al electrón, cambiando su trayectoria y haciendo que su energía cinética disminuya. Esa energía cinética que pierde el electrón se emite como un fotón de rayos X. En este caso, la energía de la radiación emitida sí depende de la energía del electrón. Así, puede que el electrón no pierda nada de energía (en cuyo caso, no se emite radiación de frenado) o puede que el frenado sea completo, el electrón se detenga, y que se emita un fotón de rayos X con toda la energía que tenía el electrón.

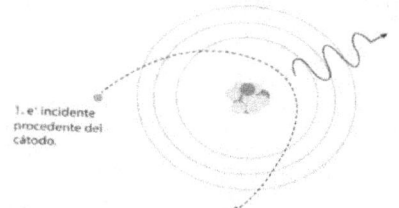

1. e⁻ incidente procedente del cátodo.

2. Emisión de un fotón de frenado producido por el cambio en la dirección y velocidad en la trayectoria del e⁻ incidente procedente del cátodo.

PÁGINA 8

Suponiendo que toda la energía cinética del electrón se emita en forma de fotón de rayos X:

$$E_{fotón} = E_{c \, electrón}$$

$$h \cdot \frac{c}{\lambda} = -q \cdot \Delta V \Rightarrow$$

$$\Rightarrow \Delta V = \frac{h \cdot c}{-q \cdot \lambda} = \frac{6'63 \cdot 10^{-34} \cdot 3 \cdot 10^{8}}{-(-1'6 \cdot 10^{-19}) \cdot 1 \cdot 10^{-9}} = 1243'125 \, V$$

{ BLOQUE VI - CUESTIÓN }

Sabiendo que la partícula α es un núcleo de $_{2}^{4}He$ la resolución es inmediata:

a) $_{Z}^{A}Li + _{1}^{1}H \longrightarrow 2 \cdot _{2}^{4}He$

$$\left. \begin{array}{l} A + 1 = 2 \cdot 4 \rightarrow A = 7 \\ Z + 1 = 2 \cdot 2 \rightarrow Z = 3 \end{array} \right\} \Rightarrow \; _{3}^{7}Li$$

b) $_{92}^{235}U + _{0}^{1}n \longrightarrow _{38}^{95}Sr + _{Z}^{A}Xe + 2 \cdot _{0}^{1}n$

$$\left. \begin{array}{l} 235 + 1 = 95 + A + 2 \cdot 1 \rightarrow A = 139 \\ 92 + 0 = 38 + Z + 2 \cdot 0 \rightarrow Z = 54 \end{array} \right\} \Rightarrow \; _{54}^{139}Xe$$

PÁGINA 9

OPCIÓN B

BLOQUE I - PROBLEMA

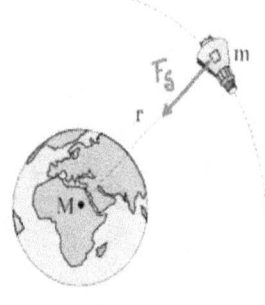

a) La única fuerza sobre el satélite es la fuerza gravitatoria. Por tanto:

$$F = m \cdot a_N$$

$$\frac{GMm}{r^2} = m \cdot \frac{v^2}{r} \Rightarrow r = \frac{GM}{v^2}$$

Por otro lado, conocemos la gravedad en la superfie terrestre:

$$g_0 = \frac{G \cdot M}{R_T^2} \Rightarrow G \cdot M = g_0 \cdot R_T^2$$

Y así:

$$r = \frac{GM}{v^2} = \frac{g_0 \cdot R_T^2}{v^2} = \frac{9'8 \cdot (6'4 \cdot 10^6)^2}{(7'6 \cdot 10^3)^2} = 6'95 \cdot 10^6 \, m$$

Para el periodo:

$$v = \omega \cdot r \Rightarrow v = \frac{2\pi}{T} \cdot r \Rightarrow T = \frac{2\pi r}{v} = \frac{2\pi \cdot 6'95 \cdot 10^6}{7'6 \cdot 10^3} = 5745'46 \, s$$

b) La velocidad de escape es la velocidad mínima que se debe comunicar a un cuerpo para que llegue al infinito con velocidad nula.

En términos energéticos, hay que comunicar a ese cuerpo una energía (cinética) para que eso sea posible.

PÁGINA 10

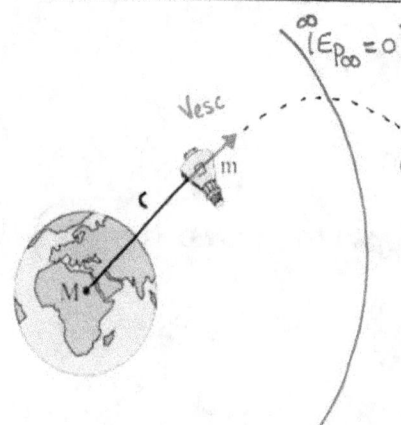

Por el principio de conservación de la energía:

$$\Delta E_m = 0 \Rightarrow E_{inicial} = E_{final}$$

$$E_{P_0} + E_{C_0} = \cancel{E_{P_f}} + \cancel{E_{C_f}}$$

$$-G\frac{M\cancel{m}}{r} + \frac{1}{2}\cancel{m}\cdot V_{esc}^2 = 0 \Rightarrow$$

$$\Rightarrow V_{esc} = \sqrt{2\,\frac{G\cdot M}{r}} \Rightarrow$$

$$\Rightarrow V_{esc} = \sqrt{\frac{2\cdot g_0\cdot R_T^2}{r}} = \sqrt{\frac{2\cdot 9'8\cdot(6'4\cdot10^6)^2}{6'95\cdot10^6}} = 10747'7\ m/s$$

$$\uparrow$$
$$GM = g_0\cdot R_T^2$$

(¡Ojo!!) → La velocidad de escape desde cierto punto es por definición la velocidad que debería poseer para escapar. Que en este caso el satélite estuviese ya en órbita y ya poseía velocidad ($7'6\cdot10^3\ m/s$), no modifica el cálculo ni el valor de la velocidad de escape. Lo único que ocurrirá es que energéticamente nos costará menos que el satélite alcance esa velocidad.

{BLOQUE II - CUESTIÓN}

Ecuación general: $y(x,t) = A \, \text{sen} \, (Kx - \omega t + \varphi_0)$

Nuestra ecuación: $y(x,t) = 0'02 \, \text{sen} \, (10\pi x - 20\pi t + 0'52)$ m

Identificando términos, la solución es inmediata:

   $A = 0'02$ m

   $K = 10\pi$ rad/m $\Rightarrow$ $10\pi = \dfrac{2\pi}{\lambda}$ $\Rightarrow$ $\lambda = 0'2$ m

   $\omega = 20\pi$ rad/s $\Rightarrow$ $20\pi = 2\pi \cdot f$ $\Rightarrow$ $f = 10$ Hz

   $\varphi_0 = 0'52$ rad

Y por último $V_p = \lambda \cdot f = 0'2 \cdot 10 = 2$ m/s

{BLOQUE III - CUESTIÓN}

   Llamamos luz blanca a la luz que procede del sol. Esta luz es en realidad una mezcla de luces de diferentes colores (es una luz compuesta). Es por ello que cuando esa luz se refracta en algún medio (por ejemplo, un prisma) quedará separada (DISPERSADA) en sus colores constituyentes.

   La causa de que se produzca la dispersión es que el índice de refracción disminuye cuando aumenta

PÁGINA 12

la longitud de onda, de modo que las longitudes de onda más largas (rojo) se desvian menos que las cortas (azul)

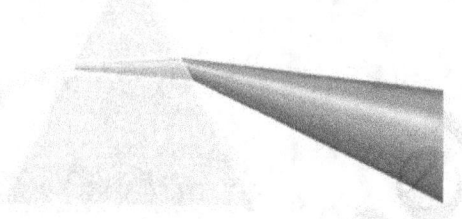

{ BLOQUE IV - CUESTIÓN }

El flujo magnético viene dado por:

$$\phi = \vec{B} \cdot \vec{S} = B \cdot S \cdot \cos\alpha \quad \text{con} \begin{cases} B = 5T \\ S = 1m^2 \end{cases}$$

Por tanto:

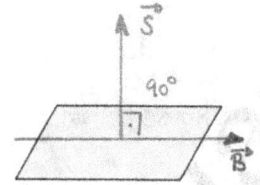 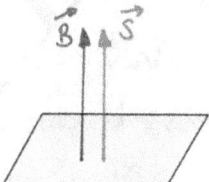 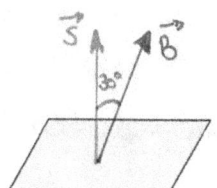

$\phi = 5 \cdot 1 \cdot \cos 90 = 0\,Wb$ $\phi = 5 \cdot 1 \cdot \cos 0 = 5\,Wb$ $\phi = 5 \cdot 1 \cdot \cos 30 = 4'33\,Wb$

{ BLOQUE V - PROBLEMA }

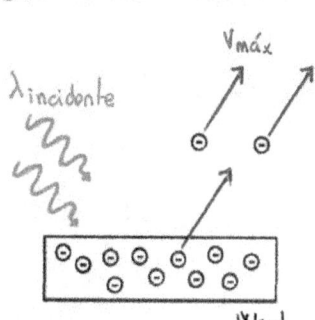

La ecuación del balance energético en el efecto fotoeléctrico:

$$E_{fotón} = W_{ext} + E_c \Rightarrow$$
$$\Rightarrow E_c = E_{fotón} - W_{ext}$$

PÁGINA 13

Por otro lado, conocemos la diferencia de potencial para frenar a los electrones emitidos:

$$\Delta E_c = -\Delta E_p = -q \cdot \Delta V \rightarrow \text{Potencial de frenado}$$

Y por tanto:

$$-q \cdot \Delta V = E_{fotón} - W_{ext} \Rightarrow W_{ext} = E_{fotón} + q \cdot \Delta V \Rightarrow$$

$$\Rightarrow W_{ext} = \frac{h \cdot c}{\lambda} + q \cdot \Delta V = \frac{6'63 \cdot 10^{-34} \cdot 3 \cdot 10^{8}}{250 \cdot 10^{-9}} - 1'6 \cdot 10^{-19} \cdot 2 =$$

$$= 4'76 \cdot 10^{-19} J \times \frac{1 eV}{1'6 \cdot 10^{-19} J} = 2'97 eV$$

Por último $W_{ext} = \frac{h \cdot c}{\lambda_{máx}} \Rightarrow \lambda_{máx} = \frac{h c}{W_{ext}} = \frac{6'63 \cdot 10^{-34} \cdot 3 \cdot 10^{8}}{4'76 \cdot 10^{-19}} = 4'18 \cdot 10^{-7} m$

{BLOQUE VI - CUESTIÓN}

Puesto que la actividad es $A = \lambda \cdot N$ y los núcleos radiactivos son los mismos, tendrá mayor actividad la muestra que tenga mayor constante radiactiva

$$T_2 = 2 T_1 \underset{T_{1/2} = \frac{\ln 2}{\lambda}}{\Longrightarrow} \frac{\ln 2}{\lambda_2} = 2 \cdot \frac{\ln 2}{\lambda_1} \Rightarrow \lambda_1 = 2 \cdot \lambda_2$$

Y por tanto: $A_1 = \lambda_1 \cdot N = 2\lambda_2 \cdot N = 2 \cdot A_2$

La actividad de la muestra 1 será el doble que la de la muestra 2.

PÁGINA 14

CONSELLERIA D'EDUCACIÓ

PROVES D'ACCÉS A LA UNIVERSITAT	PRUEBAS DE ACCESO A LA UNIVERSIDAD
CONVOCATÒRIA: JUNY 2011	CONVOCATORIA: JUNIO 2011
FÍSICA	FÍSICA

BAREMO DEL EXAMEN: La puntuación máxima de cada problema es de 2 puntos y la de cada cuestión de 1,5 puntos.

Cada estudiante podrá disponer de una calculadora científica no programable y no gráfica. Se prohíbe su utilización indebida (almacenamiento de información). Se utilice o no la calculadora, los resultados deberán estar siempre debidamente justificados.

OPCIÓN A

BLOQUE I – PROBLEMA

Se quiere situar un satélite en órbita circular a una distancia de 450 km desde la superficie de la Tierra.

a) Calcula la velocidad que debe tener el satélite en esa órbita. (1 punto)

b) Calcula la velocidad con la que debe lanzarse desde la superficie terrestre para que alcance esa órbita con esa velocidad (supón que no actúa rozamiento alguno). (1 punto)

Datos: Radio de la Tierra, R_T = 6370 km ;   masa de la Tierra, M_T = 5,9·10^{24} kg ;   constante de gravitación universal G = 6,67·10^{-11} N·m²/kg²

BLOQUE II - PROBLEMA

Una partícula realiza el movimiento armónico representado en la figura:

a) Obtén la amplitud, la frecuencia angular y la fase inicial de este movimiento. Escribe la ecuación del movimiento en función del tiempo. (1 punto)

b) Calcula la velocidad y la aceleración de la partícula en t = 2 s. (1 punto)

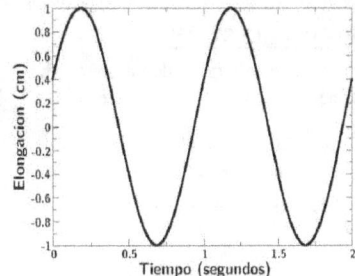

BLOQUE III - CUESTIÓN

Explica brevemente en qué consiste el fenómeno de difracción de una onda, ¿Qué condición debe cumplirse para que se pueda observar la difracción de una onda a través de una rendija?

BLOQUE IV – CUESTIÓN

Dos cargas puntuales de valores q_1 = -16 C y q_2 = 2 C y vectores de posición $\vec{r}_1 = -4\,\vec{i}$ y $\vec{r}_2 = 1\,\vec{i}$ (en m) ejercen una fuerza total $\vec{F} = -2,7 \cdot 10^9\,\vec{i}$ (en Newton) sobre una carga positiva situada en el origen de coordenadas. Calcula el valor de esta carga.

Dato: Constante de Coulomb k = 9·10^9 N·m²/ C²

BLOQUE V – CUESTIÓN

Una partícula viaja a una velocidad cuyo módulo vale 0,98 veces la velocidad de la luz en el vacío, ¿Cuál es la relación entre su masa relativista y su masa en reposo? ¿Qué sucedería con la masa relativista si la partícula pudiera viajar a la velocidad de la luz? Razona tu respuesta.

BLOQUE VI - CUESTIÓN

Si la longitud de onda asociada a un protón es de 0,1 nm, calcula su velocidad y su energía cinética.

Datos: Constante de Planck, h = 6,63·10^{-34} J·s ; masa del protón, m_p = 1,67·10^{-27} kg.

PROVES D'ACCÉS A LA UNIVERSITAT	PRUEBAS DE ACCESO A LA UNIVERSIDAD
CONVOCATÒRIA: JUNY 2011	CONVOCATORIA: JUNIO 2011
FÍSICA	FÍSICA

BAREMO DEL EXAMEN: La puntuación máxima de cada problema es de 2 puntos y la de cada cuestión de 1,5 puntos.

Cada estudiante podrá disponer de una calculadora científica no programable y no gráfica. Se prohíbe su utilización indebida (almacenamiento de información). Se utilice o no la calculadora, los resultados deberán estar siempre debidamente justificados.

OPCIÓN B

BLOQUE I – CUESTIÓN

Suponiendo que el planeta Neptuno describe una órbita circular alrededor del Sol y que tarda 165 años terrestres en recorrerla, calcula el radio de dicha órbita.

Datos: Constante de gravitación universal $G = 6,67 \cdot 10^{-11}$ N·m^2/kg^2 ; masa del Sol, $M_S = 1,99 \cdot 10^{30}$ kg

BLOQUE II - CUESTIÓN

Una onda sinusoidal viaja por un medio en el que su velocidad de propagación es v_1. En un punto de su trayectoria cambia el medio de propagación y la velocidad pasa a ser $v_2 = 2v_1$. Explica cómo cambian la amplitud, la frecuencia y la longitud de onda. Razona brevemente las respuestas.

BLOQUE III - CUESTIÓN

Dibuja el esquema de rayos de un objeto situado frente a un espejo esférico convexo ¿Dónde está situada la imagen y qué características tiene? Razona la respuesta.

BLOQUE IV – PROBLEMA

En una región del espacio hay dos campos, uno eléctrico y otro magnético, constantes y perpendiculares entre sí. El campo magnético aplicado es de 100 $\vec{k}$ mT. Se lanza un haz de protones dentro de esta región, en dirección perpendicular a ambos campos y con velocidad $\vec{v} = 10^6 \vec{i}$ m/s . Calcula:

a) La fuerza de Lorentz que actúa sobre los protones. (1 punto)
b) El campo eléctrico que es necesario aplicar para que el haz de protones no se desvíe. (1 punto)

En ambos apartados obtén el módulo, dirección y sentido de los vectores y represéntalos gráficamente, razonando brevemente la respuesta.

Dato: Carga elemental e = $1,6 \cdot 10^{-19}$ C

BLOQUE V – PROBLEMA

En un experimento de efecto fotoeléctrico, cuando la luz que incide sobre un determinado metal tiene una longitud de onda de 550 nm, el módulo de la velocidad máxima con la que salen emitidos los electrones es de $2,96 \cdot 10^5$ m/s.

a) Calcula la energía de los fotones, la energía cinética máxima de los electrones y la función trabajo del metal (todas las energías en electronvolt) (0,9 puntos)
b) Calcula la longitud de onda umbral del metal. (0,5 puntos)
c) Representa gráficamente la energía cinética máxima de los electrones en función de la frecuencia de los fotones, indicando el significado de la pendiente y de los cortes con los ejes (0,6 puntos)

Datos: Carga elemental e = $1,6 \cdot 10^{-19}$ C ; masa del electrón $m_e = 9,1 \cdot 10^{-31}$ kg ; velocidad de la luz c = $3 \cdot 10^8$ m/s ; constante de Planck h = $6,63 \cdot 10^{-34}$ J·s

BLOQUE VI - CUESTIÓN

La gammagrafía es una técnica que se utiliza en el diagnóstico de tumores. En ella se inyecta al paciente una sustancia que contiene un isótopo del Tecnecio que es emisor de radiación gamma y cuyo periodo de semidesintegración es de 6 horas. Haz una estimación razonada del tiempo que debe transcurrir para que la actividad en el paciente sea inferior al 6% de la actividad que tenía en el momento de ser inyectado.

BLOQUE I - PROBLEMA

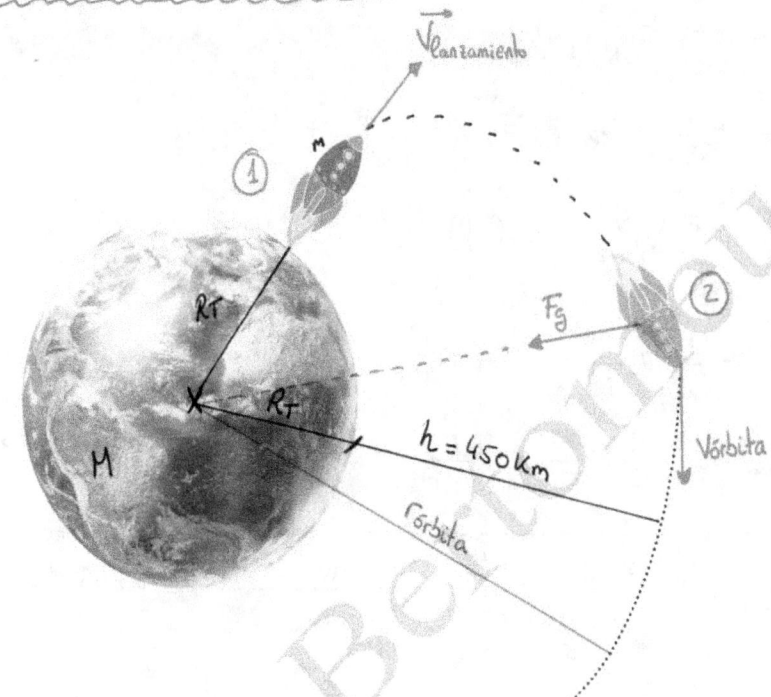

a) Cuando el satélite alcanza su órbita circular:

$$\bar{F} = m \cdot a \implies G \frac{Mm}{r_{\text{órbita}}^2} = m \cdot \frac{V^2}{r_{\text{órbita}}} \implies V_{\text{órbita}} = \sqrt{\frac{GM}{r_{\text{órbita}}}} \implies$$

$$\implies V_{\text{órbita}} = \sqrt{\frac{6'67 \cdot 10^{-11} \cdot 5'9 \cdot 10^{24}}{(6370 + 450) \cdot 10^3}} = 7596'21 \, m/s$$

b) Una vez comunicada la energía cinética de lanzamiento a nuestro satélite para ponerlo en órbita, la única fuerza que actúa sobre el satélite es la gravitatoria, y siendo esta fuerza una fuerza conservativa, la

PÁGINA 1

energía mecánica del satélite se conservará. Así:

$$E_{mecánica\;①} = E_{mecánica\;②}$$

$$E_{P_1} + E_{C_1} = E_{P_2} + E_{C_2}$$

$$-G\frac{M\,m}{R_T} + \frac{1}{2}\,m\,V_{lanz.}^2 = -G\frac{M\,m}{r_{órbita}} + \frac{1}{2}\,m\cdot V_{orb}^2$$

$$-G\frac{M}{R_T} + \frac{1}{2}\,V_{lanz}^2 = -G\frac{M}{r_{órb.}} + \frac{1}{2}\cdot G\frac{M}{r_{órb}}$$

$$-G\frac{M}{R_T} + \frac{1}{2}\,V_{lanz}^2 = -\frac{1}{2}\,G\frac{M}{r_{orb}}$$

$$\frac{1}{2}\,V_{lanz}^2 = -\frac{1}{2}\,G\frac{M}{r_{orb}} + G\frac{M}{R_T} \Rightarrow V_{lanz}^2 = -\frac{G\,M}{r_{orb}} + \frac{2\,G\,M}{R_T} \Rightarrow$$

$$\Rightarrow V_{lanz} = \sqrt{\frac{-6'67\cdot10^{-11}\,5'9\cdot10^{24}}{(6370+450)\cdot10^3} + \frac{2\cdot6'67\cdot10^{-11}\,5'9\cdot10^{24}}{6370\cdot10^3}} = 8115'11\ m/s$$

BLOQUE II - PROBLEMA

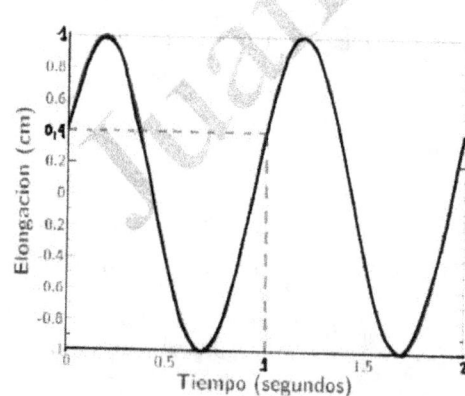

De la gráfica se pueden leer los valores:

$$A = 1\,cm = 0'01\,m$$

$$T = 1s \Rightarrow \omega = \frac{2\pi}{T} = 2\pi\ rad/s$$

$$y(0) = 0'4\,cm = 0'004\,m$$

La ecuación de la elongación viene dada por:

$$y(t) = A\cdot sen(\omega t + \varphi_0) \Rightarrow y(t) = 0'01\cdot sen(2\pi t + \varphi_0)\ m$$

PÁGINA 2

Como en $t = 0s$ se tiene $y(0) = 0'004 m \Rightarrow$

$$\Rightarrow 0'004 = 0'01 \cdot sen(2\pi \cdot 0 + \varphi_0) \Rightarrow$$

$$\Rightarrow 0'4 = sen \varphi_0 \Rightarrow \varphi_0 = arcsen(0'4) = 0'4115 \; rad$$

Y por tanto:

$$y(t) = 0'01 \; sen(2\pi t + 0'4115) \; m \; .$$

b) $v(t) = \dfrac{d}{dt}(y(t)) = 0'02\pi \cdot cos(2\pi t + 0'4115) \; m/s$

$\quad \hookrightarrow v(2) = 0'02\pi \cdot cos(2\pi \cdot 2 + 0'4115) = 0'057 \; m/s$

$a(t) = \dfrac{d}{dt}(v(t)) = -0'04\pi^2 \cdot sen(2\pi t + 0'4115) \; m/s^2$

$\quad \hookrightarrow a(2) = -0'04\pi^2 \cdot sen(2\pi \cdot 2 + 0'4115) = -0'158 \; m/s^2$

{BLOQUE III - CUESTIÓN}

Se denomina difracción de una onda a la propiedad
que tienen las ondas de "rodear" los obstáculos en
determinadas condiciones. Se basa en el curvado y
esparcido de las ondas cuando éstas encuentran el
obstáculo o al atravesar una rendija. En el caso de
la rendija para poder apreciar bien el fenómeno,
el tamaño de ésta debe ser muy similar a la

PÁGINA 3

longitud de onda.

Según el principio de Huygens, la rendija se comportará como un nuevo foco emisor de ondas, y de esta forma es como la onda consigue "rodear" el obstáculo y propagarse detrás.

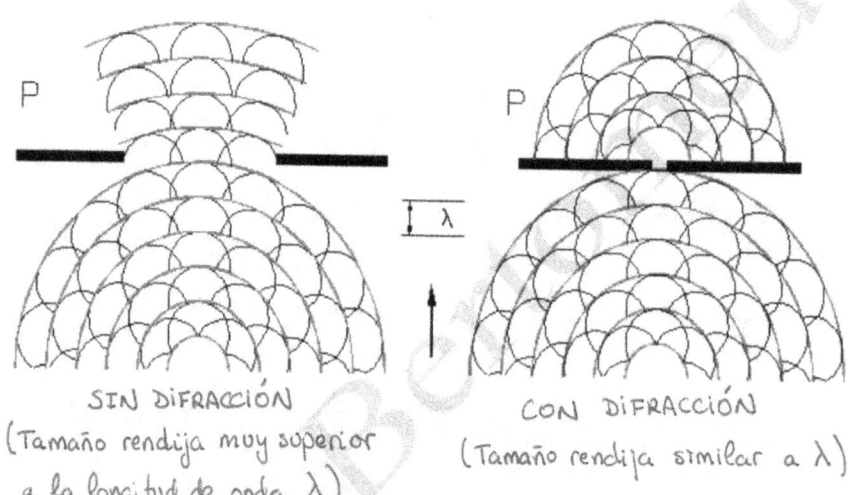

SIN DIFRACCIÓN
(Tamaño rendija muy superior a la longitud de onda λ)

CON DIFRACCIÓN
(Tamaño rendija similar a λ)

BLOQUE IV - CUESTIÓN

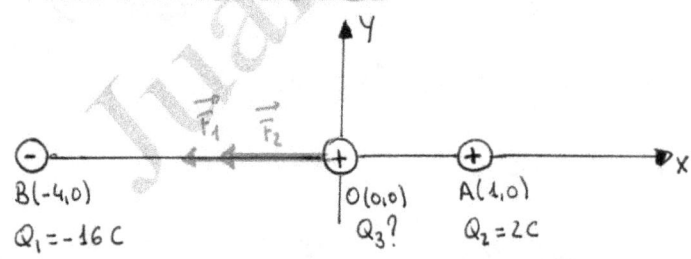

B(-4,0)   O(0,0)   A(1,0)
$Q_1 = -16\ C$ Q_3? $Q_2 = 2C$

Fuerza $\vec{F_1}$:

$$\vec{BO} = (0,0) - (-4,0) = (4,0)\ , \ |\vec{BO}| = r_1 = 4m \ ; \ \vec{\mu_{r_1}} = \frac{1}{4}(4,0) = (1,0)$$

$$\vec{F_1} = K\frac{Q_1 Q_3}{r_1^2}\cdot\vec{\mu_{r_1}} = 9\cdot10^9\cdot\frac{(-16)\cdot Q_3}{4^2}\cdot(1,0) = \left(-9\cdot10^9 Q_3,\ 0\right)\ N$$

PÁGINA 4

Fuerza $\vec{F_2}$:

$\vec{AO} = (0,0) - (1,0) = (-1,0)$; $|\vec{AO}| = r_2 = 1m$; $\vec{u}_{r_2} = (-1,0)$

$\vec{F_2} = k \cdot \dfrac{Q_2 Q_3}{r_2^2} \cdot \vec{u}_{r_2} = 9 \cdot 10^9 \cdot \dfrac{2 \cdot Q_3}{1^2} \cdot (-1,0) = (-18 \cdot 10^9 Q_3, 0) \, N$

$\vec{F_{TOTAL}} = \vec{F_1} + \vec{F_2} = (-27 \cdot 10^9 \cdot Q_3, 0) \, N \Rightarrow$

$\Rightarrow \quad -2'7 \cdot 10^9 \, \vec{i} = -27 \cdot 10^9 \cdot Q_3 \, \vec{i} \Rightarrow$

$\Rightarrow \quad Q_3 = 0'1 \, C$

BLOQUE V - CUESTIÓN

La relación que hay entre la masa relativista y la masa en reposo viene dada por el factor de Lorentz según:

$$m = \gamma m_0 \Rightarrow \dfrac{m}{m_0} = \gamma = \dfrac{1}{\sqrt{1 - \left(\frac{v}{c}\right)^2}} = \dfrac{1}{\sqrt{1 - \left(\frac{0'98c}{c}\right)^2}} = 5'025$$

Si la partícula pudiera viajar a la velocidad de la luz, el factor de Lorentz γ tendería a infinito y por tanto también su masa relativista.

Es importante aclarar que la masa relativista no responde al concepto de la masa "normal" (masa en reposo o masa invariante)

PÁGINA 5

El concepto de masa relativista se introdujo para poder explicar algunos aspectos de la física relativista como se hacía en la mecánica clásica.

De acuerdo con la teoría de la relatividad, cualquier objeto con masa en reposo no nula no podría moverse a la velocidad de la luz. Cuando tal objeto se aproxima a la velocidad de la luz, un observador en reposo vería que la energía cinética tendería a infinito. Y dado que la función de la magnitud "masa relativista" es darle sentido clásico a la equivalencia masa-energía de la física relativista, dicha masa relativista tendería también a infinito.

En realidad la masa del cuerpo no varía. Si uno viaja en una nave espacial a velocidades cercanas a las de la luz verá que su masa no varía en absoluto. Lo que sucede es que, en términos energéticos, cada vez nos cuesta más acelerar la nave, por lo que, en términos energéticos, cada vez tendríamos más masa (relativista)

{BLOQUE VI - CUESTIÓN}

La longitud de onda asociada de De Broglie

viene dada por:

$$\lambda = \frac{h}{P} = \frac{h}{m \cdot v} \Rightarrow v = \frac{h}{m \cdot \lambda} = \frac{6'63 \cdot 10^{-34}}{1'67 \cdot 10^{-27} \cdot 0'1 \cdot 10^{-9}} = 3970'06 \, m/s$$

Como vemos, esta velocidad NO es relativista y por

tanto:

$$E_C = \frac{1}{2} m v^2 = \frac{1}{2} \cdot 1'67 \cdot 10^{-27} \cdot (3970'06)^2 = 1'32 \cdot 10^{-20} \, J$$

{OPCIÓN B}

{BLOQUE I - CUESTIÓN}

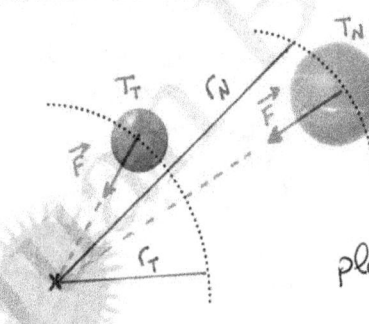

Aplicamos la segunda

ley de Newton a

cualquiera de los dos

planetas:

$$F = m \cdot a_N \Rightarrow$$

$$\Rightarrow G \frac{M_{sol} \cdot m_{planeta}}{r^2} = m_{planeta} \cdot \frac{v^2}{r} \Rightarrow G \cdot \frac{M_{sol}}{r} = \omega^2 \cdot r^2$$

$$v = \omega \cdot r$$

$$\Rightarrow G \cdot \frac{M_{sol}}{r} = \frac{4\pi^2}{T^2} \cdot r^2 \Rightarrow \frac{T^2}{r^3} = \frac{4\pi^2}{G \cdot M_{sol}}$$

$$\omega = \frac{2\pi}{T}$$

PÁGINA 7

Como vemos, la relación $\dfrac{T^2}{r^3}$ no depende del planeta en cuestión.

Asumiendo como conocido T_{Tierra} = 365 días = 31536000 s

$T_N = 165\, T_T = 165 \cdot 31536000 = 5203440000$ s

$$\dfrac{T_N^2}{r_N^3} = \dfrac{4\pi^2}{G \cdot M_{sol}} \Rightarrow \dfrac{5203440000^2}{r_N^3} = \dfrac{4\pi^2}{6'67 \cdot 10^{-11} \cdot 1'99 \cdot 10^{30}} \Rightarrow$$

$$\Rightarrow r_N = 4'5 \cdot 10^{12}\ m$$

{ BLOQUE II - CUESTIÓN }

Un movimiento ondulatorio que incide sobre la superficie que separa dos medios con distintas propiedades mecánicas en parte se refleja y en parte se transmite.

En la refracción, se forma una onda que se transmite por el nuevo medio. Los puntos de la frontera de unión entre ambos medios empiezan a oscilar con la frecuencia de la onda incidente y dan lugar a la onda refractada que se propagará por el nuevo medio, pero lógicamente con la misma frecuencia que tenía la onda incidente. Es por

PÁGINA 8

ello que $f_2 = f_1$.

El medio 2 por el cual se va a propagar la onda refractada tiene unas características mecánicas distintas que permiten que $V_{p_2} = 2 V_{p_1}$.

Dado que la velocidad de propagación es:

$$V_p = \lambda \cdot f \implies \lambda_2 \cdot f_2 = 2 \cdot \lambda_1 \cdot f_1 \implies \lambda_2 = 2 \cdot \lambda_1$$

Respecto a qué sucede con las amplitudes, la respuesta no es tan inmediata. La relación entre las amplitudes es la dada por:

$$\frac{A_{refractada}}{A_{incidente}} = \frac{2 V_2}{V_2 + V_1} = \frac{2(2V_1)}{2V_1 + V_1} = \frac{4 V_1}{3 V_1} = \frac{4}{3} \implies$$

$$\implies A_{refractada} = \frac{4}{3} A_{incidente} \qquad \text{RELACIÓN DE TRANSMISIÓN}$$

He hecho un vídeo para que podáis ver el comportamiento de la onda al cambiar de medio así como la onda reflejada y la transmitida. Además también tienes un documento donde se deduce cuál es la relación entre sus amplitudes. Lo encontrarás todo en la casilla correspondiente en #BertoBlog

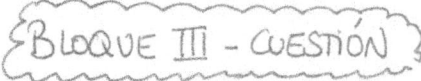

BLOQUE III - CUESTIÓN

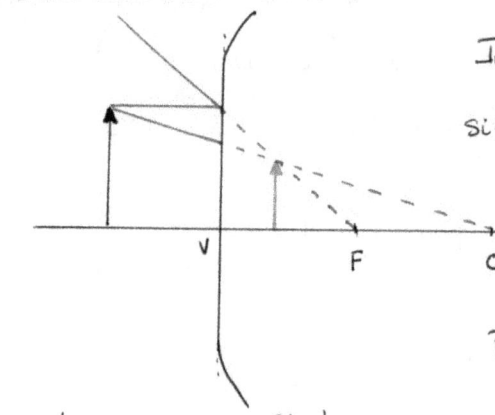

Independientemente de donde situemos el objeto ($s<0$), la imagen siempre se formará entre el vértice V y el foco F de modo que $0 < s' < f$

La imagen resultante será siempre MENOR, VIRTUAL Y DERECHA

BLOQUE IV - PROBLEMA

Tomando como sistema de referencia

a)

La fuerza magnética sobre el protón viene dada por:

$$\vec{F_M} = q(\vec{v} \times \vec{B}) = q \cdot \begin{vmatrix} \vec{i} & \vec{j} & \vec{k} \\ 10^6 & 0 & 0 \\ 0 & 0 & 0'1 \end{vmatrix} =$$

$\vec{B} = 100\vec{u} \, mT = 0'1\vec{k} \, T$

$$= 1'6 \cdot 10^{-19} \cdot (-10^5 \vec{j}) = -1'6 \cdot 10^{-14} \vec{j} \, N$$

que es un vector de módulo $F_M = 1'6 \cdot 10^{-14} N$, la dirección del vector $\vec{j}$ y el sentido negativo del mismo.

Además del campo magnético $\vec{B}$, hay en esta región un campo eléctrico $\vec{E}$, pero el enunciado no nos dice

PÁGINA 10

hacia donde va el campo, y en consecuencia, no podemos

saber hacia donde será la fuerza eléctrica (por eso

no hemos dibujado ni $\vec{E}$ ni $\vec{F_e}$ en la representación).

Sin embargo, la fuerza de Lorentz es la fuerza total

electromagnética y por tanto:

$$\vec{F}_{TOTAL} = \vec{F}_M + \vec{F}_e = -1'6 \cdot 10^{-14} \vec{j} + q \cdot \vec{E} \quad N$$

b) En este apartado, el enunciado sí nos especifica que el

campo $\vec{E}$ debe ser tal que los protones no se desvíen.

Los protones no se desviarán si la fuerza total que

actúa sobre ellos es nula. Así:

$$\vec{F}_{TOTAL} = \vec{0} \implies -1'6 \cdot 10^{-14} \vec{j} + 1'6 \cdot 10^{-19} \vec{E} = \vec{0} \implies$$

$$\implies \vec{E} = \frac{+1'6 \cdot 10^{-14}}{1'6 \cdot 10^{-19}} \vec{j} = +10^5 \vec{j} \quad N/c \;, \text{ que es un vector}$$

de módulo $E = 10^5$ N/c, la dirección del vector $\vec{j}$ y el

sentido positivo del mismo. Y ahora sí:

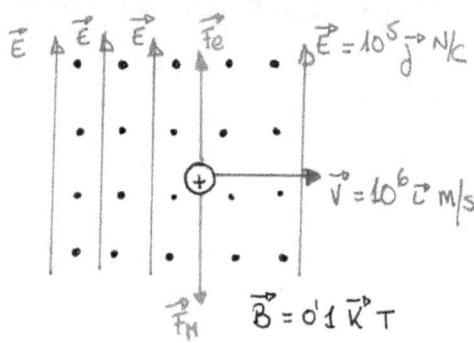

BLOQUE V - PROBLEMA

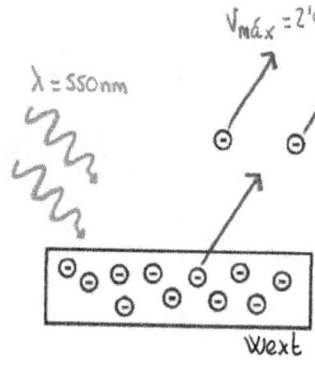

$\lambda = 550\,nm$

$V_{máx} = 2'96 \cdot 10^5\,m/s$

W_{ext}

a) La energía de un fotón de la radiación incidente:

$$E_{fotón} = h \cdot f = h \cdot \frac{c}{\lambda} =$$

$$= \frac{6'63 \cdot 10^{-34} \cdot 3 \cdot 10^8}{550 \cdot 10^{-9}} = 3'62 \cdot 10^{-19}\,J$$

$$E_{fotón} = 3'62 \cdot 10^{-19}\,J \times \frac{1\,eV}{1'6 \cdot 10^{-19}\,J} = 2'26\,eV$$

La energía cinética máxima de los electrones emitidos:

$$E_{c_{máx}} = \frac{1}{2}\,m \cdot V_{máx}^2 = \frac{1}{2} \cdot 9'1 \cdot 10^{-31} \cdot (2'96 \cdot 10^5)^2 = 3'99 \cdot 10^{-20}\,J$$

$$E_{c_{máx}} = 3'99 \cdot 10^{-20} \times \frac{1\,eV}{1'6 \cdot 10^{-19}\,J} = 0'25\,eV$$

Del balance energético del efecto fotoeléctrico:

$$E_{fotón} = W_{ext} + E_{c_{máx}} \Rightarrow W_{ext} = E_{fotón} - E_{c_{máx}} = 2'01\,eV$$

b) El trabajo de extracción calculado:

$$W_{ext} = h \cdot f_0 = h \cdot \frac{c}{\lambda_{máx}} \Rightarrow \lambda_{máx} = \frac{h \cdot c}{W_{ext}} =$$

$$= \frac{6'63 \cdot 10^{-34} \cdot 3 \cdot 10^8}{2'01 \cdot 1'6 \cdot 10^{-19}} = 6'18 \cdot 10^{-7}\,m = 618\,nm$$

→ Hay que poner W_{ext} en Julios !!

PÁGINA 12

c) Del balance energético del efecto fotoeléctrico es fácil ver que:

$$E_{fotón} = W_{ext} + E_{c_{máx}} \Rightarrow E_{c_{máx}} = E_{fotón} - W_{ext} \Rightarrow$$

$$\Rightarrow E_{c_{máx}} = h \cdot f_{fotón} - W_{ext} \Rightarrow$$

$$\Rightarrow E_c(f) = h \cdot f - W_{ext} \quad \text{Julios}$$

Como vemos, se corresponde con una función lineal que depende solo de "f" pues h y Wext son constantes

Recuerda que una función lineal es la dada por

$y(x) = mx + n$ donde "m" es la pendiente de la recta.

Es por ello por lo que podemos asegurar que nuestra

función $E_c(f) = h \cdot f - W_{ext}$ es una recta de pendiente

positiva igual a h y que corta en los ejes en los

puntos:

$$Si \; E_c = 0 \Rightarrow 0 = hf - W_{ext} \Rightarrow hf = W_{ext} \Rightarrow$$

$$\Rightarrow hf = h \cdot f_0 \Rightarrow f = f_0 \Rightarrow \text{P.corte } (f_0, 0)$$

$$Si \; f = 0 \Rightarrow E_c = h \cdot 0 - W_{ext} = -W_{ext} \Rightarrow \text{P.corte } (0, -W_{ext})$$

Por todo ello, la gráfica pedida será:

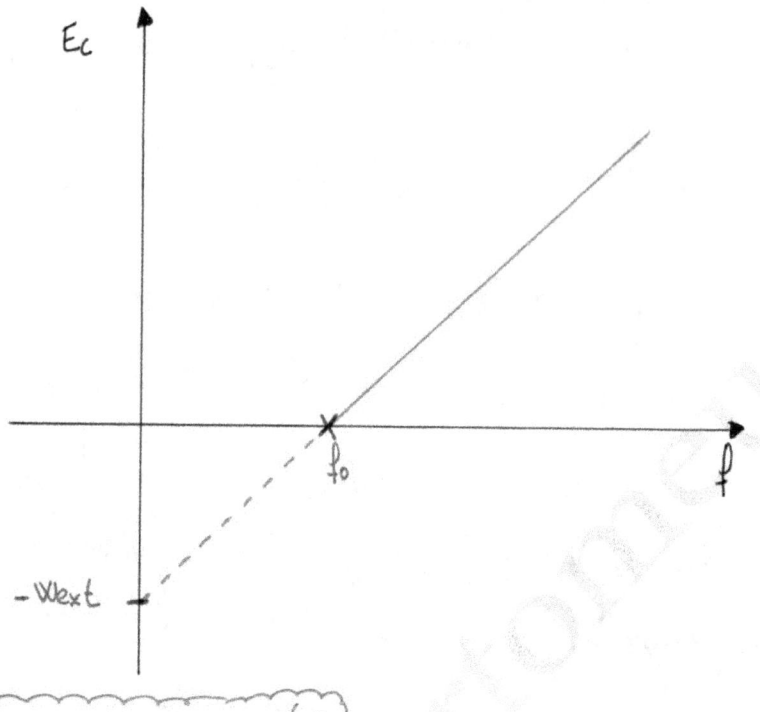

{BLOQUE VI -CUESTIÓN}

Deduzcamos primero la expresión de $T_{1/2}$:

$$N = N_0 \cdot e^{-\lambda \cdot t}$$

$\boxed{N_0} \xrightarrow{t = T_{1/2}} \boxed{N = \frac{N_0}{2}}$

$$\frac{N_0}{2} = N_0 \cdot e^{-\lambda \cdot T_{1/2}} \Rightarrow \ln\left(\frac{1}{2}\right) = -\lambda \cdot T_{1/2} \Rightarrow$$

$$\Rightarrow T_{1/2} = \frac{\ln 2}{\lambda} \text{ , y por tanto} \Rightarrow \lambda = \frac{\ln 2}{\lambda} = \frac{\ln 2}{6} \text{ horas}^{-1}$$

Si $A = 0'06 \, A_0 \Rightarrow A = A_0 \cdot e^{-\lambda \cdot t} \Rightarrow 0'06 \, A_0 = A_0 \cdot e^{-\frac{\ln 2}{6} \cdot t} \Rightarrow$

$$\Rightarrow \ln(0'06) = -\frac{\ln 2}{6} \cdot t \Rightarrow t = -\frac{6 \cdot \ln(0'06)}{\ln 2} = 24'35 \text{ horas}$$

La actividad en el paciente será inferior al 6% de la
actividad inicial pasadas 24'35 horas desde la inyección.

PÁGINA 14

GENERALITAT VALENCIANA
CONSELLERIA D'EDUCACIÓ, FORMACIÓ I OCUPACIÓ

COMISSIÓ GESTORA DE LES PROVES D'ACCÉS A LA UNIVERSITAT

COMISIÓN GESTORA DE LAS PRUEBAS DE ACCESO A LA UNIVERSIDAD

SISTEMA UNIVERSITARI VALENCIÀ
SISTEMA UNIVERSITARIO VALENCIANO

PROVES D'ACCÉS A LA UNIVERSITAT	PRUEBAS DE ACCESO A LA UNIVERSIDAD
CONVOCATÒRIA: SETEMBRE 2011	CONVOCATORIA: SEPTIEMBRE 2011
FÍSICA	FÍSICA

BAREMO DEL EXAMEN: La puntuación máxima de cada problema es de 2 puntos y la de cada cuestión de 1,5 puntos.

Cada estudiante podrá disponer de una calculadora científica no programable y no gráfica. Se prohíbe su utilización indebida (almacenamiento de información). Se utilice o no la calculadora, los resultados deberán estar siempre debidamente justificados.

OPCIÓN A

BLOQUE I – PROBLEMA

La distancia entre el Sol y Mercurio es de $58 \cdot 10^6$ km y entre el Sol y la Tierra es de $150 \cdot 10^6$ km. Suponiendo que las órbitas de ambos planetas alrededor del Sol son circulares, calcula la velocidad orbital de:

a) La Tierra. (1 punto)

b) Mercurio. (1 punto)

Justifica los cálculos adecuadamente

BLOQUE II - CUESTIÓN

Calcula los valores máximos de la posición, velocidad y aceleración de un punto que oscila según la función
$x = \cos (2\pi \cdot t + \varphi_0)$ metros, donde t se expresa en segundos.

BLOQUE III - CUESTIÓN

Calcula el valor máximo del ángulo β de la figura, para que un submarinista que se encuentra bajo el agua pueda ver una pelota que flota en la superficie. Justifica brevemente la respuesta.

Datos: Velocidad de la luz en el agua, $v_{agua} = 2,3 \cdot 10^8$ m/s; velocidad de la luz en el aire, $v_{aire} = 3,0 \cdot 10^8$ m/s

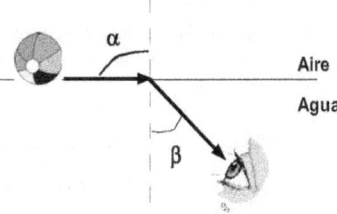

BLOQUE IV - PROBLEMA

Un electrón entra con velocidad constante $\vec{v} = 10\vec{i}$ m/s en una región del espacio en la que existen un campo eléctrico uniforme $\vec{E} = 20\vec{j}$ N/C y un campo magnético uniforme $\vec{B} = B_0\vec{k}$ T .

a) Calcula y representa los vectores fuerza que actúan sobre el electrón (dirección y sentido), en el instante en el que entra en esta región del espacio. (1 punto)

b) Calcula el valor de B_0 necesario para que el movimiento del electrón sea rectilíneo y uniforme. (1 punto)

Nota: Desprecia el campo gravitatorio.

BLOQUE V – CUESTIÓN

Escribe la expresión del principio de incertidumbre de Heisenberg. Explica lo que significa cada término de dicha expresión.

BLOQUE VI - CUESTIÓN

El $^{124}_{55}$Cs es un isótopo radiactivo cuyo periodo de semidesintegración es de 30,8 s. Si inicialmente se tiene una muestra con $3 \cdot 10^{16}$ núcleos de este isótopo, ¿Cuántos núcleos habrá 2 minutos después?

OPCIÓN B

BLOQUE I – CUESTIÓN

El Apolo 11 fue la primera misión espacial tripulada que aterrizó en la Luna. Calcula el campo gravitatorio en el que se encontraba el vehículo espacial cuando había recorrido 2/3 de la distancia desde la Tierra a la Luna (considera sólo el campo originado por ambos cuerpos).

Datos: Distancia Tierra-Luna, $d = 3,84 \cdot 10^5$ km; masa de la Tierra, $M_T = 5,9 \cdot 10^{24}$ kg; masa de la Luna, $M_L = 7,4 \cdot 10^{22}$ kg; constante de gravitación universal $G = 6,67 \cdot 10^{-11}$ Nm^2/kg^2.

BLOQUE II - PROBLEMA

Una partícula de masa m = 2 kg, describe un movimiento armónico simple cuya elongación viene expresada por la función: $x = 0,6 \cdot sen(24 \cdot \pi \cdot t)$ metros, donde t se expresa en segundos. Calcula:

   a) La constante elástica del oscilador y su energía mecánica total (1 punto).
   b) El primer instante de tiempo en el que la energía cinética y la energía potencial de la partícula son iguales (1punto).

BLOQUE III – CUESTIÓN

¿Dónde debe situarse un objeto delante de un espejo cóncavo para que su imagen sea real? ¿Y para que sea virtual? Razona la respuesta utilizando únicamente las construcciones geométricas que consideres oportunas.

BLOQUE IV – CUESTIÓN

Una carga puntual q que se encuentra en un punto A es trasladada a un punto B, siendo el potencial electrostático en A mayor que en B. Discute cómo varía la energía potencial de dicha carga dependiendo de su signo.

BLOQUE V – PROBLEMA

Desde la Tierra se lanza una nave espacial que se mueve con una velocidad constante de valor el 70% de la velocidad de la luz. La nave transmite datos a la Tierra mediante una radio alimentada por una batería, que dura 15 años medidos en un sistema en reposo.

   a) ¿Cuánto tiempo dura la batería de la nave, según el sistema de referencia de la Tierra? ¿En cuál de los dos sistemas de referencia se mide un tiempo dilatado? (1 punto)

   b) Según el sistema de referencia de la nave, ¿A qué distancia se encuentra la Tierra en el instante en que la batería se agota? (1 punto)

Justifica brevemente tus respuestas.

BLOQUE VI – CUESTIÓN

La longitud de onda de De Broglie de un electrón coincide con la de un fotón cuya energía (en el vacío) es de 10^8 eV. Calcula la longitud de onda del electrón y su energía cinética expresada en eV.

Datos: Constante de Planck h = $6,63 \cdot 10^{-34}$ J·s ; velocidad de la luz en el vacío c = $3 \cdot 10^8$ m/s ; masa del electrón $m_e = 9,1 \cdot 10^{-31}$ kg ; carga elemental e = $1,6 \cdot 10^{-19}$ C.

OPCIÓN A

BLOQUE I - PROBLEMA

a)

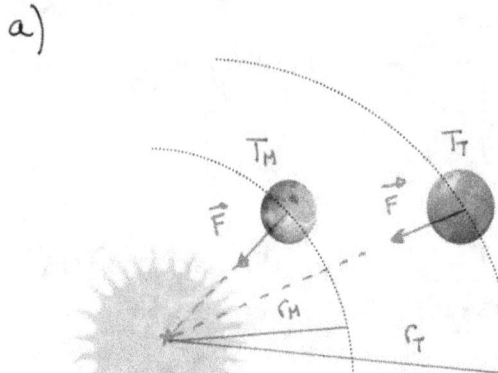

Los datos son:

$r_M = 58 \cdot 10^9 \, m$

$r_T = 150 \cdot 10^9 \, m$

y asumiremos como conocida la duración del año terrestre:

$T_T = 1 \, año = 31536000 \, s$

La velocidad orbital de la Tierra vendrá dada por:

$$V_T = \omega_i \cdot r_T = \frac{2\pi}{T_T} \cdot r_T = \frac{2\pi}{31536000} \cdot 150 \cdot 10^9 = 29885'77 \, m/s$$

b) Para la velocidad orbital de Mercurio, debemos averiguar el periodo de Mercurio. Aplicando la 2ª Ley de Newton a cualquiera de los dos planetas:

$$F = m \cdot a_N \implies G \frac{M_{sol} \cdot m}{r^2} = m \cdot \frac{V^2}{r} \implies G \cdot \frac{M_{sol}}{r} = \omega^2 \cdot r^2 \implies$$

$$V = \omega \cdot r$$

$$\implies G \cdot \frac{M_{sol}}{r} = \frac{4\pi^2}{T^2} \cdot r^2 \implies \frac{T^2}{r^3} = \frac{4\pi^2}{G \cdot M_{sol}}$$

$$\omega = \frac{2\pi}{T}$$

Como acabamos de ver la relación $\frac{T^2}{r^3}$ es la misma para ambos planetas, con lo que podemos asegurar que:

PÁGINA 1

$$\frac{T_T^2}{r_T^3} = \frac{T_M^2}{r_M^3} \quad (3^a \text{ Ley de Kepler})$$

Por tanto:

$$\frac{31536000^2}{(150 \cdot 10^9)^3} = \frac{T_M^2}{(58 \cdot 10^9)^3} \Rightarrow T_M = 7582487'6 \, s$$

Y así, la velocidad pedida:

$$V_M = \omega_M \cdot r_M = \frac{2\pi}{T_M} \cdot r_M = \frac{2\pi}{7582487'6} \cdot 58 \cdot 10^9 = 48061'37 \, m/s$$

BLOQUE II - CUESTIÓN

La ecuación general es : $x(t) = A \cdot \cos(\omega t + \varphi_0)$

Nuestra ecuación es: $x(t) = 1 \cdot \cos(2\pi t + \varphi_0) \, m$ (t en s)

La posición máxima es la amplitud, e identificando es fácil ver que $A = 1 \, m$

La velocidad se obtiene:

$$v(t) = \frac{dx(t)}{dt} = -2\pi \cdot \text{sen}(2\pi t + \varphi_0) \, m/s \Rightarrow V_{máx} = \pm 2\pi \, m/s$$

Y por último, la aceleración:

$$a(t) = \frac{d}{dt} v(t) = -4\pi^2 \cdot \cos(2\pi t + \varphi_0) \, m/s^2 \Rightarrow a_{máx} = \pm 4\pi^2 \, m/s^2$$

PÁGINA 2

BLOQUE III - CUESTIÓN

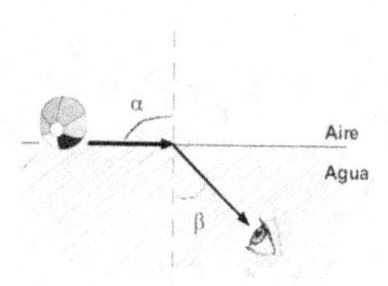

Vemos que el ángulo α es $\alpha = 90°$

Aplicando Snell:

$$n_1 \, \text{sen} \, \alpha = n_2 \, \text{sen} \, \beta$$

$$\frac{c}{V_{aire}} \cdot \text{sen} \, 90° = \frac{c}{V_{agua}} \cdot \text{sen} \, \beta \implies$$

$$\implies \text{sen} \, \beta = \frac{V_{agua}}{V_{aire}} = \frac{2'3 \cdot 10^8}{3 \cdot 10^8} \implies \beta = \text{arcsen} \left(\frac{2'3}{3} \right) = 50'055°$$

BLOQUE IV - PROBLEMA

Tomando como sistema de referencia 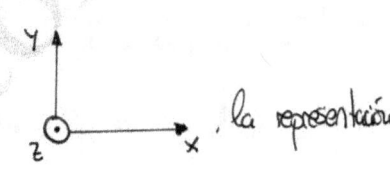 , la representación

del problema será:

La fuerza eléctrica:

$$\vec{F_e} = q \cdot \vec{E} = q \cdot 20 \, \vec{j} \; N \; , \; y$$

como $q < 0$, podemos escribir

$$\vec{F_e} = -20 \cdot |q| \, \vec{j} \; N$$

La fuerza magnética:

$$\vec{F_M} = q \, (\vec{V} \times \vec{B}) = q \cdot \begin{vmatrix} \vec{i} & \vec{j} & \vec{k} \\ 10 & 0 & 0 \\ 0 & 0 & B_0 \end{vmatrix} = -10q \, B_0 \, \vec{j} \; , \; y \; \text{de nuevo}$$

al ser $q < 0$, podemos escribir $\quad \vec{F_M} = +10|q| \cdot B_0 \, \vec{j} \; N$

b) Si el electrón no se desvía, los vectores $\vec{F_e}$ y $\vec{F_M}$ tienen el mismo módulo. Así :

$$|\vec{F_M}| = |\vec{F_e}| \Rightarrow 10 \cdot |q| \cdot B_0 = 20 |q| \Rightarrow B_0 = 2 \ T$$

BLOQUE V - CUESTIÓN

El principio de indeterminación de Heisenberg afirma que no se puede determinar, simultáneamente y con precisión arbitraria ciertos pares de variables físicas como, por ejemplo, la posición y la cantidad de movimiento de un objeto dado. Esto es, cuanta mayor certeza se tenga al determinar la posición de una partícula, menos se conoce su momento lineal y, por tanto, su velocidad. Esto implica que las partículas en su movimiento no tienen asociada una trayectoria bien definida.

La expresión matemática del principio es:

$$\Delta x \cdot \Delta p \geqslant \frac{h}{4\pi} \quad \text{(Indeterminación posición - momento lineal)}$$

$$\Delta E \cdot \Delta t \geqslant \frac{h}{4\pi} \quad \text{(Indeterminación tiempo - energía)}$$

que expresa el producto de las desviaciones estándar en la medición de cada una de las variables

PÁGINA 4

Las partículas en mecánica cuántica, no siguen trayectorias definidas. No es posible conocer exactamente el valor de todas las magnitudes físicas que describen el estado de movimiento de la partícula en ningún momento, si no solo una distribución estadística. Por lo tanto no es posible asignar una trayectoria a una partícula. Lo que sí podemos decir es que hay una determinada probabilidad de que la partícula se encuentre en una determinada región del espacio en un momento determinado.

Ha de tenerse en cuenta que estos resultados solo afectan significativamente a la física subatómica, debido a la pequeñez de la constante de Planck (h). En el mundo macroscópico la indeterminación cuántica es despreciable y los resultados de las teorías físicas deterministas como la relatividad general de Einstein, siguen teniendo validez.

BLOQUE VI - CUESTIÓN

Calculamos la expresión del periodo de semidesintegración:

$$\boxed{N_0} \xrightarrow{t=T_{1/2}} \boxed{N = N_0/2} \qquad N = N_0 \cdot e^{-\lambda \cdot t} \Rightarrow$$

$$\Rightarrow \frac{\cancel{N_0}}{2} = \cancel{N_0} \cdot e^{-\lambda \cdot T_{1/2}} \Rightarrow \ln\left(\frac{1}{2}\right) = -\lambda \cdot T_{1/2} \Rightarrow T_{1/2} = \frac{\ln 2}{\lambda}$$

Por tanto:

$$\lambda = \frac{\ln 2}{T_{1/2}} = \frac{\ln 2}{30'8} \; s^{-1} \qquad\qquad t = 2 \, minutos = 120 \, s$$

Y así:

$$N = N_0 \cdot e^{-\lambda \cdot t} \Rightarrow N = 3 \cdot 10^{16} \cdot e^{-\frac{\ln 2}{30'8} \cdot (120)} = 2'015 \cdot 10^{15} \, núcleos$$

OPCIÓN B

BLOQUE I - CUESTIÓN

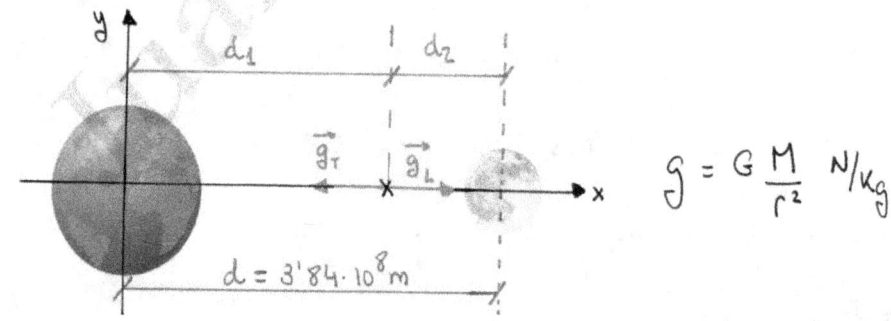

$$g = G \frac{M}{r^2} \; N/kg$$

Las distancias son $d_1 = \frac{2}{3} d = 2'56 \cdot 10^8 \, m$ y $d_2 = \frac{1}{3} d = 1'28 \cdot 10^8 \, m$

Y así, los campos $\vec{g_T}$ y $\vec{g_L}$:

©Juan Bertomeu Ferrer
www.bertoblog.com

$$g_T = G \cdot \frac{M_T}{d_1^2} = 6'67 \cdot 10^{-11} \cdot \frac{5'9 \cdot 10^{24}}{(2'56 \cdot 10^8)^2} = 6 \cdot 10^{-3} \, N/kg \quad \Rightarrow$$

$$\Rightarrow \vec{g_T} = (-6 \cdot 10^{-3}, \, 0) \, N/kg$$

$$g_L = G \cdot \frac{M_L}{d_2^2} = 6'67 \cdot 10^{-11} \cdot \frac{7'4 \cdot 10^{22}}{(1'28 \cdot 10^8)^2} = 3'01 \cdot 10^{-4} \, N/kg \quad \Rightarrow$$

$$\Rightarrow \vec{g_L} = (3'01 \cdot 10^{-4}, \, 0) \, N/kg$$

$$\Rightarrow \vec{g_{TOTAL}} = \vec{g_T} + \vec{g_L} = (-5'7 \cdot 10^{-3}, \, 0) \, N/kg$$

BLOQUE II - PROBLEMA

La ecuación general : $x(t) = A \cdot sen(\omega t + \varphi_0)$

Nuestra ecuación es: $x(t) = 0'6 \, sen(24\pi t) \, m$ (t en s)

Identificando, vemos que $A = 0'6 \, m$ y $\omega = 24\pi \, rad/s$

a) La constante elástica del oscilador:

$$F_{recuperadora} = -K \cdot x$$

$x = -A \qquad x = 0 \qquad x = A$

$$F = m \, a \quad \Rightarrow \quad -K \cdot x = m \cdot (-\omega^2 \cdot x) \quad \Rightarrow \quad K = m \cdot \omega^2$$

$$\Rightarrow K = 2 \cdot (24\pi)^2 = 1152 \, \pi^2 = 11369'78 \, N/m$$

La energía mecánica del oscilador:

$$E_M = \frac{1}{2} K \cdot A^2 = \frac{1}{2} \cdot 11369'78 \cdot 0'6^2 = 2046'56 \; J$$

b) Las energías cinética y potencial de la partícula que oscila son función de su elongación según:

$$\left. \begin{array}{l} E_{cinética} = \frac{1}{2} K \left(A^2 - x^2 \right) \\[2ex] E_{potencial} = \frac{1}{2} K x^2 \end{array} \right\} \quad Si \;\; E_{cinética} = E_{potencial} \;\; \Rightarrow$$

$$\Rightarrow \frac{1}{2} K \left(A^2 - x^2 \right) = \frac{1}{2} K x^2 \Rightarrow A^2 - x^2 = x^2 \Rightarrow$$

$$\Rightarrow 2x^2 = A^2 \Rightarrow x^2 = \frac{A^2}{2} \begin{array}{l} \nearrow \; x = -A/\sqrt{2} \;\;{}^{\nearrow \text{No sirve}} \\[2ex] \searrow \; \boxed{x = +A/\sqrt{2}} \end{array}$$

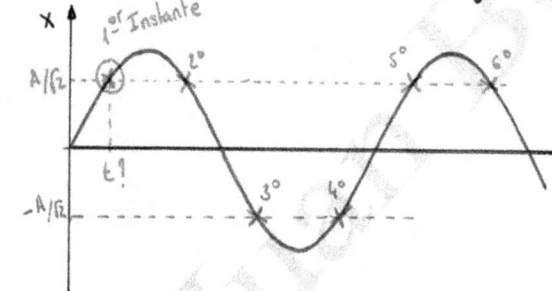

Solo nos sirve el valor positivo porque buscamos el primer instante en el que $E_c = E_p$, que tal y como vemos se produce en $x > 0$

Como $x(t) = 0'6 \, sen \, (24\pi t) \Rightarrow$

$$\Rightarrow \frac{0'6}{\sqrt{2}} = 0'6 \, sen \, (24\pi t) \Rightarrow 24\pi t = arc \, sen \left(\frac{1}{\sqrt{2}} \right) \Rightarrow$$

$$\Rightarrow 24\pi t = \boxed{\frac{\pi}{4}} \Rightarrow t = \frac{1}{96} \; s$$

Es la <u>primera solución</u> de la ecuación trigonométrica
<u>Primer instante</u> !!

BLOQUE III - CUESTIÓN

En un espejo cóncavo, las imágenes son reales al situar el objeto por detrás del foco. y solo son virtuales en el caso de situarlo por delante del foco.

Imágenes reales:

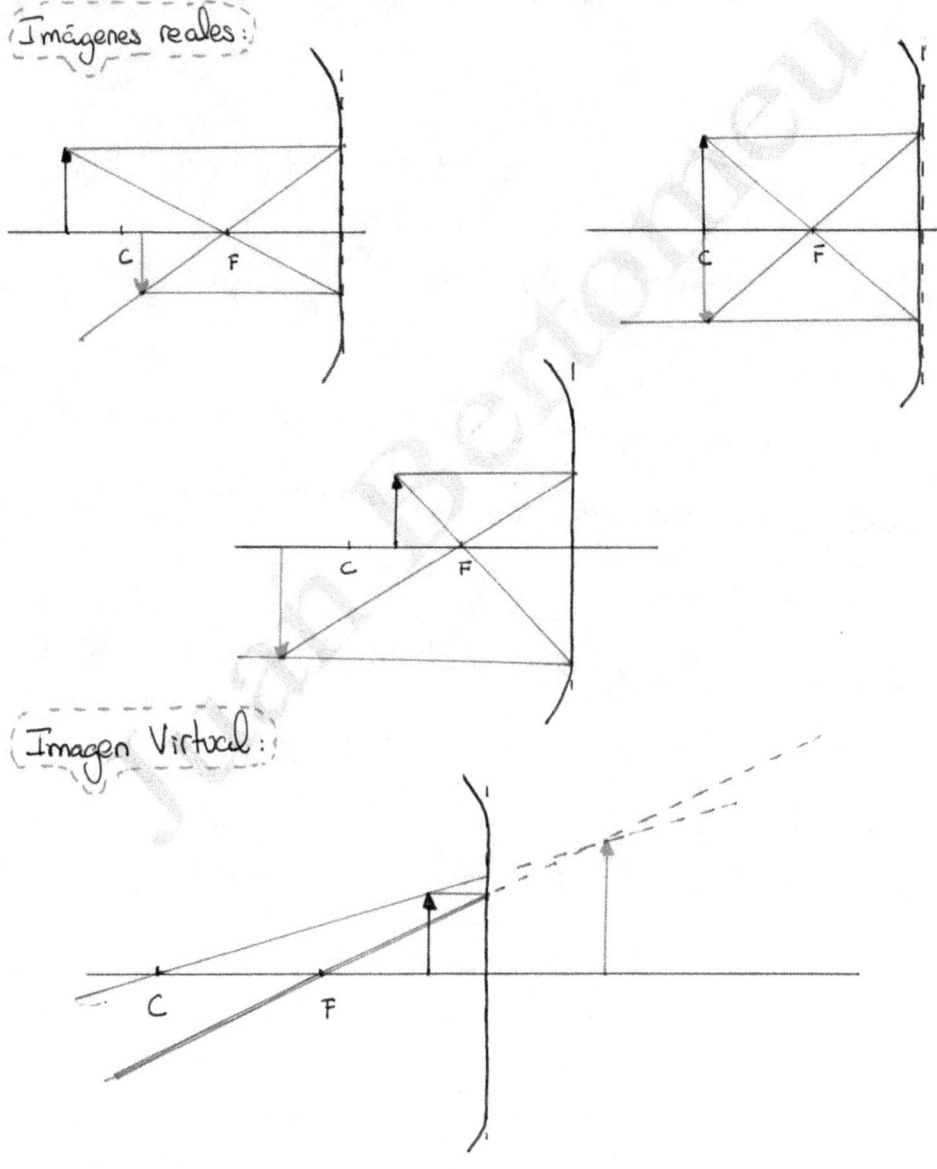

Imagen Virtual:

BLOQUE IV - CUESTIÓN

La variación de energía potencial será:

$$\Delta E_p = q \cdot \Delta V \Rightarrow E_{P_B} - E_{P_A} = q \cdot (V_B - V_A)$$

Como nos dicen que $V_A > V_B \Rightarrow V_B - V_A < 0$

Y Por tanto:

$$\text{Si } q > 0 \Rightarrow E_{P_B} - E_{P_A} = q \cdot (V_B - V_A) < 0 \Rightarrow E_{P_B} < E_{P_A}$$

$$\text{Si } q < 0 \Rightarrow E_{P_B} - E_{P_A} = q \cdot (V_B - V_A) > 0 \Rightarrow E_{P_B} > E_{P_A}$$

En resumen

- Si una carga $q > 0$ se traslada de un punto A a un punto B tales que $V_A > V_B$, su energía potencial disminuirá.

- Si una carga $q < 0$ se traslada de un punto A a un punto B tales que $V_A > V_B$, su energía potencial aumentará

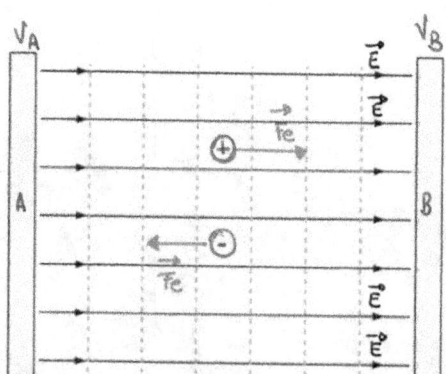

{BLOQUE V - PROBLEMA}

a) Si la velocidad es el 70% de la velocidad de la luz se tendrá que $V = 0'7c$.

El factor de Lorentz por tanto:

$$\gamma = \frac{1}{\sqrt{1 - \left(\frac{v}{c}\right)^2}} = \frac{1}{\sqrt{1 - \frac{0'7^2 \cdot c^2}{c^2}}} = \frac{1}{\sqrt{1 - 0'7^2}} = 1'4$$

La relación entre los tiempos medidos en un sistema de referencia ligado a la propia nave (Δt_p) y en un sistema de referencia en la Tierra es la dada por:

$$\Delta t = \gamma \cdot \Delta t_p = 1'4 \cdot 15 = 21 \text{ años}$$

Y como vemos, el tiempo transcurre más lentamente en el sistema de referencia ligado a la nave.

b)

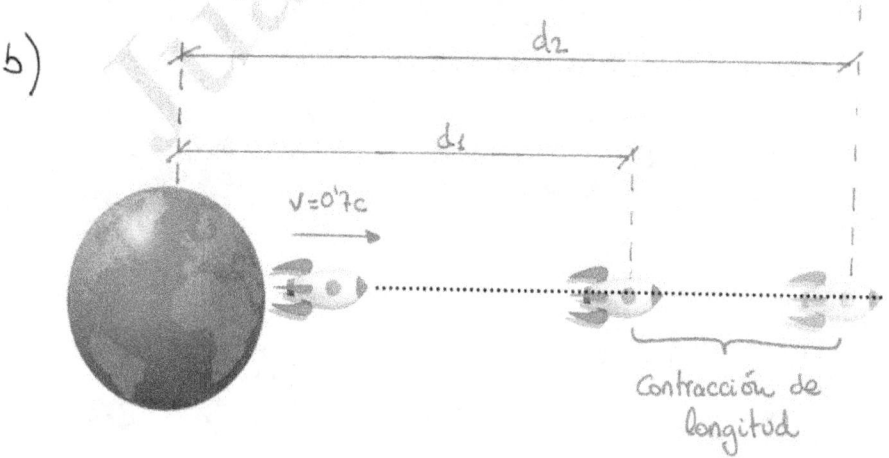

Contracción de longitud

d_1 = distancia recorrida viajando a 0'7c durante 15 años

d_2 = distancia recorrida viajando a 0'7c durante 21 años

Puesto que la velocidad de la nave es 0'7c, es imposible aceptar que cambia la medición del tiempo entre dos sistemas de referencia y que no lo hace la medición de la longitud cuando la velocidad (con la que la nave se aleja de la Tierra o bien, con la que la Tierra se aleja de la nave) es la misma en ambos sistemas de referencia. Es una consecuencia inevitable que las longitudes se contraigan si los tiempos se dilatan.

La distancia pedida es la distancia d_1 y por tanto $d_1 = v \cdot t = 0'7c \cdot 15$ años $= 10'5$ años luz

(*Nota) Dado que $d_2 = v \cdot t = 0'7c \cdot 21$ años $= 14'7$ años luz, puedes comprobar fácilmente como la relación entre esas longitudes d_1 y d_2 es el mismo factor γ que relacionaba Δt y Δt_p

$$\frac{d_2}{d_1} = \frac{14'7}{10'5} = 1'4 = \gamma \Rightarrow \boxed{d_1 = \frac{1}{\gamma} \cdot d_2} \quad \text{Contracción del espacio.}$$

BLOQUE VI - CUESTIÓN

La energía del fotón en Julios:

$$E_{fotón} = 10^8 eV \times \frac{1'6 \cdot 10^{-19} J}{1 \; eV} = 1'6 \cdot 10^{-11} J$$

Según la hipótesis cuántica de Planck, la energía de un fotón viene dada por:

$$E_{fotón} = h \cdot \frac{c}{\lambda} \Rightarrow \lambda_{fotón} = \frac{hc}{E} = \frac{6'63 \cdot 10^{-34} \cdot 3 \cdot 10^8}{1'6 \cdot 10^{-11}} = 1'24 \cdot 10^{-14} m$$

y como $\lambda_{e^-} = \lambda_{fotón} \Rightarrow \lambda_{e^-} = 1'24 \cdot 10^{-14} m$

La longitud de onda de De Broglie del electrón viene dada por:

$$\lambda_{e^-} = \frac{h}{P} \Rightarrow p = \frac{h}{\lambda_{e^-}} = \frac{6'63 \cdot 10^{-34}}{1'24 \cdot 10^{-14}} = 5'35 \cdot 10^{-20} \; kg \cdot m/s$$

Ahora tenemos que decidir si podemos despreciar los efectos relativistas o no. Si la cantidad de movimiento que acabamos de calcular fuese NO RELATIVISTA:

$$P = m_0 \cdot v \Rightarrow v = \frac{P}{m_0} = \frac{5'35 \cdot 10^{-20}}{9'1 \cdot 10^{-31}} = 5'88 \cdot 10^{10} \; m/s$$

Como vemos esto es imposible $(v > c!!)$, lo que nos indica que NO SE PUEDEN DESPRECIAR LOS EFECTOS RELATIVISTAS y que la cantidad de movimiento

PÁGINA 13

calculada es relativista :

$$P = 5'35 \cdot 10^{-20} = \boxed{m} \, v$$

$\hookrightarrow$ masa relativista !!! $m = \gamma m_0$

Veamos ahora como relacionar dicha cantidad de movimiento relativista con la energía total relativista:

$$E = m \cdot c^2 = \gamma m_0 \cdot c^2 = \frac{m_0}{\sqrt{1 - v^2/c^2}} \cdot c^2 \implies$$

$\uparrow$ elevamos al cuadrado

$$\implies E^2 = \frac{m_0^2 \cdot c^4}{1 - v^2/c^2} \implies E^2 \cdot \left(1 - \frac{v^2}{c^2}\right) = m_0^2 \cdot c^4 \implies$$

$$\implies E^2 - E^2 \cdot \frac{v^2}{c^2} = m_0^2 \cdot c^4 \implies E^2 - m^2 \cdot c^{4^2} \cdot \frac{v^2}{c^2} = m_0^2 \cdot c^4 \implies$$

$\uparrow$ $E = m \cdot c^2$

$$\implies E^2 - m^2 \cdot v^2 \cdot c^2 = m_0^2 \cdot c^4 \implies E^2 - p^2 \cdot c^2 = m_0^2 \cdot c^4 \implies$$

$p = m \cdot v$

$$\implies E^2 = p^2 \cdot c^2 + m_0^2 \cdot c^4 \implies E = \sqrt{p^2 c^2 + m_0^2 \cdot c^4}$$

Por otro lado, sabemos que $E_{TOTAL} = E_{reposo} + E_{cinética} \implies$

$$\implies E_C = E - E_0 = \sqrt{p^2 c^2 + m_0^2 \cdot c^4} - m_0 \cdot c^2$$

Sustituyendo, tendremos la energía cinética pedida:

$$E_C = \sqrt{(5'35 \cdot 10^{-20})^2 \cdot (3 \cdot 10^8)^2 + (9'1 \cdot 10^{-31})^2 \cdot (3 \cdot 10^8)^4} - 9'1 \cdot 10^{-31} \cdot (3 \cdot 10^8)^2 =$$

PÁGINA 14

$$= \sqrt{2'58 \cdot 10^{-22} + 6'71 \cdot 10^{-27}} - 8'19 \cdot 10^{-14} = 1'6 \cdot 10^{-11} \, J$$

$$\Rightarrow E_c = 1'6 \cdot 10^{-11} \, J \times \frac{1 \, eV}{1'6 \cdot 10^{-19} \, J} = 1 \cdot 10^{8} \, eV$$

GENERALITAT VALENCIANA
CONSELLERIA D'EDUCACIÓ,
FORMACIÓ I OCUPACIÓ

COMISSIÓ GESTORA DE LES PROVES D'ACCÉS A LA UNIVERSITAT

COMISIÓN GESTORA DE LAS PRUEBAS DE ACCESO A LA UNIVERSIDAD

SISTEMA UNIVERSITARI VALENCIÀ
SISTEMA UNIVERSITARIO VALENCIANO

PROVES D'ACCÉS A LA UNIVERSITAT	PRUEBAS DE ACCESO A LA UNIVERSIDAD
CONVOCATÒRIA: JUNY 2012	CONVOCATORIA: JUNIO 2012
FÍSICA	FÍSICA

BAREMO DEL EXAMEN: La puntuación máxima de cada problema es de 2 puntos y la de cada cuestión de 1,5 puntos.

Cada estudiante podrá disponer de una calculadora científica no programable y no gráfica. Se prohíbe su utilización indebida (almacenamiento de información). Se utilice o no la calculadora, los resultados deberán estar siempre debidamente justificados.

OPCIÓN A

BLOQUE I – CUESTIÓN

El módulo del campo gravitatorio de la Tierra en su superficie es una constante de valor g_0. Calcula a qué altura h desde la superficie el valor del campo se reduce a la cuarta parte de g_0. Realiza primero el cálculo teórico y después el numérico, utilizando <u>únicamente</u> este dato: radio de la Tierra, $R_T = 6370$ km.

BLOQUE II - PROBLEMA

Dos fuentes de ondas armónicas transversales están situadas en las posiciones $x = 0$ m y $x = 2$ m. Las dos fuentes generan ondas que se propagan a una velocidad de 8 m/s a lo largo del eje OX con amplitud 1 cm y frecuencia 0,5 Hz. La fuente situada en $x = 2$ m emite con una diferencia de fase de $+\pi/4$ rad con respecto a la situada en $x = 0$ m.

a) Escribe la ecuación de ondas resultante de la acción de estas dos fuentes. (1 punto)
b) Suponiendo que sólo se tiene la fuente situada en $x = 0$ m, calcula la posición de al menos un punto en el que el desplazamiento transversal sea $y = 0$ m en el instante $t = 2$ s. (1 punto)

BLOQUE III - CUESTIÓN

Las fibras ópticas son varillas delgadas de vidrio que permiten la propagación y el guiado de la luz por su interior, de forma que ésta entra por un extremo y sale por el opuesto pero no escapa lateralmente, tal como ilustra la figura. Explica brevemente el fenómeno que permite su funcionamiento, utilizando la ley física que lo justifica.

BLOQUE IV – PROBLEMA

Una carga puntual de valor $q_1 = 3$ mC se encuentra situada en el origen de coordenadas mientras que una segunda carga, q_2, de valor desconocido, se encuentra situada en el punto (4, 0) m. Estas cargas crean conjuntamente un potencial de $18 \cdot 10^6$ V en el punto P (0, 3) m. Calcula la expresión teórica y el valor numérico de:

a) La carga q_2. (1 punto)
b) El campo eléctrico total creado por ambas cargas en el punto P. Representa gráficamente los vectores campo de cada carga y el vector campo total. (1 punto)

Dato: Constante de Coulomb, $k = 9 \cdot 10^9$ N·m^2/ C^2

BLOQUE V – CUESTIÓN

Un haz de luz tiene una longitud de onda de 550 nm y una intensidad luminosa de 10 W/m^2. Sabiendo que la intensidad luminosa es la potencia por unidad de superficie, calcula el número de fotones por segundo y metro cuadrado que constituyen ese haz. Realiza primero el cálculo teórico, justificándolo brevemente, y después el cálculo numérico.

Datos: Constante de Planck, $h = 6,63 \cdot 10^{-34}$ J·s ; velocidad de la luz, $c = 3 \cdot 10^8$ m/s.

BLOQUE VI - CUESTIÓN

Escribe los dos postulados de la teoría de la relatividad especial de Einstein, también conocida como teoría de la relatividad restringida. Explica brevemente su significado.

GENERALITAT VALENCIANA

CONSELLERIA D'EDUCACIÓ, FORMACIÓ I OCUPACIÓ

COMISSIÓ GESTORA DE LES PROVES D'ACCÉS A LA UNIVERSITAT

COMISIÓN GESTORA DE LAS PRUEBAS DE ACCESO A LA UNIVERSIDAD

SISTEMA UNIVERSITARI VALENCIÀ
SISTEMA UNIVERSITARIO VALENCIANO

PROVES D'ACCÉS A LA UNIVERSITAT	PRUEBAS DE ACCESO A LA UNIVERSIDAD
CONVOCATÒRIA: JUNY 2012	CONVOCATORIA: JUNIO 2012
FÍSICA	FÍSICA

BAREMO DEL EXAMEN: La puntuación máxima de cada problema es de 2 puntos y la de cada cuestión de 1,5 puntos.

Cada estudiante podrá disponer de una calculadora científica no programable y no gráfica. Se prohíbe su utilización indebida (almacenamiento de información). Se utilice o no la calculadora, los resultados deberán estar siempre debidamente justificados.

OPCIÓN B

BLOQUE I – CUESTIÓN

Se sabe que la energía mecánica de la Luna en su órbita alrededor de la Tierra aumenta con el tiempo. Escribe la expresión de la energía mecánica de la Luna en función del radio de su órbita, y discute si se está alejando o acercando a la Tierra. Justifica la respuesta prestando especial atención a los signos de las energías.

BLOQUE II – CUESTIÓN

Explica las diferencias existentes entre las ondas longitudinales y las ondas transversales. Describe un ejemplo de cada una de ellas, razonando brevemente por qué pertenece a un tipo u otro.

BLOQUE III - PROBLEMA

Se quiere utilizar una lente delgada convergente, cuya distancia focal es de 20 cm, para obtener una imagen real que sea tres veces mayor que el objeto.

a) Calcula la distancia del objeto a la lente. (1 punto)
b) Dibuja el diagrama de rayos, indica claramente el significado de cada uno de los elementos y distancias del dibujo y explica las características de la imagen resultante. (1 punto)

BLOQUE IV – CUESTIÓN

Una carga eléctrica entra, con velocidad $\vec{v}$ constante, en una región del espacio donde existe un campo magnético uniforme cuya dirección es perpendicular al plano del papel. ¿Cuál es el signo de la carga eléctrica si ésta se desvía en el campo siguiendo la trayectoria indicada en la figura? Justifica la respuesta.

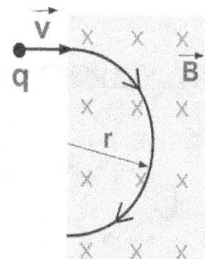

BLOQUE V – PROBLEMA

Considera una partícula α y un protón con la misma longitud de onda asociada de De Broglie. Supón que ambas partículas se mueven a velocidades cercanas a la velocidad de la luz. Calcula la relación que existe entre:

a) Las velocidades de ambas partículas (1 punto)
b) Las energías totales de ambas partículas. Una vez realizado el cálculo teórico, sustituye para el caso en el que la velocidad del protón sea 0,4c. (1 punto)

BLOQUE VI – CUESTIÓN

Representa gráficamente, de forma aproximada, la energía de enlace por nucleón en función del número másico de los diferentes núcleos atómicos y razona, utilizando dicha gráfica, por qué es posible obtener energía mediante reacciones de fusión y de fisión nuclear.

{ OPCIÓN A }

{ BLOQUE I - CUESTIÓN }

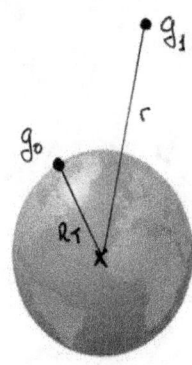

$g_1 = \dfrac{1}{4} \cdot g_0 \implies$

$\implies G \cdot \dfrac{M}{r^2} = \dfrac{1}{4} \cdot \dfrac{G \cdot M}{R_T^2} \implies r^2 = 4 R_T^2 \implies$

$\implies r = \sqrt{4 R_T^2} = 2 R_T$

Como $r = R_T + h \implies h = r - R_T \implies$

$\implies h = 2 R_T - R_T = R_T = 6370 \, Km$

{ BLOQUE II - PROBLEMA }

Tenemos dos focos de ondas en $x = 0 \, m$ y en $x = 2 \, m$

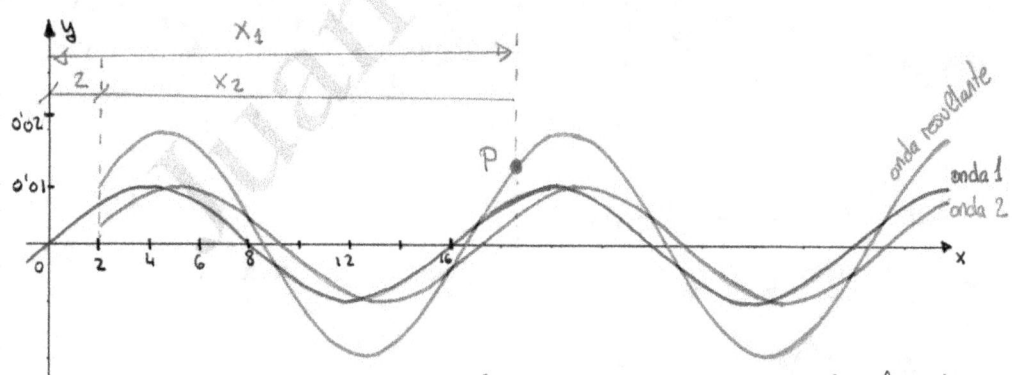

Vamos a suponer que la onda generada por la fuente en $x = 0m$ (onda 1) y la onda generada por la fuente en $x = 2m$ (onda 2) se superponen en punto P cualquiera

PÁGINA 1

que tenga $x \geqslant 2$ (es decir, ambas emiten en el sentido positivo del eje X y se interfieren cuando las ondas del foco 1 alcanzan a las del foco 2).

Veamos las ecuaciones de estas dos ondas:

$A = 1 cm = 0'01 m$

$f = 0'5 Hz \Rightarrow \omega = 2\pi f = \pi \ rad/s$

$v_p = \lambda \cdot f \Rightarrow 8 = \lambda \cdot 0'5 \Rightarrow \lambda = 16 \ m \Rightarrow K = \dfrac{2\pi}{\lambda} = \dfrac{2\pi}{16} = \dfrac{\pi}{8} \ rad/m$

$\varphi_{0_2} = +\dfrac{\pi}{4} \ rad$

Onda 1: $y_1(x,t) = A \cdot sen(\omega t - k x_1)$

Onda 2: $y_2(x,t) = A \cdot sen(\omega t - k x_2 + \varphi_{0_2})$

$\Rightarrow \begin{cases} y_1(x,t) = 0'01 \ sen\left(\pi t - \dfrac{\pi}{8} x_1\right) \ m \\[3mm] y_2(x,t) = 0'01 \ sen\left(\pi t - \dfrac{\pi}{8} x_2 + \dfrac{\pi}{4}\right) = 0'01 \ sen\left(\pi t - \dfrac{\pi}{8}(x_1 - 2) + \dfrac{\pi}{4}\right) = \\[3mm] \qquad = 0'01 \ sen\left(\pi t - \dfrac{\pi}{8} x_1 + \dfrac{\pi}{4} + \dfrac{\pi}{4}\right) = 0'01 \ sen\left(\pi t - \dfrac{\pi}{8} x_1 + \dfrac{\pi}{2}\right) \ m \end{cases}$

La superposición de estas dos ondas en cualquier punto P más allá del foco 2 ($x_P > 2$) será la suma de estas ecuaciones. Así:

$$y_{resultante}(x,t) = y_1(x,t) + y_2(x,t) \Rightarrow$$

PÁGINA 2

$\Rightarrow y_{TOTAL}(x_1, t) = 0'01 \, sen\left(\pi t - \frac{\pi}{8} x_1\right) + 0'01 \, sen\left(\pi t - \frac{\pi}{8} x_1 + \frac{\pi}{2}\right) \Rightarrow$

$\Rightarrow y_{TOTAL}(x_1, t) = 0'01 \cdot \left[sen\left(\pi t - \frac{\pi}{8} x_1\right) + sen\left(\pi t - \frac{\pi}{8} x_1 + \frac{\pi}{2}\right) \right] \Rightarrow$

$\Rightarrow sen(\alpha) + sen(\beta) = 2 \cdot \cos\left(\frac{\alpha - \beta}{2}\right) \cdot sen\left(\frac{\alpha + \beta}{2}\right) \Rightarrow$

$\Rightarrow y_{TOTAL}(x_1, t) = 0'01 \cdot 2 \cdot \cos\left(\frac{\pi t - \frac{\pi}{8} x_1 - \left(\pi t - \frac{\pi}{8} x_1 + \frac{\pi}{2}\right)}{2}\right) sen\left(\frac{\pi t - \frac{\pi}{8} x_1 + \pi t - \frac{\pi}{8} x_1 + \frac{\pi}{2}}{2}\right)$

$\Rightarrow y_{TOTAL}(x_1, t) = 0'02 \cdot \cos\left(-\frac{\pi}{4}\right) sen\left(\pi t - \frac{\pi}{8} x_1 + \frac{\pi}{4}\right)$

$\Downarrow \cos(-\alpha) = \cos(\alpha)$

$\boxed{y_{TOTAL}(x_1, t) = 0'02 \cos\left(\frac{\pi}{4}\right) sen\left(\pi t - \frac{\pi}{8} x_1 + \frac{\pi}{4}\right) \quad m}$

Como vemos, efectivamente la suma de las ondas viajeras que se propagan <u>en el mismo sentido</u> con la misma frecuencia y amplitud es una nueva onda viajera con un desfase que es la media de los desfases y cuya amplitud depende de dicho desfase.

Es importante aclarar que si el punto P considerado lo hubieramos puesto entre las dos fuentes (esto es, que sea $0 \leq x_P < 2$, propagándose la onda de la segunda

PÁGINA 3

fuente hacia la izquierda en sentido opuesto a la primera) las ondas hubieran tenido por ecuación:

$$y_1(x,t) = 0'01 \, sen\left(\pi t - \frac{\pi}{8}x_1\right) m$$

$$y_2(x,t) = 0'01 \, sen\left(\pi t + \frac{\pi}{8}x_2 + \frac{\pi}{4}\right) m \Rightarrow$$

↳ Se propaga en sentido opuesto

$$\Rightarrow y_2(x,t) = 0'01 \, sen\left(\pi t + \frac{\pi}{8}(x_1 - 2) + \frac{\pi}{4}\right) =$$

$$= 0'01 \, sen\left(\pi t + \frac{\pi}{8}x_1 - \frac{\pi}{4} + \frac{\pi}{4}\right) = 0'01 \, sen\left(\pi t + \frac{\pi}{8}x_1\right) m$$

Y así, la superposición:

$$y_{TOTAL}(x,t) = y_1(x,t) + y_2(x,t) \Rightarrow$$

$$\Rightarrow y_{TOTAL}(x,t) = 0'01 \, sen\left(\pi t - \frac{\pi}{8}x_1\right) + 0'01 \, sen\left(\pi t + \frac{\pi}{8}x_1\right) \Rightarrow$$

$$\Rightarrow y_{TOTAL}(x,t) = 0'01\left[sen\left(\pi t - \frac{\pi}{8}x_1\right) + sen\left(\pi t + \frac{\pi}{8}x_1\right)\right] \Rightarrow$$

$$\Downarrow sen(\alpha) + sen(\beta) = 2 \cdot cos\left(\frac{\alpha - \beta}{2}\right) \cdot sen\left(\frac{\alpha + \beta}{2}\right)$$

$$\Rightarrow y_T(x,t) = 0'01 \cdot 2 \, cos\left(\frac{\pi t - \frac{\pi}{8}x_1 - \left(\pi t + \frac{\pi}{8}x_1\right)}{2}\right) \cdot sen\left(\frac{\pi t - \frac{\pi}{8}x_1 + \pi t + \frac{\pi}{8}x_1}{2}\right)$$

$$\Rightarrow y_T(x,t) = 0'02 \cdot cos\left(-\frac{\pi}{8}x_1\right) \cdot sen(\pi t)$$

$$\Downarrow cos(-\alpha) = cos(\alpha)$$

$$\Rightarrow \boxed{y_T(x,t) = 0'02 \cdot cos\left(\frac{\pi}{8}x_1\right) \cdot sen(\pi t) \; m}$$

PÁGINA 4

Como vemos, la ecuación obtenida no es la ecuación de un onda viajera, sino que cada punto P del medio (con $0 \leq x_p < 2$) describe un movimiento armónico simple de amplitud variable $A_{resultante} = 0'02 \cdot \cos\left(\frac{\pi}{8} x_1\right)$

Se confirma pues que la suma de las ondas viajeras que se propagan en <u>sentidos contrarios</u> no es una nueva onda viajera, pues el movimiento que tiene cada punto P $\left(con\ 0 \leq x_p < 2\right)$ no se propaga a los puntos vecinos. Este fenómeno se conoce por ONDAS ESTACIONARIAS. Comprenderéis mucho mejor la resolución de este ejercicio si veis el vídeo que hay en la casilla correspondiente en HBertoBlog.

b) Ya hemos visto que la ecuación de la onda que emite la fuente situada en $x = 0m$ es:

$$y(x,t) = 0'01 \cdot sen\left(\pi t - \frac{\pi}{8} x\right) m$$

En el instante $t = 2s$ se tiene:

$$y(x) = 0'01 \ sen \left(2\pi - \frac{\pi}{8}x\right) \ m$$

Si queremos que se tenga elongación nula:

$$y(x) = 0 \Rightarrow 0'01 \ sen \left(2\pi - \frac{\pi}{8}x\right) = 0 \Rightarrow sen \left(2\pi - \frac{\pi}{8}x\right) = 0 \Rightarrow$$

$$\Rightarrow 2\pi - \frac{\pi}{8}x = n \cdot \pi \quad con \quad n = 0, 1, 2, \ldots \Rightarrow$$

$$\Rightarrow 2 - n = \frac{1}{8}x \Rightarrow x = 8 \cdot (2-n) \quad con \quad n = \{0, 1, 2\}$$

Si $n = 0 \rightarrow x = 16 \ m$
Si $n = 1 \rightarrow x = 8 \ m$
Si $n = 2 \rightarrow x = 0 \ m$

Estos son los tres únicos puntos que tienen elongación nula en $t = 2s$. ya que en $t = 2s$, la onda ha

recorrido una distancia de $e = v_p \cdot t = 8 \cdot 2 = 16 \ m$ y por tanto, los puntos que tengan $x > 16 \ m$ todavia no habrán empezado a oscilar en $t = 2s$.

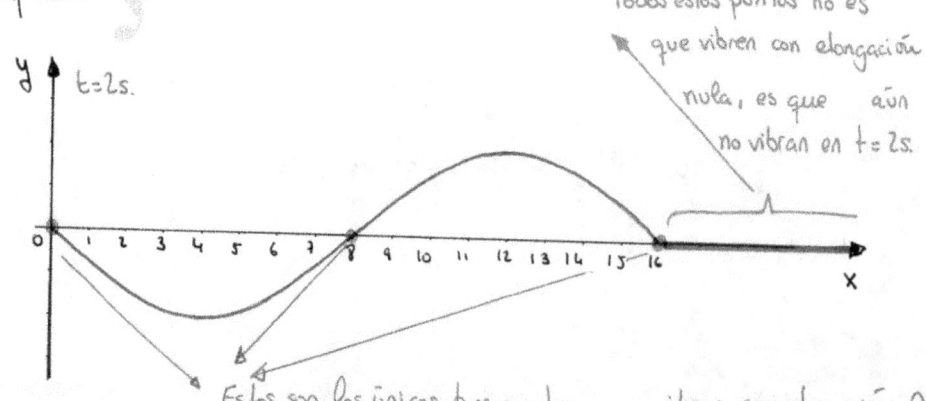

Todos estos puntos no es que vibren con elongación nula, es que aún no vibran en $t = 2s$.

y, $t = 2s$.

Estos son los únicos tres puntos que vibran con elongación 0.

©Juan Bertomeu Ferrer
www.bertoblog.com

BLOQUE III - CUESTIÓN

El fenómeno que permite el funcionamiento es el de la REFLEXIÓN TOTAL. Cuando un rayo de luz pasa de un medio a otro en el que se propaga con mayor velocidad ($n_1 > n_2$) el rayo refractado se "aleja" de la normal. Si el ángulo de incidencia se hace mayor, también crece el ángulo de refracción. Para un ángulo determinado (llamado ÁNGULO LÍMITE) el rayo refractado presenta un ángulo de refracción de 90°. Para ángulos de incidencia superiores al ángulo límite, se produce la reflexión total.

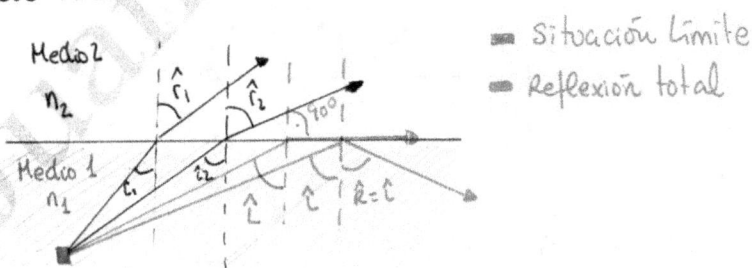

— Situación límite
— Reflexión total

En la fibra óptica, cada filamento consta de un núcleo central con un alto índice de refracción, que está rodeado de un revestimiento con un índice de refracción ligeramente menor. Cuando la luz llega a la superficie que separa núcleo y revestimiento se produce la reflexión total prevista en la ley de Snell, quedando el haz de luz completamente confinado en el interior de la fibra, propagándose con un ángulo de reflexión superior al ángulo límite.

{BLOQUE IV - PROBLEMA}

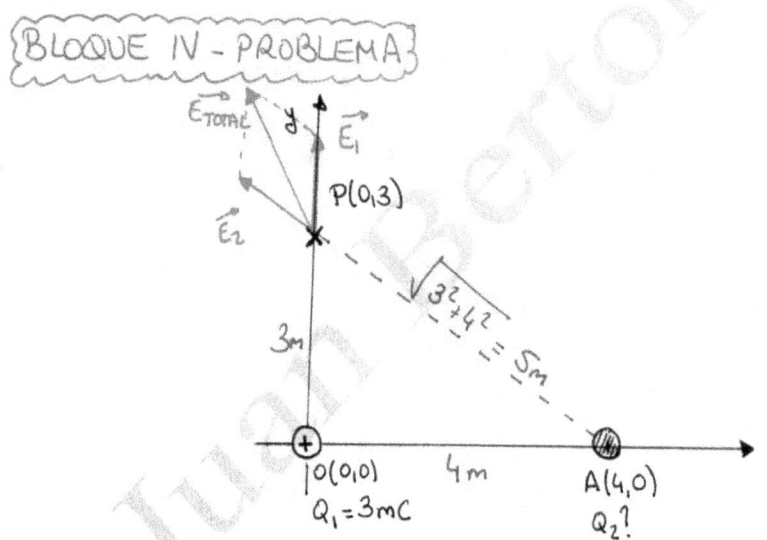

a) El potencial en P es un dato $\Rightarrow V_p = 18 \cdot 10^6 \, V$, y por tanto:

$$V_p = V_{P_{Q_1}} + V_{P_{Q_2}} = K \frac{Q_1}{r_1} + K \frac{Q_2}{r_2} \Rightarrow 18 \cdot 10^6 = 9 \cdot 10^9 \left(\frac{3 \cdot 10^{-3}}{3} + \frac{Q_2}{5} \right)$$

$$\Rightarrow 2 \cdot 10^{-3} = 10^{-3} + \frac{Q_2}{5} \Rightarrow Q_2 = 5 \cdot 10^{-3} C = 5 \, mC$$

PÁGINA 8

b) <u>Campo $\vec{E_1}$:</u>

$\vec{OP} = (0,3) - (0,0) = (0,3)$

$|\vec{OP}| = r_1 = \sqrt{3^2} = 3m$

$\vec{u_{r_1}} = \dfrac{1}{|\vec{OP}|} \cdot \vec{OP} = (0,1)$

$\vec{E_1} = K \dfrac{Q_1}{r_1^2} \cdot \vec{u_{r_1}} = 9 \cdot 10^9 \cdot \dfrac{3 \cdot 10^{-3}}{3^2} \cdot (0,1) = (0, 3 \cdot 10^6) \; N/c$

<u>Campo $\vec{E_2}$:</u>

$\vec{AP} = (0,3) - (4,0) = (-4,3)$

$|\vec{AP}| = r_2 = \sqrt{4^2 + 3^2} = 5m$

$\vec{u_{r_2}} = \dfrac{1}{|\vec{AP}|} \cdot \vec{AP} = \left(-\dfrac{4}{5}, \dfrac{3}{5}\right)$

$\vec{E_2} = K \cdot \dfrac{Q_2}{r_2^2} \cdot \vec{u_{r_2}} = 9 \cdot 10^9 \cdot \dfrac{5 \cdot 10^{-3}}{5^2} \cdot \left(-\dfrac{4}{5}, \dfrac{3}{5}\right) = (-1'44 \cdot 10^6, 1'08 \cdot 10^6) N/c$

$\Rightarrow \vec{E_{TOTAL}} = \vec{E_1} + \vec{E_2} = (-1'44 \cdot 10^6, 4'08 \cdot 10^6) \; N/c$

BLOQUE V - CUESTION

La energía de un fotón del haz de luz será:

$E = h \cdot f = h \cdot \dfrac{c}{\lambda} = 6'63 \cdot 10^{-34} \cdot \dfrac{3 \cdot 10^8}{550 \cdot 10^{-9}} = 3'62 \cdot 10^{-19} \; J$

Y Por tanto:

$I = 10 \; W/m^2 \times \dfrac{1 J/s}{1 W} \times \dfrac{1 \text{ fotones}}{3'62 \cdot 10^{-19} J} = 2'76 \cdot 10^{19} \; \dfrac{\text{fotones}}{s \cdot m^2}$

{ BLOQUE VI - CUESTIÓN }

Los dos postulados de la relatividad especial son:

① Las leyes que rigen los fenómenos físicos son idénticas en todos los sistemas de referencia inerciales.

Esto viene a decirnos que sólo se pueden medir movimientos relativos de los sistemas inerciales, no existiendo ningún punto en el universo que pueda considerarse en reposo absoluto.

② La velocidad de la luz en el vacío es una constante universal que es independiente del estado de movimiento de la fuente de luz, así como del estado de movimiento del observador.

Asumir que la velocidad es una magnitud fundamental y constante y no una derivada, implicará que dos fenómenos simultáneos en un sistema de referencia, no tienen porqué serlo en otro que se mueve con respecto al primero, así como las ya estudiadas contracciones de longitud y dilataciones temporales.

PÁGINA 10

OPCIÓN B

BLOQUE I - CUESTIÓN

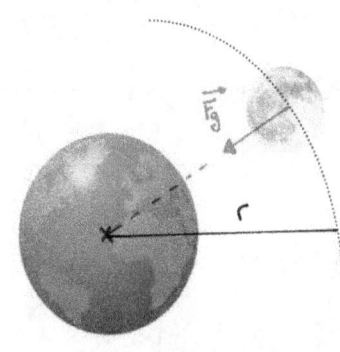

obtengamos primero la
expresión de la velocidad de
órbita:

$$F_g = m \cdot a_N \Rightarrow$$

$$\Rightarrow G \frac{Mm}{r^2} = m \cdot \frac{v^2}{r} \Rightarrow v^2 = \frac{GM}{r}$$

La energía mecánica será:

$$E_{Mecánica} = E_{Potencial} + E_{cinética} = - G \frac{Mm}{r} + \frac{1}{2} m \cdot v^2 \Rightarrow$$

$$\Rightarrow E_M = - G \frac{Mm}{r} + \frac{1}{2} m \cdot \frac{GM}{r} = G \frac{Mm}{r} \left(-1 + \frac{1}{2} \right) = - \frac{1}{2} G \frac{Mm}{r}$$

$\uparrow$
$v^2 = \frac{GM}{r}$

Como nos dicen que la energía mecánica aumenta:

$$E_{M_2} > E_{M_1} \Rightarrow - \frac{1}{2} G \frac{Mm}{r_2} > - \frac{1}{2} G \frac{Mm}{r_1} \Rightarrow$$

$$\Rightarrow - \frac{1}{r_2} > - \frac{1}{r_1} \Rightarrow \frac{1}{r_2} < \frac{1}{r_1} \Rightarrow r_1 < r_2 \Rightarrow r_2 > r_1$$

$\Rightarrow$ Por tanto, se está alejando.

BLOQUE II - CUESTIÓN

Una onda es la propagación de una perturbación que se transmite a través de un medio material (ondas mecánicas) transportando energía. El efecto de esta perturbación sobre las partículas del medio perturbado es que éstas oscilan de forma armónica respecto a su posición de equilibrio.

La rapidez con la que esa energía (perturbación) se propaga de unas partículas del medio a las siguientes es lo que llamamos velocidad de propagación. Por otro lado, llamamos velocidad de vibración a la rapidez con la que las partículas del medio perturbado oscilan alrededor de su posición de equilibrio.

Las ONDAS TRANSVERSALES son aquellas en que las partículas oscilan con la velocidad de vibración perpendicular a la velocidad de propagación. Son ondas transversales las que se producen al agitar el extremo de una cuerda.

PÁGINA 12

Las ONDAS LONGITUDINALES son aquellas en las que las partículas oscilan con la velocidad de vibración paralela a la velocidad de propagación. El ejemplo más característico de onda longitudinal lo constituyen las ondas sonoras.

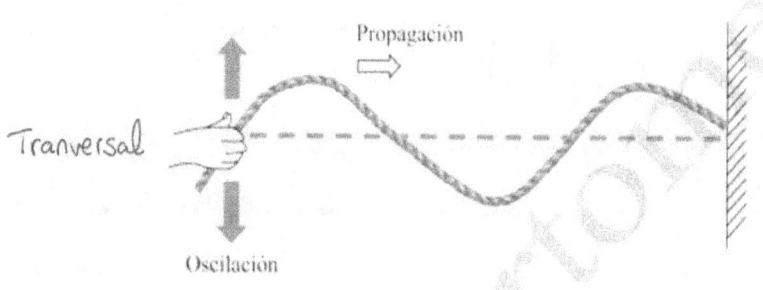

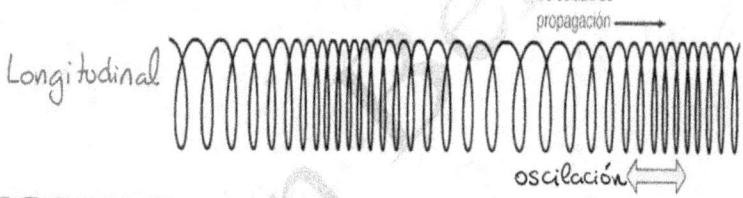

{BLOQUE III - PROBLEMA}

Sabemos que cuando se forma una imagen real en una lente convergente, ésta resulta ser invertida. Así:

$$A_L = -3 \xrightarrow{\text{Invertida!!}} A_L = \frac{s'}{s} \Rightarrow -3 = \frac{s'}{s} \Rightarrow s' = -3s$$

De la ecuación de las lentes:

$$\frac{1}{s'} - \frac{1}{s} = \frac{1}{f'} \Rightarrow \frac{1}{-3s} - \frac{1}{s} = \frac{1}{20} \Rightarrow \frac{-4}{3s} = \frac{1}{20} \Rightarrow$$

$$\Rightarrow -80 = 3s \Rightarrow s = -\frac{80}{3} \text{ cm}$$

PÁGINA 13

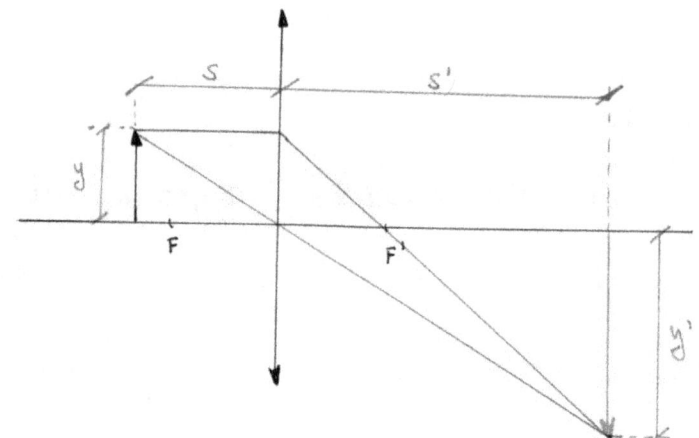

Como vemos, se trata de una imagen real, mayor, e invertida.

BLOQUE IV - CUESTIÓN

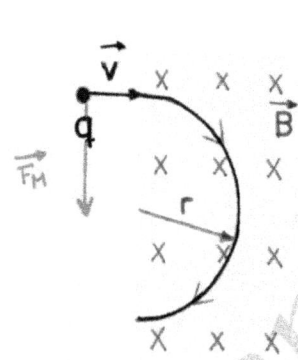

Razonando con la regla de la mano, es fácil ver que, para una carga positiva, el sentido de la rotación hubiera sido antihorario, y que por tanto, al ser horario en este caso, la carga tiene que ser negativa $\Rightarrow q < 0$

A la misma conclusión hubieramos llegado con:

$\Rightarrow$ Los vectores representados $\Rightarrow$ $\begin{cases} \vec{V} = +V\,\vec{\imath} \\ \vec{B} = -B\,\vec{k} \\ \vec{F_M} = -F_M\,\vec{\jmath} \end{cases}$

Según la ley de Lorentz:

$$\vec{F_M} = q\,(\vec{V} \times \vec{B}) \Rightarrow (0, -F_M, 0) = q \begin{vmatrix} \vec{\imath} & \vec{\jmath} & \vec{k} \\ V & 0 & 0 \\ 0 & 0 & -B \end{vmatrix} = (0, q\,VB, 0)$$

$$\Rightarrow -F_M = q \cdot VB \Rightarrow q < 0$$

PÁGINA 14

{BLOQUE V - PROBLEMA}

Partícula $\alpha \longrightarrow {}_{2}^{4}He$

Protón $\longrightarrow {}_{1}^{1}p$

$\Big\} \Rightarrow m_{\alpha} = 4\, m_{p}$

a) La longitud de onda de De Broglie $\Rightarrow \lambda = \dfrac{h}{m \cdot v}$. Si

ambas partículas tienen la misma:

$$\lambda_{\alpha} = \lambda_{p} \Rightarrow \frac{h}{m_{\alpha} \cdot v_{\alpha}} = \frac{h}{m_{p} \cdot v_{p}} \Rightarrow m_{\alpha} \cdot v_{\alpha} = m_{p} \cdot v_{p} \Rightarrow$$

$\Rightarrow 4\, m_{p} \cdot v_{\alpha} = m_{p} \cdot v_{p} \Rightarrow v_{p} = 4 \cdot v_{\alpha}$ Se han despreciado en este apartado los efectos relativistas!!

b) La energía total relativista viene dada por:

$$E = m \cdot c^{2} = \gamma \cdot m_{0} \cdot c^{2} \Rightarrow$$

$$\Rightarrow \frac{E_{\alpha}}{E_{p}} = \frac{\gamma_{\alpha} \cdot m_{0\alpha} \cdot c^{2}}{\gamma_{p} \cdot m_{0p} \cdot c^{2}} = \frac{\gamma_{\alpha} \cdot 4\, m_{0p} \cdot c^{2}}{\gamma_{p} \cdot m_{0p} \cdot c^{2}} = \frac{4\, \gamma_{\alpha}}{\gamma_{p}}$$

La relación entre los factores de Lorentz:

$$\frac{\gamma_{\alpha}}{\gamma_{p}} = \frac{\dfrac{1}{\sqrt{1 - v_{\alpha}^{2}/c^{2}}}}{\dfrac{1}{\sqrt{1 - v_{p}^{2}/c^{2}}}} = \frac{\sqrt{1 - v_{p}^{2}/c^{2}}}{\sqrt{1 - v_{\alpha}^{2}/c^{2}}} = \sqrt{\frac{1 - 0'4^{2}}{1 - 0'1^{2}}} = 0'92$$

$v_{p} = 0'4\, c$

$v_{\alpha} = \dfrac{1}{4}\, v_{p} = 0'1\, c$

Y por tanto:

$$\frac{E_{\alpha}}{E_{p}} = \frac{4\, \gamma_{\alpha}}{\gamma_{p}} = 4 \cdot 0'92 = 3'68 \Rightarrow E_{\alpha} = 3'68\, E_{p}$$

BLOQUE VI - CUESTIÓN

La energía de enlace de un núcleo atómico es la energía que se libera cuando los nucleones del núcleo se unen para formar el núcleo atómico.

protones + neutrones $\longrightarrow$ Núcleo + Energía Enlace (ΔE)

Llamamos ENERGÍA DE ENLACE POR NUCLEÓN a la energía de enlace de un núcleo atómico dividida por el número de nucleones presentes en dicho núcleo

protones + neutrones $\longrightarrow {}^A_Z X \Rightarrow E_A = \dfrac{\Delta E}{A}$

La representación aproximada es:

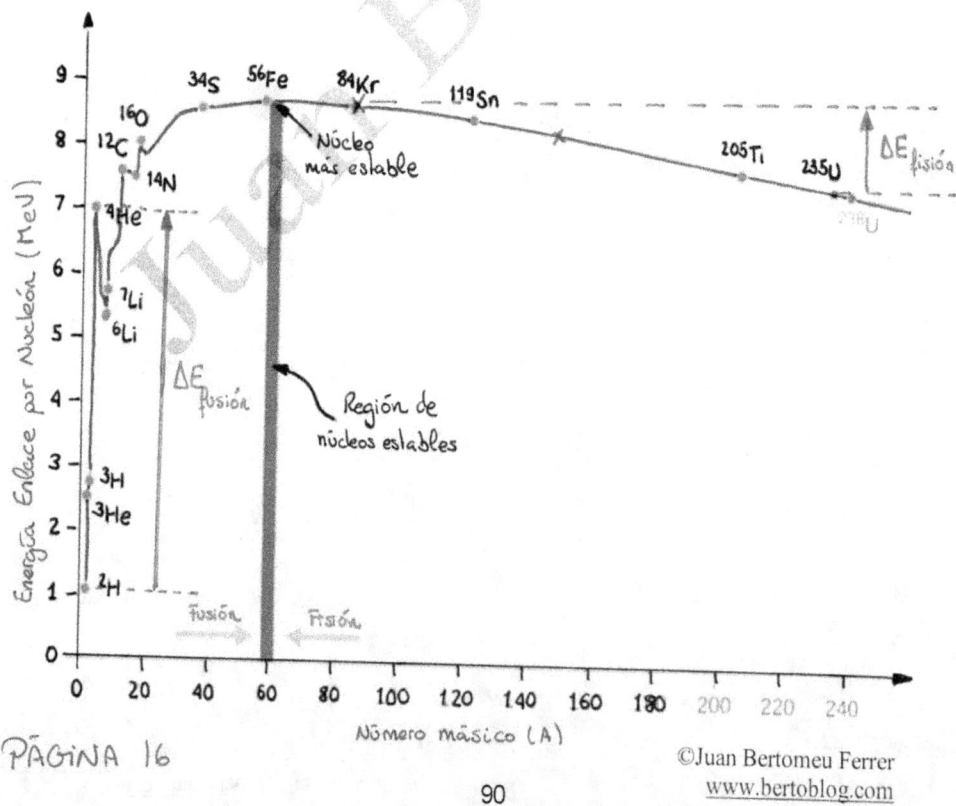

PÁGINA 16

Que los productos de una reacción (fusión o fisión) tengan más energía de enlace por nucleón que los reactivos implica que dicha reacción tenga un defecto de masa, lo que conlleva la liberación de energía.

La fusión de dos núcleos atómicos se basa en que la interacción nuclear fuerte pueda superar la repulsión eléctrica. En núcleos ligeros, la fuerza nuclear fuerte es dominante. Pero en núcleos más masivos, las distancias entre nucleones son en ocasiones muy grandes, con lo que la interacción fuerte ya no predomina sobre la repulsión electromagnética de los protones del núcleo. Para átomos más masivos que el hierro, cuesta más energía superar la repulsión eléctrica de añadir un protón al núcleo que la energía que luego nos devolverá la interacción fuerte al integrarlo con el resto de nucleones.

La energía obtenida por fisión es el exceso de potencial eléctrico (energía por repulsión electromagnética) por encima de la cohesión que otorga la fuerza nuclear fuerte. Esto explica también la pendiente pronunciada de la gráfica en los núcleos ligeros (con pocas cargas positivas) y la pendiente mucho más suave en los núcleos masivos.

PÁGINA 17

GENERALITAT VALENCIANA
CONSELLERIA D'EDUCACIÓ,
FORMACIÓ I OCUPACIÓ

COMISSIÓ GESTORA DE LES PROVES D'ACCÉS A LA UNIVERSITAT

COMISIÓN GESTORA DE LAS PRUEBAS DE ACCESO A LA UNIVERSIDAD

SISTEMA UNIVERSITARI VALENCIÀ
SISTEMA UNIVERSITARIO VALENCIANO

PROVES D'ACCÉS A LA UNIVERSITAT	PRUEBAS DE ACCESO A LA UNIVERSIDAD
CONVOCATÒRIA: SETEMBRE 2012	CONVOCATORIA: SEPTIEMBRE 2012
FÍSICA	FÍSICA

BAREMO DEL EXAMEN: La puntuación máxima de cada problema es de 2 puntos y la de cada cuestión de 1,5 puntos.
Cada estudiante podrá disponer de una calculadora científica no programable y no gráfica. Se prohíbe su utilización indebida (almacenamiento de información). Se utilice o no la calculadora, los resultados deberán estar siempre debidamente justificados.

OPCIÓN A

BLOQUE I – PROBLEMA

La estación espacial internacional gira alrededor de la Tierra siguiendo una órbita circular a una altura h = 340 km sobre la superficie terrestre. Deduce la expresión teórica y calcula el valor numérico de:

a) La velocidad de la estación espacial en su movimiento alrededor de la Tierra. ¿Cuántas órbitas completa al día? (1,2 puntos)

b) La aceleración de la gravedad a la altura a la que se encuentra la estación espacial. (0,8 puntos)

Datos: Constante de gravitación universal G = $6,67 \cdot 10^{-11}$ N·m²/kg²; radio de la Tierra R = 6400 km; masa de la Tierra M = $6 \cdot 10^{24}$ kg

BLOQUE II – PROBLEMA

Una persona de masa 60 kg que está sentada en el asiento de un vehículo, oscila verticalmente alrededor de su posición de equilibrio comportándose como un oscilador armónico simple. Su posición inicial es $y(0) = A \cdot \cos(\pi/6)$ donde A = 1,2 cm, y su velocidad inicial $v_y(0) = -2,4 \cdot sen(\pi/6)$ m/s Calcula, justificando brevemente:

a) La posición vertical de la persona en cualquier instante de tiempo, es decir, la función y (t). (1 punto)

b) La energía mecánica de dicho oscilador en cualquier instante de tiempo. (1 punto)

BLOQUE III – CUESTIÓN

¿Dónde se debe situar un objeto para que un espejo cóncavo forme imágenes virtuales? ¿Qué tamaño tienen estas imágenes en relación al objeto? Justifica la respuesta con ayuda de las construcciones geométricas necesarias.

BLOQUE IV – CUESTIÓN

Una partícula de carga q = 2 μC que se mueve con velocidad $\vec{v} = (10^3 \vec{i})$ m/s entra en una región del espacio en la que hay un campo eléctrico uniforme $\vec{E} = (-3\vec{j})$ N/C y también un campo magnético uniforme $\vec{B} = (2\vec{k})$ mT. Calcula el vector fuerza total que actúa sobre esa partícula y representa todos los vectores involucrados (haz coincidir el plano XY con el plano del papel).

BLOQUE V– CUESTIÓN

Uno de los procesos que tiene lugar en la capa de ozono de la estratosfera es la rotura del enlace de la molécula de oxígeno por la radiación ultravioleta del sol. Para que este proceso tenga lugar hay que aportar a cada molécula 5 eV. Calcula la longitud de onda mínima que debe tener la radiación incidente para que esto suceda. Explica brevemente tus razonamientos.

Datos: Carga elemental e = $1,6 \cdot 10^{-19}$ C; constante de Planck h = $6,63 \cdot 10^{-34}$ J·s; velocidad de la luz c = $3 \cdot 10^8$ m/s.

BLOQUE VI– CUESTIÓN

La gráfica de la derecha representa el número de núcleos radiactivos de una muestra en función del tiempo en años. Utilizando los datos de la gráfica deduce razonadamente el valor de la constante de desintegración radiactiva de este material.

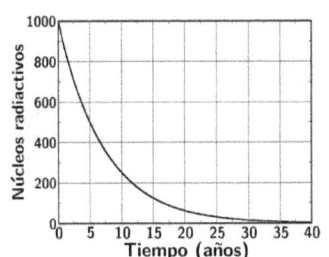

GENERALITAT VALENCIANA
CONSELLERIA D'EDUCACIÓ,
FORMACIÓ I OCUPACIÓ

COMISSIÓ GESTORA DE LES PROVES D'ACCÉS A LA UNIVERSITAT

COMISIÓN GESTORA DE LAS PRUEBAS DE ACCESO A LA UNIVERSIDAD

SISTEMA UNIVERSITARI VALENCIÀ
SISTEMA UNIVERSITARIO VALENCIANO

PROVES D'ACCÉS A LA UNIVERSITAT	PRUEBAS DE ACCESO A LA UNIVERSIDAD
CONVOCATÒRIA: SETEMBRE 2012	CONVOCATORIA: SEPTIEMBRE 2012
FÍSICA	FÍSICA

BAREMO DEL EXAMEN: La puntuación máxima de cada problema es de 2 puntos y la de cada cuestión de 1,5 puntos.

Cada estudiante podrá disponer de una calculadora científica no programable y no gráfica. Se prohíbe su utilización indebida (almacenamiento de información). Se utilice o no la calculadora, los resultados deberán estar siempre debidamente justificados.

OPCIÓN B

BLOQUE I – CUESTIÓN

La velocidad de escape de un objeto desde la superficie de la Luna es de 2375 m/s. Calcula la velocidad de escape de dicho objeto desde la superficie de un planeta de radio 4 veces el de la Luna y masa 80 veces la de la Luna.

BLOQUE II – CUESTIÓN

Explica qué es una onda estacionaria. Describe algún ejemplo en el que se produzcan ondas estacionarias.

BLOQUE III – PROBLEMA

Una placa de vidrio se sitúa horizontalmente sobre un depósito de agua de forma que la parte superior de la placa está en contacto con el aire como muestra la figura. Un rayo de luz incide desde el aire a la cara superior del vidrio formando un ángulo $\alpha = 30°$ con la vertical

a) Calcula el ángulo de refracción del rayo de luz al pasar del vidrio al agua. (1 punto)

b) Deduce la expresión de la distancia (AB) de desviación del rayo tras atravesar el vidrio y calcula su valor numérico. La placa de vidrio tiene un espesor d = 30 mm y su índice de refracción es de 1,6. (1 punto)

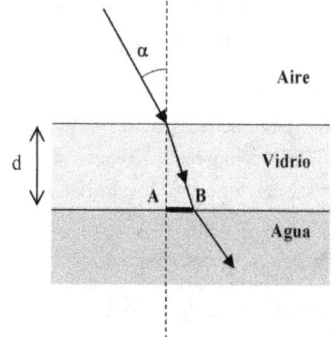

Datos: Índice de refracción del agua: 1,33; índice de refracción del aire: 1.

BLOQUE IV – CUESTIÓN

Una carga puntual de valor $q_1 = -2$ μC se encuentra en el punto (0,0) m y una segunda carga de valor desconocido, q_2 se encuentra en el punto (3,0) m. Calcula el valor que debe tener la carga q_2 para que el campo eléctrico generado por ambas cargas en el punto (5,0) m sea nulo. Representa los vectores campo eléctrico generados por cada una de las cargas en ese punto.

BLOQUE V – PROBLEMA

El cátodo de una célula fotoeléctrica tiene una longitud de onda umbral de 542 nm. Sobre su superficie incide un haz de luz de longitud de onda 160 nm. Calcula:

a) La velocidad máxima de los fotoelectrones emitidos desde el cátodo. (1 punto)

b) La diferencia de potencial que hay que aplicar para anular la corriente producida en la fotocélula. (1 punto)

Datos: Constante de Planck, $h = 6,63 \cdot 10^{-34}$ J·s ; masa del electrón, $m_e = 9,1 \cdot 10^{-31}$ kg ; velocidad de la luz en el vacío $c = 3 \cdot 10^8$ m/s ; carga elemental $e = 1,6 \cdot 10^{-19}$ C

BLOQUE VI – CUESTIÓN

Calcula la energía total en kilovatios-hora (kW·h) que se obtiene como resultado de la fisión de 1 g de ^{235}U, suponiendo que todos los núcleos se fisionan y que en cada reacción se liberan 200 MeV.

Datos: Número de Avogadro $N_A = 6 \cdot 10^{23}$; carga elemental $e = 1,6 \cdot 10^{-19}$ C.

{OPCIÓN A}

{BLOQUE I - PROBLEMA}

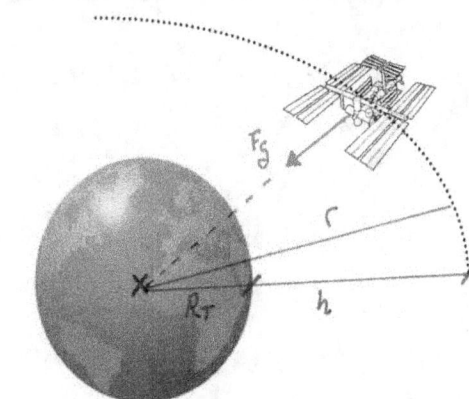

a) La fuerza gravitatoria es la única que actúa:

$$F = m \cdot a_N$$

$$G \frac{M m}{r^2} = m \cdot \frac{v^2}{r} \implies$$

$$\implies V = \sqrt{\frac{GM}{r}} = \sqrt{\frac{6'67 \cdot 10^{-11} \cdot 6 \cdot 10^{24}}{(6400 + 340) \cdot 10^3}} = 7705'64 \text{ m/s}$$

$$r = R_T + h$$

Para saber cuantas órbitas completa al día, veamos cuanto tarda en completar una de ellas calculando el periodo.

$$V = \omega \cdot r \implies V = \frac{2\pi}{T} \cdot r \implies T = \frac{2\pi r}{V} = \frac{2\pi \cdot 6740 \cdot 10^3}{7705'64} = 5495'8 \text{ s}$$

$$1 \text{ dia} \times \frac{86400 \text{ s}}{1 \text{ dia}} \times \frac{1 \text{ vuelta}}{5495'8 \text{ s}} = 15'72 \text{ vueltas al dia.}$$

b) $$g = G \cdot \frac{M_T}{r^2} = \frac{6'67 \cdot 10^{-11} \cdot 6 \cdot 10^{24}}{(6740 \cdot 10^3)^2} = 8'81 \text{ m/s}^2$$

PÁGINA 1

{BLOQUE II - PROBLEMA}

La ecuación de la elongación en función del tiempo viene

dada por $y(t) = A \cdot \cos(\omega t + \varphi_0)$. Como la elongación

en el instante inicial es $y(0) = A \cdot \cos(\pi/6)$ tendremos:

$$\left. \begin{array}{l} y(0) = A \cdot \cos(\omega \cdot 0 + \varphi_0) \\ y(0) = A \cdot \cos\left(\dfrac{\pi}{6}\right) \end{array} \right\} \Rightarrow \varphi_0 = \dfrac{\pi}{6} \text{ rad}$$

De la misma manera, la velocidad de vibración en función

del tiempo $v(t) = -A \cdot \omega \cdot \operatorname{sen}(\omega t + \varphi_0)$, vendrá:

$$\left. \begin{array}{l} v(0) = -A \cdot \omega \operatorname{sen}(\varphi_0) \\ v(0) = -2'4 \operatorname{sen}(\pi/6) \text{ m/s} \end{array} \right\} \Rightarrow A \cdot \omega = 2'4 \text{ m/s} \Rightarrow$$

$$\Rightarrow \omega = \frac{2'4}{A} = \frac{2'4}{1'2 \cdot 10^{-2}} = 200 \text{ rad/s}$$

Por todo ello $\Rightarrow y(t) = 0'012 \cos\left(200 t + \dfrac{\pi}{6}\right)$ m

b) La energía mecánica del oscilador:

$$E_M = \frac{1}{2} K \cdot A^2 = \frac{1}{2} m \cdot \omega^2 \cdot A^2 = \frac{1}{2} \cdot 60 \cdot 200^2 \cdot 0'012^2 = 172'8 \text{ J}$$

PÁGINA 2

BLOQUE III - CUESTIÓN

Un espejo esférico cóncavo forma imágenes virtuales cuando el objeto se sitúa por delante del foco del espejo ($|f| > |s|$) según:

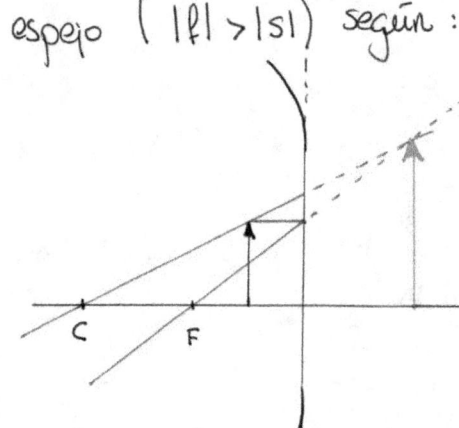

En relación al objeto, estas imágenes virtuales tendrán siempre un tamaño mayor (además de ser derechas)

BLOQUE IV - CUESTIÓN

$\vec{E} = -3\vec{j}$ N/C

$\vec{B} = 2\cdot10^{-3}\vec{K}$ T

$\vec{V} = 10^3\vec{i}$ m/s

$$\vec{Fe} = q\cdot\vec{E} = 2\cdot10^{-6}\cdot(-3\vec{j}) = -6\cdot10^{-6}\vec{j} \text{ N}$$

$$\vec{F_M} = q\cdot(\vec{V}\times\vec{B}) = 2\cdot10^{-6}\cdot\begin{vmatrix} \vec{i} & \vec{j} & \vec{K} \\ 10^3 & 0 & 0 \\ 0 & 0 & 2\cdot10^{-3} \end{vmatrix} = -4\cdot10^{-6}\vec{j} \text{ N}$$

$$\Rightarrow \vec{F}_{TOTAL} = \vec{Fe} + \vec{F_M} = -6\cdot10^{-6}\vec{j} - 4\cdot10^{-6}\vec{j} = -10^{-5}\vec{j} \text{ N}$$

{BLOQUE V - CUESTIÓN}

Según la hipótesis cuántica de Planck, la energía
de un fotón de una radiación viene dada por:

$$E = h \cdot f = h \cdot \frac{c}{\lambda}$$

Como necesitamos 5 eV de energía:

$$E = 5eV \times \frac{1'6 \cdot 10^{-19} J}{1 eV} = 8 \cdot 10^{-19} J$$

$$E = h \cdot \frac{c}{\lambda} \Rightarrow \lambda = \frac{h \cdot c}{E} = \frac{6'63 \cdot 10^{-34} \cdot 3 \cdot 10^{8}}{8 \cdot 10^{-19}} = 2'48 \cdot 10^{-7} m = 248 nm$$

(¡Ojo!!) Esta longitud de onda es la máxima y no la mínima

como dice el enunciado pues, como se ha visto, energía y

longitud de onda son inversamente proporcionales.

{BLOQUE VI - CUESTIÓN}

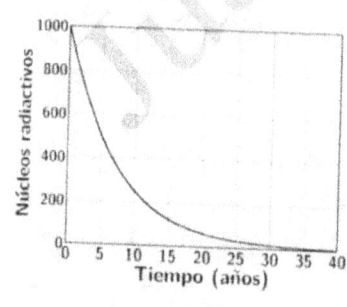

De la gráfica se puede leer:

$t = 0$ años → $N = 1000$ núcleos

$t = 5$ años → $N = 500$ núcleos

No hay más que aplicar la ley
de desintegración radiactiva ⇒

$$\Rightarrow N = N_0 \cdot e^{-\lambda \cdot t} \Rightarrow 500 = 1000 \cdot e^{-\lambda \cdot 5} \Rightarrow \ln\left(\frac{1}{2}\right) = -\lambda \cdot 5 \Rightarrow$$

$$\Rightarrow \lambda = \frac{\ln 2}{5} \text{ años}^{-1} \quad (\lambda \approx 0'1386 \text{ años}^{-1})$$

PÁGINA 4

OPCIÓN B

BLOQUE I - CUESTIÓN

La velocidad de escape es la velocidad mínima con la que debe lanzarse un cuerpo para que llegue al infinito con velocidad nula.

En términos energéticos, tenemos que comunicar a ese cuerpo una energía (cinética) para que eso sea posible.

∞ ($E_{P_\infty} = 0$)

Por el principio de conservación de la energía:

$$\Delta E_m = 0 \implies E_{inicial} = E_{final}$$

$$E_{P_0} + E_{C_0} = \cancel{E_{P_f}}^{0} + \cancel{E_{C_f}}^{0}$$

$$- G \frac{Mm}{R} + \frac{1}{2} m \cdot V_{esc}^2 = 0 \implies$$

$$\implies V_{esc} = \sqrt{2 \, G \frac{M}{R}}$$

$$V_{esc_{Luna}} = \sqrt{2 \, G \cdot \frac{M_L}{R_L}} = 2375 \; m/s$$

$$V_{esc_P} = \sqrt{2 \, G \cdot \frac{M_P}{R_P}} = \sqrt{2 \cdot G \cdot \frac{80 M_L}{4 R_L}} = \sqrt{20} \cdot V_{esc_{Luna}} = 10621'32 \; m/s$$

PÁGINA 5

BLOQUE II -CUESTIÓN

Una onda estacionaria se forma por la interferencia de dos ondas de la misma naturaleza con igual amplitud, longitud de onda y frecuencia que avanzan en sentido opuesto a través de un medio.

Las ondas estacionarias permacen confinadas en un espacio (cuerda, membrana,...) y cada punto del medio oscila en torno a su posición de equilibrio con una amplitud que depende de su posición, siendo la frecuencia de todos ellos la misma e igual a la frecuencia de las ondas que interfieren.

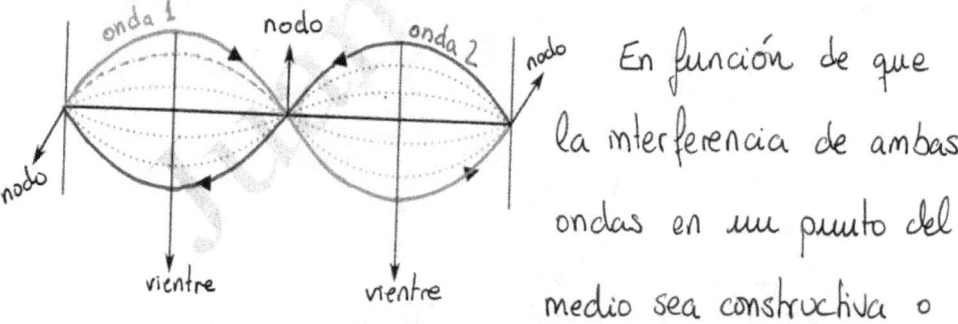

En función de que la interferencia de ambas ondas en un punto del medio sea constructiva o destructiva, habrá puntos que vibren con una amplitud máxima (vientres), igual al doble de la amplitud de las ondas que interfieren, y puntos que no vibren (nodos), donde la amplitud resultante es nula. Veamos

el porqué de todo ello con las ecuaciones correspondientes:

Onda 1: $y_1 = A \operatorname{sen}(\omega t - kx)$

Onda 2: $y_2 = A \operatorname{sen}(\omega t + kx)$ $\left.\begin{array}{l}\end{array}\right\}$ $y_{TOTAL} = y_1 + y_2 \Rightarrow$

$\Rightarrow y = A \operatorname{sen}(\omega t - kx) + A \operatorname{sen}(\omega t + kx) \Rightarrow$

$\Rightarrow y = A \cdot [\operatorname{sen}(\omega t - kx) + \operatorname{sen}(\omega t + kx)] \Rightarrow$

$\Rightarrow y = A \cdot \left[2 \cdot \cos\left(\dfrac{\omega t - kx - (\omega t + kx)}{2}\right) \cdot \operatorname{sen}\left(\dfrac{\omega t - kx + \omega t + kx}{2}\right)\right] \Rightarrow$

$\uparrow$

$\operatorname{sen}(\alpha) + \operatorname{sen}(\beta) = 2 \cdot \cos\left(\dfrac{\alpha - \beta}{2}\right) \cdot \operatorname{sen}\left(\dfrac{\alpha + \beta}{2}\right)$

$\Rightarrow y = A \cdot 2 \cdot \cos\left(-\dfrac{2kx}{2}\right) \operatorname{sen}\left(\dfrac{2\omega t}{2}\right) \Rightarrow$

$\uparrow$
$\cos(-\alpha) = \cos(\alpha)$

$\Rightarrow y = \underbrace{2 \cdot A \cdot \cos(kx)} \cdot \operatorname{sen}(\omega t) \Rightarrow \boxed{y = A_{resultante} \cdot \operatorname{sen}(\omega t)}$

$A_{resultante}$

Como vemos, la ecuación confirma que cada punto "x"

del medio efectúa un movimiento armónico simple cuya

amplitud (resultante) depende de su posición y, además,

dicho movimiento armónico no se propaga a los demás

puntos del medio, si no que cada punto tiene su movimiento. Es precisamente por no propagarse por lo que este tipo de interferencia recibe el nombre de onda estacionaria.

La posición de los vientres y los nodos la podemos obtener según:

Nodos:

$A_{resultante} = 0 \Rightarrow 2 \cdot A \cdot \cos(Kx) = 0 \Rightarrow$

$\cos(Kx) = 0 \Rightarrow Kx = \arccos(0) \Rightarrow Kx = \frac{\pi}{2} + n\pi \quad n = 0, 1, 2, \ldots$

$\Rightarrow \frac{2\pi}{\lambda} \cdot x = \frac{\pi}{2} + n\pi \Rightarrow x = \frac{\lambda}{2}\left(\frac{1}{2} + n\right) \Rightarrow x = \frac{\lambda}{2}\left(\frac{1+2n}{2}\right) \Rightarrow$

$\Rightarrow x = (2n+1) \cdot \frac{\lambda}{4} \quad \text{con } n = 0, 1, 2, \ldots$

Vientres:

$A_{resultante} = 2A \Rightarrow 2 \cdot A \cdot \cos(Kx) = 2A \Rightarrow$

$\Rightarrow \cos(Kx) = 1 \Rightarrow Kx = \arccos(1) \Rightarrow Kx = n\pi \quad n = 0, 1, 2, \ldots$

$\Rightarrow \frac{2\pi}{\lambda} \cdot x = n \cdot \pi \Rightarrow x = n \cdot \frac{\lambda}{2} \quad \text{con } n = 0, 1, 2, \ldots$

Ahora que sabemos donde se sitúan vientres y nodos podemos obtener la distancia entre vientres, entre nodos y entre vientre y nodo consecutivos según:

Distancia entre nodos consecutivos:

$$X_2 - X_1 = (2 \cdot 2 + 1) \cdot \frac{\lambda}{4} - (2 \cdot 1 + 1) \cdot \frac{\lambda}{4} = \frac{5\lambda}{4} - \frac{3\lambda}{4} = \frac{2\lambda}{4} = \frac{\lambda}{2}$$

Distancia entre vientres consecutivos:

$$X_2 - X_1 = 2 \cdot \frac{\lambda}{2} - 1 \cdot \frac{\lambda}{2} = \frac{\lambda}{2}$$

Distancia entre nodo y el vientre más cercano:

$$X_{vientre} - X_{nodo} = 1 \cdot \frac{\lambda}{2} - (0+1) \cdot \frac{\lambda}{4} = \frac{\lambda}{2} - \frac{\lambda}{4} = \frac{\lambda}{4}$$
$$\quad n=1 \qquad n=0$$

La distancia entre dos nodos consecutivos de una onda estacionaria o entre dos vientres consecutivos de la misma es de media longitud de onda $\left(\frac{\lambda}{2}\right)$, lo que implica que la distancia entre un nodo y su vientre más cercano es de un cuarto de longitud de onda $\left(\frac{\lambda}{4}\right)$.

El ejemplo más característico es el que se produce en cuerdas fijas por ambos extremos que localizamos en multitud de instrumentos musicales (guitarra, violín, piano, etc).

Por un lado, sabemos que los extremos de la cuerda, al estar fijos al instrumento, no pueden vibrar. Es decir, deben ser nodos. Hemos visto que la distancia entre nodos tiene que ser $\frac{\lambda}{2}$. Esto implica que entre los extremos de la cuerda deberá haber un número entero de semilongitudes de onda:

$$L = n \cdot \frac{\lambda}{2} \quad n = 1, 2, 3, \ldots \implies \lambda_n = \frac{2 \cdot L}{n}$$

Del mismo modo, y utilizando la velocidad de propagación de la onda:

$$V_p = \lambda \cdot f \implies f_n = \frac{V}{\lambda_n} \implies f_n = \frac{V}{\frac{2L}{n}} = n \cdot \left(\frac{V}{2L} \right) \quad n = 1, 2, 3, \ldots$$

Como vemos, solo hay ciertas frecuencias a las que se producen ondas estacionarias, que se llaman frecuencias de resonancia. La más baja se llama frecuencia fundamental, y las demás son múltiplos enteros de ella.

Y esas frecuencias de resonancia dan lugar a los modos de vibración que conocemos como armónicos (1er armónico o armónico fundamental, segundo armónico, etc).

PÁGINA 10

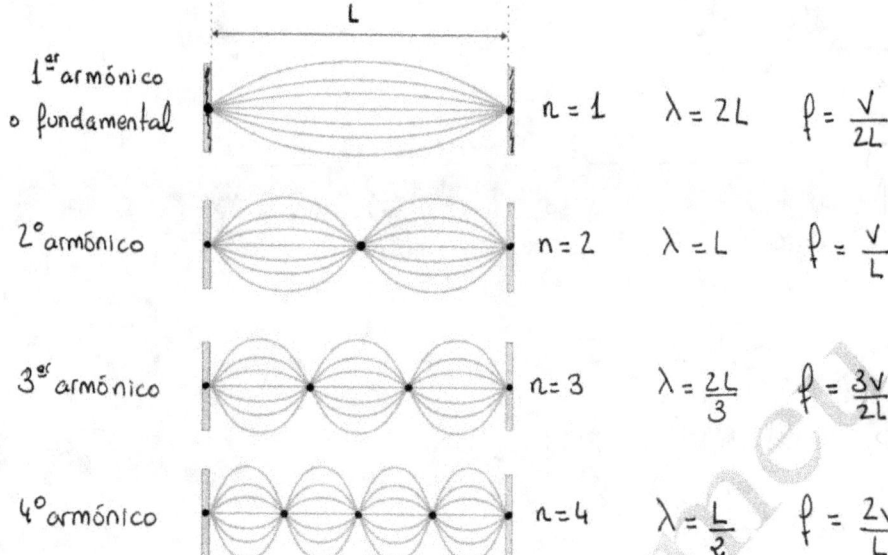

1er armónico o fundamental $n=1$ $\lambda = 2L$ $f = \dfrac{v}{2L}$

$2°$ armónico $n=2$ $\lambda = L$ $f = \dfrac{v}{L}$

3er armónico $n=3$ $\lambda = \dfrac{2L}{3}$ $f = \dfrac{3v}{2L}$

$4°$ armónico $n=4$ $\lambda = \dfrac{L}{2}$ $f = \dfrac{2v}{L}$

BLOQUE III - PROBLEMA

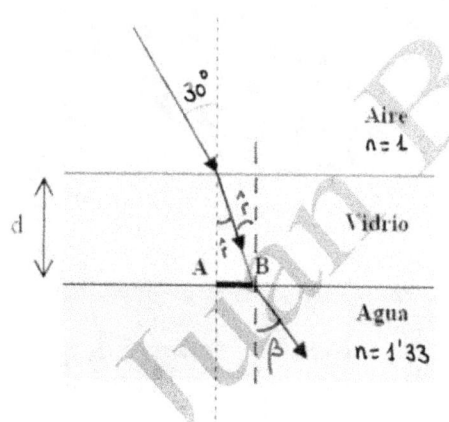

a) Snell Aire - Vidrio:

$$n_1 \cdot sen\, 30 = n_v \cdot sen\, \hat{r}$$

$$\frac{1}{2} = n_v \cdot sen\, \hat{r}$$

Snell Vidrio - Agua:

$$n_v \cdot sen\, \hat{r} = n_{agua} \cdot sen\, \beta$$

$$\frac{1}{2} = 1'33 \cdot sen\, \beta \implies$$

$$\implies \beta = arcsen\left(\frac{1}{2'66}\right) = 22'08°$$

b) $n_v \cdot sen\, \hat{r} = \dfrac{1}{2} \implies \hat{r} = arcsen\left(\dfrac{1}{2\cdot 1'6}\right) = 18'21°$

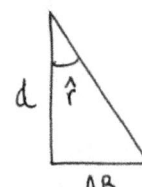

$$tg\, \hat{r} = \frac{AB}{d} \implies AB = d \cdot tg\, \hat{r}$$

$$\implies AB = 30 \cdot tg\,(18'21°) = 9'87\, mm$$

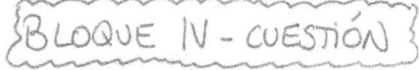

BLOQUE IV - CUESTIÓN

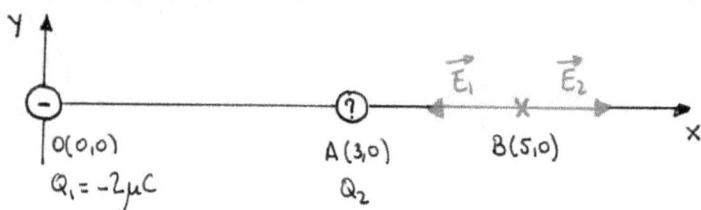

O(0,0)
$Q_1 = -2\mu C$

A(3,0)
Q_2

B(5,0)

$\boxed{1^a \text{ Forma}}$ Utilizando vectores:

$$\vec{OB} = (5,0) - (0,0) = (5,0)$$

$$|\vec{OB}| = r_1 = \sqrt{5^2} = 5m$$

$$\vec{u_{r_1}} = \frac{1}{|\vec{OB}|} \cdot \vec{OB} = (1,0)$$

$$\vec{E_1} = K \cdot \frac{Q_1}{r_1^2} \cdot \vec{u_{r_1}} = \frac{9 \cdot 10^9 \cdot (-2 \cdot 10^{-6})}{5^2} \cdot (1,0) = (-720, 0) \, N/C$$

$$\vec{AB} = (5,0) - (3,0) = (2,0)$$

$$|\vec{AB}| = r_2 = \sqrt{2^2} = 2m$$

$$\vec{u_{r_2}} = \frac{1}{|\vec{AB}|} \cdot \vec{AB} = (1,0)$$

$$\vec{E_2} = K \cdot \frac{Q_2}{r_2^2} \cdot \vec{u_{r_2}} = 9 \cdot 10^9 \cdot \frac{Q_2}{2^2} \cdot (1,0) = (2'25 \cdot 10^9 \, Q_2, 0) \, N/C$$

Si $\vec{E_{TOTAL}} = \vec{0} \Rightarrow \vec{E_1} + \vec{E_2} = \vec{0} \Rightarrow$

$$\Rightarrow (-720, 0) + (2'25 \cdot 10^9 \, Q_2, 0) = (0,0)$$

$$\Rightarrow Q_2 = \frac{720}{2'25 \cdot 10^9} = 3'2 \cdot 10^{-7} \, C$$

PÁGINA 12

(2ª Forma) Utilizando los módulos:

Tenemos que deducir el signo de la carga Q_2. Para ello hay que razonar que para que pueda ser el campo $\vec{E}_{TOTAL} = \vec{0}$, el campo $\vec{E}_2$ debe ser $\vec{E}_2 = +E_2 \vec{\imath}$ con lo que necesariamente se tendrá $Q_2 > 0$.

Después, basta con igualar los módulos y despejar:

$$|\vec{E}_1| = |\vec{E}_2| \implies \cancel{K} \cdot \frac{|Q_1|}{r_1^2} = \cancel{K} \cdot \frac{|Q_2|}{r_2^2} \implies |Q_2| = \frac{r_2^2 \cdot |Q_1|}{r_1^2} \implies$$

$$\implies |Q_2| = \frac{2^2 \cdot 2 \cdot 10^{-6}}{5^2} = 3'2 \cdot 10^{-7} C \underset{Q_2 > 0}{\implies} Q_2 = 3'2 \cdot 10^{-7} C$$

{BLOQUE V - PROBLEMA}

$\lambda_{incidente} = 160 \, nm$

Luz

Fotoelectrones

$\lambda_{máx} = 542 \, nm$

(A)

a) La energía de un fotón de la radiación incidente viene dada por:

$$E = h \cdot f = h \cdot \frac{c}{\lambda} =$$

$$= 6'63 \cdot 10^{-34} \cdot \frac{3 \cdot 10^8}{160 \cdot 10^{-9}} = 1'24 \cdot 10^{-18} \, J$$

El trabajo de extracción del cátodo:

$$W_{ext} = h \cdot f_0 = h \cdot \frac{c}{\lambda_{máx}} = 6'63 \cdot 10^{-34} \cdot \frac{3 \cdot 10^8}{542 \cdot 10^{-9}} = 3'67 \cdot 10^{-19} \, J$$

PÁGINA 13

El balance energético en el efecto fotoeléctrico:

$$E_{fotón} = W_{ext} + E_c \implies E_c = E_{fotón} - W_{ext} \implies$$

$$\implies E_c = 1'24 \cdot 10^{-18} - 3'67 \cdot 10^{-19} = 8'73 \cdot 10^{-19} \; J$$

Y por tanto, la velocidad pedida será:

$$E_c = \frac{1}{2} m \cdot v^2 \implies v = \sqrt{\frac{2 \cdot E_c}{m}} = \sqrt{\frac{2 \cdot 8'73 \cdot 10^{-19}}{9'1 \cdot 10^{-31}}} = 1'38 \cdot 10^6 \; m/s$$

b) Para el potencial de frenado, hay que tener en cuenta que durante el recorrido está sometido únicamente a la fuerza eléctrica, y que como esta fuerza es conservativa, la energía mecánica del electrón se conservará. Así:

$$\Delta E_M = 0 \implies \Delta E_c + \Delta E_p = 0 \implies \Delta E_c = - \Delta E_p \implies$$

$$\implies \Delta E_c = -q \cdot \Delta V \implies$$

$$\implies 8'73 \cdot 10^{-19} = 1'6 \cdot 10^{-19} \cdot \Delta V \implies \Delta V = 5'45 \; V$$

BLOQUE VI - CUESTIÓN

$$1 \; g \; ^{235}U \times \frac{1 \; mol \; U}{235 \; g \; U} \times \frac{6 \cdot 10^{23} \text{ átomos } U}{1 \; mol \; U} \times \frac{200 \; MeV}{1 \text{ átomo } U} \times \frac{10^6 \; eV}{1 \; MeV} \times$$

$$\times \frac{1'6 \cdot 10^{-19} \; J}{1 \; eV} \times \frac{1 \; W \cdot s}{1 \; J} \times \frac{1 \; Kw}{1000 \; W} \times \frac{1 \; h}{3600 \; s} = 22695'03 \; Kwh$$

PÁGINA 14

GENERALITAT VALENCIANA
CONSELLERIA D'EDUCACIÓ, CULTURA I ESPORT

COMISSIÓ GESTORA DE LES PROVES D'ACCÉS A LA UNIVERSITAT

COMISIÓN GESTORA DE LAS PRUEBAS DE ACCESO A LA UNIVERSIDAD

SISTEMA UNIVERSITARI VALENCIÀ
SISTEMA UNIVERSITARIO VALENCIANO

PROVES D'ACCÉS A LA UNIVERSITAT	PRUEBAS DE ACCESO A LA UNIVERSIDAD
CONVOCATÒRIA: JUNY 2013	CONVOCATORIA: JUNIO 2013
FÍSICA	FÍSICA

BAREMO DEL EXAMEN: La puntuación máxima de cada problema es de 2 puntos y la de cada cuestión de 1,5 puntos. Cada estudiante podrá disponer de una calculadora científica no programable y no gráfica. Se prohíbe su utilización indebida (almacenamiento de información). Se utilice o no la calculadora, los resultados deberán estar siempre debidamente justificados. Realiza primero el cálculo simbólico y después obtén el resultado numérico.

OPCIÓN A

BLOQUE I – PROBLEMA

En el mes de febrero de este año, la Agencia Espacial Europea colocó en órbita circular alrededor de la Tierra un nuevo satélite denominado Amazonas 3. Sabiendo que la velocidad de dicho satélite es de 3072 m/s, calcula:

a) La altura h a la que se encuentra desde la superficie terrestre (en kilómetros). (1 punto)

b) Su periodo (en horas). (1 punto)

Datos: constante de gravitación universal, $G = 6,67 \cdot 10^{-11}$ N·m²/kg²; masa de la Tierra, $M_T = 6 \cdot 10^{24}$ kg; radio de la Tierra, $R_T = 6400$ km

BLOQUE II – CUESTIÓN

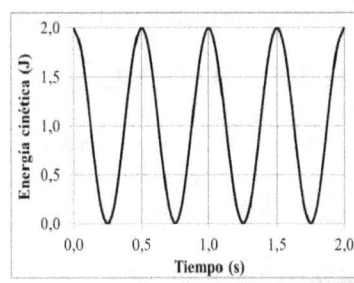

La gráfica adjunta representa la energía cinética, en función del tiempo, de un cuerpo sometido solamente a la fuerza de un muelle de constante elástica k = 100 N/m. Determina razonadamente el valor de la energía mecánica del cuerpo, de su energía potencial máxima y de la amplitud del movimiento.

BLOQUE III – CUESTIÓN

Para la higiene personal y el maquillaje se utilizan espejos en los que, al mirarnos, vemos nuestra imagen aumentada. Indica el tipo de espejo del que se trata y razona tu respuesta mediante un esquema de rayos, señalando claramente la posición y el tamaño del objeto y de la imagen.

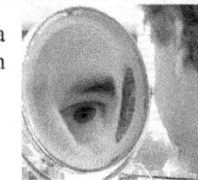

BLOQUE IV – CUESTIÓN

Una carga eléctrica $q_1 = 2$ mC se encuentra fija en el punto (-1,0) cm y otra $q_2 = -2$ mC se encuentra fija en el punto (1,0) cm. Representa en el plano XY las posiciones de las cargas, el campo eléctrico de cada carga y el campo eléctrico total en el punto (0,1) cm. Calcula el vector campo eléctrico total en dicho punto.

Dato: constante de Coulomb, $k = 9 \cdot 10^9$ N·m²/C²

BLOQUE V– CUESTIÓN

¿A qué velocidad debe moverse una partícula relativista para que su energía total sea un 10% mayor que su energía en reposo? Expresa el resultado en función de la velocidad de la luz en el vacío, c.

BLOQUE VI– PROBLEMA

En una cueva, junto a restos humanos, se ha hallado un fragmento de madera. Sometido a la prueba del ^{14}C se observa que presenta una actividad de 200 desintegraciones/segundo. Por otro lado se sabe que esta madera tenía una actividad de 800 desintegraciones/segundo cuando se depositó en la cueva. Sabiendo que el período de semidesintegración del ^{14}C es de 5730 años, calcula:

a) La antigüedad del fragmento. (1 punto)

b) El número de átomos y la masa en gramos de ^{14}C que todavía queda en el fragmento. (1 punto)

Datos: número de Avogadro, $N_A = 6,02 \cdot 10^{23}$; masa molar del ^{14}C, $m_M = 14$ g/mol

GENERALITAT VALENCIANA
CONSELLERIA D'EDUCACIÓ, CULTURA I ESPORT

COMISSIÓ GESTORA DE LES PROVES D'ACCÉS A LA UNIVERSITAT

COMISIÓN GESTORA DE LAS PRUEBAS DE ACCESO A LA UNIVERSIDAD

SISTEMA UNIVERSITARI VALENCIÀ
SISTEMA UNIVERSITARIO VALENCIANO

PROVES D'ACCÉS A LA UNIVERSITAT	PRUEBAS DE ACCESO A LA UNIVERSIDAD
CONVOCATÒRIA: JUNY 2013	CONVOCATORIA: JUNIO 2013
FÍSICA	FÍSICA

BAREMO DEL EXAMEN: La puntuación máxima de cada problema es de 2 puntos y la de cada cuestión de 1,5 puntos. Cada estudiante podrá disponer de una calculadora científica no programable y no gráfica. Se prohíbe su utilización indebida (almacenamiento de información). Se utilice o no la calculadora, los resultados deberán estar siempre debidamente justificados. Realiza primero el cálculo simbólico y después obtén el resultado numérico.

OPCIÓN B

BLOQUE I – CUESTIÓN

Para escalar cierta montaña, un alpinista puede emplear dos caminos diferentes, uno de pendiente suave y otro más empinado ¿Es distinto el valor del trabajo realizado por la fuerza gravitatoria sobre el cuerpo del montañero según el camino elegido? Razona la respuesta.

BLOQUE II – CUESTIÓN

La velocidad de una masa puntual cuyo movimiento es armónico simple viene dada, en unidades del SI, por la expresión $v(t) = -0,01\pi \, \mathrm{sen}\left[\pi\left(\frac{t}{2} + \frac{1}{4}\right)\right]$. Calcula el periodo, la amplitud y la fase inicial del movimiento.

BLOQUE III – PROBLEMA

Sea una lente delgada convergente, de distancia focal 8 cm. Se sitúa una flecha de 4 cm de longitud a una distancia de 16 cm de la lente, como muestra la figura.

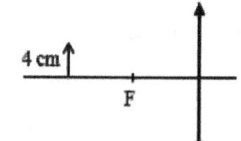

a) Indica las características de la imagen a partir del trazado de rayos. (1 punto)
b) Calcula el tamaño, la posición de la imagen y la potencia de la lente. (1 punto)

BLOQUE IV – PROBLEMA

Dos cables rectilíneos y muy largos, paralelos entre sí y contenidos en el plano XY, transportan corrientes eléctricas $I_1 = 2$ A e $I_2 = 3$ A con los sentidos representados en la figura adjunta. Determina:

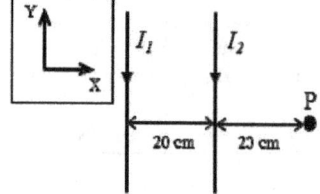

a) el campo magnético total (módulo, dirección y sentido) en el punto P. (1 punto)
b) La fuerza (módulo, dirección y sentido) sobre un electrón que pasa por dicho punto P con una velocidad $v = -10^6 \vec{i} \, m/s$. (1 punto)

Datos: permeabilidad magnética del vacío, $\mu_0 = 4\pi \cdot 10^{-7}$ T·m/A; carga elemental, e = $1,6 \cdot 10^{-19}$ C

BLOQUE V – CUESTIÓN

En la gráfica adjunta se representa la energía cinética máxima de los electrones emitidos por un metal en función de la frecuencia de la luz incidente sobre él ¿Cómo se denomina el fenómeno físico al que se refiere la gráfica? Indica la frecuencia umbral del metal ¿Qué ocurre si sobre el metal incide luz de longitud de onda 0,6 μm?

Datos: constante de Planck, h = $6,63 \cdot 10^{-34}$ J·s; velocidad de la luz en el vacío, c = $3 \cdot 10^8$ m/s; carga elemental, e = $1,6 \cdot 10^{-19}$ C

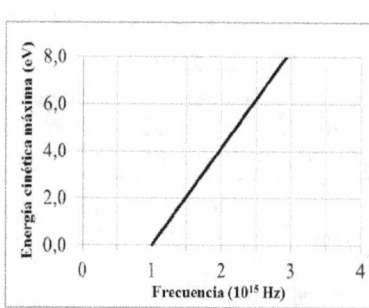

BLOQUE VI – CUESTIÓN

Indica razonadamente qué tipo de desintegración tiene lugar en cada uno de los pasos de la siguiente serie radiactiva

$$^{238}_{92}U \rightarrow {}^{234}_{90}Th \rightarrow {}^{234}_{91}Pa$$

OPCIÓN A

BLOQUE I - PROBLEMA

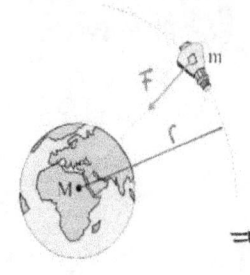

La fuerza gravitatoria es la única que actúa sobre el satélite. Así:

$$F = m \cdot a \implies$$

$$\implies G\frac{Mm}{r^2} = m \cdot \frac{v^2}{r} \implies r = \frac{G \cdot M}{v^2}$$

$$\implies r = \frac{6'67 \cdot 10^{-11} \cdot 6 \cdot 10^{24}}{3072^2} = 42406717'94 \, m = 42406'72 \, Km$$

Como nos piden la altura:

$$r = R_T + h \implies h = r - R_T = 42406'72 - 6400 = 36006'72 \, Km$$

b) Ya hemos visto que $v = 3072 \, m/s$

$$v = \omega \cdot r \implies v = \frac{2\pi}{T} \cdot r \implies T = \frac{2\pi r}{v} \implies$$

$$\implies T = \frac{2\pi \cdot 42406717'94}{3072} = 86734'79 \, s \times \frac{1 \, hora}{3600 \, s} = 24'1 \, horas$$

BLOQUE II - CUESTIÓN

Podemos leer de la gráfica el valor de:

$$E_{C_{máx}} = 2 \, J$$

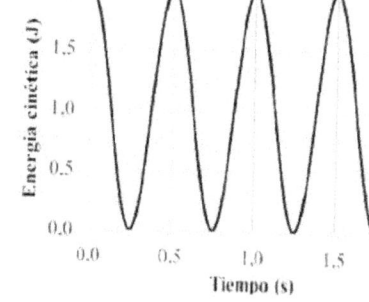

PÁGINA 1

La energía cinética es función de la elongación según:

$$E_c = \frac{1}{2} k (A^2 - x^2)$$

Es obvio que será máxima cuando la elongación sea $x = 0\,m$. Dado que la energía potencial también es función de la elongación según:

$$E_p = \frac{1}{2} k \cdot x^2$$

cuando sea $E_{c_{máx}}$ $(x = 0\,m)$ se tendrá $E_p = 0\,J$. Por todo ello:

$$E_{mecánica} = E_{c_{máx}} + \cancel{E_p}^{\,0} = E_{c_{máx}} = 2\,J$$

Igualmente razonaríamos que cuando E_p es $E_{p_{máx}}$ la elongación será máxima $\left(x_{máx} = A\right)$, y así:

$$x = A \Rightarrow E_{p_{máx}} = \frac{1}{2} k \cdot A^2 \Rightarrow E_c = \frac{1}{2} k (A^2 - A^2) = 0\,J$$

Y por tanto: $E_{mecánica} = \cancel{E_c}^{\,0} + E_{p_{máx}} \Rightarrow E_{p_{máx}} = 2\,J$

Por último:

$$E_{p_{máx}} = 2\,J \Rightarrow \frac{1}{2} k \cdot A^2 = 2 \Rightarrow A^2 = \frac{4}{k} = \frac{4}{100} \Rightarrow$$

$$\Rightarrow A = 0'2\,m$$

PÁGINA 2

BLOQUE III - CUESTIÓN

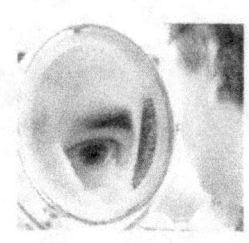

Se trata de un espejo esférico cóncavo en el que nos situamos por delante del foco del espejo para obtener una imagen mayor según:

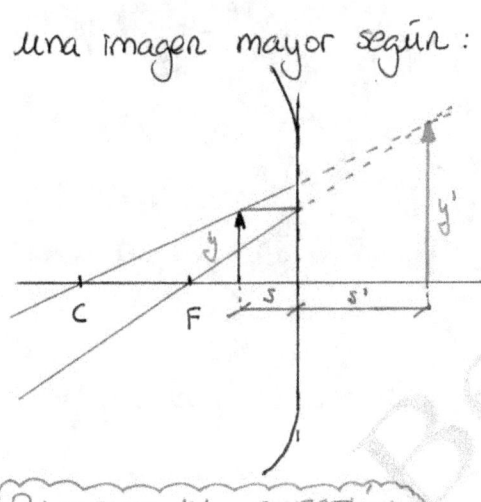

Como vemos, efectivamente se obtiene una imagen que es mayor, virtual y derecha siendo s'>0 y s<0

BLOQUE IV - CUESTIÓN

Campo $\vec{E_1}$:

$$\vec{AC} = (0, 0'01) - (-0'01, 0) = (0'01, 0'01)$$

$$r_1 = |\vec{AC}| = \sqrt{0'01^2 + 0'01^2} = 0'01 \cdot \sqrt{2} \ m$$

$$\vec{u_{r_1}} = \frac{1}{|\vec{AC}|} \cdot \vec{AC} = \left(\frac{1}{\sqrt{2}}, \frac{1}{\sqrt{2}} \right)$$

$$\vec{E_1} = K \cdot \frac{Q_1}{r_1^2} \cdot \vec{u_{r_1}} \Rightarrow$$

$$\Rightarrow \vec{E_1} = 9 \cdot 10^9 \cdot \frac{2 \cdot 10^{-3}}{(0'01\sqrt{2})^2} \cdot \left(\frac{1}{\sqrt{2}}, \frac{1}{\sqrt{2}} \right) = 9 \cdot 10^{10} \left(\frac{1}{\sqrt{2}}, \frac{1}{\sqrt{2}} \right) = \left(\frac{9 \cdot 10^{10}}{\sqrt{2}}, \frac{9 \cdot 10^{10}}{\sqrt{2}} \right) N/C$$

PÁGINA 3

Campo $\vec{E_2}$:

$$\vec{BC} = (0, 0'01) - (0'01, 0) = (-0'01, 0'01)$$

$$r_2 = |\vec{BC}| = 0'01 \cdot \sqrt{2} \, m$$

$$\vec{u_{r_2}} = \frac{1}{\vec{BC}} \cdot |\vec{BC}| = \left(\frac{-1}{\sqrt{2}}, \frac{1}{\sqrt{2}} \right)$$

$$\vec{E_2} = K \cdot \frac{Q_2}{r_2^2} \cdot \vec{u_{r_2}} = 9 \cdot 10^9 \frac{(-2 \cdot 10^{-3})}{(0'01 \cdot \sqrt{2})^2} \cdot \left(\frac{-1}{\sqrt{2}}, \frac{1}{\sqrt{2}} \right) = \left(\frac{+9 \cdot 10^{10}}{\sqrt{2}}, \frac{-9 \cdot 10^{10}}{\sqrt{2}} \right) N/C$$

$$\vec{E_{TOTAL}} = \vec{E_1} + \vec{E_2} = \left(\frac{18 \cdot 10^{10}}{\sqrt{2}}, 0 \right) = (9\sqrt{2} \cdot 10^{10}, 0) \, N/C$$

BLOQUE V - CUESTIÓN

Si la energía total es un 10% mayor que la energía en reposo se tendrá:

$$E_{TOTAL} = E_0 + \frac{10}{100} E_0 = 1'10 \, E_0$$

Como $E_{TOTAL} = m \cdot c^2 = \gamma \, m_0 \cdot c^2 = \gamma \cdot E_0 \implies \gamma = 1'10$

El factor de lorentz viene dado por:

$$\gamma = \frac{1}{\sqrt{1 - (v/c)^2}} \implies 1 - (v/c)^2 = \frac{1}{\gamma^2} \implies (v/c)^2 = 1 - \frac{1}{\gamma^2} \implies$$

$$\implies v/c = \sqrt{1 - \frac{1}{\gamma^2}} \implies v = c \cdot \sqrt{1 - \frac{1}{\gamma^2}} = c \cdot \sqrt{1 - \frac{1}{1'1^2}} = 0'4166 \, c$$

BLOQUE VI - PROBLEMA

$$T_{1/2} = 5730 \text{ años} \times \frac{31536000 s}{1 año} = 1'807 \cdot 10^{11} s$$

Deduzcamos la expresión de $T_{1/2}$:

$$\boxed{A_0} \xrightarrow{t=T_{1/2}} \boxed{A = \frac{A_0}{2}} \quad A = A_0 \cdot e^{-\lambda \cdot t} \Rightarrow$$

$$\Rightarrow \frac{A_0}{2} = A_0 \cdot e^{-\lambda \cdot T_{1/2}} \Rightarrow \ln\left(\frac{1}{2}\right) = -\lambda \cdot T_{1/2} \Rightarrow T_{1/2} = \frac{\ln 2}{\lambda}$$

$$\lambda = \frac{\ln 2}{5730} \text{ años}^{-1}$$

$$\lambda = \frac{\ln 2}{1'807 \cdot 10^{11}} s^{-1}$$

a) $A = A_0 \cdot e^{-\lambda \cdot t} \Rightarrow 200 = 800 \cdot e^{-\frac{\ln 2}{5730} \cdot t} \Rightarrow \ln\left(\frac{2}{8}\right) = -\frac{\ln 2}{5730} \cdot t \Rightarrow$

$$\Rightarrow t = -\frac{5730 \cdot \ln\left(1/4\right)}{\ln 2} = 11460 \text{ años}$$

b) $A = 200$ desintegraciones/segundo

$$A = \lambda \cdot N \Rightarrow 200 = \frac{\ln 2}{1'807 \cdot 10^{11}} \cdot N \Rightarrow N = 5'214 \cdot 10^{13} \text{ átomos } ^{14}C$$

$$N = 5'214 \cdot 10^{13} \text{ átomos} \times \frac{1 mol \ ^{14}C}{6'02 \cdot 10^{23} \text{ átomos}} \times \frac{14 g}{1 mol \ ^{14}C} = 1'18 \cdot 10^{-9} g \ ^{14}C$$

OPCIÓN B

BLOQUE I -CUESTIÓN

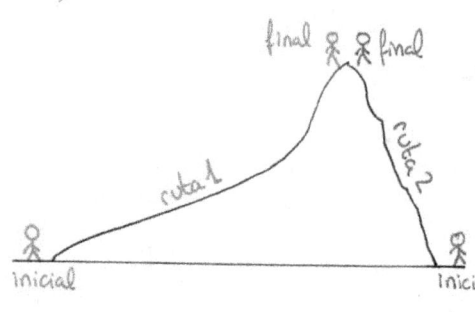

El trabajo viene dado por:

$$W_{campo} = -\Delta E_p = -(E_{p_f} - E_{p_o})$$

siendo la energía potencial función exclusiva de la

posición del escalador. Dado que las posiciones inicial

y final son la misma independientemente de la ruta

elegida, el trabajo de la fuerza gravitatoria será el mismo

en ambas rutas.

BLOQUE II - CUESTIÓN

Ecuación general: $v(t) = -A \cdot \omega \cdot sen(\omega t + \varphi_0)$

Nuestra ecuación: $v(t) = -0'01\pi \, sen\left(\dfrac{\pi}{2} t + \dfrac{\pi}{4}\right)$ m/s

La resolución es inmediata comparando las ecuaciones:

$\omega = \dfrac{\pi}{2}$ rad/s $\Rightarrow \dfrac{2\pi}{T} = \dfrac{\pi}{2} \Rightarrow T = 4s$.

$\varphi_0 = \dfrac{\pi}{4}$ rad

$A \cdot \omega = 0'01\pi$ m/s $\Rightarrow 0'01\pi = A \cdot \dfrac{\pi}{2} \Rightarrow A = 0'02$ m

PÁGINA 6

{BLOQUE III - PROBLEMA}

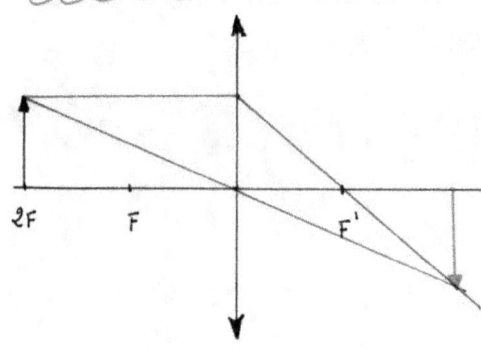

a) Según vemos en el trazado de rayos, las características de la imagen serán:

- Real
- Invertida
- Igual (tamaño)

b) Analíticamente:

Los datos son: $s = -16\,cm$; $f' = 8\,cm$; $y = 4\,cm$

De las ecuaciones de las lentes:

$$\frac{1}{s'} - \frac{1}{s} = \frac{1}{f'} \Rightarrow \frac{1}{s'} - \frac{1}{-16} = \frac{1}{8} \Rightarrow s' = 16\,cm$$

$$A_L = \frac{y'}{y} = \frac{s'}{s} \Rightarrow \frac{y'}{4} = \frac{16}{-16} \Rightarrow y' = -4\,cm$$

$$P = \frac{1}{f'} = \frac{1}{0'08} = 12'5 \text{ Dioptrías.}$$

{BLOQUE IV - PROBLEMA}

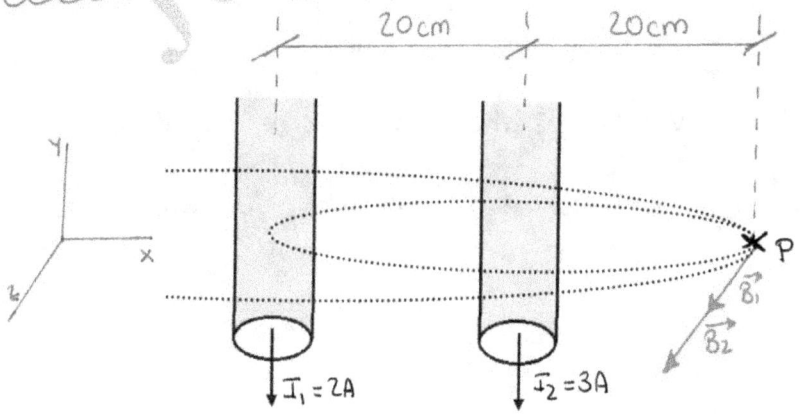

Los módulos de los campos $\vec{B_1}$ y $\vec{B_2}$ en el punto P vienen dados por la ley de Biot según :

$$B_1 = \frac{\mu I_1}{2\pi r_1} = \frac{4\pi \cdot 10^{-7} \cdot 2}{2\pi \cdot 0'4} = 1 \cdot 10^{-6} \, T$$

$$B_2 = \frac{\mu I_2}{2\pi r_2} = \frac{4\pi \cdot 10^{-7} \cdot 3}{2\pi \cdot 0'2} = 3 \cdot 10^{-6} \, T$$

Con lo que los vectores son:

$$\vec{B_1} = (0, 0, 1\cdot 10^{-6}) \, T \quad y \quad \vec{B_2} = (0, 0, 3\cdot 10^{-6}) \, T$$

y por tanto $\Rightarrow \vec{B}_{TOTAL} = \vec{B_1} + \vec{B_2} = (0, 0, 4\cdot 10^{-6}) \, T$, que es un vector de módulo $4\cdot 10^{-6} \, T$, la dirección del eje z y el sentido positivo del mismo

b) La fuerza pedida, por la ley de Lorentz:

$$\vec{F_M} = q\,(\vec{V} \times \vec{B}) = -1'6\cdot 10^{-19} \cdot \begin{vmatrix} \vec{i} & \vec{j} & \vec{k} \\ -10^6 & 0 & 0 \\ 0 & 0 & 4\cdot 10^{-6} \end{vmatrix} = -6'4\cdot 10^{-19}\,\vec{j} \, N$$

Que es un vector de módulo $6'4\cdot 10^{-19} \, N$, la dirección del eje Y y el sentido negativo del mismo.

{ BLOQUE V - CUESTIÓN }

El fenómeno físico al que se refiere dicha gráfica se denomina EFECTO FOTOELÉCTRICO (puedes ver un video sobre esto en la casilla correspondiente en #BertoBlog)

El valor de la frecuencia umbral f_0, lo podemos leer directamente de la gráfica:

$$f_0 = 1 \cdot 10^{15} \, Hz \Rightarrow f_0 = \frac{c}{\lambda_{máx}} \Rightarrow \lambda_{máx} = \frac{c}{f_0} = 3 \cdot 10^{-7} \, m = 0'3 \, \mu m$$

Si sobre el metal incide luz de $\lambda = 0'6 \, \mu m$ no se producirá efecto fotoeléctrico, pues solo se produce para longitudes de onda menores a $0'3 \, \mu m$.

{ BLOQUE VI - CUESTIÓN }

$$_{92}^{238}U \longrightarrow {}_{90}^{234}Th + {}_{z}^{A}X \Rightarrow \left\{ \begin{array}{l} 238 = 234 + A \Rightarrow A = 4 \\ 92 = 90 + z \Rightarrow z = 2 \end{array} \right\} \Rightarrow {}_{2}^{4}X = {}_{2}^{4}He$$

$$\Rightarrow \text{Desintegración } \alpha lfa.$$

$$_{90}^{234}Th \longrightarrow {}_{91}^{234}Pa + {}_{z}^{A}X \Rightarrow \left\{ \begin{array}{l} 234 = 234 + A \Rightarrow A = 0 \\ 90 = 91 + z \Rightarrow z = -1 \end{array} \right\} \Rightarrow {}_{-1}^{0}X = {}_{-1}^{0}e$$

$$\Rightarrow \text{Desintegración } \beta^{-}$$

PÁGINA 9

GENERALITAT VALENCIANA
CONSELLERIA D'EDUCACIÓ, CULTURA I ESPORT

COMISSIÓ GESTORA DE LES PROVES D'ACCÉS A LA UNIVERSITAT

COMISIÓN GESTORA DE LAS PRUEBAS DE ACCESO A LA UNIVERSIDAD

SISTEMA UNIVERSITARI VALENCIÀ
SISTEMA UNIVERSITARIO VALENCIANO

PROVES D'ACCÉS A LA UNIVERSITAT	PRUEBAS DE ACCESO A LA UNIVERSIDAD
CONVOCATÒRIA: JULIOL 2013	CONVOCATORIA: JULIO 2013
FÍSICA	FÍSICA

BAREMO DEL EXAMEN: La puntuación máxima de cada problema es de 2 puntos y la de cada cuestión de 1,5 puntos. Cada estudiante podrá disponer de una calculadora científica no programable y no gráfica. Se prohíbe su utilización indebida (almacenamiento de información). Se utilice o no la calculadora, los resultados deberán estar siempre debidamente justificados. Realiza primero el cálculo simbólico y después obtén el resultado numérico.

OPCIÓN A

BLOQUE I – CUESTIÓN

La energía cinética de una partícula se incrementa en 1500 J por la acción de una fuerza conservativa. Deduce razonadamente la variación de la energía mecánica y la variación de la energía potencial, de la partícula.

BLOQUE II – PROBLEMA

Una onda transversal se propaga por una cuerda según la ecuación $y(x,t) = 0,4Cos[10\pi(2t - x)]$, en unidades del SI. Calcula:
a) La elongación, y, del punto de la cuerda situado en x = 20 cm en el instante t = 0,5 s. (1 punto)
b) La velocidad transversal de dicho punto en ese mismo instante t = 0,5 s. (1 punto)

BLOQUE III – CUESTIÓN

En el esquema adjunto se representa un objeto de altura y, así como su imagen, de altura y′, proporcionada por una lente delgada convergente. Determina, explicando el procedimiento seguido, la distancia focal imagen f′ de la lente ¿La imagen es real o virtual? ¿Cuál es el aumento lateral que proporciona la lente para ese objeto?
Nota: cada una de las divisiones (horizontales y verticales) equivale a 10 cm.

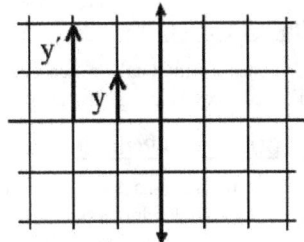

BLOQUE IV – PROBLEMA

Dos cargas eléctricas $q_1 = 5$ μC y $q_2 = -3$ μC se encuentran en las posiciones (0,0) m y (4,0) m respectivamente, como muestra la figura. Calcula:
a) El vector campo eléctrico en el punto B (4,-3) m. (1 punto)
b) El potencial eléctrico en el punto A (2,0) m. Determina también el trabajo para trasladar una carga de -10^{-12} C desde el infinito hasta el punto A. (Considera nulo el potencial eléctrico en el infinito). (1 punto)
Dato: constante de Coulomb, $k = 9 \cdot 10^9$ N·m²/C²

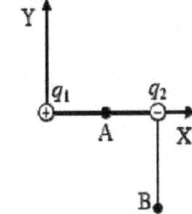

BLOQUE V– CUESTIÓN

En un sincrotrón se aceleran electrones para la producción de haces intensos de rayos X que se emplean en experimentos de biología, farmacia, física, medicina y química. En el sincrotrón ALBA (sito en Barcelona) se aceleran los electrones hasta una velocidad para la que su masa es 6000 veces el valor de la masa en reposo. Calcula la energía (en julios y en MeV) de los electrones.
Datos: velocidad de la luz en el vacío, $c = 3 \cdot 10^8$ m/s; masa del electrón, $m_e = 9,1 \cdot 10^{-31}$ kg;
carga elemental, $e = 1,6 \cdot 10^{-19}$ C

BLOQUE VI– CUESTIÓN

Explica brevemente en qué consisten la radiación alfa y la radiación beta. Halla el número atómico y el número másico del elemento producido a partir del $^{210}_{82}Pb$, después de emitir una partícula α y dos partículas β^-.

GENERALITAT VALENCIANA
CONSELLERIA D'EDUCACIÓ,
CULTURA I ESPORT

COMISSIÓ GESTORA DE LES PROVES D'ACCÉS A LA UNIVERSITAT
COMISIÓN GESTORA DE LAS PRUEBAS DE ACCESO A LA UNIVERSIDAD

SISTEMA UNIVERSITARI VALENCIÀ
SISTEMA UNIVERSITARIO VALENCIANO

PROVES D'ACCÉS A LA UNIVERSITAT	PRUEBAS DE ACCESO A LA UNIVERSIDAD
CONVOCATÒRIA: JULIOL 2013	CONVOCATORIA: JULIO 2013
FÍSICA	FÍSICA

BAREMO DEL EXAMEN: La puntuación máxima de cada problema es de 2 puntos y la de cada cuestión de 1,5 puntos. Cada estudiante podrá disponer de una calculadora científica no programable y no gráfica. Se prohíbe su utilización indebida (almacenamiento de información). Se utilice o no la calculadora, los resultados deberán estar siempre debidamente justificados. Realiza primero el cálculo simbólico y después obtén el resultado numérico.

OPCIÓN B

BLOQUE I – PROBLEMA

Tres planetas se encuentran situados, en un cierto instante, en las posiciones representadas en la figura, siendo $a = 10^5$ m. Considerando que son masas puntuales de valores $m_2 = m_3 = 2m_1 = 2·10^{21}$ kg, calcula:

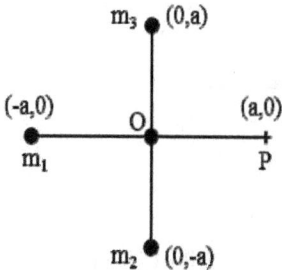

a) El vector campo gravitatorio originado por los 3 planetas en el punto O(0,0) m. (1 punto)

b) El potencial gravitatorio (energía potencial por unidad de masa) originado por los 3 planetas en el punto P(a,0) m. (1 punto)

Datos: constante de gravitación universal, $G = 6,67·10^{-11}$ N·m²/kg²

BLOQUE II – CUESTIÓN

Una onda longitudinal, de frecuencia 40 Hz, se propaga en un medio homogéneo. La distancia mínima entre dos puntos del medio con la misma fase es de 25 cm. Calcula la velocidad de propagación de la onda.

BLOQUE III – PROBLEMA

Un rayo de luz monocromática atraviesa el vidrio de una ventana que separa dos ambientes en los que el medio es el aire. Si el espesor del vidrio es de 6 mm y el rayo incide con un ángulo de 30° respecto a la normal:
a) Dibuja el esquema de la trayectoria del rayo y calcula la longitud de ésta en el interior del vidrio. (1,2 puntos)
b) Calcula el ángulo que forman las direcciones de los rayos incidente y emergente en el aire. (0,8 puntos)
Dato: índice de refracción del vidrio, n = 1,5

BLOQUE IV – CUESTIÓN

Una espira conductora, con forma circular, está situada en el seno de un campo magnético perpendicular al plano del papel, como muestra la figura. El módulo del campo magnético aumenta con el tiempo. Indica el sentido de la corriente inducida en la espira y justifica la respuesta basándote en las leyes que explican este fenómeno.

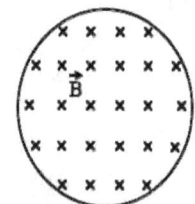

BLOQUE V – CUESTIÓN

Una nave se aleja de la Tierra con una velocidad de $2·10^8$ m/s. A su vez, desde la Tierra se emite un haz de luz láser en dirección a la nave. ¿Cuál es la velocidad del haz láser para el observador de la nave? Justifica la respuesta.

BLOQUE VI – CUESTIÓN

Enuncia la hipótesis de De Broglie. Menciona un experimento que confirme dicha hipótesis, justificando la respuesta.

{OPCIÓN A}

{BLOQUE I - CUESTIÓN}

Como nos dicen que la fuerza es conservativa, la cantidad total de energía de la partícula no variará.

Es decir:

$$W_{\substack{Fuerza \\ conservativa}} = -\Delta E_p = +\Delta E_c \Rightarrow \Delta E_c + \Delta E_p = 0 \Rightarrow$$

$$\Rightarrow \Delta E_{mecánica} = 0 \; J$$

Y usando el mismo razonamiento, $\Delta E_p = -\Delta E_c = -1500 \; J$

{BLOQUE II - PROBLEMA}

Empezaremos comprobando que el punto x=20cm ya se encuentra vibrando a los t=0'5 s. Para ello:

Ecuación General: $y = A \cdot \cos(\omega t - kx + \varphi_0)$

Nuestra ecuación: $y = 0'4 \cos(20\pi t - 10\pi x)$ (SI)

Identificando:

$A = 0'4 \, m$

$\omega = 20\pi \, rad/s \Rightarrow 2\pi \cdot f = 20\pi \Rightarrow f = 10 \, Hz$

PÁGINA 1

$$K = 10\pi \ rad/m \Rightarrow \frac{2\pi}{\lambda} = 10\pi \Rightarrow \lambda = 0'2 \ m$$

La velocidad de propagación por tanto:

$$V_p = \lambda \cdot f = 0'2 \cdot 10 = 2 \ m/s$$

Lo que significa que en $t = 0'5 \ s$ la onda recorre $1m$ y por tanto el punto $x = 20cm$ estará ya oscilando.

Así:

a) $y(x,t) = 0'4 \cos(20\pi t - 10\pi x)$, si $x = 0'2m$ y $t = 0'5s \Rightarrow$

$$\Rightarrow y(0'2, 0'5) = 0'4 \cos(20\pi \cdot 0'5 - 10\pi \cdot 0'2) = 0'4 \ m$$

b) $v(x,t) = \frac{d}{dt}(y(x,t)) = -8\pi \ sen(20\pi t - 10\pi x) \ m/s$

$$\Rightarrow v(0'2, 0'5) = -8\pi \ sen(20\pi \cdot 0'5 - 10\pi \cdot 0'2) = 0 \ m/s$$

BLOQUE III - CUESTIÓN

Como el enunciado nos dice que cada una de las divisiones en la figura equivale a 10 cm, es inmediato que:

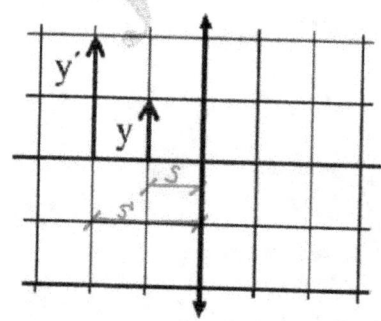

$y = 10cm$	$s = -10cm$
$y' = 20cm$	$s' = -20cm$

PÁGINA 2

124

Como $s' < 0 \Rightarrow$ Imagen Virtual

$A_L = \dfrac{y'}{y} = \dfrac{20}{10} = +2$

Y de la ecuación de las lentes:

$\dfrac{1}{s'} - \dfrac{1}{s} = \dfrac{1}{f'} \Rightarrow \dfrac{1}{-20} + \dfrac{1}{10} = \dfrac{1}{f'} \Rightarrow f' = 20 \, cm$

{BLOQUE IV - PROBLEMA}

Campo $\vec{E_1}$:

$\vec{OB} = (4,-3) - (0,0) = (4,-3)$

$|\vec{OB}| = r_1 = \sqrt{4^2 + 3^2} = 5 \, m$

$\vec{u}_{r_1} = \dfrac{1}{|\vec{OB}|} \cdot \vec{OB} = \left(\dfrac{4}{5}, \dfrac{-3}{5}\right)$

$\vec{E_1} = K \cdot \dfrac{Q_1}{r_1^2} \cdot \vec{u}_{r_1} = $

$= 9 \cdot 10^9 \cdot \dfrac{5 \cdot 10^{-6}}{5^2} \left(\dfrac{4}{5}, -\dfrac{3}{5}\right) = 1800 \cdot (0'8, -0'6) = (1440, -1080) \, N/C$

Campo $\vec{E_2}$:

$\vec{CB} = (4,-3) - (4,0) = (0,-3) \; ; \; |\vec{CB}| = r_2 = \sqrt{3^2} = 3 \, m$

$\vec{u}_{r_2} = \dfrac{1}{|\vec{CB}|} \cdot \vec{CB} = (0,-1)$

$\vec{E_2} = K \cdot \dfrac{Q_2}{r_2^2} \cdot \vec{u}_{r_2} = 9 \cdot 10^9 \cdot \dfrac{(-3 \cdot 10^{-6})}{3^2} \cdot (0,-1) = (0, 3000) \, N/C$

$\Rightarrow \vec{E}_{TOTAL} = \vec{E}_1^0 + \vec{E}_2^0 = (1440, -1080) + (0, 3000) = (1440, 1920) \, N/C$

b) $V_A = V_{A Q_1} + V_{A Q_2} = K \dfrac{Q_1}{r_{1A}} + K \dfrac{Q_2}{r_{2A}} = 9 \cdot 10^9 \cdot \dfrac{5 \cdot 10^{-6}}{2} + 9 \cdot 10^9 \cdot \dfrac{(-3 \cdot 10^{-6})}{2} =$

$= 9000 \, V$

$W_{campo} = -q \cdot \Delta V = -q \cdot (V_{final} - V_{inicial}) = -q \cdot (V_A - V_\infty^0) =$

$= -q \cdot V_A = -(-10^{-12}) \cdot 9000 = 9 \cdot 10^{-9} \, J$

{ BLOQUE V - CUESTIÓN }

$E_{TOTAL} = m \cdot c^2 = 6000 \, m_0 \, c^2 = 6000 \cdot 9'1 \cdot 10^{-31} \cdot (3 \cdot 10^8)^2 =$

$= 4'914 \cdot 10^{-10} \, J \times \dfrac{1 \, eV}{1'6 \cdot 10^{-19} \, J} \times \dfrac{1 \, MeV}{10^6 \, eV} = 3071'25 \, MeV$

{ BLOQUE VI - CUESTIÓN }

La radiación alfa es una desintegración por
la cual un núcleo atómico emite un núcleo de
helio 4 ($_2^4 He \rightarrow$ partícula α) y se convierte en un
núcleo con cuatro unidades menos de número másico

PÁGINA 4

y dos unidades menos de número atómico. Es típico en los núcleos pesados

$$\ce{^{A}_{Z}X ->[\alpha] ^{A-4}_{Z-2}Y + ^{4}_{2}He}$$ → Partícula α

La desintegración beta es un proceso mediante el cuál un núcleo emite una partícula (que puede ser un electrón (β^-) o un positrón (β^+) para compensar la relación neutrones/protones del núcleo. Cuando dicha relación neutrones/protones es inestable (bien porque hay exceso de neutrones o bien porque hay exceso de protones), el núcleo se "corrige" (fuerza nuclear débil) para llevar esa relación hacia la estabilidad según:

* Exceso de neutrones $\Rightarrow$ Desintegración β^-

Un neutrón se convierte según:

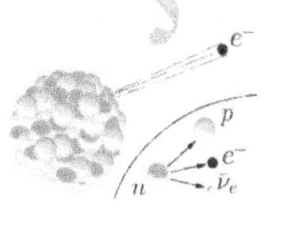

$$\ce{^{1}_{0}n -> ^{1}_{1}P + ^{0}_{-1}e^{-} + ^{0}_{0}\bar{\nu}_{e}}$$

$$\ce{^{A}_{Z}X ->[\beta^-] ^{A}_{Z+1}Y + ^{0}_{-1}e^{-} + ^{0}_{0}\bar{\nu}_{e}}$$

Partícula β^- (electrón)   Antineutrino

* Exceso de protones $\Rightarrow$ Desintegración β^+

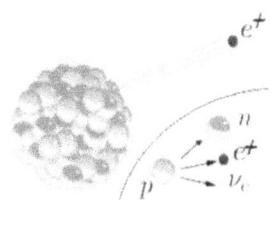

Un protón decae según:

$$^1_1 P \longrightarrow ^1_0 n + ^0_1 e^+ + ^0_0 \upsilon_e$$

$$^A_Z X \longrightarrow ^A_{Z-1} Y + ^0_1 e^+ + ^0_0 \bar{\upsilon}_e$$

Partícula β^+ Neutrino
(positrón)

En la reacción que nos piden:

$$^{210}_{82} Pb \xrightarrow{\alpha, 2\beta^-} ^A_Z X + ^4_2 He + 2 \cdot ^0_{-1} e^- + 2 ^0_0 \bar{\upsilon}_e$$

$$\Rightarrow \begin{cases} 210 = A + 4 + 2 \cdot 0 \Rightarrow A = 206 \\ 82 = Z + 2 - 2 \Rightarrow Z = 82 \end{cases} \Rightarrow ^{206}_{82} X$$

OPCIÓN B

BLOQUE I - PROBLEMA

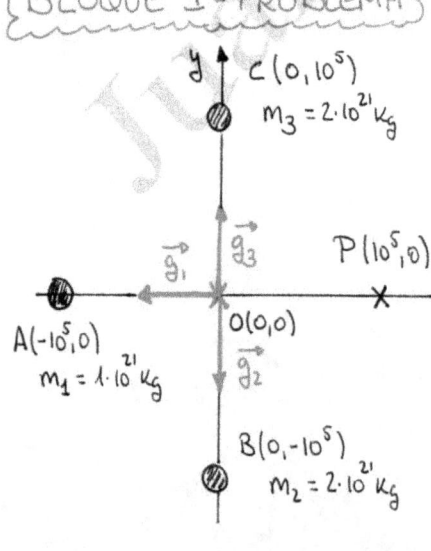

a) Es fácil ver que como

$m_2 = m_3$ y $r_2 = r_3$, los vectores

$\vec{g_2^o}$ y $\vec{g_3^o}$ tendrán el mismo

módulo. Por ello $\vec{g_2^o} + \vec{g_3^o} = \vec{0}$

y en consecuencia:

$$\vec{g}_{TOTAL} = \vec{g_1^o} + \cancel{\vec{g_2^o} + \vec{g_3^o}} = \vec{g_1^o}$$

PÁGINA 6

Campo $\vec{g}_1$:—

$$\vec{AO} = (0,0) - (-10^5, 0) = (10^5, 0)$$

$$|\vec{AO}| = r_1 = \sqrt{(10^5)^2} = 10^5 \, m$$

$$\vec{u}_{r_1} = \frac{1}{|\vec{AO}|} \cdot \vec{AO} = (1,0)$$

$$\vec{g}_1 = -G \cdot \frac{m_1}{r_1^2} \cdot \vec{u}_{r_1} = -6'67 \cdot 10^{-11} \frac{1 \cdot 10^{21}}{(10^5)^2} \cdot (1,0) = (-6'67, 0) \, N/kg$$

$$\Rightarrow \vec{g}_{TOTAL} = \vec{g}_1 = (-6'67, 0) \, N/kg$$

b) El potencial en el punto P:

$$V_P = V_{P_{m_1}} + V_{P_{m_2}} + V_{P_{m_3}} = -G \frac{m_1}{r_{AP}} - G \frac{m_2}{r_{BP}} - G \frac{m_3}{r_{CP}} =$$

$$= -G \cdot \frac{m_1}{r_{AP}} - 2 \cdot G \cdot \frac{m_2}{r_{BP}} = -\frac{6'67 \cdot 10^{-11} \cdot 1 \cdot 10^{21}}{2 \cdot 10^5} - \frac{2 \cdot 6'67 \cdot 10^{-11} \cdot 2 \cdot 10^{21}}{10^5 \cdot \sqrt{2}} =$$

$$\uparrow$$
$m_2 = m_3$
$r_{BP} = r_{CP}$

10^5

10^5 ◁ r_{BP} $\Rightarrow r_{BP} = 10^5 \cdot \sqrt{2}$

$$= -2'22 \cdot 10^6 \, J/kg$$

{BLOQUE II - CUESTIÓN}

La distancia mínima entre dos puntos del medio con la misma fase es la longitud de onda. Sabiendo esto la resolución es inmediata. Así:

$$\left.\begin{array}{l} f = 40\,Hz \\ \lambda = 25\,cm = 0'25\,m \end{array}\right\} \quad V_p = \lambda \cdot f = 0'25 \cdot 40 = 10\ m/s$$

{BLOQUE III - PROBLEMA}

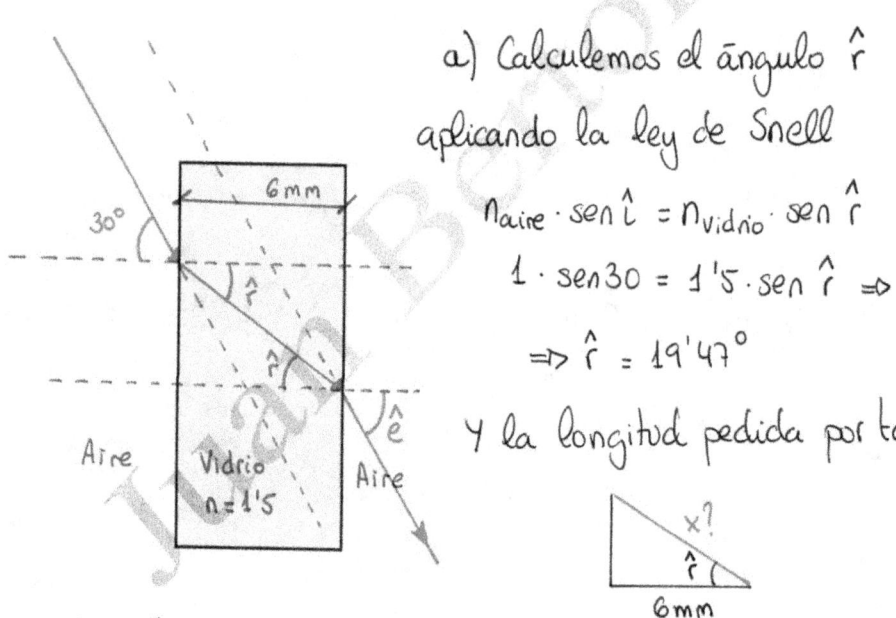

a) Calculemos el ángulo $\hat{r}$ aplicando la ley de Snell

$$n_{aire} \cdot sen\ \hat{\imath} = n_{vidrio} \cdot sen\ \hat{r}$$
$$1 \cdot sen30 = 1'5 \cdot sen\ \hat{r} \Rightarrow$$
$$\Rightarrow \hat{r} = 19'47°$$

Y la longitud pedida por tanto:

$$cos\ \hat{r} = \frac{6}{x} \Rightarrow x = \frac{6}{cos(19'47)} = 6'36\ mm$$

b) Es fácil ver que:

Snell Aire-vidrio $\Rightarrow n_1 \cdot \sin \hat{i} = n_2 \cdot \sin \hat{r}$ $\left.\begin{array}{l} \end{array}\right\} \Rightarrow n_1 \sin \hat{i} = n_1 \sin \hat{e} \Rightarrow$

Snell Vidrio-Aire $\Rightarrow n_2 \cdot \sin \hat{r} = n_1 \cdot \sin \hat{e}$

$\Rightarrow \hat{i} = \hat{e} \Rightarrow$ Al resultar el ángulo emergente igual al de incidencia el ángulo que formen entre ellos será 0°

BLOQUE IV - CUESTIÓN

Según la ley de FARADAY-HENRY, sobre la espira se inducirá una corriente si ésta se ve sometida a una variación del flujo magnético que la atraviesa.

Como el flujo viene dado por $\vec{\Phi} = \vec{B} \cdot \vec{S} = B \cdot S \cdot \cos \alpha$ y nos dicen que el módulo del campo B va en aumento, es obvio que el flujo varía, produciéndose entonces una corriente inducida.

Para averiguar el sentido de la corriente inducida debemos acudir a la LEY DE LENZ que dice que el sentido de la corriente inducida debe ser tal que sus efectos se opongan a la causa que la ha provocado.

PÁGINA 9

En este caso, que B aumente significa que el campo ES CADA VEZ MÁS ENTRANTE, lo que implica que la corriente inducida tendrá que crear en el interior de la espira UN CAMPO SALIENTE que "COMPENSE" ese aumento de B.

Basta razonar con la regla de la mano derecha para ver que el sentido de la corriente inducida deberá ser ANTIHORARIO.

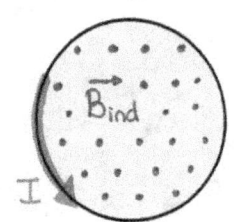

La corriente inducida crea un campo $\vec{B}_{ind}$ saliente que se opone al aumento del $\vec{B}$ entrante

{BLOQUE V - CUESTIÓN}

Según el segundo postulado de la relatividad especial de Einstein, la luz siempre se propaga en el vacío con una velocidad constante "c", siendo ésta independiente del estado de movimiento del foco emisor así como del observador. Por lo tanto, el observador de la nave verá como el haz láser se propaga exactamente a "c" sea cual sea su velocidad.

PÁGINA 10

{ BLOQUE VI - CUESTIÓN }

De Broglie afirmó en su hipótesis que "toda la materia presenta características tanto ondulatorias como corpusculares comportándose de uno u otro modo dependiendo del experimento específico".

El primer experimento que dio soporte a la hipótesis fue el experimento de Davisson-Germer, aunque es mucho más conocido el experimento de la doble rendija cuántica.

Puedes ampliar esta información viendo los vídeos en la casilla correspondiente en HBertoBlog.

COMISSIÓ GESTORA DE LES PROVES D'ACCÉS A LA UNIVERSITAT

COMISIÓN GESTORA DE LAS PRUEBAS DE ACCESO A LA UNIVERSIDAD

SISTEMA UNIVERSITARI VALENCIÀ
SISTEMA UNIVERSITARIO VALENCIANO

PROVES D'ACCÉS A LA UNIVERSITAT	PRUEBAS DE ACCESO A LA UNIVERSIDAD
CONVOCATÒRIA: JUNY 2014	CONVOCATORIA: JUNIO 2014
FÍSICA	FÍSICA

BAREMO DEL EXAMEN: La puntuación máxima de cada problema es de 2 puntos y la de cada cuestión de 1,5 puntos. Cada estudiante podrá disponer de una calculadora científica no programable y no gráfica. Se prohíbe su utilización indebida (almacenamiento de información). Se utilice o no la calculadora, los resultados deberán estar siempre debidamente justificados. Realiza primero el cálculo simbólico y después obtén el resultado numérico.

OPCIÓN A

BLOQUE I - CUESTIÓN
La Luna tarda 27 *días* y 8 *horas* aproximadamente en completar una órbita circular alrededor de la Tierra, con un radio de $3,84 \cdot 10^5$ km. Calcula razonadamente la masa de la Tierra.
Dato: constante de gravitación universal, $G = 6,67 \cdot 10^{-11}$ Nm^2/kg^2

BLOQUE II - CUESTIÓN
Explica brevemente qué es el efecto Doppler. Indica alguna situación física en la que se ponga de manifiesto este fenómeno.

BLOQUE III - PROBLEMA
El espejo retrovisor exterior que se utiliza en un camión es tal que, para un objeto real situado a 3 m, produce una imagen derecha que es cuatro veces más pequeña.
a) Determina la posición de la imagen, el radio de curvatura del espejo y su distancia focal. El espejo ¿es cóncavo o convexo? (1,2 puntos)
b) Realiza un trazado de rayos donde se señale claramente la posición y el tamaño, tanto del objeto como de la imagen ¿Es la imagen real o virtual? (0,8 puntos)

BLOQUE IV - PROBLEMA
Por dos conductores rectilíneos, indefinidos y paralelos entre sí, circulan corrientes continuas de intensidades I_1 e I_2, respectivamente, como muestra la figura. La distancia de separación entre ambos es $d = 2$ cm.

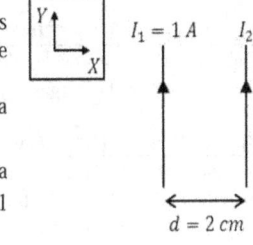

a) Sabiendo que $I_1 = 1$ A, calcula el valor de I_2 para que, en un punto equidistante a ambos conductores, el campo magnético total sea $\vec{B} = -10^{-5}\, \vec{k}$ T. (1 punto)
b) Calcula la fuerza $\vec{F}$ (módulo, dirección y sentido) sobre una carga $q = 1$ μC, que pasa por dicho punto, con una velocidad $\vec{v} = 10^6\, \vec{j}$ m/s. Representa los vectores $\vec{v}$, $\vec{B}$ y $\vec{F}$. (1 punto)
Dato: permeabilidad magnética del vacío, $\mu_0 = 4\,\pi \cdot 10^{-7}$ $T\,m/A$

BLOQUE V - CUESTIÓN
Se desea identificar las partículas que emite una sustancia radiactiva. Para ello se hacen pasar entre las placas de un condensador cargado y se observa que unas se desvían en dirección a la placa positiva y otras no se desvían. Razona el tipo de emisión radiactiva y partículas que la constituyen, en cada caso.

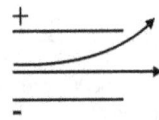

BLOQUE VI - CUESTIÓN
En febrero de este año 2014, en la *National Ignition Facility*, se ha conseguido por primera vez la fusión nuclear energéticamente rentable a partir de la reacción $^2_1H + ^3_1H \rightarrow ^A_ZX + ^1_0n$. Determina Z, A y el nombre del elemento X que se produce. Calcula la energía (en MeV) que se genera en dicha reacción.
Datos: masa del deuterio, $m(^2_1H) = 2,0141$ u; masa del tritio, $m(^3_1H) = 3,0160$ u; masa del neutrón, $m(^1_0n) = 1,0087$ u; masa del núcleo desconocido, $m(^A_ZX) = 4,0026$ u; velocidad de la luz en el vacío, $c = 3 \cdot 10^8$ m/s; unidad de masa atómica, $u = 1,66 \cdot 10^{-27}$ kg; carga elemental, $e = 1,60 \cdot 10^{-19}$ C

GENERALITAT VALENCIANA
CONSELLERIA D'EDUCACIÓ,
CULTURA I ESPORT

COMISSIÓ GESTORA DE LES PROVES D'ACCÉS A LA UNIVERSITAT

COMISIÓN GESTORA DE LAS PRUEBAS DE ACCESO A LA UNIVERSIDAD

SISTEMA UNIVERSITARI VALENCIÀ
SISTEMA UNIVERSITARIO VALENCIANO

PROVES D'ACCÉS A LA UNIVERSITAT	PRUEBAS DE ACCESO A LA UNIVERSIDAD
CONVOCATÒRIA: JUNY 2014	CONVOCATORIA: JUNIO 2014
FÍSICA	FÍSICA

BAREMO DEL EXAMEN: La puntuación máxima de cada problema es de 2 puntos y la de cada cuestión de 1,5 puntos. Cada estudiante podrá disponer de una calculadora científica no programable y no gráfica. Se prohíbe su utilización indebida (almacenamiento de información). Se utilice o no la calculadora, los resultados deberán estar siempre debidamente justificados. Realiza primero el cálculo simbólico y después obtén el resultado numérico.

OPCIÓN B

BLOQUE I – CUESTIÓN

Nos encontramos en la superficie de la Luna. Ponemos una piedra sobre una báscula en reposo y ésta indica 1,58 N. Determina razonadamente la intensidad de campo gravitatorio en la superficie lunar y la masa de la piedra sabiendo que el radio de la Luna es 0,27 veces el radio de la Tierra y que la masa de la Luna es 1/85 la masa de la Tierra.
Dato: aceleración de la gravedad en la superficie terrestre, $g_{Tierra} = 9,8 \, m/s^2$

BLOQUE II – PROBLEMA

La función que representa una onda sísmica es $y(x,t) = 2sen\left(\frac{\pi}{5}t - 2,2x\right)$, donde x e y están expresadas en metros y t en segundos. Calcula razonadamente:
  a) La amplitud, el periodo, la frecuencia y la longitud de onda. (1 punto)
  b) La velocidad de un punto situado a 2 m del foco emisor, para $t = 10 \, s$. Un instante t para el que dicho punto tenga velocidad nula. (1 punto)

BLOQUE III – CUESTIÓN

¿Qué características tiene la imagen que se forma con una lente divergente si se tiene un objeto situado en el foco imagen de la lente? Justifica la respuesta con la ayuda de un trazado de rayos.

BLOQUE IV – CUESTIÓN

Sabiendo que la intensidad de campo eléctrico en el punto P es nula, determina razonadamente la relación entre las cargas q_1/q_2.

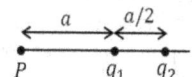

BLOQUE V – CUESTIÓN

Se quiere realizar un experimento de difracción utilizando un haz de electrones, y se sabe que la longitud de onda de De Broglie óptima de los electrones sería de 1 nm. Calcula la cantidad de movimiento y la energía cinética (no relativista), expresada en eV, que deben tener los electrones.
Datos: carga elemental, $e = 1,60 \cdot 10^{-19} \, C$; constante de Planck, $h = 6,63 \cdot 10^{-34} \, J \cdot s$; velocidad de la luz en el vacío, $c = 3 \cdot 10^8 \, m/s$; masa del electrón, $m_e = 9,1 \cdot 10^{-31} kg$

BLOQUE VI – PROBLEMA

En un experimento de efecto fotoeléctrico, la luz incide sobre un cátodo que puede ser de cerio (Ce) o de niobio (Nb). Al representar la energía cinética máxima de los electrones frente a la frecuencia f de la luz, se obtienen las rectas mostradas en la figura. Responde razonadamente para qué metal se tiene:
  a) El mayor trabajo de extracción de electrones. Calcula su valor. (1 punto)
  b) El mayor valor de la energía cinética máxima de los electrones si la frecuencia de la luz incidente es $20 \cdot 10^{14} \, Hz$, en ambos casos. Calcula su valor. (1 punto)
Dato: constante de Planck, $h = 6,63 \cdot 10^{-34} \, J \cdot s$

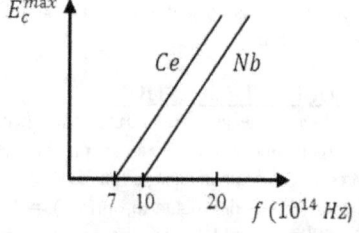

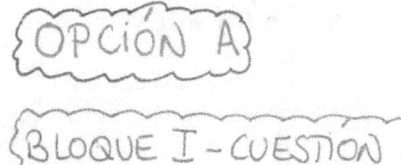

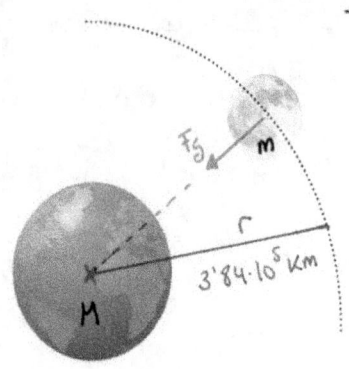

$T = 27$ días y 8 horas $= 2361600$ s.

La fuerza gravitatoria es la única que actúa:

$$\overline{F_g} = m \cdot a_N$$

$$G \frac{Mm}{r^2} = m \cdot \frac{v^2}{r} \quad \xrightarrow{v = \omega \cdot r}$$

$$\Rightarrow G \cdot \frac{M}{r} = \omega^2 \cdot r^2 \xrightarrow{\omega = \frac{2\pi}{T}} G \cdot \frac{M}{r} = \frac{4\pi^2}{T^2} \cdot r^2 \Rightarrow M = \frac{4\pi^2 \cdot r^3}{G \cdot T^2} \Rightarrow$$

$$\Rightarrow M = \frac{4\pi^2 \cdot (3'84 \cdot 10^8)^3}{6'67 \cdot 10^{-11} \cdot 2361600^2} = 6'01 \cdot 10^{24} \text{ kg}$$

BLOQUE II - CUESTIÓN

El efecto Doppler nos dice que existirá una diferencia entre la frecuencia con la que un receptor recibe un movimiento ondulatorio y la frecuencia propia de la onda cuando haya un movimiento relativo entre emisor y receptor.

PÁGINA 1

La relación entre la frecuencia del movimiento ondulatorio (f_0) y la recibida por el receptor (f) viene dada por:

$$f = f_0 \cdot \left(\frac{V \pm V_R}{V \pm V_F} \right) \quad donde \begin{cases} f \equiv \text{frecuencia recibida} \\ f_0 \equiv \text{frecuencia de la onda} \\ V \equiv \text{velocidad de la onda} \\ V_R / V_F \equiv \text{velocidad del} \\ \qquad\qquad\quad \text{receptor / foco} \end{cases}$$

y utilizamos el criterio de signos:

Un ejemplo cotidiano en el que se puede observar este efecto es cuando una ambulancia se acerca a nosotros. Percibimos el sonido de la sirena más agudo cuando la ambulancia se nos acerca, mientras que el sonido se hace grave cuando se aleja.

El movimiento de la ambulancia hace que cuando se acerca al observador, éste reciba los frentes de onda "más frecuentemente". Es como si el movimiento de la ambulancia comprimiese los frentes de ondas por delante de ella y los espaciase por detrás (es decir, cuando se aleja).

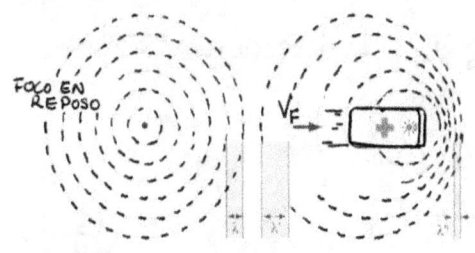

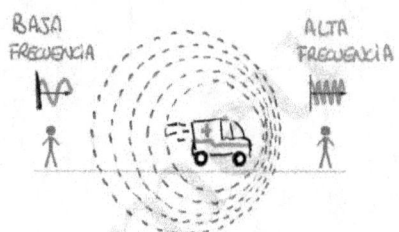

{ BLOQUE III - PROBLEMA }

Datos : $S = -3m$; $A_L = +\frac{1}{4}$ → Cuatro veces más pequeña.

↳ Derecha

a) $A_L = -\frac{s'}{s}$ ⇒ $\frac{1}{4} = -\frac{s'}{-3}$ ⇒ $s' = \frac{3}{4} = 0'75\,m$

$\frac{1}{s'} + \frac{1}{s} = \frac{1}{f}$ ⇒ $\frac{1}{3/4} + \frac{1}{-3} = \frac{1}{f}$ ⇒ $f = 1m$ ⇒ $R = 2f = 2m$

Como $f > 0$, se trata de un espejo convexo

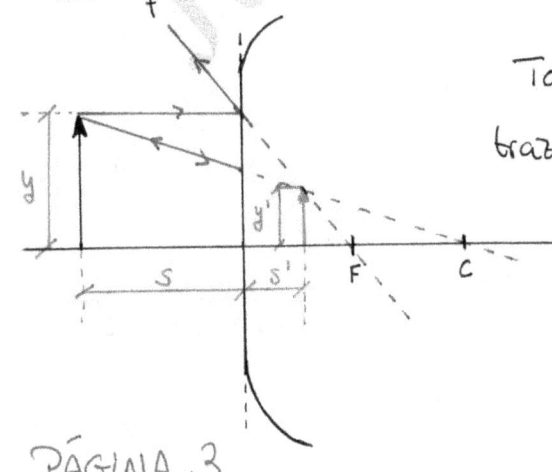

Tal y como se aprecia en el trazado de rayos, se trata de una IMAGEN VIRTUAL

PÁGINA 3

BLOQUE IV - PROBLEMA

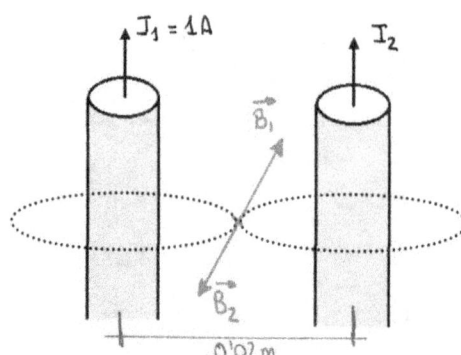

Obtenemos los módulos de los vectores $\vec{B_1}$ y $\vec{B_2}$ utilizando la ley de Biot - Savart y luego les damos dirección y sentido utilizando la regla de la mano derecha:

$$B_1 = \frac{\mu \, I_1}{2\pi \cdot r_1} = \frac{4\pi \cdot 10^{-7} \cdot 1}{2\pi \cdot 0'01} = 2 \cdot 10^{-5} T \Rightarrow \vec{B_1} = (0, 0, -2 \cdot 10^{-5}) \, T$$

$$B_2 = \frac{\mu \, I_2}{2\pi \, r_2} = \frac{4\pi \cdot 10^{-7} \cdot I_2}{2\pi \cdot 0'01} = 2 \, I_2 \cdot 10^{-5} T \Rightarrow \vec{B_2} = (0, 0, +2 \cdot I_2 \cdot 10^{-5}) T$$

Por otro lado, $\vec{B}_{TOTAL} = -10^{-5} \vec{k} \, T$, y como $\vec{B}_{TOTAL} = \vec{B_1} + \vec{B_2}$

$$(0, 0, -10^{-5}) = (0, 0, -2 \cdot 10^{-5}) + (0, 0, 2 I_2 \cdot 10^{-5}) \Rightarrow$$

$$\Rightarrow -10^{-5} = -2 \cdot 10^{-5} + 2 I_2 \cdot 10^{-5} \Rightarrow \underline{I_2 = 0'5 \, A}$$

b)

$\vec{v} = 10^6 \vec{j} \, m/s$

$\vec{F_M}$

$\vec{B} = -10^{-5} \vec{k} \, T$

$$\vec{F_M} = q(\vec{v} \times \vec{B}) = 1 \cdot 10^{-6} \cdot \begin{vmatrix} \vec{i} & \vec{j} & \vec{k} \\ 0 & 10^6 & 0 \\ 0 & 0 & -10^{-5} \end{vmatrix} =$$

$$= -10^{-5} \vec{i} \, N$$

Que tiene módulo $10^{-5} N$, la dirección horizontal del eje X y el sentido negativo del mismo.

PÁGINA 4

{ BLOQUE V : CUESTIÓN }

La radiación α consiste en la emisión de un núcleo de $^{4}_{2}He$. Por tanto, las partículas α tienen carga positiva

$$^{A}_{Z}X \xrightarrow{\alpha} \,^{A-4}_{Z-2}Y + ^{4}_{2}He \rightarrow \text{Partícula } \alpha \;(q>0)$$

La emisión β^{-} consiste en la emisión de un electrón, y por tanto, las partículas β^{-} (electrones) tienen carga negativa.

$$^{A}_{Z}X \xrightarrow{\beta^{-}} \,^{A}_{Z+1}Y + ^{0}_{-1}e + ^{0}_{0}\bar{\nu}_e$$
$$\hookrightarrow \text{Partícula } \beta^{-} \;(q<0)$$

La radiación gamma es una radiación electromagnética en la que se emiten fotones de alta energía sin carga eléctrica

$$^{A}_{Z}X^{*} \xrightarrow{\gamma} \,^{A}_{Z}X + \left(\text{fotones}\right) \rightarrow \gamma \;(q=0)$$

También sabemos que entre las placas de un condensador se genera un campo eléctrico desde la placa positiva hacia la placa con carga negativa. Si hacemos pasar las partículas anteriores (α, β^{-} y γ) por un campo eléctrico perpendicular a $\vec{v}$, y dado que $\vec{F_e} = q \cdot \vec{E}$, veremos como las partículas α se

PÁGINA 5

desvían a favor del campo, las β^- en contra y las γ no sufren desviación alguna.

Concluimos por tanto que las partículas emitidas han sido β^- y γ según:

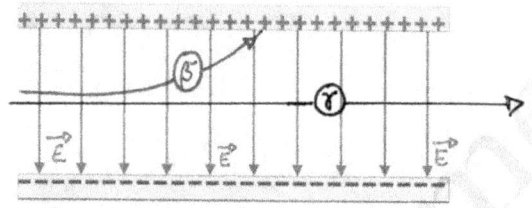

BLOQUE VI - CUESTIÓN

$$^2_1H + ^3_1H \longrightarrow ^A_2X + ^1_0n \Rightarrow \begin{cases} 2+3 = A+1 \Rightarrow A=4 \\ 1+1 = 2+0 \Rightarrow 2=2 \end{cases} \Rightarrow ^4_2X$$

^4_2X es una partícula α ^4_2He

El defecto de masa de esta reacción:

$$\Delta m = \left(m_{^2_1H} + m_{^3_1H}\right) - \left(m_{^A_2X} + m_{^1_0n}\right) =$$

$$= (2'0141 + 3'0160) - (4'0026 + 1'0087) = 0'0188\ u.$$

$$\Delta m = 0'0188\ u \times \frac{1'66 \cdot 10^{-27}\ kg}{1u} = 3'1208 \cdot 10^{-29}\ kg$$

Por tanto, la energía liberada en la reacción:

$$\Delta E = \Delta m \cdot c^2 = 3'1208 \cdot 10^{-29} \cdot (3 \cdot 10^8)^2 = 2'81 \cdot 10^{-12} \, J$$

$$\Delta E = 2'81 \cdot 10^{-12} \, J \times \frac{1 eV}{1'6 \cdot 10^{-19} \, J} \times \frac{1 MeV}{10^6 \, eV} = 17'56 \, MeV$$

{OPCIÓN B}

{BLOQUE I - CUESTIÓN}

Sabemos que la gravedad en la superficie terrestre es:

$$g_{Tierra} = G \cdot \frac{M_T}{R_T^2} = 9'8 \; N/kg$$

Por tanto:

$$g_{Luna} = G \cdot \frac{M_L}{R_L^2} = G \cdot \frac{1/85 \cdot M_T}{(0'27 R_T)^2} = \frac{1}{85 \cdot 0'27^2} \cdot G \cdot \frac{M_T}{R_T^2} =$$

$$M_L = \frac{1}{85} M_T$$

$$R_L = 0'27 R_T$$

$$= \frac{1}{85 \cdot 0'27^2} \cdot g_{Tierra} = \frac{9'8}{85 \cdot 0'27^2} = 1'58 \; N/kg$$

La báscula indica el peso:

$$P = F_{g_L} = G \cdot \frac{M_L \cdot m}{R_L^2} = m \cdot g_{Luna} \Rightarrow 1'58 = m \cdot 1'58 \Rightarrow$$

$$\Rightarrow m = 1 \, kg$$

{BLOQUE II - PROBLEMA}

Ecuación General: $y(x,t) = A \operatorname{sen}(\omega t - kx + \varphi_0)$

Nuestra ecuación: $y(x,t) = 2 \operatorname{sen}\left(\dfrac{\pi}{5} t - 2'2x\right)$ m

Comparando términos es fácil ver que:

$A = 2$ m

$\omega = \dfrac{\pi}{5}$ rad/s $\Rightarrow \dfrac{2\pi}{T} = \dfrac{\pi}{5} \Rightarrow T = 10$ s y $f = \dfrac{1}{T} = 0'1$ Hz

$k = 2'2$ rad/m $\Rightarrow \dfrac{2\pi}{\lambda} = 2'2 \Rightarrow \lambda = 2'86$ m

b) Como acabamos de ver, la onda recorre 2'86 m en 10s
y por tanto, un punto situado a x=2m del foco ya se
encuentra vibrando en t = 10s. Así:

$y(x,t) = 2 \operatorname{sen}\left(\dfrac{\pi}{5} t - 2'2x\right)$ m

$v(x,t) = \dfrac{d}{dt}\left(y(x,t)\right) = \dfrac{2\pi}{5} \cos\left(\dfrac{\pi}{5} t - 2'2x\right)$ m/s

Para x=2m en t=10s :

$v(2,10) = \dfrac{2\pi}{5} \cdot \cos\left(\dfrac{\pi}{5} \cdot 10 - 2'2 \cdot 2\right) = -0'386$ m/s

La velocidad en función del tiempo del punto x=2m :

$v(t) = \dfrac{2\pi}{5} \cdot \cos\left(\dfrac{\pi}{5} \cdot t - 4'4\right)$ m/s

PÁGINA 8

Veamos en qué instantes se anula:

$$v(t) = 0 \text{ m/s}$$

$$\frac{2\pi}{5} \cdot \cos\left(\frac{\pi}{5}t - 4'4\right) = 0 \implies \cos\left(\frac{\pi}{5}t - 4'4\right) = 0 \implies$$

$$\implies \frac{\pi}{5}t - 4'4 = \arccos(0)$$

$$\frac{\pi}{5}t - 4'4 = \frac{\pi}{2} + K\pi \quad \text{con} \quad K = 0, 1, 2, 3, \ldots$$

$$\frac{\pi}{5}t = \frac{\pi}{2} + 4'4 + K\pi \implies t = \left(\frac{5}{2} + \frac{22}{\pi}\right) + 5K \implies$$

$$\implies t = 9'5 + 5K \quad \text{s. con} \quad K = 0, 1, 2, 3, \ldots$$

Si queremos un instante concreto, no hay más que darle valores a K. Así:

Si $K = 0 \longrightarrow t = 9'5$ s (primer instante)

Si $K = 1 \longrightarrow t = 14'5$ s (segundo instante)

⋮

{BLOQUE III - CUESTIÓN}

Como vemos, se obtendrá una imagen virtual, derecha, y menor

Podéis ver un video para ampliar en la casilla correspondiente en #BertoBlog

PÁGINA 9

BLOQUE IV - CUESTIÓN

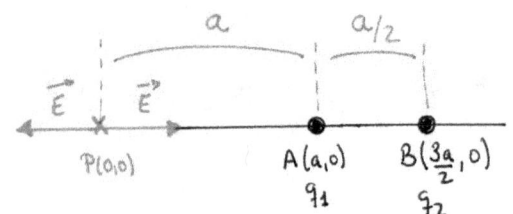

Vamos a resolverlo de dos formas:

1ª Forma) Utilizando vectores:

Campo $\vec{E_1}$:

$$\overrightarrow{AP} = (0,0) - (a,0) = (-a,0)$$

$$|\overrightarrow{AP}| = r_1 = \sqrt{(-a)^2} = a$$

$$\vec{u}_{r_1} = \frac{1}{\overrightarrow{AP}} \cdot |\overrightarrow{AP}| = (-1,0)$$

$$\vec{E_1} = K \cdot \frac{q_1}{r_1^2} \cdot \vec{u}_r = \left(-K \cdot \frac{q_1}{r_1^2}, 0\right) = \left(-K \cdot \frac{q_1}{a^2}, 0\right)$$

Campo $\vec{E_2}$:

$$\overrightarrow{BP} = (0,0) - \left(\frac{3a}{2}, 0\right) = \left(-\frac{3a}{2}, 0\right)$$

$$|\overrightarrow{BP}| = r_2 = \sqrt{\left(\frac{3a}{2}\right)^2} = \frac{3a}{2}$$

$$\vec{u}_{r_2} = \frac{1}{\overrightarrow{BP}} \cdot |\overrightarrow{BP}| = (-1,0)$$

$$\vec{E_2} = K \cdot \frac{q_2}{r_2^2} \cdot \vec{u}_{r_2} = \left(-\frac{K \cdot q_2}{r_2^2}, 0\right) = \left(-\frac{K \cdot q_2}{\left(\frac{3a}{2}\right)^2}, 0\right) = \left(-\frac{4K \cdot q_2}{9a^2}, 0\right)$$

$$\overrightarrow{E_{TOTAL}} = \vec{E_1} + \vec{E_2} = \left(-K \cdot \frac{q_1}{a^2} - \frac{4K \cdot q_2}{9a^2}, 0\right)$$

Si queremos que $\overrightarrow{E_{TOTAL}} = (0,0) \Rightarrow$

$$-\frac{K \cdot q_1}{a^2} - \frac{4K \cdot q_2}{9a^2} = 0 \Rightarrow \frac{K \cdot q_1}{a^2} = -\frac{4K \cdot q_2}{9a^2} \Rightarrow$$

$$\Rightarrow \frac{q_1}{q_2} = -\frac{4}{9}$$

(2ª Forma) Utilizando los módulos

Si no queremos utilizar los vectores, tendremos que

razonar que para que el campo en P sea nulo, tienen

que suceder dos cosas:

(i) Que los módulos de $\overrightarrow{E_1}$ y $\overrightarrow{E_2}$ sean iguales:

$$|\overrightarrow{E_1}| = |\overrightarrow{E_2}| \Rightarrow K \cdot \frac{|q_1|}{r_1^2} = K \cdot \frac{|q_2|}{r_2^2} \Rightarrow \frac{|q_1|}{a^2} = \frac{|q_2|}{\left(\frac{3a}{2}\right)^2} \Rightarrow$$

$$\Rightarrow \frac{|q_1|}{|q_2|} = \frac{4}{9}$$

(ii) Que las cargas q_1 y q_2 sean de signo contrario:

$$\frac{|q_1|}{|q_2|} = \frac{4}{9} \quad \underset{q_1 \cdot q_2 < 0}{\Longrightarrow} \quad \frac{q_1}{q_2} = -\frac{4}{9}$$

BLOQUE V - CUESTIÓN

La longitud de onda asociada de De Broglie viene dada por:

$$\lambda = \frac{h}{p} \implies 1 \cdot 10^{-9} = \frac{6'63 \cdot 10^{-34}}{p} \implies p = 6'63 \cdot 10^{-25} \, kg \cdot m/s$$

$$p = m \cdot v \implies v = \frac{p}{m} = \frac{6'63 \cdot 10^{-25}}{9'1 \cdot 10^{-31}} = 7'29 \cdot 10^{5} \, m/s$$

Y por tanto, la energía cinética (no relativista)

$$E_c = \frac{1}{2} m \cdot v^2 = \frac{1}{2} \cdot 9'1 \cdot 10^{-31} \cdot \left(7'29 \cdot 10^{5}\right)^2 = 2'41 \cdot 10^{-19} \, J$$

$$E_c = 2'41 \cdot 10^{-19} \, J \times \frac{1 \, eV}{1'6 \cdot 10^{-19} \, J} = 1'51 \, eV$$

BLOQUE VI - PROBLEMA

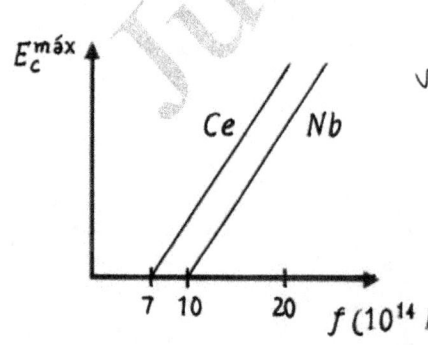

De la gráfica podemos leer los valores de la frecuencia umbral:

$$f_{0_{Ce}} = 7 \cdot 10^{14} \, Hz$$

$$f_{0_{Nb}} = 10 \cdot 10^{14} = 10^{15} \, Hz$$

PÁGINA 12

El trabajo de extracción es la energía mínima que debe tener el fotón para poder "arrancar" el electrón.

$W_{ext} = h \cdot f_o$

$W_{ext_{Ce}} = 6'63 \cdot 10^{-34} \cdot 7 \cdot 10^{14} = 4'64 \cdot 10^{-19} \, J$

$W_{ext_{Nb}} = 6'63 \cdot 10^{-34} \cdot 10^{15} = 6'63 \cdot 10^{-19} \, J$

Por tanto $W_{ext_{Nb}} > W_{ext_{Ce}}$

b) El balance energético del efecto fotoeléctrico:

$E_{fotón} = W_{ext} + E_C \Rightarrow E_C = E_{fotón} - W_{ext} \Rightarrow$

$\Rightarrow E_C = hf - hf_o \Rightarrow E_C = h(f - f_o)$

$E_C = h(f - f_o)$

$E_{C_{Ce}} = 6'63 \cdot 10^{-34} \left(20 \cdot 10^{14} - 7 \cdot 10^{14}\right) = 8'62 \cdot 10^{-19} \, J$

$E_{C_{Nb}} = 6'63 \cdot 10^{-34} \cdot \left(20 \cdot 10^{14} - 10^{15}\right) = 6'63 \cdot 10^{-19} \, J$

Por tanto $E_{C_{Ce}} > E_{C_{Nb}}$

GENERALITAT VALENCIANA
CONSELLERIA D'EDUCACIÓ, CULTURA I ESPORT

COMISSIÓ GESTORA DE LES PROVES D'ACCÉS A LA UNIVERSITAT
COMISIÓN GESTORA DE LAS PRUEBAS DE ACCESO A LA UNIVERSIDAD

SISTEMA UNIVERSITARI VALENCIÀ
SISTEMA UNIVERSITARIO VALENCIANO

PROVES D'ACCÉS A LA UNIVERSITAT	PRUEBAS DE ACCESO A LA UNIVERSIDAD
CONVOCATÒRIA: JULIOL 2014	CONVOCATORIA: JULIO 2014
FÍSICA	FÍSICA

BAREMO DEL EXAMEN: La puntuación máxima de cada problema es de 2 puntos y la de cada cuestión de 1,5 puntos. Cada estudiante podrá disponer de una calculadora científica no programable y no gráfica. Se prohíbe su utilización indebida (almacenamiento de información). Se utilice o no la calculadora, los resultados deberán estar siempre debidamente justificados. Realiza primero el cálculo simbólico y después obtén el resultado numérico.

OPCIÓN A

BLOQUE I - CUESTIÓN
El planeta Tatooine, de masa m, se encuentra a una distancia r del centro de una estrella de masa M. Deduce la expresión de la velocidad del planeta en su órbita circular alrededor de la estrella y razona el valor que tendría dicha velocidad si la distancia a la estrella fuera $4r$.

BLOQUE II - CUESTIÓN
Una partícula de masa $m = 0,05\ kg$ realiza un movimiento armónico simple con una amplitud $A = 0,2\ m$ y una frecuencia $f = 2\ Hz$. Calcula el periodo, la velocidad máxima y la energía total.

BLOQUE III - PROBLEMA
Se sitúa un objeto de $9\ cm$ de altura a una distancia de $10\ cm$ a la izquierda de una lente de -5 dioptrías.
a) Dibuja un esquema de rayos, con la posición del objeto, la lente y la imagen y explica el tipo de imagen que se forma. (1,2 puntos)
b) Calcula la posición de la imagen y su tamaño. (0,8 puntos)

BLOQUE IV - PROBLEMA
Un electrón se mueve dentro de un campo eléctrico uniforme $\vec{E} = E\ \vec{\imath}$, con $E > 0$. El electrón parte del reposo desde el punto A, de coordenadas $(0,0)\ cm$, y llega al punto B con una velocidad de $10^6\ m/s$ después de recorrer $20\ cm$. Considerando que sobre el electrón no actúan otras fuerzas y sin tener en cuenta efectos relativistas:
a) Discute cómo será la trayectoria del electrón y calcula las coordenadas del punto B (en centímetros). (0,8 puntos)
b) Calcula razonadamente el módulo del campo eléctrico. (1,2 puntos)
Datos: carga elemental, $e = 1,60 \cdot 10^{-19}\ C$; masa del electrón, $m_e = 9,1 \cdot 10^{-31} kg$

BLOQUE V - CUESTIÓN
En la siguiente gráfica de número atómico frente a número de neutrones, se representan dos desintegraciones a y b que, partiendo del ^{231}Th, producen isótopos de diferentes elementos. Escribe razonadamente el símbolo de cada isótopo con su número másico y atómico. Determina, en ambos casos, el tipo de desintegración radiactiva, indicando justificadamente la partícula radiactiva que se emite.

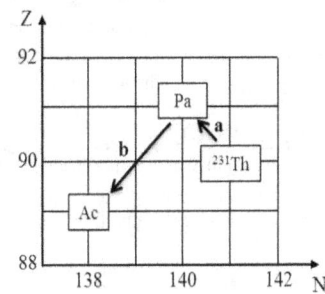

BLOQUE VI - CUESTIÓN
En la evolución de las estrellas, la reacción de fusión por la que el hidrógeno se convierte en helio es $^{15}_{7}N + ^{1}_{1}H \rightarrow ^{12}_{6}C + ^{4}_{2}He$. Calcula el correspondiente defecto de masa (en kg). En la reacción anterior ¿se absorbe o se desprende energía? ¿Por qué? Determina el valor de dicha energía (en MeV).
Datos: masa del nitrógeno, $m(^{15}_{7}N) = 15,0001\ u$; masa del hidrógeno, $m(^{1}_{1}H) = 1,0080\ u$; masa del carbono, $m(^{12}_{6}C) = 12,0000\ u$; masa del helio, $m(^{4}_{2}He) = 4,0026\ u$; unidad de masa atómica, $u = 1,66 \cdot 10^{-27} kg$; velocidad de la luz en el vacío, $c = 3 \cdot 10^8\ m/s$; carga elemental, $e = 1,60 \cdot 10^{-19}\ C$

 GENERALITAT VALENCIANA
CONSELLERIA D'EDUCACIÓ, CULTURA I ESPORT

COMISSIÓ GESTORA DE LES PROVES D'ACCÉS A LA UNIVERSITAT
COMISIÓN GESTORA DE LAS PRUEBAS DE ACCESO A LA UNIVERSIDAD

 SISTEMA UNIVERSITARI VALENCIÀ
SISTEMA UNIVERSITARIO VALENCIANO

PROVES D'ACCÉS A LA UNIVERSITAT	PRUEBAS DE ACCESO A LA UNIVERSIDAD
CONVOCATÒRIA: JULIOL 2014	CONVOCATORIA: JULIO 2014
FÍSICA	FÍSICA

BAREMO DEL EXAMEN: La puntuación máxima de cada problema es de 2 puntos y la de cada cuestión de 1,5 puntos. Cada estudiante podrá disponer de una calculadora científica no programable y no gráfica. Se prohíbe su utilización indebida (almacenamiento de información). Se utilice o no la calculadora, los resultados deberán estar siempre debidamente justificados. Realiza primero el cálculo simbólico y después obtén el resultado numérico.

OPCIÓN B

BLOQUE I - PROBLEMA

Un objeto de masa $m_1 = 4m_2$ se encuentra situado en el origen de coordenadas, mientras que un segundo objeto de masa m_2 se encuentra en un punto de coordenadas $(9,0)$ m. Considerando únicamente la interacción gravitatoria y suponiendo que son masas puntuales, calcula razonadamente:

    a) El punto en el que el campo gravitatorio es nulo. (1,2 puntos)

    b) El vector momento angular de la masa m_2 con respecto al origen de coordenadas si $m_2 = 100$ kg y su velocidad es $\vec{v}(0, 50)$ m/s. (0,8 puntos)

BLOQUE II - PROBLEMA

Una onda se propaga según la función $y = 2\ sen[2\pi(t - x)]$ cm, donde x está expresada en centímetros y t en segundos. Calcula razonadamente:

    a) El periodo, la frecuencia, la longitud de onda y el número de onda. (1,2 puntos)

    b) La velocidad de propagación de la onda y la velocidad de vibración de una partícula situada en el punto $x = 10$ cm en el instante $t = 10$ s. (0,8 puntos)

BLOQUE III - CUESTIÓN

Describe qué problema de visión tiene una persona que sufre de miopía. Explica razonadamente, con ayuda de un trazado de rayos, en qué consiste este problema. ¿Con qué tipo de lente debe corregirse y por qué?

BLOQUE IV - CUESTIÓN

Un conductor rectilíneo, de longitud $L = 10$ m, transporta una corriente eléctrica de intensidad $I = 5$ A. Se encuentra en el seno de un campo magnético cuyo módulo es $B = 1$ T y cuya dirección y sentido es el mostrado en los casos diferentes (a) y (b) de la figura. Escribe la expresión del vector fuerza magnética que actúa sobre un conductor rectilíneo y discute en cuál de estos dos casos será mayor su módulo. Calcula el vector fuerza magnética en dicho caso.

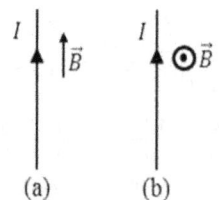

BLOQUE V - CUESTIÓN

Una astronauta viaja en una nave que se aleja de la Tierra a una velocidad de $0,7c$. En un cierto instante, la astronauta establece comunicación con la Tierra y canta la canción "Space Oddity", que dura 5 minutos según el reloj de la astronave. ¿Cuánto tiempo ha durado la canción para los interlocutores de la Tierra? Razona adecuadamente tu respuesta.

BLOQUE VI - CUESTIÓN

Se tienen dos muestras radiactivas diferentes 1 y 2. La cantidad inicial de núcleos radiactivos es, respectivamente N_{10} y N_{20}, y sus periodos de semidesintegración son T_1 y $T_2 = 2T_1$. Razona cuanto deberá valer la relación N_{10}/N_{20} para que la actividad de ambas muestras sea la misma inicialmente (en $t = 0$). ¿Serán iguales las actividades de ambas muestras en un instante t posterior? Razona la respuesta.

OPCIÓN A

BLOQUE I - CUESTIÓN

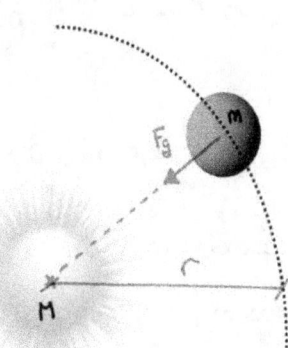

a) $F_g = m \cdot a_N$

$$G \frac{Mm}{r^2} = m \cdot \frac{v^2}{r} \Rightarrow$$

$$\Rightarrow V = \sqrt{\frac{GM}{r}}$$

b) Si $r_2 = 4r_1$

$$V_2 = \sqrt{\frac{G \cdot M}{r_2}} = \sqrt{\frac{G \cdot M}{4 \cdot r_1}} = \frac{1}{2} \cdot \sqrt{\frac{GM}{r_1}} = \frac{1}{2} V_1$$

BLOQUE II - CUESTIÓN:

Período y frecuencia son inversas: $T = \frac{1}{f} = \frac{1}{2} = 0'5$ s.

La pulsación por tanto: $\omega = 2\pi \cdot f = 2\pi \cdot 2 = 4\pi$ rad/s

Y con esta pulsación:

$$V_{máx} = \pm A \cdot \omega = \pm 0'2 \cdot 4\pi = \pm 0'8\pi \ m/s$$

$$E_{TOTAL} = \frac{1}{2} K \cdot A^2 = \frac{1}{2} m \cdot \omega^2 \cdot A^2 = \frac{1}{2} \cdot 0'05 \cdot 16\pi^2 \cdot 0'2^2 = 0'158 J$$

BLOQUE III - PROBLEMA

Al ser la potencia de -5 dioptrías:

$$P = -5D \Bigg\} \quad \frac{1}{f'} = -5 \Rightarrow f' = -\frac{1}{5} = -0'2 \ m = -20 \ cm$$
$$P = \frac{1}{f'}$$

Como $f' < 0 \Rightarrow$ Se trata de una LENTE DIVERGENTE

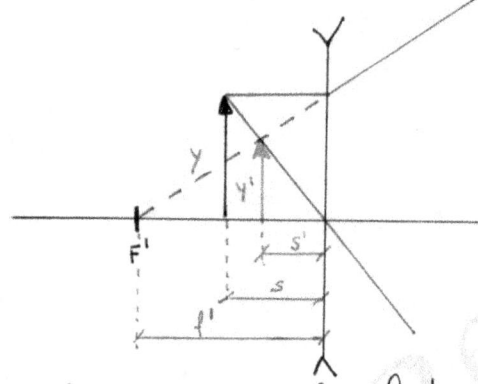

Como vemos en el trazado de rayos, las características de la imagen son:
- Virtual
- Menor
- Derecha

De la ecuación de las lentes:

$$\frac{1}{s'} - \frac{1}{s} = \frac{1}{f'} \Rightarrow \frac{1}{s'} - \frac{1}{-10} = \frac{1}{-20} \Rightarrow \frac{1}{s'} = \frac{-3}{20} \Rightarrow$$

$$\Rightarrow s' = -\frac{20}{3} \ cm \approx -6'67 \ cm$$

Y con el aumento lateral:

$$A_L = \frac{y'}{y} = \frac{s'}{s} \Rightarrow \frac{y'}{9} = \frac{-20/3}{-10} = \frac{2}{3} \Rightarrow$$

$$\Rightarrow y' = \frac{2}{3} \cdot 9 = 6 \ cm$$

PÁGINA 2

BLOQUE IV - PROBLEMA

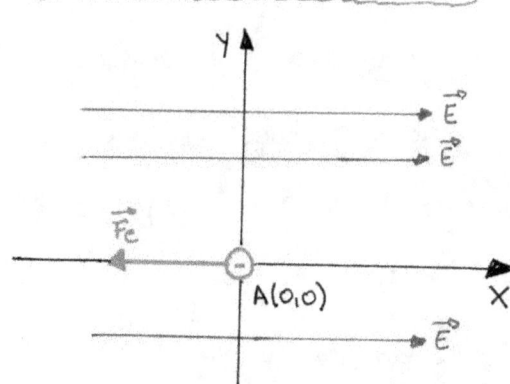

$\vec{E} = E\,\vec{i}$ con $E > 0$

La fuerza eléctrica $\vec{F}$

que aparece sobre una

carga q cuando se

encuentra dentro de un

campo eléctrico $\vec{E}$ viene dada por:

$$\vec{F_e} = q \cdot \vec{E}$$

Al tratarse de un electrón ($q < 0$), la fuerza eléctrica

será opuesta al campo $\vec{F_e} = - Fe \cdot \vec{i}$, moviéndose por

tanto en la dirección del eje X y en sentido negativo.

Así, las coordenadas del punto B pedido son B($-20,0$)cm.

b) Al ser la fuerza eléctrica una fuerza conservativa:

$$\Delta E_c = - \Delta E_p \quad \text{(Principio de conservación)}$$

$$\frac{1}{2} m \cdot v^2 = -q \cdot \Delta V_A^B \Rightarrow \frac{1}{2} \cdot 9'1 \cdot 10^{-31} \cdot \left(10^6\right)^2 = -\left(-1'6 \cdot 10^{-19}\right) \cdot \Delta V_A^B$$

$$\Rightarrow \Delta V_A^B = 2'85 \ V$$

Y de la relación entre la ddp y el módulo del campo:

$$E = \left| \frac{\Delta V}{\Delta r} \right| = \frac{2'85}{0'2} = 14'25 \ V/m$$

PÁGINA 3

BLOQUE V - CUESTIÓN

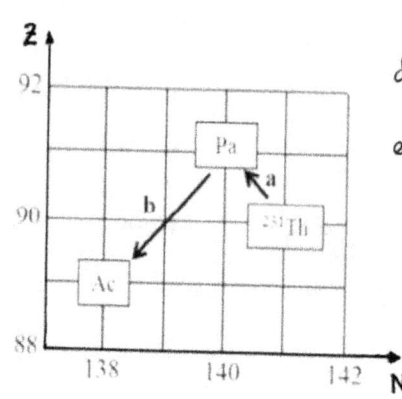

El número másico A es la suma

del número de protones (z) más

el número de neutrones (N):

$$A = z + N$$

De la gráfica se puede leer

fácilmente el número de protones

y neutrones para cada isótopo. Así:

$$Th \rightarrow \left. \begin{cases} z = 90 \\ N = 141 \end{cases} \right\} \Rightarrow A = 90 + 141 = 231 \Rightarrow {}^{231}_{90}Th$$

$$Pa \rightarrow \left. \begin{cases} z = 91 \\ N = 140 \end{cases} \right\} \Rightarrow A = 91 + 140 = 231 \Rightarrow {}^{231}_{91}Pa$$

$$Ac \rightarrow \left. \begin{cases} z = 89 \\ N = 138 \end{cases} \right\} \Rightarrow A = 89 + 138 = 227 \Rightarrow {}^{227}_{89}Ac$$

Para identificar las desintegraciones:

$${}^{231}_{90}Th \xrightarrow{a} {}^{231}_{91}Pa + {}^{A}_{z}X \Rightarrow \left. \begin{cases} 231 = 231 + A \\ 90 = 91 + z \end{cases} \right\} \Rightarrow A = 0 \text{ y } z = -1$$

$${}^{A}_{z}X \text{ es } {}^{0}_{-1}e \Rightarrow \text{Desintegración } \beta^{-}$$

$${}^{231}_{91}Pa \xrightarrow{b} {}^{227}_{89}Ac + {}^{A}_{z}X \Rightarrow \left. \begin{cases} 231 = 227 + A \\ 91 = 89 + z \end{cases} \right\} \Rightarrow A = 4 \text{ y } z = 2$$

$${}^{A}_{z}X \text{ es } {}^{4}_{2}He \Rightarrow \text{Desintegración } \alpha$$

PÁGINA 4

{BLOQUE VI - CUESTIÓN}

$$^{15}_{7}N + ^{1}_{1}H \longrightarrow ^{12}_{6}C + ^{4}_{2}He$$

El defecto de masa lo calculamos según:

$$\Delta m = \left(m_{^{15}_{7}N} + m_{^{1}_{1}H} \right) - \left(m_{^{12}_{6}C} + m_{^{4}_{2}He} \right) =$$

$$= (15'0001 + 1'0080) - (12'0000 + 4'0026) = 0'0055 \, u.$$

$$\Delta m = 0'0055 \, u \times \frac{1'66 \cdot 10^{-27} kg}{1 \, u} = 9'13 \cdot 10^{-30} \, kg$$

Como $\Delta m > 0$, la reacción desprende energía (exoenergética)

$$\Delta E = \Delta m \cdot c^2 = 9'13 \cdot 10^{-30} \cdot (3 \cdot 10^8)^2 = 8'22 \cdot 10^{-13} \, J$$

$$\Delta E = 8'22 \cdot 10^{-13} \, J \times \frac{1 \, eV}{1'6 \cdot 10^{-19} \, J} \times \frac{1 \, MeV}{10^6 \, eV} = 5'14 \, MeV$$

{OPCIÓN B}

{BLOQUE I - PROBLEMA}

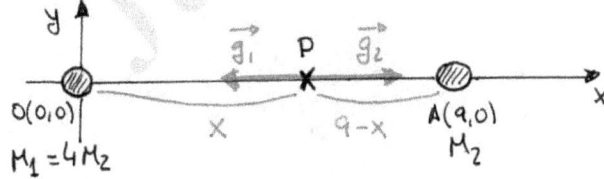

Para que el campo total se anule, los vectores $\vec{g_1}$ y $\vec{g_2}$ tendrán que tener el mismo módulo. Así:

$$\vec{g_1} + \vec{g_2} = \vec{0} \Rightarrow |\vec{g_1}| = |\vec{g_2}|$$

$$G \cdot \frac{M_1}{r_1^2} = G \cdot \frac{M_2}{r_2^2} \Rightarrow \frac{4M_2}{x^2} = \frac{M_2}{(9-x)^2} \Rightarrow \sqrt{\frac{x^2}{(9-x)^2}} = \sqrt{4} \Rightarrow$$

$$\Rightarrow \frac{x}{9-x} = 2 \Rightarrow x = 18 - 2x \Rightarrow 3x = 18 \Rightarrow x = 6 \text{ m}$$

El punto P donde se anula el campo es $P(6,0)$ m

b) $\vec{L} = \vec{r} \times \vec{p} = m \cdot \begin{vmatrix} \vec{\imath} & \vec{\jmath} & \vec{k} \\ r_x & r_y & r_z \\ v_x & v_y & v_z \end{vmatrix} = 100 \cdot \begin{vmatrix} \vec{\imath} & \vec{\jmath} & \vec{k} \\ 9 & 0 & 0 \\ 0 & 50 & 0 \end{vmatrix} = 45000\,\vec{k}$

$Kg \cdot m^2/s$

$\{$ BLOQUE II - PROBLEMA $\}$

a) Ecuación General: $y = A \operatorname{sen}(wt - kx + \varphi_0)$

Nuestra ecuación: $y = 2\operatorname{sen}[2\pi(t-x)]$ cm $\begin{cases} t \text{ en s.} \\ x \text{ en cm.} \end{cases}$

Identificando, es fácil ver que:

$$w = \frac{2\pi}{T} \Rightarrow 2\pi = \frac{2\pi}{T} \Rightarrow T = 1s. \Rightarrow f = \frac{1}{T} = 1 Hz$$

$$K = \frac{2\pi}{\lambda} \Rightarrow 2\pi = \frac{2\pi}{\lambda} \Rightarrow \lambda = 1cm = 0'01m;$$

$$K = 2\pi \, rad/_{cm} \times \frac{100 \text{ cm}}{1 \text{ m}} = 200\pi \, rad/_{m}$$

b) $V_p = \lambda \cdot f = 0'01 \cdot 1 = 0'01\ m/s$

Veamos cuanto espacio recorre la onda en esos $t = 10s$:

$e = V \cdot t = 0'01\ m/s \cdot 10\ s = 0'1\ m = 10\ cm$

Por tanto, la onda alcanza el punto $x = 10cm$ a los 10s. y podemos calcular la velocidad de vibración de ese punto en ese instante. Así:

$y = 2\ sen\ (2\pi t - 2\pi x)\ cm$ (t en s. y x en cm)

$V = \dfrac{d}{dt}(y) = 2 \cdot 2\pi \cdot cos\ (2\pi t - 2\pi x) = 4\pi\ cos\ (2\pi t - 2\pi x)\ cm/s$

Si $x = 10cm$ y $t = 10s$

$\Rightarrow V = 4\pi\ cos\ (20\pi - 20\pi) = 4\pi\ cm/s \times \dfrac{1\ m}{100\ cm} = 0'04\pi\ m/s$

〔 BLOQUE III - CUESTIÓN 〕

El ojo humano de la visión es un sistema óptico que produce imágenes de los objetos observados sobre una "pantalla" denominada retina. Exteriormente está limitando con una membrana transparente que se llama córnea. Detrás de la córnea, se encuentra el

PÁGINA 7

cristalino, que es un cuerpo elástico gelatinoso y transparente que se comporta como una lente convergente (biconvexa). El cristalino está sujeto por sus extremos al globo ocular mediante los músculos ciliares que, según la presión que ejercen, hacen que el cristalino se abombe más o menos, variando así su distancia focal (ACOMODACIÓN)

El ojo miope es aquel que presenta un exceso de convergencia por tener una córnea demasiado curvada o bien aquel que presenta un alargamiento del globo ocular.

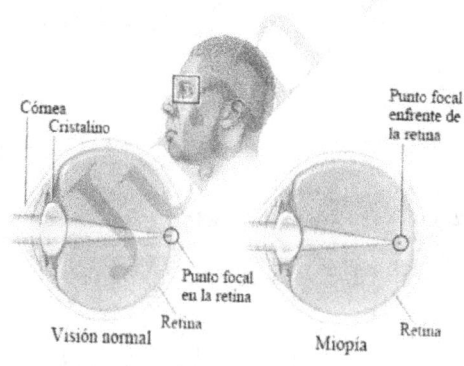

Córnea
Cristalino
Punto focal en la retina
Retina
Visión normal

Punto focal enfrente de la retina
Retina
Miopía

Como vemos, este defecto origina que en la visión lejana el foco imagen se sitúe antes de la retina, por lo que el ojo miope VE MAL DE LEJOS. Sin embargo, ese mismo exceso de convergencia hace que el punto próximo esté muy cerca del ojo, por lo que los miopes ven muy bien de cerca y a distancias más próximas de lo que ve una persona sin miopía.

PÁGINA 8

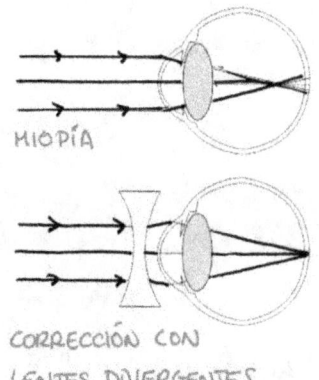

MIOPÍA

CORRECCIÓN CON
LENTES DIVERGENTES

Para corregir ese exceso de convergencia utilizamos lentes divergentes, de modo que el foco imagen de la lente correctora coincida con el punto remoto del ojo.

{ BLOQUE IV - CUESTIÓN }

Tomamos como sistema de referencia

La ley de Laplace establece que la fuerza magnética sobre el conductor vendrá dada por $\vec{F}_M = I \cdot (\vec{\ell} \times \vec{B})$

$I = 5A$

$\ell = 10m \Rightarrow \vec{\ell} = (0, 10, 0)\ m$

$B = 1T \Rightarrow \vec{B} = (0, 1, 0)\ T$

$$\vec{F}_M = 5 \cdot \begin{vmatrix} \vec{\imath} & \vec{\jmath} & \vec{k} \\ 0 & 10 & 0 \\ 0 & 1 & 0 \end{vmatrix} = \vec{0}\ N$$

No hay fuerza magnética al ser $\vec{\ell} \parallel \vec{B}$

$I = 5A$

$\ell = 10m \Rightarrow \vec{\ell} = (0, 10, 0)\ m$

$B = 1T \Rightarrow \vec{B} = (0, 0, 1)\ T$

$$\vec{F}_M = 5 \cdot \begin{vmatrix} \vec{\imath} & \vec{\jmath} & \vec{k} \\ 0 & 10 & 0 \\ 0 & 0 & 1 \end{vmatrix} = 50\ \vec{\imath}\ N$$

PÁGINA 9

BLOQUE V - CUESTIÓN

El factor de lorentz a esa velocidad:

$$\gamma = \frac{1}{\sqrt{1 - v^2/c^2}} = \frac{1}{\sqrt{1 - \frac{0'7^2 c^2}{c^2}}} = 1'4$$

La duración de la canción en la nave es $\Delta t_p = 5$ minutos.

Por tanto, en la Tierra:

$$\Delta t = \gamma \cdot \Delta t_p = 1'4 \cdot 5 = 7 \text{ minutos}$$

BLOQUE VI - CUESTIÓN

Deducimos primero la expresión de la constante radiactiva:

$$\boxed{N_0} \xrightarrow{t = T_{1/2}} \boxed{N = \frac{N_0}{2}}$$

$$N = N_0 \cdot e^{-\lambda \cdot t}$$

$$\frac{N_0}{2} = N_0 \cdot e^{-\lambda \cdot T_{1/2}}$$

$$\ln\left(\frac{1}{2}\right) = -\lambda \cdot T_{1/2} \Rightarrow T_{1/2} = \frac{\ln 2}{T_{1/2}}$$

Y Por tanto:

$$\lambda = \frac{\ln 2}{T_{1/2}} \Rightarrow \begin{cases} \lambda_1 = \frac{\ln 2}{T_1} \\ \lambda_2 = \frac{\ln 2}{T_2} = \underbrace{\frac{\ln 2}{2 T_1}}_{= \lambda_1} \end{cases} \Rightarrow \lambda_2 = \frac{\lambda_1}{2}$$

La actividad de una muestra viene dada por:

$$A = \lambda \cdot N$$

Si deben tener la misma actividad inicial:

$$A_{10} = A_{20} \implies \lambda_1 \cdot N_{10} = \lambda_2 \cdot N_{20} \implies \lambda_1 \cdot N_{10} = \frac{\lambda_1}{2} \cdot N_{20} \implies$$

$$\implies \frac{N_{10}}{N_{20}} = \frac{1}{2}$$

En un instante posterior, y dado que $A = A_0 \cdot e^{-\lambda \cdot t}$ se tendrá

que:

$$\frac{A_1}{A_2} = \frac{A_{10} \cdot e^{-\lambda_1 \cdot t}}{A_{20} \cdot e^{-\lambda_2 \cdot t}} = \frac{e^{-\lambda_1 \cdot t}}{e^{-\lambda_{1/2} \cdot t}} \;,\; \text{donde en este cociente, es}$$

mayor el denominador con lo que $\dfrac{A_1}{A_2} < 1 \implies$

$$\implies A_1 < A_2 \implies A_2 > A_1$$

GENERALITAT VALENCIANA
CONSELLERIA D'EDUCACIÓ,
CULTURA I ESPORT

COMISSIÓ GESTORA DE LES PROVES D'ACCÉS A LA UNIVERSITAT

COMISIÓN GESTORA DE LAS PRUEBAS DE ACCESO A LA UNIVERSIDAD

SISTEMA UNIVERSITARI VALENCIÀ
SISTEMA UNIVERSITARIO VALENCIANO

PROVES D'ACCÉS A LA UNIVERSITAT	PRUEBAS DE ACCESO A LA UNIVERSIDAD
CONVOCATÒRIA: JUNY 2015	CONVOCATORIA: JUNIO 2015
FÍSICA	FÍSICA

BAREMO DEL EXAMEN: La puntuación máxima de cada problema es de 2 puntos y la de cada cuestión de 1,5 puntos. Cada estudiante podrá disponer de una calculadora científica no programable y no gráfica. Se prohíbe su utilización indebida (almacenamiento de información). Se utilice o no la calculadora, los resultados deberán estar siempre debidamente justificados. Realiza primero el cálculo simbólico y después obtén el resultado numérico.

OPCIÓN A

BLOQUE I - CUESTIÓN

a) Deduce razonadamente la expresión de la velocidad de un cuerpo que se encuentra a una distancia r del centro de un planeta de masa M y gira a su alrededor siguiendo una órbita circular. b) Dos satélites, A y B, siguen sendas órbitas circulares con radios r_A y $r_B = 9r_A$, respectivamente, ¿cuál de los dos se moverá con mayor velocidad? Razona la respuesta.

BLOQUE II - CUESTIÓN

Una onda sonora de frecuencia f se propaga por un medio (1) con velocidad v_1. En un cierto punto, la onda pasa a otro medio (2) en el que la velocidad de propagación es $v_2 = 3v_1$. Determina razonadamente los valores de la frecuencia, el periodo y la longitud de onda en el medio (2) en función de los que tiene la onda en el medio (1).

BLOQUE III - CUESTIÓN

Describe qué problema de visión tiene una persona que sufre de hipermetropía y explica razonadamente el fenómeno con ayuda de un trazado de rayos. ¿Con qué tipo de lente debe corregirse y por qué?

BLOQUE IV - PROBLEMA

Dada la distribución de cargas representada en la figura, calcula:

a) El campo eléctrico (módulo, dirección y sentido) en el punto A. (1 punto)

b) El trabajo mínimo necesario para trasladar una carga $q_3 = 1\ nC$ desde el infinito hasta el punto A. Considera que el potencial eléctrico en el infinito es nulo. (1 punto)

Dato: $k_e = 9 \cdot 10^9\ Nm^2/C^2$

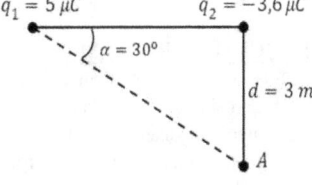

BLOQUE V - CUESTIÓN

Calcula la masa total de deuterio necesaria diariamente en una hipotética central de fusión, para que genere una energía de $3,8 \cdot 10^{13}\ J$ diarios, sabiendo que la energía procede de la reacción $2\,^2_1H \rightarrow\,^4_2He$.

Datos: masa del deuterio, $m(^2_1H) = 2,01474\ u$; masa del helio, $m(^4_2He) = 4,00387\ u$; unidad de masa atómica, $u = 1,66 \cdot 10^{-27}\ kg$; velocidad de la luz en el vacío, $c = 3 \cdot 10^8\ m/s$

BLOQUE VI - PROBLEMA

Un paciente se somete a una prueba diagnóstica en la que se le inyecta un fármaco que contiene un cierto isótopo radiactivo. Éste se fija en el órgano de interés y se detecta la emisión radiactiva que produce. La actividad inicial de la sustancia inyectada debe ser de $5 \cdot 10^8\ Bq$ (desintegraciones/segundo) y su periodo de semidesintegración es de $6\ h$. Calcula:

a) La cantidad de isótopo radiactivo, en gramos, que hay que inyectarle. (1 punto)

b) El tiempo que ha de transcurrir para que la actividad del isótopo sea de $10^4\ Bq$. (1 punto)

Datos: número de Avogadro, $N_A = 6,02 \cdot 10^{23} mol^{-1}$; masa molar del isótopo, $m_M = 98\ g/mol$

 GENERALITAT VALENCIANA
CONSELLERIA D'EDUCACIÓ, CULTURA I ESPORT

COMISSIÓ GESTORA DE LES PROVES D'ACCÉS A LA UNIVERSITAT

COMISIÓN GESTORA DE LAS PRUEBAS DE ACCESO A LA UNIVERSIDAD

 SISTEMA UNIVERSITARI VALENCIÀ
SISTEMA UNIVERSITARIO VALENCIANO

PROVES D'ACCÉS A LA UNIVERSITAT	PRUEBAS DE ACCESO A LA UNIVERSIDAD
CONVOCATÒRIA: JUNY 2015	CONVOCATORIA: JUNIO 2015
FÍSICA	FÍSICA

BAREMO DEL EXAMEN: La puntuación máxima de cada problema es de 2 puntos y la de cada cuestión de 1,5 puntos. Cada estudiante podrá disponer de una calculadora científica no programable y no gráfica. Se prohíbe su utilización indebida (almacenamiento de información). Se utilice o no la calculadora, los resultados deberán estar siempre debidamente justificados. Realiza primero el cálculo simbólico y después obtén el resultado numérico.

OPCIÓN B

BLOQUE I – CUESTIÓN

Nuestra galaxia, la Vía Láctea, se encuentra próxima a la galaxia $M33$, cuya masa se estima que es 0,1 veces la masa de la primera. Suponiendo que son puntuales y están separadas por una distancia d, justifica razonadamente si existe algún punto entre las galaxias donde se anule el campo gravitatorio originado por ambas. En caso afirmativo, determina la distancia de ese punto a la Vía Láctea, expresando el resultado en función de d.

BLOQUE II – PROBLEMA

Un cuerpo de $2\,kg$ de masa realiza un movimiento armónico simple. La gráfica representa su elongación en función del tiempo, $y(t)$.

a) Escribe la expresión de $y(t)$ en general y particulariza sustituyendo los valores de la amplitud, frecuencia angular y la fase inicial, obtenidos a partir de la gráfica. (1,2 puntos)

b) Calcula la expresión de la velocidad del cuerpo $v(t)$, y su valor para $t = 3\,s$. (0,8 puntos)

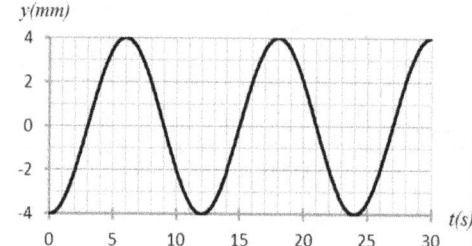

BLOQUE III – PROBLEMA

En un laboratorio se estudian las características de una lente perteneciente a la cámara de un teléfono móvil. Si se sitúa un objeto real a $30\,mm$ de la lente, se obtiene una imagen derecha y de doble tamaño que el objeto.

a) Calcula razonadamente la posición de la imagen, la distancia focal imagen de la lente y su potencia en dioptrías. ¿La lente es convergente o divergente? (1,2 puntos)

b) Realiza un trazado de rayos donde se señale claramente la posición y el tamaño, tanto del objeto como de la imagen. ¿Es la imagen real o virtual? (0,8 puntos)

BLOQUE IV – CUESTIÓN

La figura representa un conductor rectilíneo de longitud muy grande recorrido por una corriente continua de intensidad I y una espira conductora rectangular, ambos contenidos en el mismo plano. Justifica, indicando la ley física en la que te basas para responder, si se inducirá corriente en la espira en los siguientes casos: a) la espira se mueve hacia la derecha, b) la espira se encuentra en reposo.

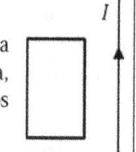

BLOQUE V – CUESTIÓN

Escribe la expresión de la energía de un fotón indicando el significado de cada símbolo. Supongamos que un fotón choca con un electrón en la superficie de un metal, transfiriendo toda su energía al electrón. Discute si el electrón será emitido siempre o bajo qué condiciones. ¿Cómo se denomina el fenómeno físico al que se refiere esta explicación?

BLOQUE VI – CUESTIÓN

La energía relativista de una partícula que se mueve a una velocidad v es el doble de su energía en reposo. Calcula su velocidad. Dato: velocidad de la luz en el vacío, $c = 3 \cdot 10^8\,m/s$

OPCIÓN A

BLOQUE I - CUESTIÓN

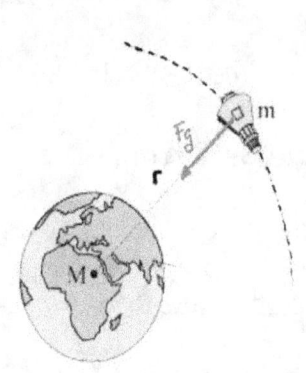

a) $F = m \cdot a \implies \vec{F_g} = m \cdot a_N \implies$

$$\implies \frac{G M m}{r^2} = m \cdot \frac{v^2}{r} \implies$$

$$\implies v = \sqrt{\frac{GM}{r}}$$

b) $\dfrac{v_A}{v_B} = \dfrac{\sqrt{\frac{GM}{r_A}}}{\sqrt{\frac{GM}{r_B}}} = \sqrt{\frac{r_B}{r_A}} = \sqrt{\frac{9 r_A}{r_A}} = 3$

$$\implies v_A = 3 v_B \implies \text{Se mueve más rápido el satélite A}$$

BLOQUE II - CUESTIÓN

Medio 1	Medio 2
v_1	$v_2 = 3 v_1$

Puesto que la frecuencia f solo depende del foco emisor, ésta no se verá afectada cuando la onda cambia de medio:

$$f_2 = f_1$$

Como $T = \dfrac{1}{f} \implies T_2 = \dfrac{1}{f_2} = \dfrac{1}{f_1} = T_1 \implies T_2 = T_1$

Como $v = \lambda \cdot f \implies$

$$\implies v_2 = 3 \cdot v_1 \implies \lambda_2 \cdot f_2 = 3 \cdot \lambda_1 \cdot f_1 \implies \lambda_2 = 3 \lambda_1$$

PÁGINA 1

BLOQUE III - CUESTIÓN

El ojo humano de la visión es un sistema óptico que produce imágenes de los objetos observados sobre una "pantalla" denominada retina. Exteriormente está limitado por una membrana transparente que se llama córnea. Detrás de la córnea se encuentra el cristalino, que es un cuerpo elástico transparente de aspecto gelatinoso que se comporta como una lente convergente (biconvexa). El cristalino está sujeto por sus extremos al globo ocular mediante los músculos ciliares que, según la presión que ejercen, hacen que el cristalino se abombe más o menos, variando así su distancia focal (ACOMODACIÓN)

La hipermetropía consiste en una falta de convergencia causada por una córnea demasiado plana o un ojo demasiado pequeño que origina que en la vista lejana el foco imagen quede más allá de la retina. Para corregir dicha falta de convergencia utilizamos obviamente lentes convergentes.

PÁGINA 2

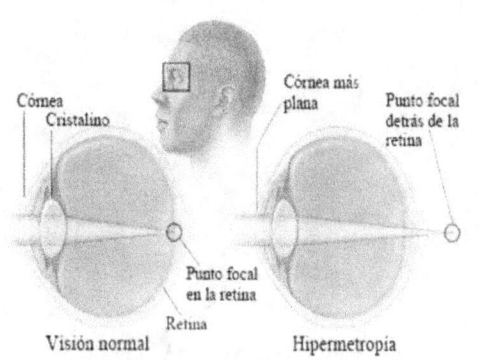

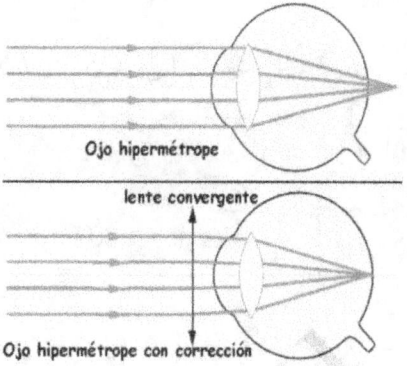

BLOQUE IV - PROBLEMA

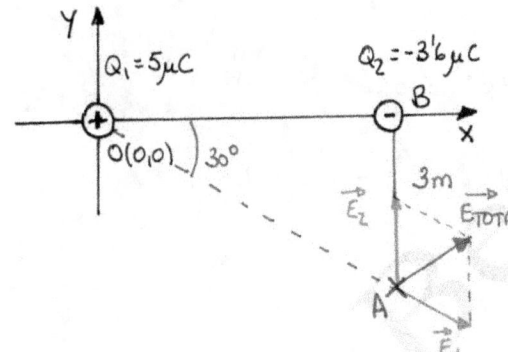

Primero calculamos las coordenadas de los puntos A y B :

$$tg\, 30 = \frac{3}{x} \Rightarrow x = 3\sqrt{3}$$

Con lo que los puntos son :

$$B(3\sqrt{3}, 0) \quad y \quad A(3\sqrt{3}, -3)$$

Campo $\vec{E_1}$:

$$\vec{OA} = (3\sqrt{3}, -3) - (0,0) = (3\sqrt{3}, -3)$$

$$|\vec{OA}| = r_1 = \sqrt{(3\sqrt{3})^2 + 3^2} = \sqrt{36} = 6\,m$$

$$\vec{u_{r_1}} = \frac{1}{|\vec{OA}|} \cdot \vec{OA} = \frac{1}{6}(3\sqrt{3}, -3) = \left(\frac{\sqrt{3}}{2}, \frac{-1}{2}\right)$$

$$\vec{E_1} = K \cdot \frac{Q_1}{r_1^2} \cdot \vec{u_{r_1}} = \frac{9 \cdot 10^9 \cdot 5 \cdot 10^{-6}}{6^2}\left(\frac{\sqrt{3}}{2}, \frac{-1}{2}\right) = (625\sqrt{3}, -625)\,N/c$$

PÁGINA 3

Campo $\vec{E_2}$:

$\vec{BA} = (3\sqrt{3}, -3) - (3\sqrt{3}, 0) = (0, -3)$

$|\vec{BA}| = r_2 = \sqrt{3^2} = 3 \, m$

$\vec{u_{r_2}} = \dfrac{1}{|\vec{BA}|} \cdot \vec{BA} = \dfrac{1}{3} \cdot (0, -3) = (0, -1)$

$\vec{E_2} = K \cdot \dfrac{Q_2}{r_2^2} \cdot \vec{u_{r_2}} = 9 \cdot 10^9 \cdot \dfrac{(-3'6 \cdot 10^{-6})}{3^2} \cdot (0, -1) = (0, 3600) \, N/c$

$\Rightarrow \vec{E_{TOTAL}} = \vec{E_1} + \vec{E_2} = (625\sqrt{3}, 2975) \, N/c$

$|\vec{E_{TOTAL}}| = \sqrt{(625\sqrt{3})^2 + 2975^2} = 3165'83 \, N/c$

b) $W_{campo} = -q_3 \cdot \Delta V = -q_3 \cdot (V_A - \overset{0}{V_\infty}) = -q_3 \cdot V_A$

$V_A = V_{Q_1} + V_{Q_2} = K \cdot \dfrac{Q_1}{r_1} + K \cdot \dfrac{Q_2}{r_2} =$

$= 9 \cdot 10^9 \cdot \dfrac{5 \cdot 10^{-6}}{6} + 9 \cdot 10^9 \cdot \dfrac{(-3'6 \cdot 10^{-6})}{3} = 7500 - 10800 = -3300 \, V$

$\Rightarrow W_{campo} = -1 \cdot 10^{-9} \cdot (-3300) = 3'3 \cdot 10^{-6} \, J$

BLOQUE V - CUESTIÓN

$$2 \, {}^{2}_{1}H \longrightarrow {}^{4}_{2}He$$

Veamos cuanta energía se libera en esta reacción de fusión. Es decir, cuanta energía vamos a obtener de la fusión de 2 átomos de deuterio:

PÁGINA 4

$$\Delta m = 2 \cdot m_{_1^2 H} - m_{_2^4 He} = 2 \cdot 2'01474 - 4'00387 = 0'02561 \, \mu$$

$$\Delta m = 0'02561 \, \mu \times \frac{1'66 \cdot 10^{-27} \, kg}{1 \, \mu} = 4'25126 \cdot 10^{-29} \, kg$$

$$\Delta E = \Delta m \cdot c^2 = 4'25126 \cdot 10^{-29} \cdot (3 \cdot 10^8)^2 = 3'83 \cdot 10^{-12} \, J$$

Como queremos que la central nos proporcione $3'8 \cdot 10^{13} \, J/día$:

$$3'8 \cdot 10^{13} \, \frac{J}{día} \times \frac{2 \, átomos \, _1^2 H}{3'83 \cdot 10^{-12} \, J} \times \frac{2'01474 \, u}{1 \, átomo \, _1^2 H} \times \frac{1'66 \cdot 10^{-27} \, kg}{1 \, \mu} =$$

$$= 0'06636 \, kg \, de \, _1^2 H / día$$

BLOQUE VI - PROBLEMA

a) $\boxed{N_0} \xrightarrow{T_{1/2}} \boxed{N = \frac{N_0}{2}}$

$$N = N_0 \cdot e^{-\lambda \cdot t} \Rightarrow \frac{N_0}{2} = N_0 \cdot e^{-\lambda \cdot T_{1/2}} \Rightarrow \frac{1}{2} = e^{-\lambda \cdot T_{1/2}} \Rightarrow$$

$$\Rightarrow \ln\left(\frac{1}{2}\right) = -\lambda \cdot T_{1/2} \Rightarrow \lambda = \frac{\ln 2}{T_{1/2}}$$

Como $T_{1/2} = 6 \, horas = 21600 \, s \Rightarrow \lambda = \frac{\ln 2}{21600} \, s^{-1}$

Como $A = \lambda \cdot N \Rightarrow 5 \cdot 10^8 = \frac{\ln 2}{21600} \cdot N \Rightarrow N = 1'56 \cdot 10^{13} \, átomos$

$$n = \frac{N}{N_A} = \frac{1'56 \cdot 10^{13}}{6'02 \cdot 10^{23}} = 2'59 \cdot 10^{-11} \, moles$$

$$n = \frac{m}{M_M} \implies m = n \cdot M_M = 2'59 \cdot 10^{-11} \cdot 98 = 2'54 \cdot 10^{-9} \, g$$

b) $A = A_0 \cdot e^{-\lambda \cdot t} \implies 10^4 = 5 \cdot 10^8 \cdot e^{\frac{-\ln 2}{21600} \cdot t} \implies$

$$\implies 2 \cdot 10^{-5} = e^{\frac{-\ln 2}{21600} \cdot t} \implies \ln(2 \cdot 10^{-5}) = \frac{-\ln 2}{21600} \cdot t \implies$$

$$\implies t = -\frac{21600 \cdot \ln(2 \cdot 10^{-5})}{\ln 2} = 337168'23 \, s = 93'66 \, horas$$

{OPCIÓN B}

{BLOQUE I - CUESTIÓN}

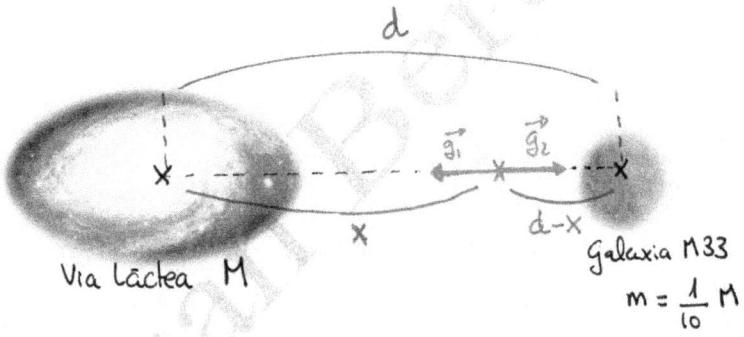

El campo total se anulará en un punto intermedio del segmento que une ambas galaxias.

$$\text{Si } \vec{g}_{TOTAL} = \vec{0} \implies |\vec{g}_1| = |\vec{g}_2|$$

$$G \frac{M}{x^2} = G \cdot \frac{1/10 \cdot M}{(d-x)^2} \implies \frac{x^2}{(d-x)^2} = 10 \implies \sqrt{\frac{x^2}{(d-x)^2}} = \sqrt{10} \implies$$

$$\implies x = d \cdot \sqrt{10} - x \cdot \sqrt{10} \implies x + x\sqrt{10} = d\sqrt{10} \implies x = \frac{d\sqrt{10}}{1+\sqrt{10}}$$

BLOQUE II - PROBLEMA

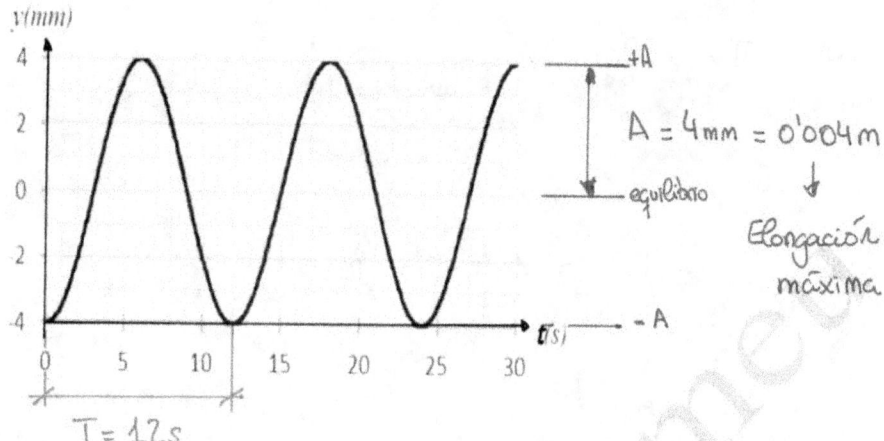

T = 12 s

    Periodo ≡ tiempo que se tarda en hacer una oscilación completa.

a) La expresión de la elongación $y(t)$ viene dada por:

$$y(t) = A \cdot sen(\omega t + \varphi_0)$$

De la gráfica, hemos leído los valores:

$$A = 0'004 \, m \; ; \; T = 12 s \implies \omega = \frac{2\pi}{T} = \frac{2\pi}{12} = \frac{\pi}{6} \, rad/s$$

Con lo que $y(t) = 0'004 \cdot sen\left(\frac{\pi}{6} t + \varphi_0\right)$

Para determinar la fase inicial vemos que $y(t=0) = -0'004 \, m$.

$$\implies -0'004 = 0'004 \, sen(\varphi_0) \implies \varphi_0 = arcsen(-1) = -\frac{\pi}{2} \, rad$$

Y por tanto:

$$y(t) = 0'004 \, sen\left(\frac{\pi}{6} t - \frac{\pi}{2}\right) m$$

PÁGINA 7

b) $V(t) = \frac{d}{dt}(y(t))$

$V(t) = 0'004 \cdot \frac{\pi}{6} \cos\left(\frac{\pi}{6}t - \frac{\pi}{2}\right) = \frac{\pi}{1500} \cos\left(\frac{\pi}{6}t - \frac{\pi}{2}\right)$ m/s

Para $t = 3s$.

$V(t=3) = \frac{\pi}{1500} \cdot \cos(0)^1 = \frac{\pi}{1500}$ m/s $\approx 2'09 \cdot 10^{-3}$ m/s

BLOQUE III - PROBLEMA

Cuando $s = -30$ mm ; $A_L = +2$ → Tamaño Doble
Derecha

a) $A_L = 2 = \frac{s'}{s}$ ⟹ $s' = 2s = 2 \cdot (-30) = -60$ mm

$\frac{1}{s'} - \frac{1}{s} = \frac{1}{f'}$ ⟹ $\frac{1}{-60} - \frac{1}{-30} = \frac{1}{f'}$ ⟹ $f' = 60$ mm

Como hemos obtenido $f' > 0$ ⟹ Lente Convergente

$f' = 60$ mm $= 0'06$ m ⟹ $P = \frac{1}{f'} = \frac{1}{0'06} = 16'67$ D

b)

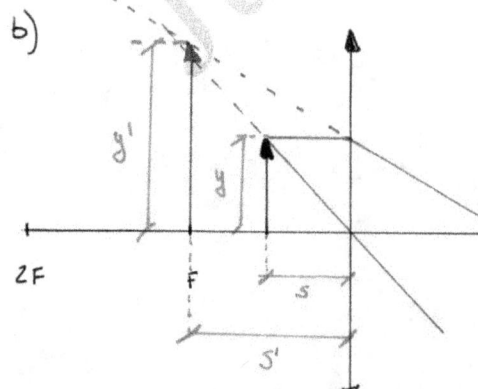

Al formarse la imagen con las prolongaciones teóricas de los rayos refractados en la lente, se trata de una IMAGEN VIRTUAL

PÁGINA 8

{BLOQUE IV - CUESTIÓN}

La Ley de Faraday - Henry establece que si sobre un conductor (nuestra espira) se experimenta una variación del flujo magnético que lo atraviesa, aparecerá sobre él una corriente eléctrica inducida caracterizada por una tensión (fuerza electromotriz ε) igual a la velocidad con la que el flujo ha variado. Es decir:

$$\varepsilon = -\frac{\Delta \Phi}{\Delta t}$$

→ Si cambia el flujo Φ, habrá ε

→ Si no cambia el flujo Φ, no habrá ε

LEY DE LENZ
(da sentido a la corriente inducida)

El flujo magnético es $\Phi = \vec{B} \cdot \vec{S} = B \cdot S \cdot \cos(\alpha)$

En nuestro caso:

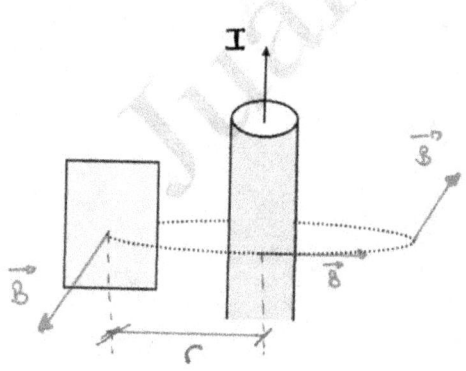

Nuestra espira está dentro del campo magnético creado por el hilo, cuyo módulo viene dado por:

$$B = \mu \frac{I}{2\pi \cdot r} \quad \text{(LEY DE BIOT)}$$

Si movemos la espira hacia la derecha, al estar variando la distancia "r", estará cambiando el campo B (aumenta) y, por tanto, variará el flujo magnético apareciendo así una corriente inducida en la espira.

Sin embargo, si la espira está en reposo, el flujo magnético permanecerá constante, no induciéndose por tanto ninguna corriente en la espira.

BLOQUE V - CUESTIÓN

La cantidad de energía de un fotón (E) es directamente proporcional a la frecuencia (f) de su onda electromagnética asociada. Dicha relación de proporcionalidad entre energía y frecuencia, viene dada por la relación de Planck:

$$E = h \cdot f$$

siendo "h" dicha constante de proporcionalidad conocida como constante de Planck.

Cuando un electrón absorbe la energía de un fotón puede que la energía de ese electrón ahora sea suficiente para poder abandonar su órbita.

PÁGINA 10

Es decir, que se emita el electrón. A este efecto se le conoce por EFECTO FOTOELÉCTRICO, y al valor mínimo de energía para el cual se produce dicho efecto se le llama TRABAJO DE EXTRACCIÓN (Wext)

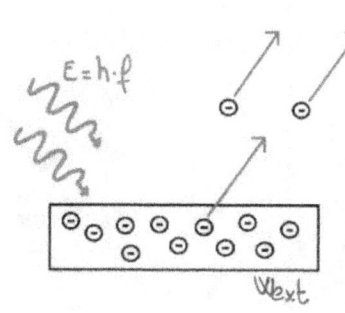

Si $E > W_{ext} \rightarrow$ Se emite el electrón

Si $E < W_{ext} \rightarrow$ No se emite

{BLOQUE VI - CUESTIÓN}

$$\left.\begin{array}{l} E_0 = m_0 \cdot c^2 \\ E = m \cdot c^2 = \gamma m_0 \cdot c^2 = \gamma E_0 \end{array}\right\} \quad \left.\begin{array}{l} E = \gamma E_0 \\ E = 2 E_0 \end{array}\right\} \Rightarrow \gamma = 2$$

Del factor de Lorentz γ podremos obtener la velocidad v:

$$\gamma = \frac{1}{\sqrt{1 - v^2/c^2}} \Rightarrow 2 = \frac{1}{\sqrt{1-(v/c)^2}} \Rightarrow 1 - \left(\frac{v}{c}\right)^2 = \frac{1}{4} \Rightarrow$$

$$\Rightarrow \left(\frac{v}{c}\right)^2 = \frac{3}{4} \Rightarrow \frac{v}{c} = \frac{\sqrt{3}}{2} \Rightarrow v = \frac{\sqrt{3}}{2} \cdot c = 2'6 \cdot 10^8 \, m/s$$

PÁGINA 11

GENERALITAT
VALENCIANA
CONSELLERIA D'EDUCACIÓ,
CULTURA I ESPORT

COMISSIÓ GESTORA DE LES PROVES D'ACCÉS A LA UNIVERSITAT
COMISIÓN GESTORA DE LAS PRUEBAS DE ACCESO A LA UNIVERSIDAD

SISTEMA UNIVERSITARI VALENCIÀ
SISTEMA UNIVERSITARIO VALENCIANO

PROVES D'ACCÉS A LA UNIVERSITAT	PRUEBAS DE ACCESO A LA UNIVERSIDAD
CONVOCATÒRIA: 2015	CONVOCATORIA:2015
FÍSICA	FÍSICA

BAREMO DEL EXAMEN: La puntuación máxima de cada problema es de 2 puntos y la de cada cuestión de 1,5 puntos. Cada estudiante podrá disponer de una calculadora científica no programable y no gráfica. Se prohíbe su utilización indebida (almacenamiento de información). Se utilice o no la calculadora, los resultados deberán estar siempre debidamente justificados. Realiza primero el cálculo simbólico y después obtén el resultado numérico.

OPCIÓN A

BLOQUE I – CUESTIÓN

Calcula a qué distancia desde la superficie terrestre se debe situar un satélite artificial para que describa órbitas circulares con un periodo de una semana. Datos: $G = 6,67 \cdot 10^{-11} \, Nm^2 kg^{-2}$; $M_{Tierra} = 5,97 \cdot 10^{24} \, kg$; $R_{Tierra} = 6370 \, km$

BLOQUE II – PROBLEMA

Un altavoz produce una onda armónica que se propaga por el aire y que está descrita por la expresión $s(x,t) = 20 \, sen(6200t - 18x)\mu m$, con t en segundos y x en metros. a) Determina la amplitud, la frecuencia, la longitud de onda y la velocidad de propagación de la onda. (1 punto). b) Calcula el desplazamiento, s, y la velocidad de oscilación de una partícula del medio, que se encuentra en $x = 20 \, cm$ en el instante $t = 1 \, ms$. (1 punto)

BLOQUE III – CUESTIÓN

Un objeto real se sitúa frente a un espejo cóncavo, a una distancia menor que la mitad de su radio de curvatura. ¿Qué características tiene la imagen que se forma? Justifica la respuesta mediante un esquema de trazado de rayos.

BLOQUE IV – CUESTIÓN

Por un conductor rectilíneo de longitud muy grande, situado sobre el eje Y, circula una corriente eléctrica uniforme de intensidad $I = 2 \, A$, en el sentido positivo de dicho eje. En el punto $(1,0) \, m$ se encuentra una carga eléctrica positiva $q = 2 \, \mu C$ cuya velocidad es $\vec{v} = 3 \cdot 10^6 \, \vec{\imath} \, m/s$. Calcula la fuerza magnética que actúa sobre la carga y dibuja los vectores velocidad, campo magnético y fuerza magnética, en el punto donde se encuentra situada la carga.
Dato: permeabilidad magnética del vacío, $\mu_0 = 4\pi \cdot 10^{-7} \, T \cdot m/A$

BLOQUE V – CUESTIÓN

Se mide la actividad de una pequeña muestra radiactiva. Los resultados se representan en la figura. Determina cual es el isótopo radiactivo que constituye la muestra teniendo en cuenta la tabla proporcionada.

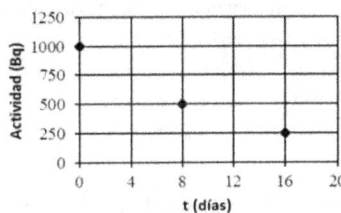

Isótopos radiactivos	Periodo de semidesintegración
$^{32}_{15}P$	14,3 días
$^{42}_{19}K$	12360 h
$^{47}_{20}Ca$	108,8 h
$^{131}_{53}I$	691200 s
$^{82}_{35}Br$	131750 s
$^{147}_{60}Nd$	11 días

BLOQUE VI – PROBLEMA

En las partes altas de la atmósfera, y debido a los rayos cósmicos, se producen unas partículas elementales denominadas muones que se mueven a velocidades relativistas hacia la superficie de la Tierra. Un muón desciende verticalmente con una velocidad $v = 0,9c$. a) Calcula la energía en reposo y la energía total del muón en MeV. (1 punto) b) El muón se ha producido a una altura de $10 \, km$. Calcula el intervalo de tiempo que tarda el muón en alcanzar la superficie, según un sistema de referencia ligado a la Tierra, y según un sistema de referencia que viaje con el muón. (1 punto)
Datos: velocidad de la luz en el vacío, $c = 3 \cdot 10^8 \, m/s$, masa (en reposo) del muón: $m = 1,88 \cdot 10^{-28} \, kg$, carga elemental, $e = 1,6 \cdot 10^{-19} \, C$

GENERALITAT VALENCIANA
CONSELLERIA D'EDUCACIÓ, CULTURA I ESPORT

COMISSIÓ GESTORA DE LES PROVES D'ACCÉS A LA UNIVERSITAT

COMISIÓN GESTORA DE LAS PRUEBAS DE ACCESO A LA UNIVERSIDAD

SISTEMA UNIVERSITARI VALENCIÀ
SISTEMA UNIVERSITARIO VALENCIANO

PROVES D'ACCÉS A LA UNIVERSITAT	PRUEBAS DE ACCESO A LA UNIVERSIDAD
CONVOCATÒRIA: 2015	CONVOCATORIA:2015
FÍSICA	FÍSICA

BAREMO DEL EXAMEN: La puntuación máxima de cada problema es de 2 puntos y la de cada cuestión de 1,5 puntos. Cada estudiante podrá disponer de una calculadora científica no programable y no gráfica. Se prohíbe su utilización indebida (almacenamiento de información). Se utilice o no la calculadora, los resultados deberán estar siempre debidamente justificados. Realiza primero el cálculo simbólico y después obtén el resultado numérico.

OPCIÓN B

BLOQUE I – PROBLEMA
Un planeta tiene la misma densidad que la Tierra y un radio doble que el de ésta. Ambos planetas se consideran esféricos. a) Si una nave aterriza en dicho planeta, ¿cuál será su peso en comparación con el que la nave tiene en la Tierra? (1 punto). b) Obtén la velocidad de escape en dicho planeta, si la velocidad de escape terrestre es de 11,2 km/s. (1 punto)

BLOQUE II – CUESTIÓN
Un bloque apoyado sobre una mesa sin rozamiento y sujeto a un muelle oscila entre las posiciones a) y b) de la figura. El tiempo que tarda en desplazarse entre a) y b) es de 2 s. Si en t = 0 s el bloque se encuentra en la posición a), representa la gráfica de la posición en función del tiempo, $x(t)$. Señala en dicha gráfica la amplitud, A, y el periodo del movimiento. Indica razonadamente sobre la gráfica el punto correspondiente a la posición del bloque cuando ha trascurrido un tiempo $t = 1,5$ periodos.

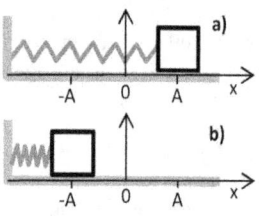

BLOQUE III – CUESTIÓN
En la fotografía de la derecha, un haz laser que se propaga por el aire incide sobre la cara plana de un medio cuyo índice de refracción es n. Determina n y la velocidad de la luz en ese medio utilizando la información de la fotografía.
Dato: velocidad de la luz en el aire, $c = 3 \cdot 10^8 m/s$

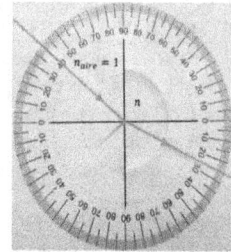

BLOQUE IV – PROBLEMA
Una carga puntual de valor $q_1 = -3 \mu C$ se encuentra en el punto $(0,0)$ m y una segunda carga de valor desconocido, q_2 se encuentra en el punto $(2,0)$ m. a) Calcula el valor que debe tener la carga q_2 para que el campo eléctrico generado por ambas cargas en el punto $(5,0)$ m sea nulo. Representa los vectores campo eléctrico generados por cada una de las cargas en ese punto. (1 punto). b) Calcula el trabajo necesario para mover una carga $q_3 = 0,1 \mu C$ desde el punto $(5,0)$ m hasta el punto $(10,0)$ m. (1 punto)
Dato: constante de Coulomb, $k_e = 9 \cdot 10^9 Nm^2/C^2$

BLOQUE V – CUESTIÓN
Determina la energía de enlace por nucleón (en MeV) para el núcleo de $_1^3H$ y para una partícula alfa. ¿Cuál de los dos núcleos será más estable?
Datos: masa del protón, $m_p = 1,007276\ u$; masa del neutrón, $m_n = 1,008665\ u$; masa de la partícula alfa, $m_\alpha = 4,001505\ u$; masa del núcleo de $_1^3H$, $m(_1^3H) = 5,0081 \cdot 10^{-27}\ kg$; $1\ u = 1,6605 \cdot 10^{-27}\ kg$; carga elemental, $e = 1,602 \cdot 10^{-19}\ C$; velocidad de la luz en el vacío, $c = 3 \cdot 10^8\ m/s$

BLOQUE VI – CUESTIÓN
Completa razonadamente la siguiente cadena de desintegración radiactiva. $^{232}_{90}Th \longrightarrow\ ^{228}_{88}Rd + _b^aX$
Identifica X y obtén los valores a, b, c y d.
$$\longrightarrow\ _d^cAc + _{-1}^0e$$

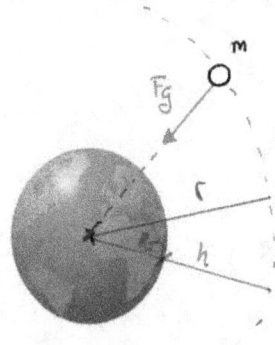

$$F = m \cdot a_N$$

$$G\frac{Mm}{r^2} = m \cdot \frac{v^2}{r} \implies \quad v = \omega \cdot r$$

$$\implies \frac{GM}{r} = \omega^2 \cdot r^2 \implies \quad \omega = \frac{2\pi}{T}$$

$$\implies \frac{GM}{r} = \frac{4\pi^2}{T^2} \cdot r^2 \implies$$

$$\implies r^3 = \frac{G \cdot M \cdot T^2}{4\pi^2} \implies r = \sqrt[3]{\frac{G \cdot M \cdot T^2}{4\pi^2}}$$

El periodo es conocido:

$$T = 1\,\text{semana} \times \frac{7\,\text{días}}{1\,\text{semana}} \times \frac{86400\,\text{s.}}{1\,\text{día}} = 604800\,\text{s}$$

$$\implies r = \sqrt[3]{\frac{6'67 \cdot 10^{-11} \cdot 5'97 \cdot 10^{24} \cdot 604800^2}{4\pi^2}} = 154521173'5\,\text{m}$$

Como nos piden la altura:

$$r = R_T + h \implies h = r - R_T = 154521173'5 - 6370000 =$$

$$= 148151173'5\,\text{m} = 148151'17\,\text{km}$$

{BLOQUE II - PROBLEMA}

a) Ecuación General: $s(x,t) = A \cdot sen(wt - kx + \varphi_0)$

   Nuestra ecuación: $s(x,t) = 20\, sen\,(6200\,t - 18x)\;\mu m$

Identificando se obtiene directamente:

$$A = 20\,\mu m = 20 \cdot 10^{-6}\, m = 2 \cdot 10^{-5}\, m$$

$$w = 6200\; rad/s \;\Rightarrow\; 2\pi \cdot f = 6200 \;\Rightarrow\; f = \frac{6200}{2\pi} = \frac{3100}{\pi}\; Hz$$

$$k = 18\; rad/m \;\Rightarrow\; \frac{2\pi}{\lambda} = 18 \;\Rightarrow\; \lambda = \frac{2\pi}{18} = \frac{\pi}{9}\; m$$

Y por tanto, la velocidad de propagación:

$$v_p = \lambda \cdot f = \frac{\pi}{9} \cdot \frac{3100}{\pi} = \frac{3100}{9}\; m/s \approx 344'44\; m/s$$

b) $s(x,t) = 2 \cdot 10^{-5}\, sen\,(6200\,t - 18x)\; m$

$$v(x,t) = \frac{d}{dt}(s(x,t)) = 2 \cdot 10^{-5} \cdot 6200\, cos\,(6200\,t - 18x) =$$

$$= 0'124\, cos\,(6200\,t - 18x)\; m/s$$

Veamos el espacio que recorre la onda en $t = 1\,ms$

$$e = v \cdot t = \frac{3100}{9} \cdot 1 \cdot 10^{-3} = 0'344\, m = 34'4\, cm$$

Con lo que efectivamente un punto situado en $x = 20\,cm$

ya vibra en ese instante y así:

PÁGINA 2

Si $x = 20cm = 0'2m$ y $t = 1ms = 1 \cdot 10^{-3}s$:

$$S(0'2, 1 \cdot 10^{-3}) = 2 \cdot 10^{-5} sen(6200 \cdot 1 \cdot 10^{-3} - 18 \cdot 0'2) = 1'031 \cdot 10^{-5} m$$

$$v(0'2, 1 \cdot 10^{-3}) = 0'124 \cos(6200 \cdot 1 \cdot 10^{-3} - 18 \cdot 0'2) = -0'106 \ m/s$$

BLOQUE III - CUESTIÓN

La distancia focal de un espejo cóncavo corresponde a la mitad de su radio de curvatura. Por tanto, el objeto lo estamos colocando delante del foco. Así:

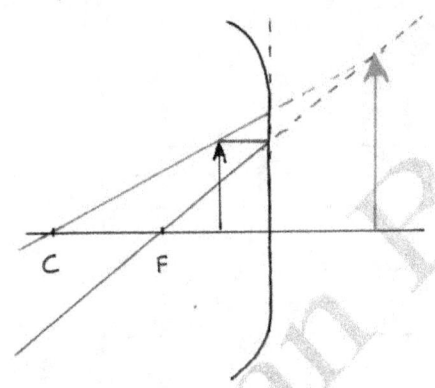

Donde se observa fácilmente que se trata de una imagen

- Virtual
- Derecha
- Mayor

BLOQUE IV - CUESTIÓN:

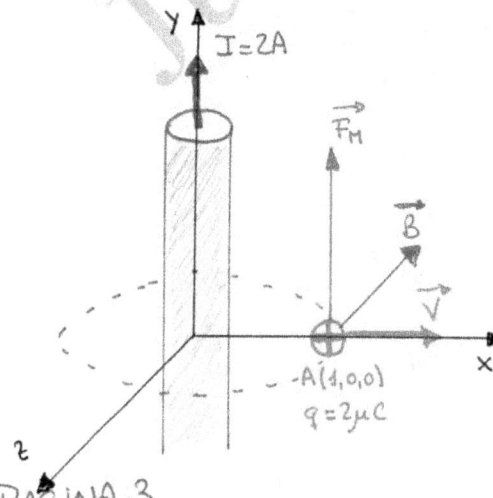

El conductor rectilíneo crea un campo magnético en el punto $A(1,0,0)$ cuyo módulo viene dado por:

$$B = \frac{\mu I}{2\pi r} = \frac{4\pi \cdot 10^{-7} \cdot 2}{2\pi \cdot 1} = 4 \cdot 10^{-7} T$$

PÁGINA 3

Con la regla de la mano derecha le damos dirección

y sentido:

$$\vec{B} = (0, 0, -4 \cdot 10^{-7})\ T$$

Y ahora determinamos la fuerza pedida según la

ley de Lorentz:

$$\vec{F_M} = q\,(\vec{V} \times \vec{B}) = 2 \cdot 10^{-6} \cdot \begin{vmatrix} \vec{\imath} & \vec{\jmath} & \vec{k} \\ 3 \cdot 10^6 & 0 & 0 \\ 0 & 0 & -4 \cdot 10^{-7} \end{vmatrix} = 2'4 \cdot 10^{-6}\ \vec{\jmath}\ N$$

BLOQUE V - CUESTIÓN

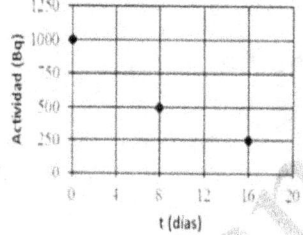

Isótopos radiactivos	Periodo de semidesintegración
$^{32}_{15}P$	14.3 días
$^{42}_{19}K$	12360 h
$^{47}_{20}Ca$	108.8 h
$^{131}_{53}I$	691200 s
$^{82}_{35}Br$	131750 s
$^{147}_{60}Nd$	11 días

Sabemos que el periodo de semidesintegración de

una muestra es el tiempo que transcurre hasta que

la actividad se reduce un 50%. De la gráfica

dada se puede leer fácilmente que $T_{1/2} = 8$ días.

$$8\ \text{días} \times \frac{24\ h}{1\ \text{día}} = 192\ \text{horas} \times \frac{3600\ s}{1\ h} = 691200\ s$$

Por tanto, se trataba del isótopo $^{131}_{53}I$

BLOQUE VI - PROBLEMA

a) $E_0 = m_0 \cdot c^2 = 1'88 \cdot 10^{-28} (3 \cdot 10^8)^2 = 1'692 \cdot 10^{-11} J$

$$E_0 = 1'692 \cdot 10^{-11} J \times \frac{1 \, eV}{1'6 \cdot 10^{-19} J} \times \frac{1 \, MeV}{10^6 \, eV} = 105'75 \, MeV$$

$$E_{TOTAL} = m \cdot c^2 = \gamma \, m_0 \cdot c^2 = \gamma \cdot E_0$$

$$\gamma = \frac{1}{\sqrt{1 - v^2/c^2}} = \frac{1}{\sqrt{1 - \frac{0'9^2 \cdot c^2}{c^2}}} = 2'2942$$

$$E_{TOTAL} = \gamma \cdot E_0 = 2'2942 \cdot 105'75 = 242'61 \, MeV$$

b) $v = 0'9 \, c = 2'7 \cdot 10^8 \, m/s$

$e = 10 \, km = 10000 \, m$

$$\Delta t = \frac{e}{v} = \frac{10000}{2'7 \cdot 10^8} = 3'7 \cdot 10^{-5} s$$

El factor de Lorentz nos permite calcular el tiempo en un sistema de referencia ligado al muón según:

$$\Delta t = \gamma \cdot \Delta t_p \Rightarrow \Delta t_p = \frac{\Delta t}{\gamma} = \frac{3'7 \cdot 10^{-5}}{2'2942} = 1'61 \cdot 10^{-5} s$$

S. Referencia ligado a la Tierra $\Rightarrow \Delta t = 3'7 \cdot 10^{-5} s$

S. Referencia ligado al muón $\Rightarrow \Delta t_p = 1'61 \cdot 10^{-5} s$

PÁGINA 5

OPCIÓN B - BLOQUE I - PROBLEMA

El peso en un planeta es la fuerza gravitatoria con la que nos atrae ese planeta. Así:

$$P_P = G \cdot \frac{M_P \cdot m}{R_P^2}$$

$$P_T = G \cdot \frac{M_T \cdot m}{R_T^2}$$

$$\frac{P_P}{P_T} = \frac{G \cdot \dfrac{M_P \cdot m}{R_P^2}}{G \cdot \dfrac{M_T \cdot m}{R_T^2}} = \frac{M_P \cdot R_T^2}{M_T \cdot R_P^2} \underset{R_P = 2R_T}{=}$$

$$= \frac{M_P \cdot R_T^2}{M_T \cdot (2R_T)^2} = \frac{M_P \cdot R_T^2}{4 M_T \cdot R_T^2} = \frac{M_P}{4 M_T}$$

Para obtener una relación entre la masa del planeta P y la masa de La Tierra, usaremos que tienen la misma densidad:

$$D_P = D_T \underset{D = \frac{m}{V}}{\Longrightarrow} \frac{M_P}{V_P} = \frac{M_T}{V_T} \underset{V = \frac{4}{3}\pi r^3}{\Longrightarrow} \frac{M_P}{\frac{4}{3}\pi \cdot R_P^3} = \frac{M_T}{\frac{4}{3}\pi \cdot R_T^3}$$

$$\underset{R_P = 2R_T}{\Longrightarrow} \frac{M_P}{2^3 \cdot R_T^3} = \frac{M_T}{R_T^3} \Rightarrow M_P = 8 M_T$$

Y así:

$$\frac{P_P}{P_T} = \frac{M_P}{4 M_T} = \frac{8 M_T}{4 M_T} = 2 \Rightarrow P_P = 2 \cdot P_T$$

El peso de la nave en la superficie del planeta P será el doble que el peso en la superficie terrestre

PÁGINA 6

©Juan Bertomeu Ferrer
www.bertoblog.com

b) La velocidad de escape es la velocidad mínima con la que debe lanzarse un cuerpo para que llegue al infinito con velocidad nula.

En términos energéticos, hay que comunicar a ese cuerpo una energía (cinética) para que eso sea posible.

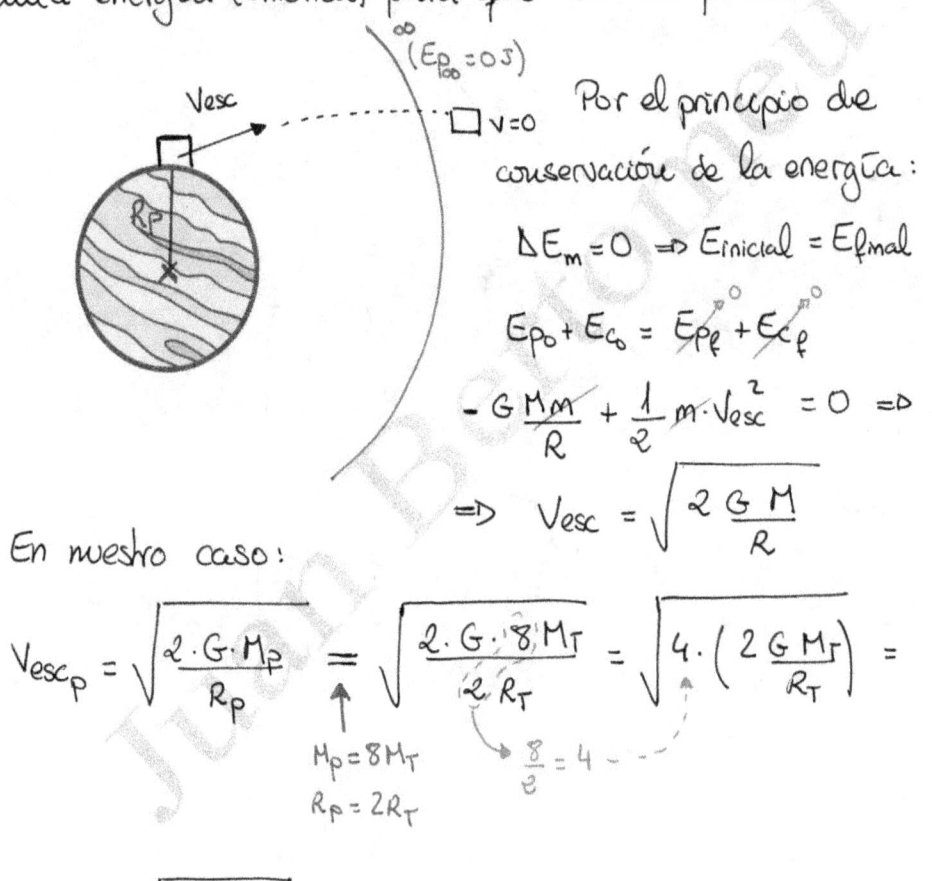

$(E_{p\infty} = 0 \text{ J})$

Por el principio de conservación de la energía:

$\Delta E_m = 0 \Rightarrow E_{inicial} = E_{final}$

$E_{po} + E_{c_o} = \cancel{E_{p_f}} + \cancel{E_{c_f}}$

$-G\dfrac{Mm}{R} + \dfrac{1}{2}m \cdot V_{esc}^2 = 0 \Rightarrow$

$\Rightarrow V_{esc} = \sqrt{\dfrac{2\,G\,M}{R}}$

En nuestro caso:

$V_{esc_P} = \sqrt{\dfrac{2 \cdot G \cdot M_P}{R_P}} = \sqrt{\dfrac{2 \cdot G \cdot 8 M_T}{2\,R_T}} = \sqrt{4 \cdot \left(\dfrac{2\,G\,M_T}{R_T}\right)} =$

$M_P = 8 M_T$
$R_P = 2 R_T$
$\dfrac{8}{2} = 4$

$= 2 \cdot \sqrt{\dfrac{2 \cdot G\,M_T}{R_T}} = 2 \cdot V_{esc_T} = 2 \cdot 11'2 = 22'4 \text{ Km/s}$

BLOQUE II - CUESTIÓN

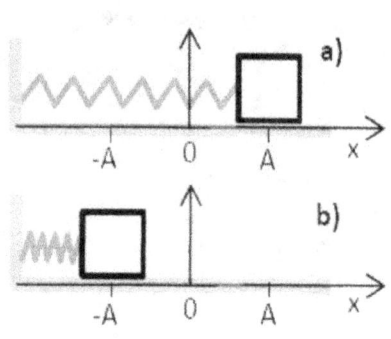

Como nos dicen el tiempo que tarda en desplazarse entre a) y b) nos están dando <u>la mitad</u> del periodo de oscilación. Así:

$$T = 4s$$

$$x = A\, sen(\omega t + \varphi_0) \Rightarrow x = A\, sen\left(\frac{\pi}{2} t + \varphi_0\right)$$

$$\omega = \frac{2\pi}{T} = \frac{2\pi}{4} = \frac{\pi}{2}\ rad/s$$

Para determinar la fase inicial, veamos la posición inicial:

$$x(t=0) = +A \Rightarrow A = A\, sen\left(\frac{\pi}{2}\cdot 0 + \varphi_0\right) \Rightarrow 1 = sen\,\varphi_0 \Rightarrow$$

$$\Rightarrow \varphi_0 = arcsen(1) = \frac{\pi}{2}\ rad$$

$$\Rightarrow x(t) = A\, sen\left(\frac{\pi}{2} t + \frac{\pi}{2}\right)$$

En $t = 1'5T = 1'5 \cdot 4 = 6s \Rightarrow x = A\, sen\left(\frac{\pi}{2}\cdot 6 + \frac{\pi}{2}\right) = -A$

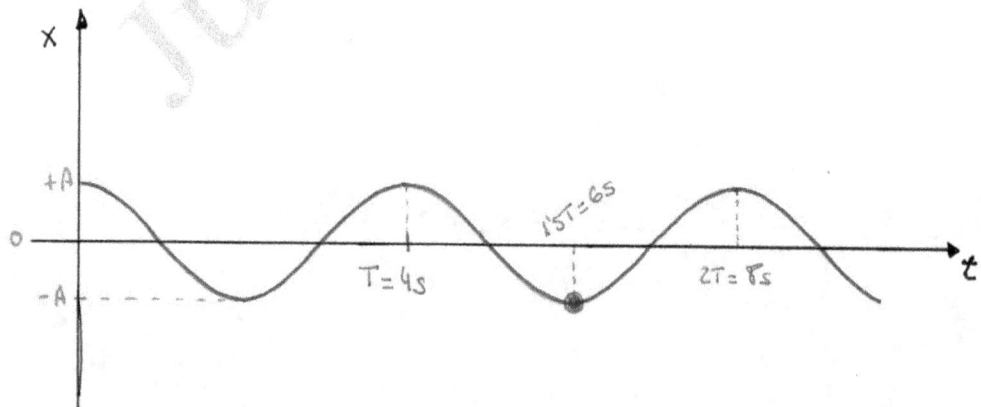

©Juan Bertomeu Ferrer
www.bertoblog.com

BLOQUE III - CUESTIÓN

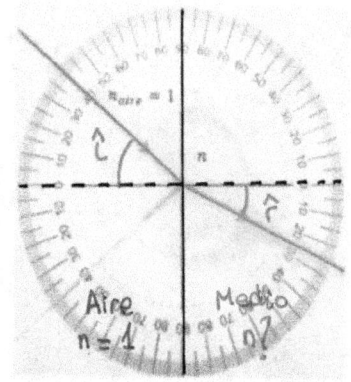

De la imagen se puede leer

que $\hat{i} = 40°$ y que $\hat{r} = 25°$

Aplicando Snell:

$$n_{aire} \cdot sen\ \hat{i} = n \cdot sen\ \hat{r}$$

$$1 \cdot sen\ 40 = n \cdot sen\ 25$$

$$n = 1'521$$

Como $n = \dfrac{c}{V} \Rightarrow V = \dfrac{c}{n} = \dfrac{3 \cdot 10^8}{1'521} = 1'97 \cdot 10^8\ m/s$

BLOQUE IV - PROBLEMA

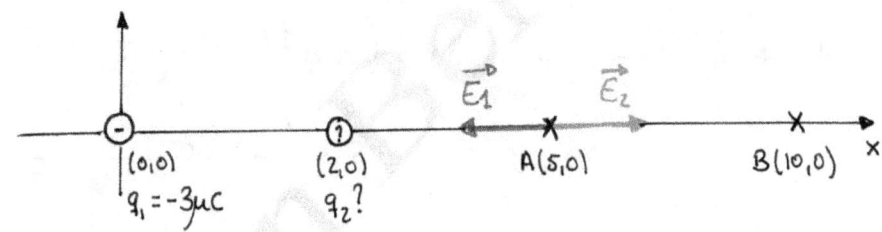

Para que el campo se anule en $A(5,0)$ los campos

$\vec{E_1}$ y $\vec{E_2}$ tendrán que tener sentidos opuestos (lo que

nos sirve para deducir por tanto que la carga q_2 debe

ser positiva) y tener módulos iguales. Así:

$$|\vec{E_1}| = |\vec{E_2}| \Rightarrow \dfrac{K \cdot |Q_1|}{r_1^2} = \dfrac{K \cdot |Q_2|}{r_2^2} \underset{Q_2 > 0}{\Longrightarrow} Q_2 = \dfrac{r_2^2 \cdot |Q_1|}{r_1^2} \Rightarrow$$

$$\Rightarrow Q_2 = \dfrac{3^2 \cdot 3 \cdot 10^{-6}}{5^2} = 1'08 \cdot 10^{-6}\ C = 1'08\ \mu C$$

PÁGINA 9

b) $W_{campo} = -q_3 \cdot \Delta V = -q_3 \cdot (V_B - V_A)$

$$V_A = K \cdot \frac{Q_1}{r_1} + K \cdot \frac{Q_2}{r_2} = 9 \cdot 10^9 \left(\frac{-3 \cdot 10^{-6}}{5} + \frac{1'08 \cdot 10^{-6}}{3} \right) = -2160 \ V$$

$$V_B = K \cdot \frac{Q_1}{r_1'} + K \cdot \frac{Q_2}{r_2'} = 9 \cdot 10^9 \left(\frac{-3 \cdot 10^{-6}}{10} + \frac{1'08 \cdot 10^{-6}}{8} \right) = -1485 \ V$$

$$W_{campo} = -0'1 \cdot 10^{-6} \left(-1485 + 2160 \right) = -6'75 \cdot 10^{-5} \ J$$

Como $W_{campo} < 0 \Rightarrow$ Proceso Forzado $\Rightarrow W_{externo} = +6'75 \cdot 10^{-5} \ J$

BLOQUE V - CUESTIÓN

$$1p + 2n \longrightarrow {}^{3}_{1}H \ ; \ \Delta m = (m_p + 2m_n) - M_{{}^{3}_{1}H}$$

$$\Delta m = (1'007276 + 2 \cdot 1'008665) \cdot 1'6605 \cdot 10^{-27} - 5'0081 \cdot 10^{-27} =$$

$$= 1'4258 \cdot 10^{-29} \ kg$$

$$\Delta E = \Delta m \cdot c^2 = 1'4258 \cdot 10^{-29} \cdot (3 \cdot 10^8)^2 = 1'2832 \cdot 10^{-12} \ J$$

$$\Delta E = 1'2832 \cdot 10^{-12} \ J \times \frac{1 \ eV}{1'602 \cdot 10^{-19} \ J} \times \frac{1 \ MeV}{10^6 \ eV} = 8'02 \ MeV$$

$$E_A = \frac{\Delta E}{A} = \frac{8'02}{3} = 2'67 \ MeV/\text{nucleón}$$

PÁGINA 10

$$2p + 2n \longrightarrow {}^{4}_{2}He \; ; \; \Delta m = (2m_p + 2m_n) - m_\alpha$$

$$\Delta m = 2 \cdot 1'007276 + 2 \cdot 1'008665 - 4'001505 =$$

$$= 0'030377 \, u \times \frac{1'6605 \cdot 10^{-27} kg}{1 u} = 5'0441 \cdot 10^{-29} kg$$

$$\Delta E = \Delta m \cdot c^2 = 5'0441 \cdot 10^{-29} \cdot (3 \cdot 10^8)^2 = 4'5397 \cdot 10^{-12} J$$

$$\Delta E = 4'5397 \cdot 10^{-12} J \times \frac{1 eV}{1'602 \cdot 10^{-19} J} \times \frac{1 MeV}{10^6 eV} = 28'34 \, MeV$$

$$E_A = \frac{\Delta E}{A} = \frac{28'34}{4} = 7'68 \, MeV/_{nucleón}$$

$\Longrightarrow$ Es más estable el núcleo de ${}^{4}_{2}He$ al tener mayor

energía de enlace por nucleón.

{ BLOQUE VI - CUESTIÓN }

$${}^{232}_{90}Th \longrightarrow {}^{228}_{88}Rd + {}^{a}_{b}X \Longrightarrow \left. \begin{cases} 232 = 228 + a \\ 90 = 88 + b \end{cases} \right\} \Longrightarrow a = 4 \text{ y } b = 2$$

$$\Longrightarrow {}^{a}_{b}X = {}^{4}_{2}X = {}^{4}_{2}He \longrightarrow \text{Partícula } \alpha$$

$${}^{228}_{88}Rd \longrightarrow {}^{c}_{d}Ac + {}^{0}_{-1}e \Longrightarrow \left. \begin{cases} 228 = c + 0 \\ 88 = d - 1 \end{cases} \right\} \Longrightarrow c = 228 \text{ y } d = 89$$

GENERALITAT VALENCIANA
CONSELLERIA D'EDUCACIÓ, INVESTIGACIÓ, CULTURA I ESPORT

COMISSIÓ GESTORA DE LES PROVES D'ACCÉS A LA UNIVERSITAT

COMISIÓN GESTORA DE LAS PRUEBAS DE ACCESO A LA UNIVERSIDAD

SISTEMA UNIVERSITARI VALENCIÀ
SISTEMA UNIVERSITARIO VALENCIANO

PROVES D'ACCÉS A LA UNIVERSITAT	PRUEBAS DE ACCESO A LA UNIVERSIDAD
CONVOCATÒRIA: JUNY 2016	CONVOCATORIA: JUNIO 2016
Assignatura: FÍSICA	Asignatura: FÍSICA

BAREMO DEL EXAMEN: La puntuación máxima de cada problema es de 2 puntos y la de cada cuestión de 1,5 puntos. Cada estudiante podrá disponer de una calculadora científica no programable y no gráfica. Se prohíbe su utilización indebida (almacenamiento de información). Se utilice o no la calculadora, los resultados deberán estar siempre debidamente justificados. Realiza primero el cálculo simbólico y después obtén el resultado numérico.

OPCIÓN A

BLOQUE I-PROBLEMA

Se sitúan dos cuerpos de masa $m_1 = 2\ kg$ y $m_2 = 4\ kg$ en dos vértices de un triángulo equilátero de lado $d = 2\ m$. Calcula:

a) El campo gravitatorio en el tercer vértice, $P(0, \sqrt{3})\ m$, debido a cada una de las masas y el campo total. (1 punto)

b) La energía potencial gravitatoria de un cuerpo de masa $m_3 = 5\ g$ situada en P y el trabajo necesario para trasladarla hasta el infinito. (1 punto)

Dato: $G = 6{,}67 \cdot 10^{-11}\ Nm^2/kg^2$

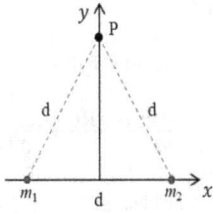

BLOQUE II-CUESTIÓN

Define periodo y amplitud de un oscilador armónico. En las gráficas (a) y (b) se representan las posiciones, $y(t)$, frente al tiempo de dos osciladores. ¿Cuál de ellos tiene mayor frecuencia? Justifica la respuesta.

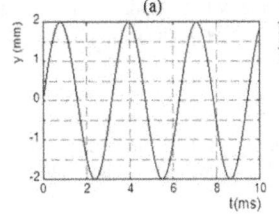
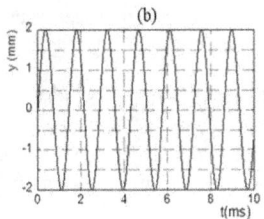

BLOQUE III-CUESTIÓN

Se tiene un objeto real y una lente convergente en aire, y se desea formar una imagen virtual, derecha y mayor. ¿Dónde habría que colocar dicho objeto? Responde utilizando el trazado de rayos. Explica la trayectoria de cada uno de los rayos.

BLOQUE IV-CUESTIÓN

Un electrón entra en una región del espacio donde existe un campo magnético uniforme $\vec{B}$. ¿Qué tipo de trayectoria describirá dentro del campo magnético si su velocidad es paralela a dicho campo? ¿Y si su velocidad es perpendicular al campo? Razona las respuestas.

BLOQUE V-PROBLEMA

Para el estudio de tumores mediante tomografía de emisión, se utiliza el isótopo radiactivo $^{18}_{9}F$, que se desintegra según la reacción $^{18}_{9}F \rightarrow {}^{18}_{8}O + Y$. Se genera una muestra inyectable cuya actividad inicial es $A_0 = 800\ MBq$. Para que el producto sea efectivo (pueda efectuarse la tomografía) la muestra debe inyectarse al paciente con una actividad mínima $A = 300\ MBq$.

a) Determina Y e indica el tipo de desintegración radiactiva. Calcula la masa de $^{18}_{9}F$ (en picogramos) en la muestra inicial. (1 punto)

b) Calcula el tiempo máximo (en minutos) que puede transcurrir desde que se genera la muestra hasta que se inyecta. (1 punto)

Datos: Periodo de semidesintegración del $^{18}_{9}F$: $109{,}8\ min$; masa de un átomo de $^{18}_{9}F$: $18{,}00\ u$; unidad de masa atómica: $u = 1{,}66 \cdot 10^{-27} kg$

BLOQUE VI-CUESTIÓN

En una experiencia de efecto fotoeléctrico, se hace incidir luz de longitud de onda λ_1 sobre una placa de potasio y se emiten electrones cuya velocidad máxima es v_1. Si la longitud de onda umbral para el potasio es λ_0 y la luz incidente tiene una longitud de onda λ_2 tal que $\lambda_0 > \lambda_2 > \lambda_1$, la velocidad máxima, v_2, de los electrones, ¿será mayor o menor que v_1? Razona la respuesta.

GENERALITAT VALENCIANA
CONSELLERIA D'EDUCACIÓ,
INVESTIGACIÓ, CULTURA I ESPORT

COMISSIÓ GESTORA DE LES PROVES D'ACCÉS A LA UNIVERSITAT
COMISIÓN GESTORA DE LAS PRUEBAS DE ACCESO A LA UNIVERSIDAD

SISTEMA UNIVERSITARI VALENCIÀ
SISTEMA UNIVERSITARIO VALENCIANO

PROVES D'ACCÉS A LA UNIVERSITAT	PRUEBAS DE ACCESO A LA UNIVERSIDAD
CONVOCATÒRIA: **JUNY 2016**	CONVOCATORIA: JUNIO 2016
Assignatura: FÍSICA	Assignatura: FÍSICA

BAREMO DEL EXAMEN: La puntuación máxima de cada problema es de 2 puntos y la de cada cuestión de 1,5 puntos. Cada estudiante podrá disponer de una calculadora científica no programable y no gráfica. Se prohíbe su utilización indebida (almacenamiento de información). Se utilice o no la calculadora, los resultados deberán estar siempre debidamente justificados. Realiza primero el cálculo simbólico y después obtén el resultado numérico.

OPCIÓN B

BLOQUE I-CUESTIÓN

Deduce razonadamente la expresión que relaciona el radio y el periodo de una órbita circular. El planeta Júpiter tarda 4300 días terrestres en describir una órbita alrededor del Sol. Calcula el radio de esa órbita suponiendo que es circular. Datos: constante de gravitación universal, $G = 6{,}67 \cdot 10^{-11} \, N\,m^2/kg^2$; masa del Sol, $M_s = 2{,}00 \cdot 10^{30} \, kg$.

BLOQUE II-PROBLEMA

Una persona de masa $70 \, kg$ está de pie en una plataforma que oscila verticalmente alrededor de su posición de equilibrio, comportándose como un oscilador armónico simple. Su posición inicial es $y(0) = A \, sin(\pi/3) \, cm$ donde $A = 1{,}5 \, cm$, y su velocidad inicial $v_y(0) = 0{,}6 \, cos(\pi/3) \, m/s$. Calcula razonadamente:
a) La pulsación o frecuencia angular y la posición de la persona en función del tiempo, $y(t)$. (1 punto)
b) La energía mecánica de dicho oscilador en cualquier instante. (1 punto)

BLOQUE III-CUESTIÓN

Un rayo incide sobre la superficie de separación de dos medios. El primer medio tiene un índice de refracción n_1, el segundo un índice de refracción n_2, de tal forma que $n_1 < n_2$, ¿se puede producir el fenómeno de reflexión total? Y si ocurriese que $n_1 = 1{,}6$ y $n_2 = 1{,}3$, ¿cuál sería el ángulo límite? Razona las respuestas.

BLOQUE IV-PROBLEMA

Tres cargas eléctricas iguales de valor $3 \, \mu C$ se sitúan en los puntos $(1,0) \, m$, $(-1,0) \, m$ y $(0,-1) \, m$.
a) Dibuja en el punto $(0,0)$ los vectores campo eléctrico generados por cada una de las cargas. Calcula el vector campo eléctrico resultante en dicho punto. (1 punto)
b) Calcula el trabajo realizado en el desplazamiento de una carga eléctrica puntual de $1 \, \mu C$ entre $(0,0) \, m$ y $(0,1) \, m$. Razona si la carga se puede mover espontáneamente a dicho punto $(0,1) \, m$. (1 punto)
Dato: constante de Coulomb: $k_e = 9 \cdot 10^9 \, Nm^2/C^2$

BLOQUE V-CUESTIÓN

Un electrón se mueve a una velocidad $0{,}9c$. Calcula la energía en reposo, la energía total y la energía cinética relativista. Dato: velocidad de la luz en el vacío, $c = 3 \cdot 10^8 \, m/s$; masa del electrón, $m = 9{,}1 \cdot 10^{-31} \, kg$.

BLOQUE VI-CUESTIÓN

Define la energía de enlace por nucleón. La energía de enlace por nucleón del hierro ^{56}Fe es de $8{,}79 \, MeV/nucleón$ y disminuye progresivamente al aumentar el número de nucleones hasta alcanzar los $7{,}59 \, MeV/nucleón$ para el uranio ^{235}U. Explica cuál de los dos núcleos es más estable y por qué es posible obtener energía al fisionar átomos de uranio. Razona las respuestas.

OPCIÓN A

BLOQUE I - PROBLEMA

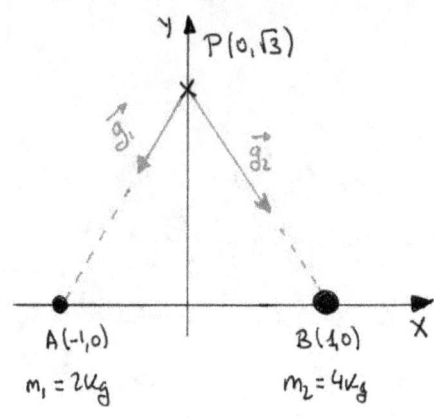

A(-1,0) $m_1 = 2\,Kg$

B(1,0) $m_2 = 4\,Kg$

$P(0,\sqrt{3})$

Campo $\vec{g_1}$:

$$\vec{AP} = (0,\sqrt{3}) - (-1,0) = (1,\sqrt{3})$$

$$r_1 = |\vec{AP}| = \sqrt{1^2 + (\sqrt{3})^2} = 2m$$

$$\vec{u_{r_1}} = \frac{1}{|\vec{AP}|}\cdot \vec{AP} = \frac{1}{2}(1,\sqrt{3}) = \left(\frac{1}{2}, \frac{\sqrt{3}}{2}\right)$$

$$\vec{g_1} = -G\cdot \frac{m_1}{r_1^2}\cdot \vec{u_{r_1}}$$

$$\Rightarrow \vec{g_1} = -6'67\cdot 10^{-11}\cdot \frac{2}{2^2}\left(\frac{1}{2}, \frac{\sqrt{3}}{2}\right) = \left(-1'67\cdot 10^{-11}, -2'89\cdot 10^{-11}\right) N/kg$$

Campo $\vec{g_2}$:

$$\vec{BP} = (0,\sqrt{3}) - (1,0) = (-1,\sqrt{3})$$

$$r_2 = |\vec{BP}| = \sqrt{(-1)^2 + (\sqrt{3})^2} = 2m$$

$$\vec{u_{r_2}} = \frac{1}{|\vec{BP}|}\cdot \vec{BP} = \frac{1}{2}(-1,\sqrt{3}) = \left(-\frac{1}{2}, \frac{\sqrt{3}}{2}\right)$$

$$\vec{g_2} = -G\cdot \frac{m_2}{r_2^2}\cdot \vec{u_{r_2}} = -6'67\cdot 10^{-11}\cdot \frac{4}{2^2}\left(-\frac{1}{2}, \frac{\sqrt{3}}{2}\right) = \left(3'33\cdot 10^{-11}, -5'78\cdot 10^{-11}\right) N/kg$$

$$\Rightarrow \vec{g_{TOTAL}} = \vec{g_1} + \vec{g_2} = \left(1'66\cdot 10^{-11}, -8'67\cdot 10^{-11}\right) N/kg$$

b) $E_{P_P} = E_{P_1} + E_{P_2} = -G\frac{m_1\cdot m_3}{r_1} - \frac{G\cdot m_2\cdot m_3}{r_2} = \qquad \uparrow r_1 = r_2$

$$= -G\cdot \frac{m_3}{r_1}(m_1 + m_2) = -6'67\cdot 10^{-11}\cdot \frac{5\cdot 10^{-3}}{2}\cdot 6 = -1\cdot 10^{-12}\,J$$

PÁGINA 1

$$W_{campo} = -\Delta E_p = -(E_{p_{final}} - E_{p_{inicial}}) = -(E_{p_\infty}^{\;0} - E_{p_p}) =$$

$$= +E_{p_p} = -1 \cdot 10^{-12} \, J \longrightarrow \text{Proceso Forzado} \Rightarrow W_{ext} = +1 \cdot 10^{-12} \, J$$

BLOQUE II - CUESTIÓN

Dado un oscilador armónico que realiza un movimiento armónico simple, se llama elongación a la posición del oscilador respecto a la posición de equilibrio, siendo la AMPLITUD el mayor valor de dicha elongación (es decir, la máxima distancia respecto a la posición de equilibrio).

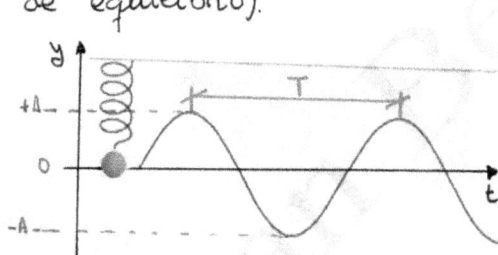

Se llama PERIODO (T) al tiempo que tarda el oscilador en realizar una oscilación completa.

Por otro lado, llamamos FRECUENCIA (f) al número de oscilaciones completas que se efectúan en un segundo, siendo $f = \dfrac{1}{T}$
En las gráficas dadas, se aprecia que:

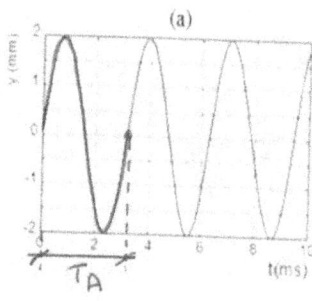

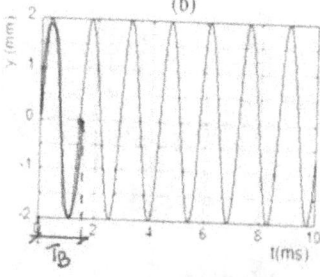

Como vemos, tenemos
$$T_A > T_B$$
$$\Downarrow$$
$$f_B > f_A$$

PÁGINA 2

{BLOQUE III - CUESTIÓN}

Para que una lente convergente forme una imagen con las características dadas en el enunciado, el objeto debe situarse entre la lente y el foco objeto de la misma. Veámoslo con el trazado de rayos.

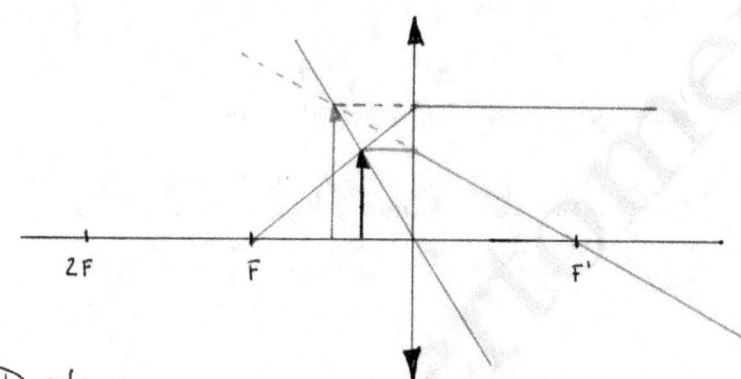

Donde:

- El rayo que incide en la lente paralelo al eje óptico se refracta pasando por el foco imagen (rayo rojo)

- El rayo que incide en el centro de la lente no se desviará (lentes delgadas) (rayo verde)

- El rayo que incide en la lente habiendo pasado por el foco objeto, se refracta paralelo al eje óptico (rayo azul)

PÁGINA 3

BLOQUE IV - CUESTIÓN:

La fuerza magnética sobre una carga "q" que se

mueve con velocidad $\vec{v}$ en el seno de un campo

magnético $\vec{B}$ viene dada por la Ley de Lorentz según:

$$\vec{F_M} = q \cdot (\vec{v} \times \vec{B})$$

En el primer caso en que $\vec{v} // \vec{B}$ tendremos:

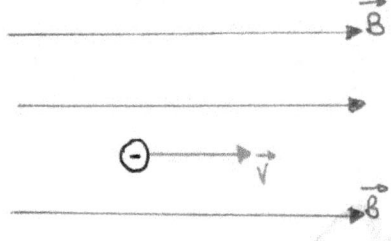

Como $\vec{v} // \vec{B} \Rightarrow \vec{v} \times \vec{B} = \vec{0} \Rightarrow$

$$\Rightarrow \vec{F_M} = \vec{0}$$

El electrón no sufre

fuerza magnética alguna y

su trayectoria por tanto será

rectilínea.

Si se tiene que $\vec{v} \perp \vec{B}$:

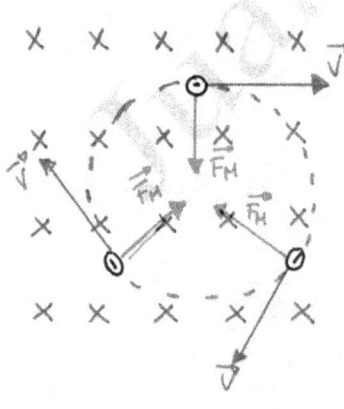

$\vec{F_M} = q(\vec{v} \times \vec{B}) \neq \vec{0}$ siendo

$\begin{cases} \vec{F_M} \text{ perpendicular a } \vec{v} \text{ y a } \vec{B} \\ F_M = |q| \cdot v \cdot B \end{cases}$

La fuerza magnética al ser

centrípeta, causará que el electrón

describa una trayectoria circular

plana.

PÁGINA 4

BLOQUE V - PROBLEMA

$$^{18}_{9}F \rightarrow \, ^{18}_{8}O + \, ^{A}_{Z}Y \Rightarrow \left\{ \begin{array}{l} 18 = 18 + A \rightarrow A = 0 \\ 9 = 8 + Z \rightarrow Z = 1 \end{array} \right\} \Rightarrow \, ^{0}_{1}Y$$

Como vemos, la partícula Y es un positrón $^{0}_{1}e$, siendo la radiación pedida la emisión β^{+}. Los más curiosos podéis ver como funciona la tomografía por emisión de positrones (más conocida como PET por sus siglas en inglés) viendo el vídeo de la ampliación.

$$\boxed{N_0} \xrightarrow{\;T_{1/2}\;} \boxed{N_0/2}$$

$$N = N_0 \cdot e^{-\lambda \cdot t} \Rightarrow \frac{N_0}{2} = N_0 \cdot e^{-\lambda \cdot T_{1/2}} \Rightarrow \frac{1}{2} = e^{-\lambda \cdot T_{1/2}} \Rightarrow$$

$$\Rightarrow T_{1/2} = \frac{\ln 2}{\lambda}$$

$$T_{1/2} = 109'8 \, min = 6588 \, s. \Rightarrow \lambda = \frac{\ln 2}{6588} \, s^{-1}$$

La actividad viene dada por :

$$A = \lambda \cdot N \Rightarrow 800 \cdot 10^{6} = \frac{\ln 2}{6588} \cdot N_0 \Rightarrow N_0 = 7'6036 \cdot 10^{12}$$

$$7'6036 \cdot 10^{12} \text{ átomos } ^{18}F \times \frac{18 \, u.m.a}{1 \text{ átomo } ^{18}F} \times \frac{1'66 \cdot 10^{-27} Kg}{1 \, u.m.a.} \times$$

$$\times \frac{1 \cdot 10^{15} \text{ picogramos}}{1 \, Kg} = 227'19 \, pg \text{ de } ^{18}F$$

b) La actividad varía con el tiempo según:

$$A = A_0 \cdot e^{-\lambda \cdot t} \implies 300 \cdot 10^6 = 800 \cdot 10^6 \cdot e^{-\frac{\ln 2}{6588} \cdot t} \implies$$

$$\implies \frac{3}{8} = e^{-\frac{\ln 2}{6588} \cdot t} \implies \ln\left(\frac{3}{8}\right) = -\frac{\ln 2}{6588} \cdot t \implies$$

$$\implies t = \frac{-6588 \cdot \ln(3/8)}{\ln 2} = 9322'27\,s = 155'37\ minutos$$

BLOQUE VI - CUESTIÓN

El balance energético del efecto fotoeléctrico nos dice $E_{fotón} = W_{ext} + E_c$. Por otro lado, sabemos que la energía del fotón es inversamente proporcional a la longitud de onda según:

$$E = h \cdot f = h \cdot \frac{c}{\lambda} \implies \begin{cases} E_{fotón} = h \cdot \frac{c}{\lambda} \\ W_{ext} = h \cdot \frac{c}{\lambda_0} \end{cases}$$

Si tenemos que $\lambda_2 > \lambda_1$:

$$\left.\begin{array}{l} E_{fotón_2} = h \cdot \frac{c}{\lambda_2} \\ E_{fotón_1} = h \cdot \frac{c}{\lambda_1} \end{array}\right\} \text{Como } \lambda_2 > \lambda_1 \implies E_{fotón_1} > E_{fotón_2}$$

Como $E_{fotón_2} < E_{fotón_1} \implies E_{c_2} < E_{c_1} \implies V_2 < V_1$

OPCIÓN B

BLOQUE I - CUESTIÓN

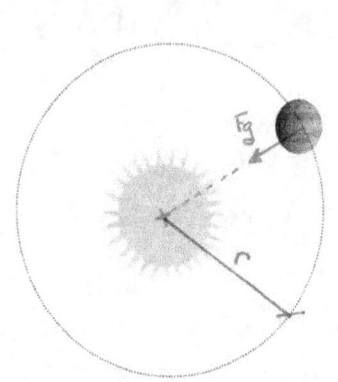

$$\vec{F_g} = m \cdot a_N$$

$$\frac{GMm}{r^2} = m \cdot \frac{v^2}{r} \Rightarrow \qquad V = \omega \cdot r$$

$$\Rightarrow G\frac{M}{r} = (\omega \cdot r)^2 \Rightarrow \frac{GM}{r} = \omega^2 \cdot r^2$$

$$\omega = \frac{2\pi}{T}$$

$$\Rightarrow G\frac{M}{r} = \left(\frac{2\pi}{T}\right)^2 \cdot r^2 \Rightarrow$$

$$\Rightarrow r = \sqrt[3]{\frac{T^2 \cdot G \cdot M}{4\pi^2}}$$

Como nos dicen:

$$T = 4300 \text{ días} \times \frac{86400 \text{ s}}{1 \text{ día}} = 371520000 \text{ s}$$

Sostituyendo:

$$r = \sqrt[3]{\frac{371520000^2 \cdot 6'67 \cdot 10^{-11} \cdot 2 \cdot 10^{30}}{4\pi^2}} = 7'7551 \cdot 10^{11} \text{ m}$$

BLOQUE II - PROBLEMA

La ecuación de la elongación viene dada por

$$y(t) = A \cdot \text{sen}(\omega t + \varphi_0)$$

Como en $t = 0$ s. se tiene que $y(0) = A \text{sen}(\omega \cdot 0 + \varphi_0) = A \text{sen}\left(\frac{\pi}{3}\right)$

sabemos que se tendrá $\varphi_0 = \frac{\pi}{3}$ rad.

PÁGINA 7

Por otro lado, la ecuación de la velocidad es:

$$v(t) = \frac{d}{dt}(y(t)) = A \cdot \omega \cdot \cos(\omega t + \varphi_0)$$

Y como tenemos $v(0) = 0'6 \cos\left(\frac{\pi}{3}\right)$ m/s es fácil ver que:

$$A \cdot \omega = 0'6 \Rightarrow 0'015 \cdot \omega = 0'6 \Rightarrow \omega = 40 \text{ rad/s}$$

Y por tanto, la ecuación de la elongación:

$$y(t) = 0'015 \cdot \text{sen}\left(40t + \pi/3\right) \text{ m}$$

b) La energía mecánica viene dada por:

$$E_M = \frac{1}{2} K \cdot A^2$$

siendo $K = m \cdot \omega^2 = 70 \cdot 40^2 = 112000$ N/m

$$\Rightarrow E_M = \frac{1}{2} \cdot 112000 \cdot 0'015^2 = 12'6 \text{ J}$$

BLOQUE III - CUESTION

El fenómeno de reflexión total solo puede darse cuando un rayo de luz que se propaga por un medio 1 con índice de refracción n_1 se refracta hacia un medio 2 con índice de refracción n_2 de modo que sea $n_1 > n_2$. Por tanto, si $n_1 < n_2$ no se producirá el fenómeno.

PÁGINA 8

Si $n_1 = 1'6$ y $n_2 = 1'3$, como $n_1 > n_2$ se producirá el fenómeno para todos aquellas ángulos de incidencia superiores al ángulo límite:

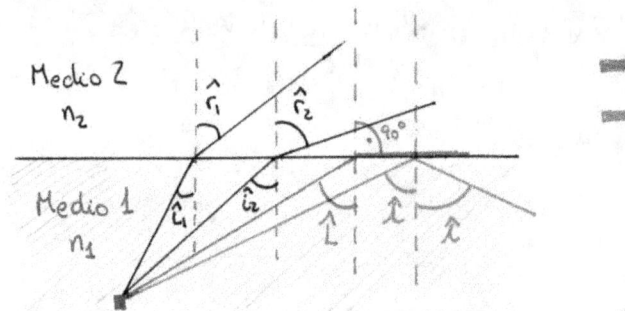

Medio 2
n_2

Medio 1
n_1

━ Situación Límite
━ Reflexión total

$$n_1 \, sen \, \hat{\imath} = n_2 \, sen \, \hat{r} \implies 1'6 \cdot sen \, \hat{L} = 1'3 \cdot sen \, 90 \implies$$

$$\implies sen \, \hat{L} = \frac{1'3}{1'6} \implies \hat{L} = arcsen \left(\frac{1'3}{1'6} \right) = 54'34°$$

BLOQUE IV - PROBLEMA

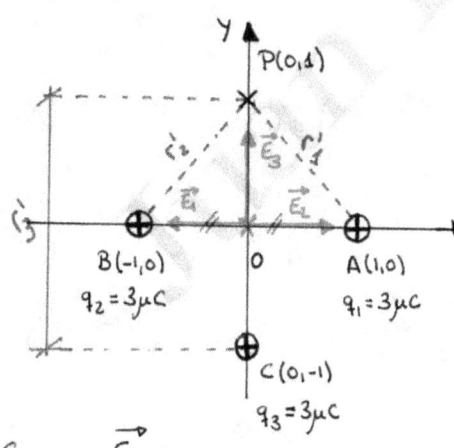

$P(0,1)$

$B(-1,0)$
$q_2 = 3\mu C$

$A(1,0)$
$q_1 = 3\mu C$

$C(0,-1)$
$q_3 = 3\mu C$

a) Es muy fácil razonar que como $q_1 = q_2 = q_3$ y $r_1 = r_2 = r_3$ se tendrá que $|\vec{E_1}| = |\vec{E_2}| = |\vec{E_3}|$.

Como $\vec{E_{TOTAL}} = \vec{E_1} + \vec{E_2} + \vec{E_3}$ y vemos que $\vec{E_1} + \vec{E_2} = \vec{0}$, podemos asegurar que $\vec{E_{TOTAL}} = \vec{E_3}$

Campo $\vec{E_3}$:

$$\vec{CO} = (0,0) - (0,-1) = (0,1) \; ; \; r_3 = |\vec{CO}| = 1m \; ; \; \vec{u_{r_3}} = (0,1)$$

$$\vec{E_3} = \vec{E_{TOTAL}} = K \cdot \frac{q_3}{r_3^2} \cdot \vec{u_{r_3}} = 9 \cdot 10^9 \cdot \frac{3 \cdot 10^{-6}}{1^2} \cdot (0,1) = (0, 27000) \, N/C$$

PÁGINA 9

b) $V_{(0,0)} = V_1 + V_2 + V_3 = 3V_1 = 3 \cdot K \cdot \dfrac{q_1}{r_1} = \dfrac{3 \cdot 9 \cdot 10^9 \cdot 3 \cdot 10^{-6}}{1} = 81000 \, V$

$\uparrow$

$q_1 = q_2 = q_3$

$r_1 = r_2 = r_3$

$V_{(0,1)} = V_1 + V_2 + V_3 = 2V_1 + V_3 = 2 \cdot K \cdot \dfrac{q_1}{r_1'} + K \cdot \dfrac{q_3}{r_3'} =$

$\uparrow$

$q_1 = q_2$

$r_1' = r_2' = \sqrt{1^2 + 1^2} = \sqrt{2} \, m$

$= 2 \cdot 9 \cdot 10^9 \cdot \dfrac{3 \cdot 10^{-6}}{\sqrt{2}} + 9 \cdot 10^9 \cdot \dfrac{3 \cdot 10^{-6}}{2} = 51683'77 \, V$

$W_{campo} = -q \cdot \Delta V = -q \left(V_{final} - V_{inicial} \right) = -q \cdot \left(V_{(0,1)} - V_{(0,0)} \right) =$

$= -1 \cdot 10^{-6} \cdot (-29316'23) = 0'02932 \, J$

Como $W_{campo} > 0 \Rightarrow$ Se trata de un proceso espontáneo.

BLOQUE V - CUESTIÓN

$E_0 = m_0 \cdot c^2 = 9'1 \cdot 10^{-31} \cdot (3 \cdot 10^8)^2 = 8'19 \cdot 10^{-14} \, J$

$\gamma = \dfrac{1}{\sqrt{1 - v^2/c^2}} = \dfrac{1}{\sqrt{1 - \dfrac{0'9^2 c^2}{c^2}}} = 2'29416$

$E_{TOTAL} = m \cdot c^2 = \gamma m_0 c^2 = \gamma \cdot E_0 = 2'29416 \cdot 8'19 \cdot 10^{-14} = 1'83 \cdot 10^{-13} \, J$

$E_{TOTAL} = E_0 + E_c \Rightarrow E_c = E_{TOTAL} - E_0 = 1'06 \cdot 10^{-13} \, J$

PÁGINA 10

BLOQUE VI - CUESTIÓN

La energía de enlace de un núcleo atómico es la energía que se libera cuando los nucleones del núcleo se unen para formar el núcleo atómico.

$$\text{protones} + \text{neutrones} \longrightarrow \text{Núcleo} + \overset{\text{Energía Enlace } (\Delta E)}{\leadsto}$$

Llamamos ENERGÍA DE ENLACE POR NUCLEÓN a la energía de enlace de un núcleo atómico dividida por el número de nucleones presentes en dicho núcleo.

$$\text{protones} + \text{neutrones} \longrightarrow {}^{A}_{Z}X \Rightarrow E_A = \frac{\Delta E}{A}$$

La energía de enlace por nucleón mide la estabilidad nuclear (mayor E_A implica núcleos más fuertemente unidos), y por tanto, el ${}^{56}Fe$ es más estable que el ${}^{235}U$ (por tener mayor energía de enlace por nucleón el Fe)

La representación aproximada de la energía de enlace por nucleón en función del número de nucleones A es la dada por:

©Juan Bertomeu Ferrer
www.bertoblog.com

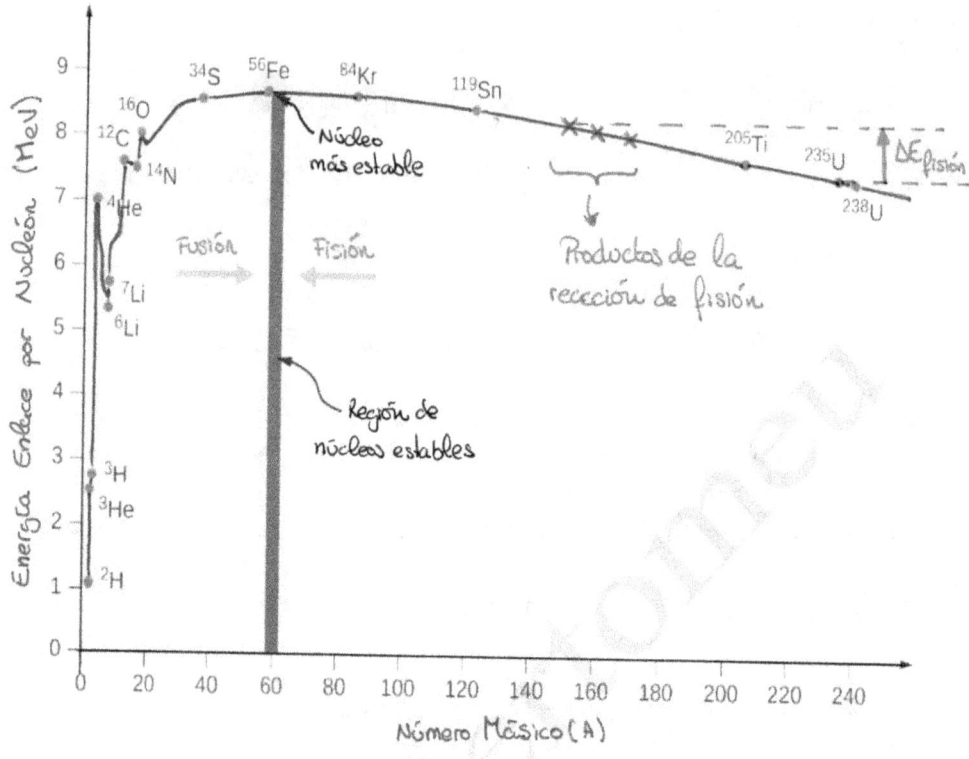

En una reacción de fisión de átomos de uranio, los productos de la reacción tienen menor número másico, lo que implica que tendrán mayor energía de enlace por nucleón.

Eso implica que dicha reacción sea exoenergética (al haber defecto de masa se libera energía) siendo por tanto posible obtener energía de estas reacciones.

GENERALITAT VALENCIANA
CONSELLERIA D'EDUCACIÓ,
INVESTIGACIÓ, CULTURA I ESPORT

COMISSIÓ GESTORA DE LES PROVES D'ACCÉS A LA UNIVERSITAT
COMISIÓN GESTORA DE LAS PRUEBAS DE ACCESO A LA UNIVERSIDAD

SISTEMA UNIVERSITARI VALENCIÀ
SISTEMA UNIVERSITARIO VALENCIANO

PROVES D'ACCÉS A LA UNIVERSITAT	PRUEBAS DE ACCESO A LA UNIVERSIDAD
CONVOCATÒRIA: JULIOL 2016	CONVOCATORIA: JULIO 2016
Assignatura: FÍSICA	Asignatura: FÍSICA

BAREMO DEL EXAMEN: La puntuación máxima de cada problema es de 2 puntos y la de cada cuestión de 1,5 puntos. Cada estudiante podrá disponer de una calculadora científica no programable y no gráfica. Se prohíbe su utilización indebida (almacenamiento de información). Se utilice o no la calculadora, los resultados deberán estar siempre debidamente justificados. Realiza primero el cálculo simbólico y después obtén el resultado numérico.

OPCIÓN A

BLOQUE I-CUESTIÓN
Deduce razonadamente la expresión de la velocidad de escape de un planeta de radio R y masa M. Calcula la velocidad de escape del planeta Marte, sabiendo que su radio es de 3380 km y su densidad media es de 4000 kg/m^3.
Dato: constante de gravitación universal, $G = 6,67 \cdot 10^{-11} \, N \, m^2/kg^2$.

BLOQUE II-CUESTIÓN
Un cuerpo de masa $m = 4 \, kg$ describe un movimiento armónico simple con un periodo $T = 2 \, s$ y una amplitud $A = 2 \, m$. Calcula la energía cinética máxima de dicho cuerpo y razona en qué posición se alcanza respecto al equilibrio. ¿Cuánto vale su energía potencial en dicho punto? Justifica la respuesta.

BLOQUE III-PROBLEMA
Se desea obtener en el laboratorio la potencia y la distancia focal imagen de una lente. La figura muestra la lente problema, un objeto luminoso y una pantalla. Se observa que la imagen proporcionada por la lente, sobre la pantalla, es dos veces mayor que el objeto e invertida. Calcula:
a) La distancia focal y la potencia de la lente (en dioptrías). (1 punto)
b) La posición y tamaño de la imagen si el objeto se situase a $4/3 \, m$ a la izquierda de la lente. (1 punto)

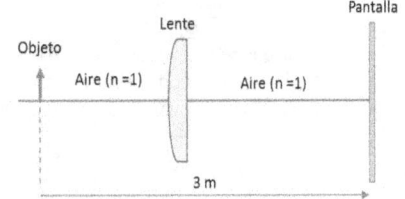

BLOQUE IV-CUESTIÓN
Dos partículas cargadas, y con la misma velocidad, entran en una región del espacio donde existe un campo magnético perpendicular a su velocidad (de acuerdo con la figura, el campo magnético entra en el papel). ¿Qué signo tiene cada una de las cargas? ¿Cuál de las dos posee mayor relación |q|/m? Razona las respuestas.

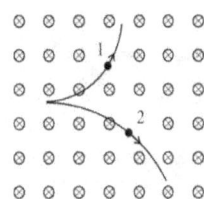

BLOQUE V-CUESTIÓN
Explica los tipos de radiactividad natural conocidos, indicando los nombres de las partículas que los constituyen. Supongamos que se tiene una sustancia que emite un tipo de radiactividad no identificado. Describe brevemente alguna experiencia que se podría realizar para identificar de qué tipo de emisión radiactiva se trata.

BLOQUE VI-PROBLEMA
En un sincrotrón se aceleran electrones para la producción de haces intensos de rayos X que se utilizan en experimentos de biología, farmacia, física, medicina y química. La energía máxima de los electrones es $E = 1,0 \, MeV$.
a) Calcula razonadamente la relación entre esta energía de los electrones y su energía en reposo (es decir, E/E_0). Calcula la velocidad de los electrones. (1 punto)
b) En un determinado experimento se utilizan rayos X cuya energía es de 12 keV. Calcula razonadamente su longitud de onda. (1 punto)
Datos: velocidad de la luz en el vacío, $c = 3 \cdot 10^8 \, m/s$; masa del electrón, $m = 9,1 \cdot 10^{-31} \, kg$; constante de Planck: $h = 6,63 \cdot 10^{-34} \, J \cdot s$; carga elemental: $e = 1,6 \cdot 10^{-19} \, C$.

GENERALITAT VALENCIANA
CONSELLERIA D'EDUCACIÓ,
INVESTIGACIÓ, CULTURA I ESPORT

COMISSIÓ GESTORA DE LES PROVES D'ACCÉS A LA UNIVERSITAT
COMISIÓN GESTORA DE LAS PRUEBAS DE ACCESO A LA UNIVERSIDAD

SISTEMA UNIVERSITARI VALENCIÀ
SISTEMA UNIVERSITARIO VALENCIANO

PROVES D'ACCÉS A LA UNIVERSITAT	PRUEBAS DE ACCESO A LA UNIVERSIDAD
CONVOCATÒRIA: JULIOL 2016	CONVOCATORIA: JULIO 2016
Assignatura: FÍSICA	Asignatura: FÍSICA

BAREMO DEL EXAMEN: La puntuación máxima de cada problema es de 2 puntos y la de cada cuestión de 1,5 puntos. Cada estudiante podrá disponer de una calculadora científica no programable y no gráfica. Se prohíbe su utilización indebida (almacenamiento de información). Se utilice o no la calculadora, los resultados deberán estar siempre debidamente justificados. Realiza primero el cálculo simbólico y después obtén el resultado numérico.

OPCIÓN B

BLOQUE I-CUESTIÓN
¿A qué altura desde la superficie terrestre, la intensidad del campo gravitatorio se reduce a la cuarta parte de su valor sobre dicha superficie? Razona la respuesta. Dato: radio de la Tierra, $R_T = 6370\ km$.

BLOQUE II-PROBLEMA
Un dispositivo mecánico genera vibraciones que se propagan como ondas longitudinales armónicas a lo largo de un muelle. La función de la elongación

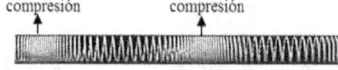
compresión   compresión

de la onda, si el tiempo se mide en segundos, es: $e(x, t) = 2 \cdot 10^{-3} \sin(2\pi t - \pi x)\ m$. Calcula razonadamente:
a) La velocidad de propagación de la onda y la distancia entre dos compresiones sucesivas. (1 punto)
b) Un instante en el que, para el punto $x = 0,5\ m$, la velocidad de vibración sea máxima. (1 punto)

BLOQUE III-CUESTIÓN
Un rayo de luz que se mueve en un medio de índice de refracción 1,33 incide en el punto P de la figura ¿Cómo se denomina el fenómeno óptico que se observa en la figura? ¿Qué es el ángulo límite? Razona cuál es su valor para el caso mostrado en la figura.

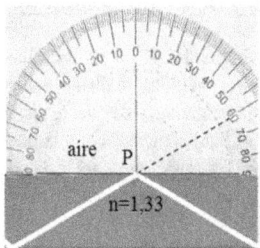

BLOQUE IV-PROBLEMA
Se colocan tres cargas puntuales en tres de los cuatro vértices de un cuadrado de $3\ m$ de lado. Sobre el vértice $A(3,0)\ m$ hay una carga $Q_1 = -2\ nC$, sobre el vértice $B(3,3)\ m$ una carga $Q_2 = -4\ nC$ y sobre el vértice $C(0,3)\ m$ una carga $Q_3 = -2\ nC$. Calcula:
a) El vector campo eléctrico resultante generado por las tres cargas en el cuarto vértice, D, del cuadrado. (1 punto)
b) El potencial eléctrico generado por las tres cargas en dicho punto D. ¿Qué valor debería tener una cuarta carga, Q_4, situada a una distancia de $9\ m$ del punto D, para que el potencial en dicho punto fuese nulo? (1 punto)
Dato: constante de Coulomb: $k_e = 9 \cdot 10^9\ Nm^2 / C^2$

BLOQUE V-CUESTIÓN
El análisis de $^{14}_6C$ de un cuerpo humano perteneciente a una antigua civilización mesopotámica (Periodo Uruk) revela que actualmente presenta el 50% de la cantidad habitual en un ser vivo. Calcula razonadamente el año en que murió el individuo.
Dato: Periodo de semidesintegración del $^{14}_6C$, $T_{1/2} = 5760$ años.

BLOQUE VI-CUESTIÓN
Si un protón y una partícula alfa tienen la misma longitud de onda de De Broglie asociada, ¿qué relación, $\frac{E_c^{protón}}{E_c^{alfa}}$, hay entre sus energías cinéticas? Datos: masa del protón, $m_p = 1\ u$; masa de la partícula alfa, $m_\alpha = 4\ u$. Nota: considera las velocidades de las dos partículas muy inferiores a la velocidad de la luz en el vacío.

OPCIÓN A

BLOQUE I - CUESTIÓN

La velocidad de escape es la velocidad mínima con la que debe lanzarse un cuerpo para que llegue al infinito con velocidad nula.

En términos energéticos, tenemos que comunicar a ese cuerpo una energía (cinética) para que eso sea posible:

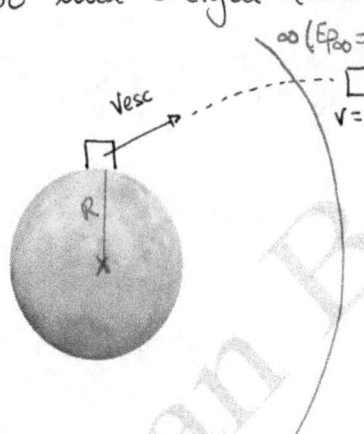

Por el principio de conservación de la energía:

$$\Delta E_m = 0 \Rightarrow E_{inicial} = E_{final}$$

$$E_{P_0} + E_{C_0} = \cancel{E_{P_f}}^{0} + \cancel{E_{C_f}}^{0}$$

$$-\frac{GMm}{R} + \frac{1}{2} m \cdot V_{esc}^2 = 0$$

$$\Rightarrow V_{esc} = \sqrt{2 \cdot \frac{GM}{R}}$$

En el caso particular de Marte:

$$D = \frac{M}{V} \implies 4000 = \frac{M}{\frac{4}{3}\pi (3380 \cdot 10^3)^3} \Rightarrow M = 6'47 \cdot 10^{23} \, Kg$$

$$V_{esfera} = \frac{4}{3}\pi R^3$$

$$\Rightarrow V_{esc} = \sqrt{2 \frac{GM}{R}} = \sqrt{\frac{2 \cdot 6'67 \cdot 10^{-11} \cdot 6'47 \cdot 10^{23}}{3380 \cdot 10^3}} = 5053'23 \, m/s$$

{BLOQUE II - CUESTIÓN}

La posición respecto al equilibrio (elongación) viene dada por:

$$y = A \operatorname{sen}(\omega t + \varphi_0) \ m$$

siendo por tanto la velocidad:

$$v = \frac{dy}{dt} = A \cdot \omega \cdot \cos(\omega t + \varphi_0) \ m/s$$

Dicha velocidad será máxima cuando $\cos(\omega t + \varphi_0) = \pm 1$.

Así:

$$V_{máx} = \pm A \cdot \omega \Rightarrow Ec_{máx} = \frac{1}{2} m V_{máx}^2 = \frac{1}{2} m (A \cdot \omega)^2 = \frac{1}{2} m \cdot \omega^2 \cdot A^2$$

$$\Rightarrow Ec_{máx} = \frac{1}{2} \cdot 4 \cdot \left(\frac{2\pi}{2}\right)^2 \cdot 2^2 = 8\pi^2 = 78'96 \ J$$

$$\uparrow$$
$$\omega = \frac{2\pi}{T}$$

Dado que $V_{máx}$ se alcanza cuando $\cos(\omega t + \varphi_0) = \pm 1$, se tendrá que:

$$\cos^2(\omega t + \varphi_0) + \operatorname{sen}^2(\omega t + \varphi_0) = 1 \ (\text{Ecuación Fundamental Trigonométrica})$$

$$1 + \operatorname{sen}^2(\omega t + \varphi_0) = 1 \Rightarrow \operatorname{sen}(\omega t + \varphi_0) = 0$$

Y Así:

$$y = A \operatorname{sen}(\omega t + \varphi_0) = A \cdot 0 = 0 \ m$$

Es decir, que la energía cinética es máxima en la posición de equilibrio $y = 0$.

PÁGINA 2

Como la energía potencial es función de la elongación y ésta es nula, cuando la energía cinética es máxima la potencial es nula.

{BLOQUE III - PROBLEMA}

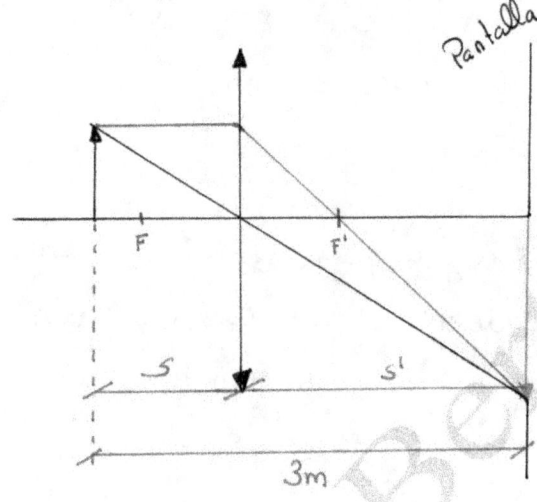

a) Los datos que nos dan son:

$$s' - s = 3$$

$$A_L = -2 \quad \text{(Invertida)} \quad \rightarrow \text{Dos veces mayor}$$

$$A_L = -2 \Rightarrow \frac{s'}{s} = -2 \Rightarrow s' = -2s$$

$$s' - s = 3 \Rightarrow -2s - s = 3 \Rightarrow -3s = 3 \Rightarrow s = -1m \; ; \; s' = 2m$$

Y aplicando en la ecuación de las lentes:

$$\frac{1}{s'} - \frac{1}{s} = \frac{1}{f'} \Rightarrow \frac{1}{2} - \frac{1}{-1} = \frac{1}{f'} \Rightarrow \frac{3}{2} = \frac{1}{f'} = P$$

$$\Rightarrow P = 1'5 \text{ Dioptrías} \; ; \; f' = \frac{2}{3} m$$

PÁGINA 3

b) En el caso de que se tenga $s = -\frac{4}{3}$ m tendremos:

$$\frac{1}{s'} - \frac{1}{s} = \frac{1}{f'} \Rightarrow \frac{1}{s'} + \frac{3}{4} = 1'5 \Rightarrow s' = \frac{4}{3} \text{ m}$$

Y por tanto:

$$A_L = \frac{s'}{s} = \frac{4/3}{-4/3} = -1 \Rightarrow \text{Tendremos una imagen}$$

invertida del mismo tamaño que el objeto.

{BLOQUE IV - CUESTIÓN}

Vistas las trayectorias de las partículas 1 y 2 dadas por la figura, podemos deducir la dirección y sentido de la fuerza magnética a la que están sometidas directamente y según:

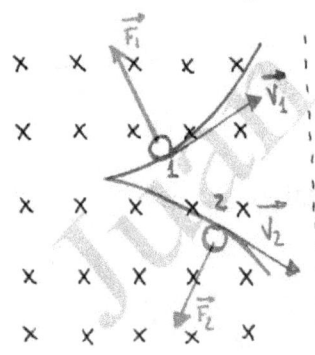

Ahora basta razonar con la regla de la mano para establecer que la partícula 1 tiene carga positiva y la partícula 2 tiene carga negativa. Es decir:

$$q_1 > 0 \quad \text{y} \quad q_2 < 0$$

Como vemos además, la fuerza magnética es en ambos casos una fuerza centrípeta, y por tanto:

$$\overline{F} = m \cdot a_N \Rightarrow |q| \cdot v \cdot B = m \cdot \frac{v^2}{R} \Rightarrow \frac{|q|}{m} = \frac{v}{RB}$$

Siendo $V_1 = V_2$, tendrá mayor relación carga/masa la partícula que describa la trayectoria circular con menor radio. Así:

$$\frac{|q_1|}{m_1} > \frac{|q_2|}{m_2}$$

BLOQUE V - CUESTIÓN

La radiactividad NATURAL es aquella radiactividad que existe en la naturaleza sin intervención humana. Los tipos de radiación son:

→ Radiación Alfa:

Se da en núcleos atómicos considerablemente masivos y consiste en la emisión de un núcleo de ^4_2He

$$^A_Z X \xrightarrow{\alpha} {}^{A-4}_{Z-2}Y + {}^4_2He$$

↳ Partícula α

→ Radiación β^-:

Se da en núcleos inestables que poseen un exceso de neutrones. Para corregirlo, la fuerza nuclear débil posibilita que éstos decaigan según:

$$^1_0 n \rightarrow {}^1_1 p + {}^{\,0}_{-1} e + \overline{\nu}_e$$

↳ β^- (electrones)

$$^A_Z X \xrightarrow{\beta^-} {}^A_{Z+1} Y + {}^0_{-1} e + {}^0_0 \overline{\nu}_e$$

→ Radiación Gamma:

Es una radiación electromagnética en la que se emiten fotones de alta energía cuando el núcleo pasa de un estado excitado a un estado estable de menor energía.

$$^A_Z X^* \xrightarrow{\gamma} {}^A_Z X + \text{fotones}$$

Para identificar estas radiaciones, podemos hacerlas pasar por un campo eléctrico $\vec{E}$. Si las partículas se desvían en la dirección del campo, tienen carga positiva y por tanto son partículas α. Si se desvían en contra del campo tienen carga negativa y por tanto son β^-. Por último, si no interactúan con el campo, son los ya mencionados fotones.

También se puede utilizar un campo magnético $\vec{B}$ y ver que sucede con la trayectoria. (ver cuestión 4)

BLOQUE VI - PROBLEMA

a) $E = mc^2 = \gamma m_0 c^2 \implies E = \gamma \cdot E_0 \implies \dfrac{E}{E_0} = \gamma$

$E = 1 \, MeV \times \dfrac{10^6 \, eV}{1 \, MeV} \times \dfrac{1'6 \cdot 10^{-19} \, J}{1 \, eV} = 1'6 \cdot 10^{-13} \, J$

$\implies \gamma = \dfrac{E}{m_0 \cdot c^2} = \dfrac{1'6 \cdot 10^{-13}}{9'1 \cdot 10^{-31} \cdot (3 \cdot 10^8)^2} = 1'9536$

$\gamma = \dfrac{1}{\sqrt{1 - v^2/c^2}} \implies \gamma^2 = \dfrac{1}{1 - \left(\frac{v}{c}\right)^2} \implies 1 - \left(\frac{v}{c}\right)^2 = \dfrac{1}{\gamma^2} \implies$

$\implies \left(\dfrac{v}{c}\right) = \sqrt{1 - \dfrac{1}{\gamma^2}} = 0'86 \implies v = 0'86 c = 2'58 \cdot 10^8 \, m/s$

b) $E = 12 \, KeV \times \dfrac{1000 \, eV}{1 \, KeV} \times \dfrac{1'6 \cdot 10^{-19} \, J}{1 \, eV} = 1'92 \cdot 10^{-15} \, J$

$E = h \cdot f = h \cdot \dfrac{c}{\lambda} \implies \lambda = \dfrac{h \cdot c}{E} = \dfrac{6'63 \cdot 10^{-34} \cdot 3 \cdot 10^8}{1'92 \cdot 10^{-15}} = 1'036 \cdot 10^{-10} \, m$

OPCIÓN B

BLOQUE I - CUESTIÓN

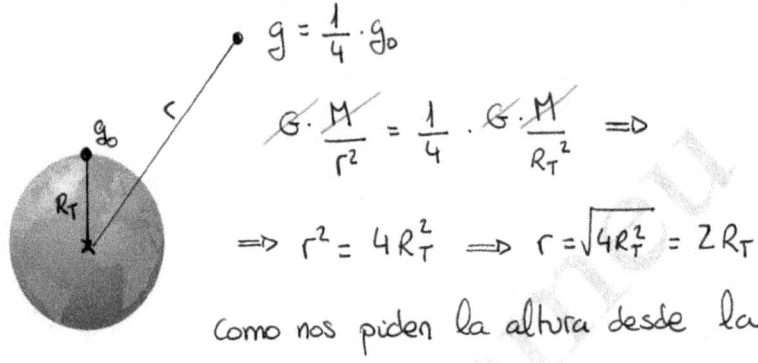

$$g = \frac{1}{4} \cdot g_0$$

$$G \cdot \frac{M}{r^2} = \frac{1}{4} \cdot G \cdot \frac{M}{R_T^2} \Rightarrow$$

$$\Rightarrow r^2 = 4R_T^2 \Rightarrow r = \sqrt{4R_T^2} = 2R_T$$

como nos piden la altura desde la

superficie $\Rightarrow r = R_T + h \Rightarrow h = r - R_T = 2R_T - R_T = R_T = 6370 \text{ Km}$

BLOQUE II - PROBLEMA

a) $\left. \begin{array}{l} e(x,t) = 2 \cdot 10^{-3} \cdot \text{sen} (2\pi t - \pi x) \text{ m} \\ e(x,t) = A \cdot \text{sen} (\omega t - kx) \text{ m} \end{array} \right\} \Rightarrow$

$$\Rightarrow \left\{ \begin{array}{l} \omega = 2\pi \Rightarrow \frac{2\pi}{T} = 2\pi \Rightarrow T = 1 \text{ s.} \\ k = \pi \Rightarrow \frac{2\pi}{\lambda} = \pi \Rightarrow \lambda = 2 \text{ m} \end{array} \right\} V_p = \frac{\lambda}{T} = 2 \text{ m/s}$$

Siendo además $\lambda = 2$ m la distancia entre dos

compresiones sucesivas.

b) $V(x,t) = \frac{d}{dt} (e(x,t)) = 4\pi \cdot 10^{-3} \cos (2\pi t - \pi x) \text{ m/s}$

Si x = 0'5 m

$$v(t) = 4\pi \cdot 10^{-3} \cos(2\pi t - 0'5\pi) \text{ m/s}$$

La velocidad será máxima cuando $\cos(2\pi t - 0'5\pi) = \pm 1$

Así:

$$\cos(2\pi t - 0'5\pi) = \pm 1 \Rightarrow 2\pi t - 0'5\pi = n \cdot \pi \quad n = 0, 1, 2, 3 \Rightarrow$$

$$\Rightarrow 2\pi t - 0'5\pi = n\pi \Rightarrow 2t = 0'5 + n \Rightarrow t = 0'25 + \frac{n}{2} \text{ s.}$$

Si queremos un instante concreto, no tenemos más que sustituir en n. Así:

n = 0 ⟶ t = 0'25 s.
(primer instante)

n = 1 ⟶ t = 0'75 s.
(segundo instante)

⋮

etc

BLOQUE III - CUESTIÓN

El fenómeno que se observa es el de REFLEXIÓN TOTAL.

Cuando un rayo de luz pasa de un medio a otro en el que se propaga con mayor velocidad ($n_1 > n_2$) el rayo refractado se "aleja" de la normal. Si el ángulo de incidencia se hace mayor, también crece

PÁGINA 9

el ángulo de refracción. Para un ángulo de incidencia
determinado (llamado ÁNGULO LÍMITE $\hat{L}$) el rayo
refractado presenta un ángulo de refracción de 90°.
Para ángulos de incidencia superiores al ángulo límite
se produce la reflexión total.

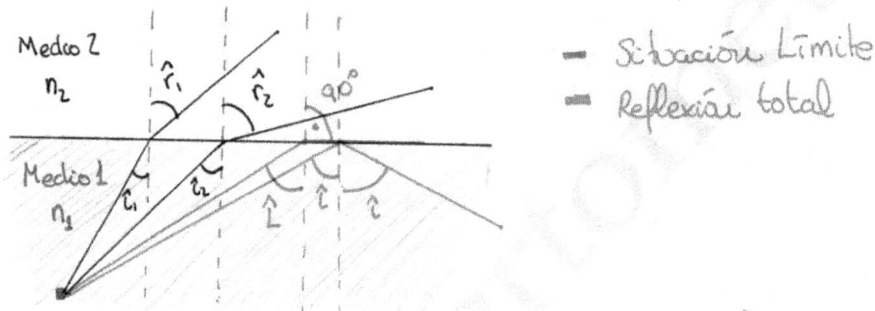

Medio 2
n_2

Medio 1
n_1

— Situación Límite
— Reflexión total

$$n_1 \cdot \operatorname{sen} \hat{i} = n_2 \operatorname{sen} \hat{r} \Rightarrow 1'33 \operatorname{sen} \hat{L} = 1 \cdot \operatorname{sen} 90 \Rightarrow$$

$$\Rightarrow \operatorname{sen} \hat{L} = \frac{1}{1'33} \Rightarrow \hat{L} = \operatorname{arcsen}\left(\frac{1}{1'33}\right) = 48'59°$$

BLOQUE IV - PROBLEMA

C(0,3)
$Q_3 = -2nC$

B(3,3)
$Q_2 = -4nC$

$\vec{E}_2$

$\vec{E}_3$

D(0,0)

$\vec{E}_1$

A(3,0); $Q_1 = -2nC$

©Juan Bertomeu Ferrer
www.bertoblog.com

Campo $\vec{E_1}$:

$$\vec{AD} = (0,0) - (3,0) = (-3,0)$$
$$|\vec{AD}| = r_1 = \sqrt{3^2} = 3 \text{ m}$$
$$\vec{u_{r_1}} = \frac{1}{|\vec{AD}|} \cdot \vec{AD} = (-1,0)$$

$$\vec{E_1} = K \cdot \frac{Q_1}{r_1^2} \cdot \vec{u_{r_1}} =$$

$$\vec{E_1} = 9 \cdot 10^9 \cdot \frac{(-2 \cdot 10^{-9})}{3^2} \cdot (-1,0) = (2,0) \text{ N/C}$$

Campo $\vec{E_2}$:

$$\vec{BD} = (0,0) - (3,3) = (-3,-3)$$
$$|\vec{BD}| = r_2 = \sqrt{3^2 + 3^2} = 3\sqrt{2} \text{ m}$$
$$\vec{u_{r_2}} = \frac{1}{|\vec{BD}|} \cdot \vec{BD} = \left(\frac{-1}{\sqrt{2}}, \frac{-1}{\sqrt{2}}\right)$$

$$\vec{E_2} = K \cdot \frac{Q_2}{r_2^2} \cdot \vec{u_{r_2}} =$$

$$\vec{E_2} = 9 \cdot 10^9 \cdot \frac{(-4 \cdot 10^{-9})}{(3\sqrt{2})^2} \cdot \left(-\frac{1}{\sqrt{2}}, -\frac{1}{\sqrt{2}}\right) =$$

$$= (\sqrt{2}, \sqrt{2}) \text{ N/C}$$

Campo $\vec{E_3}$:

Siendo $r_1 = r_3$ y $Q_1 = Q_3$ es fácil ver que $\vec{E_3} = (0,2)$ N/C

$$\vec{E_{TOTAL}} = \vec{E_1} + \vec{E_2} + \vec{E_3} = (2,0) + (\sqrt{2}, \sqrt{2}) + (0,2) = (2+\sqrt{2}, 2+\sqrt{2}) \text{ N/C}$$

b) $V_D = V_1 + V_2 + V_3 = 2V_1 + V_2 = 2K\frac{Q_1}{r_1} + K\frac{Q_2}{r_2} =$

$$Q_1 = Q_3 \Rightarrow V_1 = V_3$$
$$r_1 = r_3$$

$$= 2 \cdot 9 \cdot 10^9 \cdot \frac{(-2 \cdot 10^{-9})}{3} + 9 \cdot 10^9 \cdot \frac{(-4 \cdot 10^{-9})}{3\sqrt{2}} = -12 - \frac{12}{\sqrt{2}} = -20'49 \text{ V}$$

Para que se anulase el potencial en D, la carga Q_4 debería por tanto generar un potencial $V_4 = +20'49$ V

Así:

$$V_4 = k \cdot \frac{Q_4}{r_4} \implies 20'49 = 9 \cdot 10^9 \cdot \frac{Q_4}{9} \implies Q_4 = 20'49 \, nC$$

BLOQUE V - CUESTIÓN

El periodo de semidesintegración es por definición el tiempo que transcurre hasta que una muestra radiactiva reduce su actividad un 50%. Por tanto, podemos asegurar que el individuo falleció hace $T_{1/2} = 5760$ años (es decir, en el 3744 a.C)

BLOQUE VI - CUESTIÓN

Al ser velocidades NO relativistas:

$$E_c = \frac{1}{2} m \cdot v^2 = \frac{1}{2} m \cdot \frac{m}{m} \cdot v^2 = \frac{1}{2m} m^2 \cdot v^2 = \frac{1}{2m} (m \cdot v)^2 = \frac{p^2}{2m}$$

siendo $p = m \cdot v$ el momento lineal.

Por otro lado:

$$\lambda = \frac{h}{p} \implies \lambda_\alpha = \lambda_p \implies \frac{h}{p_\alpha} = \frac{h}{p_p} \implies p_p = p_\alpha$$

Así:

$$\frac{E_c^{\,protón}}{E_c^{\,alfa}} = \frac{\dfrac{p_p^2}{2 \cdot m_p}}{\dfrac{p_\alpha^2}{2 \cdot m_\alpha}} = \frac{m_\alpha}{m_p} = \frac{4}{1} = 4$$

PÁGINA 12

COMISSIÓ GESTORA DE LES PROVES D'ACCÉS A LA UNIVERSITAT

COMISIÓN GESTORA DE LAS PRUEBAS DE ACCESO A LA UNIVERSIDAD

SISTEMA UNIVERSITARI VALENCIÀ
SISTEMA UNIVERSITARIO VALENCIANO

PROVES D'ACCÉS A LA UNIVERSITAT	PRUEBAS DE ACCESO A LA UNIVERSIDAD
CONVOCATÒRIA: **JUNY 2017**	CONVOCATORIA: JUNIO 2017
Assignatura: FÍSICA	Asignatura: FÍSICA

BAREMO DEL EXAMEN: La puntuación máxima de cada problema es de 2 puntos y la de cada cuestión de 1,5 puntos. Cada estudiante podrá disponer de una calculadora científica no programable y no gráfica. Se prohíbe su utilización indebida (almacenamiento de información). Se utilice o no la calculadora, los resultados deberán estar siempre debidamente justificados. Realiza primero el cálculo simbólico y después obtén el resultado numérico.

OPCIÓN A

BLOQUE I-CUESTIÓN

Calcula razonadamente la velocidad de escape desde la superficie de un planeta cuyo radio es 2 veces el de la Tierra y su masa es 8 veces la de la Tierra.

Dato: velocidad de escape desde la superficie de la Tierra, $v = 11,2 \ km/s$.

BLOQUE II-CUESTIÓN

Explica la diferencia existente entre la velocidad de propagación de una onda y la velocidad de oscilación de un punto de dicha onda.

BLOQUE III-PROBLEMA

Una placa de vidrio se sitúa horizontalmente sobre la superficie del agua contenida en un depósito, de forma que la parte superior de la placa está en contacto con el aire, tal como muestra la figura. Un rayo de luz incide desde el aire a la cara superior del vidrio formando un ángulo $\alpha = 60°$ con la vertical.

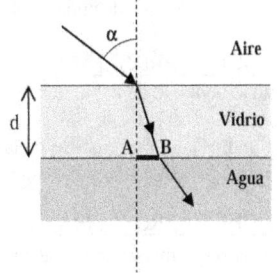

a) Calcula el ángulo de refracción del rayo de luz al pasar del vidrio al agua. (1 punto)

b) Deduce la expresión de la distancia (AB) de desviación del rayo de luz tras atravesar el vidrio, y calcula su valor numérico. La placa de vidrio tiene un espesor $d = 20 \ mm$. (1 punto)

Datos: índice de refracción del agua $n_{agua} = 1,3$; índice de refracción del aire: $n_{aire} = 1$; índice de refracción del vidrio: $n_{vidrio} = 1,5$.

BLOQUE IV-CUESTIÓN

Una partícula de carga $q = 3 \ \mu C$ que se mueve con velocidad $\vec{v} = 2 \cdot 10^3 \vec{\imath} \ m/s$ entra en una región del espacio en la que hay un campo eléctrico uniforme $\vec{E} = -3\vec{\jmath} \ N/C$ y también un campo magnético uniforme $\vec{B} = 4\vec{k} \ mT$. Calcula el vector fuerza total que actúa sobre esa partícula y representa todos los vectores involucrados (haz coincidir el plano XY con el plano del papel).

BLOQUE V-CUESTIÓN

Calcula la energía total en kilovatios-hora (kW·h) que se obtiene como resultado de la fisión de 2 g de ^{235}U, suponiendo que todos los núcleos se fisionan y que en cada reacción se liberan 200 MeV.

Datos: número de Avogadro, $N_A = 6 \cdot 10^{23}$; carga elemental, $e = 1,6 \cdot 10^{-19} \ C$

BLOQUE VI-PROBLEMA

El cátodo de una célula fotoeléctrica tiene una longitud de onda umbral de 750 nm. Sobre su superficie incide un haz de luz de longitud de onda 250 nm. Calcula:

a) La velocidad máxima de los fotoelectrones emitidos desde el cátodo. (1 punto)

b) La diferencia de potencial que hay que aplicar para anular la corriente producida en la fotocélula. (1 punto)

Datos: constante de Planck, $h = 6,63 \cdot 10^{-34} \ J \cdot s$; masa del electrón, $m_e = 9,1 \cdot 10^{-31} \ kg$; velocidad de la luz en el vacío, $c = 3 \cdot 10^8 \ ms^{-1}$; carga elemental, $e = 1,6 \cdot 10^{-19} \ C$

GENERALITAT
VALENCIANA
CONSELLERIA D'EDUCACIÓ,
INVESTIGACIÓ, CULTURA I ESPORT

COMISSIÓ GESTORA DE LES PROVES D'ACCÉS A LA UNIVERSITAT

COMISIÓN GESTORA DE LAS PRUEBAS DE ACCESO A LA UNIVERSIDAD

SISTEMA UNIVERSITARI VALENCIÀ
SISTEMA UNIVERSITARIO VALENCIANO

PROVES D'ACCÉS A LA UNIVERSITAT	PRUEBAS DE ACCESO A LA UNIVERSIDAD
CONVOCATÒRIA: JUNY 2017	CONVOCATORIA: JUNIO 2017
Assignatura: FÍSICA	Asignatura: FÍSICA

BAREMO DEL EXAMEN: La puntuación máxima de cada problema es de 2 puntos y la de cada cuestión de 1,5 puntos. Cada estudiante podrá disponer de una calculadora científica no programable y no gráfica. Se prohíbe su utilización indebida (almacenamiento de información). Se utilice o no la calculadora, los resultados deberán estar siempre debidamente justificados. Realiza primero el cálculo simbólico y después obtén el resultado numérico.

OPCIÓN B

BLOQUE I-CUESTIÓN

Un esquiador puede utilizar dos rutas diferentes para descender entre un punto inicial y otro final. La ruta 1 es rectilínea y la 2 es sinuosa y presenta cambios de pendiente. ¿Es distinto el trabajo debido a la fuerza gravitatoria sobre el esquiador según el camino elegido? Justifica la respuesta

BLOQUE II-CUESTIÓN

Una onda sonora de frecuencia f se propaga por un medio (1) con velocidad v_1. En un cierto punto, la onda pasa a otro medio (2) en el que la velocidad de propagación es $v_2 = v_1/2$. Determina razonadamente los valores de la frecuencia, el periodo y la longitud de onda en el medio (2) en función de los que tiene la onda en el medio (1).

BLOQUE III-PROBLEMA

Se sitúa un objeto de 5 cm de tamaño a una distancia de 20 cm de una lente delgada convergente de distancia focal 10 cm, como muestra la figura.
   a) Indica las características de la imagen a partir del trazado de rayos. (1 punto)
   b) Calcula el tamaño y la posición de la imagen y la potencia de la lente. (1 punto)

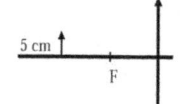

BLOQUE IV-PROBLEMA

Un electrón se mueve dentro de un campo eléctrico uniforme $\vec{E} = -E\vec{\imath}$. El electrón parte del reposo desde el punto A, de coordenadas $(0, 1)$ m, y llega al punto B con una velocidad de 10^6 m/s después de recorrer 1 m.
   a) Indica la trayectoria que seguirá el electrón y las coordenadas del punto B. (1 punto)
   b) Calcula razonadamente el trabajo realizado por el campo eléctrico sobre la carga desde A a B y el valor del campo eléctrico. (1 punto)

Datos: carga elemental, $e = 1,6 \cdot 10^{-19}$ C; masa del electrón, $m_e = 9,1 \cdot 10^{-31}$ kg

BLOQUE V-CUESTIÓN

La gráfica de la derecha representa el número de núcleos radiactivos de una muestra en función del tiempo en años. Utilizando los datos de la gráfica, deduce razonadamente el periodo de semidesintegración de la muestra y determina el número de periodos de semidesintegración necesarios para que sólo queden 250 núcleos por desintegrar.

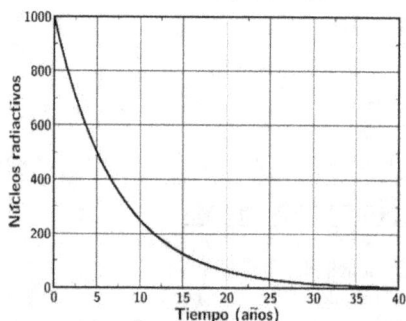

BLOQUE VI-CUESTIÓN

Indica razonadamente qué partícula se emite en cada uno de los pasos de la siguiente serie radiactiva, e identifícala con algún tipo de desintegración.

$$^{231}_{90}Th \longrightarrow ^{231}_{91}Pa \longrightarrow ^{227}_{89}Ac$$

OPCIÓN A

BLOQUE I - CUESTIÓN

Obtenemos la expresión de la velocidad de escape desde la superficie de un planeta:

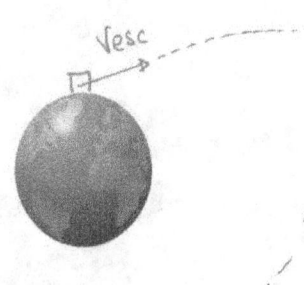

$\infty \ (Ep=0)$

$v=0$ Por el principio de conservación de la energía:

$$E_c + E_p = 0$$

$$\frac{1}{2} m \cdot V_{esc}^2 - G \frac{M m}{r} = 0 \ \Rightarrow$$

$$\Rightarrow V_{esc} = \sqrt{\frac{2 G M}{r}}$$

En el caso de la Tierra:

$$V_{esc_T} = \sqrt{\frac{2 G \cdot M_T}{R_T}} = 11'2 \ Km/s$$

Y para el otro planeta se tendrá:

$$V_{esc_P} = \sqrt{\frac{2 G \cdot M_P}{R_P}} = \sqrt{\frac{2 \cdot G \cdot (8 M_T)}{(2 R_T)}} = \sqrt{\frac{8}{2} \cdot \frac{2 G M_T}{R_T}} =$$

$$= 2 \cdot \sqrt{\frac{2 G M_T}{R_T}} = 2 \cdot V_{esc_T} = 2 \cdot 11'2 = 22'4 \ Km/s$$

PÁGINA 1

{BLOQUE II - CUESTIÓN}

Una onda es la propagación de una perturbación que se transmite a través de un medio material (ondas mecánicas) transportando energía. El efecto de esta perturbación sobre las partículas del medio perturbado es que éstas oscilan de forma armónica respecto a su posición de equilibrio.

La rapidez con la que esa energía (perturbación) se propaga de unas partículas del medio a las siguientes es lo que llamamos VELOCIDAD DE PROPAGACIÓN. Por otro lado, llamamos VELOCIDAD DE OSCILACIÓN a la rapidez con la que las partículas del medio perturbado oscilan alrededor de su posición de equilibrio.

{BLOQUE III - PROBLEMA}

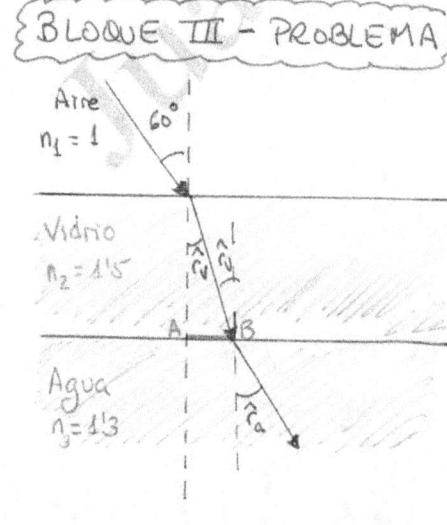

a) Snell Aire - Vidrio:

$$n_1 \cdot sen\ \hat{i} = n_2 \cdot sen\ \hat{r}_v$$

$$\hat{r}_v = arcsen\left(\frac{n_1 \cdot sen\ \hat{i}}{n_2}\right)$$

$$\hat{r}_v = arcsen\left(\frac{1 \cdot sen\ 60}{1'5}\right) = 35'2644°$$

Snell Vidrio - Agua

$$n_2 \cdot sen\ \hat{r}_v = n_3 \cdot sen\ \hat{r}_a$$

$$1'5 \cdot sen\ (35'2644) = 1'3 \cdot sen\ \hat{r}_a$$

$$\hat{r}_a = 41'7924°$$

b) Como vemos en la figura anterior:

$$\text{tg } \hat{r}_v = \frac{AB}{d} \Rightarrow AB = d \cdot \text{tg } \hat{r}_v = 20 \cdot \text{tg} (35'2644°) =$$

$$= 14'1421 \text{ mm} = 1'41421 \cdot 10^{-2} \text{ m}$$

{ BLOQUE IV - CUESTIÓN }

Tomamos como sistema de referencia

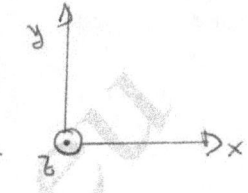

$$\vec{F_e} = q \cdot \vec{E} = 3 \cdot 10^{-6} \cdot (-3\vec{j}) = -9 \cdot 10^{-6} \vec{j} \text{ N}$$

$$\vec{F_M} = q(\vec{v} \times \vec{B}) = 3 \cdot 10^{-6} \begin{vmatrix} \vec{i} & \vec{j} & \vec{k} \\ 2 \cdot 10^3 & 0 & 0 \\ 0 & 0 & 4 \cdot 10^{-3} \end{vmatrix} =$$

$$= 3 \cdot 10^{-6} \cdot (-8 \vec{j}) = -24 \cdot 10^{-6} \vec{j} \text{ N}$$

$$\vec{F_{TOTAL}} = \vec{F_e} + \vec{F_M} = -33 \cdot 10^{-6} \vec{j} \text{ N} = -3'3 \cdot 10^{-5} \vec{j} \text{ N}$$

{ BLOQUE V - CUESTIÓN }

$$2 \text{ g de }^{235}U \times \frac{1 \text{ mol }^{235}U}{235 \text{g de }^{235}U} \times \frac{6 \cdot 10^{23} \text{ átomos}}{1 \text{ mol } U} \times \frac{200 \text{ MeV}}{1 \text{ átomo}} \times \frac{10^6 \text{eV}}{1 \text{ MeV}} \times$$

$$\times \frac{1'6 \cdot 10^{-19} J}{1 \text{ eV}} \times \frac{1 \text{ W} \cdot \text{s}}{1 J} \times \frac{1 \text{ Kw}}{1000 \text{ W}} \times \frac{1 \text{ h}}{3600 \text{ s}} =$$

$$= 45390'07 \text{ Kw} \cdot \text{h}$$

PÁGINA 3

{BLOQUE VI - PROBLEMA}

$$\lambda_{máx} = 750\,nm = 750 \cdot 10^{-9}\,m$$

$$\lambda_{fotón} = 250\,nm = 250 \cdot 10^{-9}\,m$$

$$E_{fotón} = W_{ext} + E_C \Rightarrow E_C = E_{fotón} - W_{ext} \Rightarrow$$

$$\Rightarrow E_C = h \cdot \frac{c}{\lambda_f} - h\frac{c}{\lambda_{máx}} = 6'63 \cdot 10^{-34} \cdot 3 \cdot 10^{8} \left(\frac{1}{250 \cdot 10^{-9}} - \frac{1}{750 \cdot 10^{-9}} \right) =$$

$$= 5'304 \cdot 10^{-19}\,J$$

$$E_C = \frac{1}{2} m \cdot V^2 \Rightarrow V = \sqrt{\frac{2\,E_C}{m}} = \sqrt{\frac{2 \cdot 5'304 \cdot 10^{-19}}{9'1 \cdot 10^{-31}}} = 1079682'493\,m/s$$

b) $E_C = |q_e| \cdot \Delta V$

$$\Delta V = \frac{E_C}{|q_e|} = \frac{5'304 \cdot 10^{-19}}{1'6 \cdot 10^{-19}} = 3'315\ voltios.$$

(OPCIÓN B)

{BLOQUE I - CUESTIÓN}

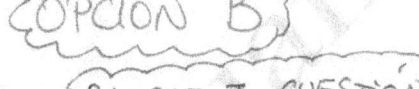

· El trabajo viene dado por

$$W = -\Delta E_p = -(E_{pf} - E_{po})$$

siendo la energía potencial función exclusiva de la posición.

Dado que las posiciones inicial y final son la misma independientemente de la ruta elegida, el trabajo de la fuerza gravitatoria será el mismo en ambas rutas.

PÁGINA 4

{BLOQUE II - CUESTIÓN}

La frecuencia f de una onda depende del foco emisor y por tanto, al cambiar de medio, permanecerá constante.

$$f_1 = f_2 \implies T_1 = T_2$$

Por otro lado:

$$V_2 = \frac{1}{2} V_1$$

$$\lambda_2 \cdot f_2 = \frac{1}{2} \cdot \lambda_1 \cdot f_1 \implies \lambda_2 = \frac{1}{2} \lambda_1$$

{BLOQUE III - PROBLEMA}

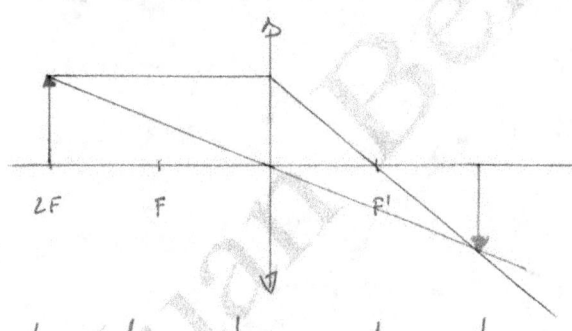

La imagen será REAL, INVERTIDA y tendrá un tamaño IGUAL

$$\frac{1}{s'} - \frac{1}{s} = \frac{1}{f'} \implies \frac{1}{s'} - \frac{1}{-20} = \frac{1}{10} \implies s' = 20 \text{ cm}$$

$$P = \frac{1}{f'} = \frac{1}{0'1} = 10 \text{ Dioptrías}$$

$$A_L = \frac{y'}{y} = \frac{s'}{s} \implies \frac{y'}{5} = \frac{20}{-20} \implies y' = -5 \text{ cm}$$

BLOQUE IV - PROBLEMA

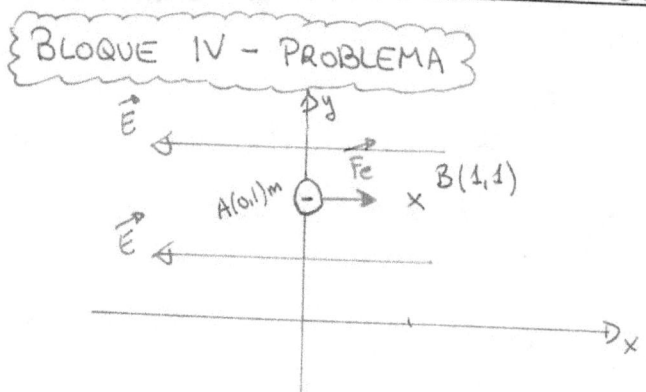

Tenemos un electrón ($q < 0$) dentro de un campo eléctrico $\vec{E} = -E\vec{i}$. Por tanto, el electrón estará sometido a una fuerza eléctrica:

$$\vec{Fe} = q \cdot \vec{E} = q \cdot (-E\vec{i}) \underset{q<0}{=} +|q| \cdot E \cdot \vec{i}$$

Es decir, como el campo va a la izquierda y la carga es negativa, ese electrón saldrá disparado en contra del campo (hacia la derecha) en trayectoria rectilínea hasta el punto B que, por tanto, será el punto B $(1,1)$ m.

b) $W_{campo} = -q \cdot \Delta V = + \Delta E_c$

$$\Delta E_c = \frac{1}{2} m \cdot v^2 = \frac{1}{2} \cdot 9'1 \cdot 10^{-31} (10^6)^2 = 4'5 \cdot 10^{-19} J = W_{campo}$$

$$|q| \cdot |\Delta V| = + \Delta E_c \implies |\Delta V| = \frac{4'5 \cdot 10^{-19}}{1'6 \cdot 10^{-19}} = 2'8125 \ V$$

$$E = \frac{|\Delta V|}{\Delta r} = \frac{2'8125}{1} = 2'8125 \ V/m$$

{BLOQUE V - CUESTIÓN}

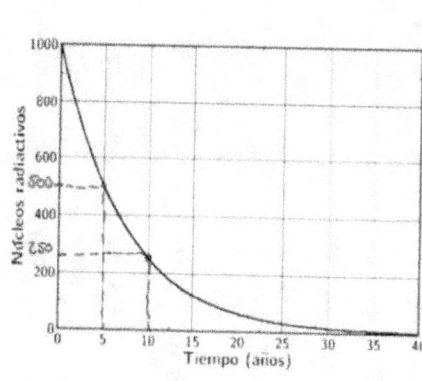

Es muy fácil ver en la gráfica que a los 5 años el número de núcleos radiactivos son la mitad de los que partíamos. Por tanto, podemos asegurar que:

$$T_{1/2} = 5 \text{ años}.$$

Por otro lado, dado que 250 vuelve a ser la mitad de 500, volverá a pasar otro período de semidesintegración. Es decir:

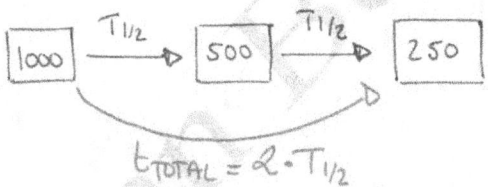

$$t_{TOTAL} = 2 \cdot T_{1/2}$$

A la misma conclusión llegaríamos utilizando:

$$N = N_0 \cdot e^{-\lambda \cdot t} \implies 250 = 1000 \cdot e^{-\frac{\ln 2 \cdot t}{5}}$$

$$\implies \ln \frac{1}{4} = -\frac{\ln 2}{5} \cdot t \implies t = 10 \text{ años} = 2 \cdot T_{1/2}$$

229

{ BLOQUE VI - CUESTIÓN }

$$^{231}_{90}Th \longrightarrow \,^{231}_{91}Pa + \,^{A}_{Z}X \Rightarrow \begin{cases} 231 = 234 + A \rightarrow A = 0 \\ 90 = 91 + Z \rightarrow Z = -1 \end{cases} \,^{0}_{-1}X = \,^{0}_{-1}e$$

$\hookrightarrow$ Se emite un electrón

Desintegración β^{-}

$$^{231}_{91}Pa \longrightarrow \,^{227}_{89}Ac + \,^{A}_{Z}X \Rightarrow \begin{cases} 231 = 227 + A \rightarrow A = 4 \\ 91 = 89 + Z \rightarrow Z = 2 \end{cases} \,^{4}_{2}X = \,^{4}_{2}He$$

$\hookrightarrow$ Se emite un núcleo de $\,^{4}_{2}He$ (Partícula α)

Desintegración α

GENERALITAT VALENCIANA
CONSELLERIA D'EDUCACIÓ, INVESTIGACIÓ, CULTURA I ESPORT

COMISSIÓ GESTORA DE LES PROVES D'ACCÉS A LA UNIVERSITAT
COMISIÓN GESTORA DE LAS PRUEBAS DE ACCESO A LA UNIVERSIDAD

SISTEMA UNIVERSITARI VALENCIÀ
SISTEMA UNIVERSITARIO VALENCIANO

PROVES D'ACCÉS A LA UNIVERSITAT	PRUEBAS DE ACCESO A LA UNIVERSIDAD
CONVOCATÒRIA: **JULIOL 2017**	CONVOCATORIA: JULIO 2017
Assignatura: FÍSICA	Assignatura: FÍSICA

BAREMO DEL EXAMEN: La puntuación máxima de cada problema es de 2 puntos y la de cada cuestión de 1,5 puntos. Cada estudiante podrá disponer de una calculadora científica no programable y no gráfica. Se prohíbe su utilización indebida (almacenamiento de información). Se utilice o no la calculadora, los resultados deberán estar siempre debidamente justificados. Realiza primero el cálculo simbólico y después obtén el resultado numérico.

OPCIÓN A

BLOQUE I – CUESTIÓN

Deduce la expresión de la velocidad de un planeta en órbita circular alrededor del Sol, en función de la masa del Sol y del radio de la órbita. Suponiendo que Marte sigue una órbita circular, con un radio de $2,3 \cdot 10^8 \ km$, a una velocidad $v = 8,7 \cdot 10^4 \ km/h$, calcula de forma razonada la masa del Sol.

Dato: constante de gravitación universal, $G = 6,67 \cdot 10^{-11} \ Nm^2/kg^2$

BLOQUE II – CUESTIÓN

¿En qué consiste el efecto Doppler? Explícalo razonadamente mediante un ejemplo.

BLOQUE III – PROBLEMA

Se utiliza una lente delgada para proyectar sobre una pantalla la imagen de un objeto. Esta lente se sitúa entre el objeto y la pantalla. La distancia entre el objeto y la imagen es de 6 m y se pretende que ésta sea real, invertida y 3 veces mayor que el objeto.

a) Realiza un trazado de rayos donde se señale la posición de los tres elementos y el tamaño, tanto del objeto como de la imagen. ¿Qué tipo de lente debe usarse? (1 punto)

b) Calcula la distancia focal y la posición de la lente respecto a la pantalla. (1 punto)

BLOQUE IV – PROBLEMA

La figura muestra dos conductores rectilíneos, indefinidos y paralelos entre sí, separados por una distancia $d = 4 \ cm$. Por ellos circulan corrientes continuas de intensidades I_1 e $I_2 = 2 \ I_1$. En un punto equidistante a ambos conductores y en su mismo plano, estas corrientes generan un campo magnético, $\vec{B} = 3 \cdot 10^{-5} \ \vec{k} \ T$.

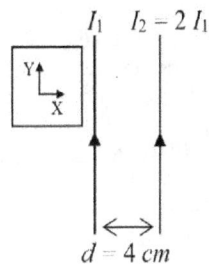

a) Calcula la corriente I_1. (1 punto)

b) Si una carga $q = 2 \ \mu C$ pasa por dicho punto con una velocidad $\vec{v} = 5 \cdot 10^6 \ \vec{j} \ m/s$, calcula la fuerza $\vec{F}$ (módulo, dirección y sentido) sobre ella. Representa los vectores $\vec{v}$, $\vec{B}$ y $\vec{F}$. (1 punto)

Dato: permeabilidad magnética del vacío, $\mu_0 = 4 \ \pi \cdot 10^{-7} \ T \ m/A$

BLOQUE V – CUESTIÓN

Determina la velocidad a la que debe acelerarse un protón para que su longitud de onda asociada de De Broglie sea de $0,05 \ nm$. Calcula también su energía cinética (en eV).

Datos: constante de Planck, $h = 6,63 \cdot 10^{-34} \ J \cdot s$; masa del protón, $m_p = 1,7 \cdot 10^{-27} kg$

BLOQUE VI – CUESTIÓN

Actualmente existen varias compañías privadas que aspiran a desarrollar reactores de fusión nuclear para la obtención de energía. Una de ellas, situada en Canadá, pretende lograr la reacción de fusión $^2_1H + ^3_1H \rightarrow ^a_bX + ^1_0n$. Para evitar los problemas derivados de la emisión de ^1_0n, otra compañía, con sede en California, está intentando lograr la reacción $^c_dY + ^{11}_5B \rightarrow 3 \ ^4_2He$. Determina a, b, c, d y el nombre de los elementos X e Y.

 GENERALITAT VALENCIANA
CONSELLERIA D'EDUCACIÓ, INVESTIGACIÓ, CULTURA I ESPORT

COMISSIÓ GESTORA DE LES PROVES D'ACCÉS A LA UNIVERSITAT
COMISIÓN GESTORA DE LAS PRUEBAS DE ACCESO A LA UNIVERSIDAD

SISTEMA UNIVERSITARI VALENCIÀ
SISTEMA UNIVERSITARIO VALENCIANO

PROVES D'ACCÉS A LA UNIVERSITAT

PRUEBAS DE ACCESO A LA UNIVERSIDAD

CONVOCATÒRIA:	**JULIOL 2017**	CONVOCATORIA:	JULIO 2017
Assignatura: FÍSICA		Asignatura: FÍSICA	

BAREMO DEL EXAMEN: La puntuación máxima de cada problema es de 2 puntos y la de cada cuestión de 1,5 puntos. Cada estudiante podrá disponer de una calculadora científica no programable y no gráfica. Se prohíbe su utilización indebida (almacenamiento de información). Se utilice o no la calculadora, los resultados deberán estar siempre debidamente justificados. Realiza primero el cálculo simbólico y después obtén el resultado numérico.

OPCIÓN B

BLOQUE I – CUESTIÓN

Determina razonadamente la relación g_M/g_T, donde g_M es la intensidad del campo gravitatorio en la superficie de Marte y g_T la de la Tierra, sabiendo que la masa de Marte es 0,11 veces la de la Tierra y que su radio es 0,53 veces el terrestre. Un cuerpo que en la Tierra pesa 2,6 N, ¿cuánto pesará en Marte?

BLOQUE II – PROBLEMA

Una onda armónica $y(x,t) = A\, sen(\omega t + kx + \phi)$ que se propaga con una velocidad de $1\, m/s$ en el sentido negativo del eje X tiene una amplitud de $(1/\pi)\, metros$ y un periodo de $0,1\, s$. La velocidad del punto $x = 0$ para $t = 0$ es $20\, m/s$.

a) Determina razonadamente la longitud de onda, la frecuencia y la fase en unidades del SI. (1 punto)

b) Escribe la función de onda $y(x,t)$ utilizando los resultados anteriores y calcula su valor en el punto $x = 0,1\, m$ para $t = 0,2\, s$. (1 punto)

BLOQUE III – CUESTIÓN

Describe qué problema de visión tiene una persona que sufre miopía. Explica razonadamente, empleando un diagrama de rayos, en qué consiste este problema, así como el tipo de lente que debe emplearse para su corrección.

BLOQUE IV – CUESTIÓN

Se sitúan sobre el eje X dos cargas positivas q, puntuales e idénticas, separadas una distancia 2a, tal y como se muestra en la figura. Calcula la expresión del vector campo eléctrico total en el punto P situado en el eje Y, a una distancia a del origen. Dibuja los vectores campo generados por cada carga y el total en el punto P.

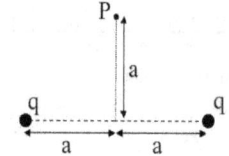

BLOQUE V – CUESTIÓN

Las partículas emitidas por las sustancias radiactivas pueden ser identificadas observando su desviación al atravesar un campo eléctrico. Razona gráficamente la dirección y sentido de la desviación sufrida, en relación con la dirección y sentido del campo eléctrico, para la emisión radiactiva de los tipos α, β^-, γ, indicando las partículas que las constituyen.

BLOQUE VI – PROBLEMA

En un experimento de efecto fotoeléctrico, la luz puede incidir sobre un cátodo de Cesio (Cs) o de Zinc (Zn). Al representar la energía cinética máxima de los electrones frente a la frecuencia f de la luz, se obtienen las rectas mostradas en la figura. Cuando la longitud de onda de la luz incidente es $\lambda = 500\, nm$, sólo se detectan electrones para el Cs, que tienen una energía cinética máxima $E_C^{máx} = 6,63 \cdot 10^{-20}\, J$. Cuando $\lambda = 250\, nm$ se detectan electrones para ambos cátodos, siendo $E_C^{máx} = 13,26 \cdot 10^{-20}\, J$ para el de Zn.

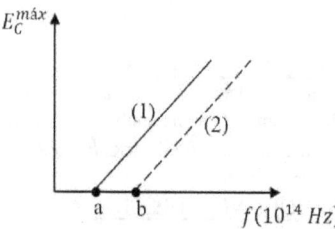

a) Sin realizar ningún cálculo numérico, razona a qué elemento corresponden las rectas (1) y (2) y explica el significado de los puntos de corte de estas rectas con el eje horizontal (puntos a y b). (1 punto)

b) Calcula el trabajo de extracción de electrones del Cs y Zn y los valores de los puntos a y b. (1 punto)

Datos: constante de Planck, $h = 6,63 \cdot 10^{-34}\, J \cdot s$; velocidad de la luz en el vacío, $c = 3 \cdot 10^8\, m/s$

BLOQUE I - CUESTIÓN

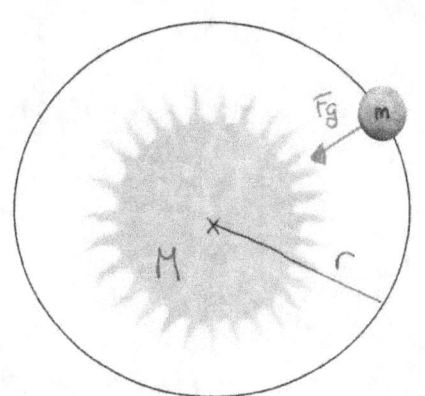

$$F = m \cdot a$$

$$G \frac{Mm}{r^2} = m \cdot \frac{V^2}{r} \Rightarrow$$

$$\Rightarrow V_{orb} = \sqrt{\frac{G \cdot M_{sol}}{r}}$$

Si $r_{orb} = 2'3 \cdot 10^8$ Km $= 2'3 \cdot 10^{11}$ m
$V_{orb} = 8'7 \cdot 10^4$ Km/h $= 24166'67$ m/s $\Bigg\} \Rightarrow M_{sol} = \frac{V^2 \cdot r}{G} = $

$$= \frac{(24166'67)^2 \cdot 2'3 \cdot 10^{11}}{6'67 \cdot 10^{-11}} = 2'014 \cdot 10^{30} \, Kg$$

BLOQUE II - CUESTIÓN

El efecto Doppler nos dice que existirá una diferencia entre la frecuencia con la que un receptor recibe un movimiento ondulatorio y la frecuencia propia de la onda cuando haya un movimiento relativo entre emisor y receptor.

PÁGINA 1

La relación entre la frecuencia del movimiento ondulatorio y la recibida por el receptor viene dada por:

$$f = f_0 \cdot \left(\frac{V \pm V_R}{V \pm V_F} \right)$$

donde
- $f \equiv$ frecuencia recibida
- $f_0 \equiv$ frecuencia de la onda
- $V \equiv$ velocidad de la onda
- $V_R / V_F \equiv$ velocidad del receptor / foco

y utilizamos el criterio de signos:

Un ejemplo cotidiano en el que se puede observar este efecto es cuando una ambulancia se acerca a nosotros. Percibimos el sonido de la sirena más agudo cuando la ambulancia se nos acerca, mientras que el sonido se hace grave cuando se aleja.

El movimiento de la ambulancia hace que cuando se acerca al observador, éste reciba los frentes de onda "más frecuentemente". Es como si el movimiento

PÁGINA 2

de la ambulancia comprimiese los frentes de
ondas por delante de ella y los espaciase por
detrás (es decir, cuando se aleja).

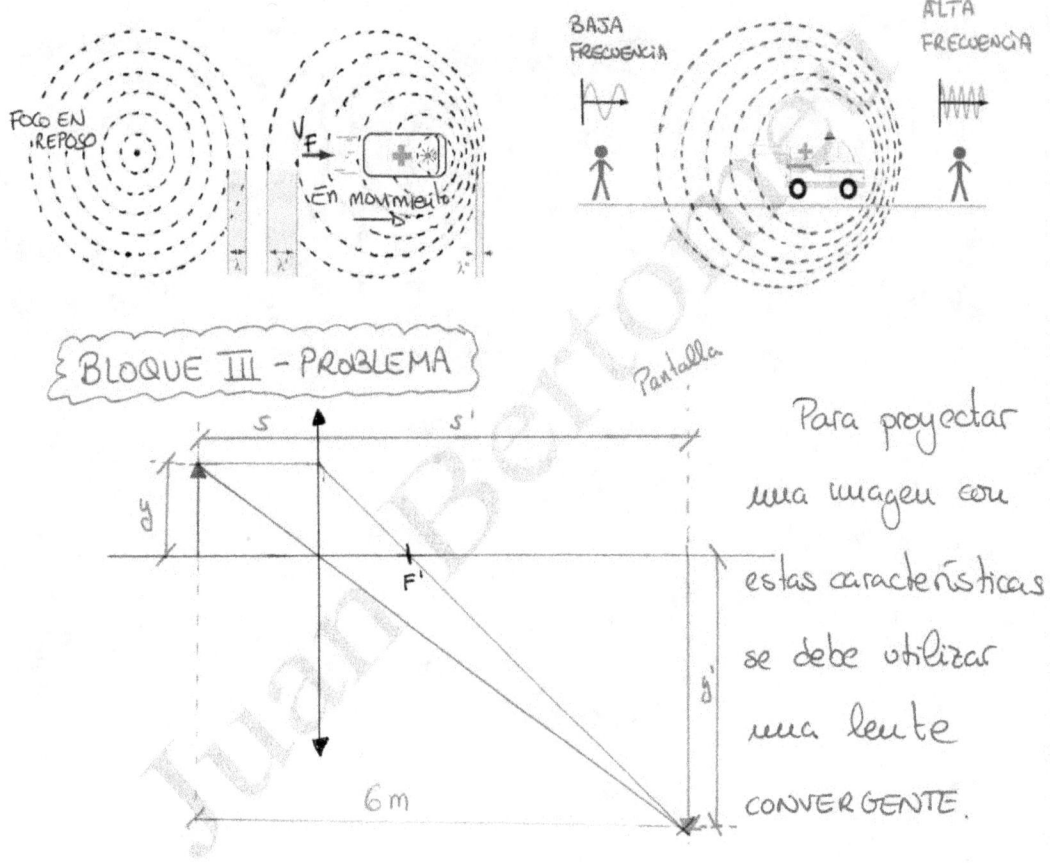

$\boxed{\text{BLOQUE III - PROBLEMA}}$

Para proyectar
una imagen con
estas características
se debe utilizar
una lente
CONVERGENTE.

$s' - s = 6$

$A_L = -3 = \dfrac{s'}{s} \Rightarrow s' = -3s \;\longrightarrow\; -3s - s = 6 \Rightarrow s = -1'5\,m$

$\Rightarrow s' = -3s = 4'5\,m$

$\dfrac{1}{s'} - \dfrac{1}{s} = \dfrac{1}{f'} \Rightarrow \dfrac{1}{4'5} - \dfrac{1}{-1'5} = \dfrac{1}{f'} \Rightarrow f' = 1'125\,m$

PÁGINA 3

235

{ BLOQUE IV - PROBLEMA }

a)

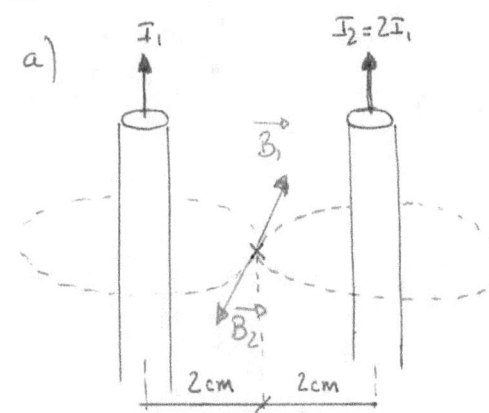

$B_1 = \dfrac{\mu I_1}{2\pi \cdot r_1} = \dfrac{4\pi \cdot 10^{-7} \cdot I_1}{2\pi \cdot 2 \cdot 10^{-2}} = 10^{-5} I_1 \, T$

$\Rightarrow \vec{B_1} = (0, 0, -10^{-5} I_1) \, T$

$B_2 = \dfrac{\mu I_2}{2\pi \cdot r_2} = \dfrac{\mu \cdot 2 I_1}{2\pi \cdot r_1} = 2 B_1 = 2 \cdot 10^{-5} I_1 \, T$

$\Rightarrow \vec{B_2} = (0, 0, 2 \cdot 10^{-5} I_1) \, T$

$\vec{B_{TOTAL}} = \vec{B_1} + \vec{B_2}$

$(0, 0, 3 \cdot 10^{-5}) = (0, 0, 1 \cdot 10^{-5} I_1) \Rightarrow I_1 = 3A$

b)

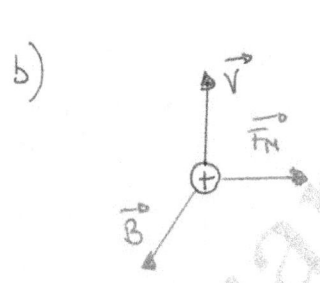

$\vec{F_M} = q(\vec{V} \times \vec{B})$

$\vec{F_M} = 2 \cdot 10^{-6} \cdot \begin{vmatrix} \vec{i} & \vec{j} & \vec{k} \\ 0 & 5 \cdot 10^{6} & 0 \\ 0 & 0 & 3 \cdot 10^{-5} \end{vmatrix} = 3 \cdot 10^{-4} \vec{i} \, N$

que es un vector de módulo $3 \cdot 10^{-4}$ N

la dirección del eje X y el sentido positivo del mismo.

{ BLOQUE V - CUESTIÓN }

$\lambda = \dfrac{h}{P} = \dfrac{h}{m \cdot v} \Rightarrow 0'05 \cdot 10^{-9} = \dfrac{6'63 \cdot 10^{-34}}{1'7 \cdot 10^{-27} \cdot v} \Rightarrow$

$\Rightarrow v = 7800 \, m/s$

PÁGINA 4

Como vemos, la velocidad obtenida es una velocidad no relativista. Así:

$$E_c = \frac{1}{2} m \cdot V^2 = \frac{1}{2} \cdot 1'7 \cdot 10^{-27} \cdot 7800^2 = 5'1714 \cdot 10^{-20} J$$

$$5'1714 \cdot 10^{-20} J \times \frac{1 \quad eV}{1'6 \cdot 10^{-19} \quad J} = 0'323 \, eV$$

{ BLOQUE VI - CUESTIÓN }

$$^2_1H + {^3_1}H \longrightarrow {^b_a}X + {^1_0}n \Rightarrow \left.\begin{array}{l} 2+3 = b+1 \\ 1+1 = a+0 \end{array}\right\} b = 4 \; ; \; a = 2$$

$$^4_2X = {^4_2}He \longrightarrow \text{Partícula } \alpha$$

$$^d_cY + {^{11}_5}B \longrightarrow 3 \, {^4_2}He \Rightarrow \left.\begin{array}{l} d+11 = 3 \cdot 4 \\ c+5 = 3 \cdot 2 \end{array}\right\} d = 1 \, , \, c = 1$$

$$^1_1Y = {^1_1}H \longrightarrow \text{Hidrógeno (Núcleo de hidrógeno} \rightarrow {^1_1}p)$$

OPCIÓN B

BLOQUE I - CUESTIÓN

$$\frac{g_M}{g_T} = \frac{\cancel{G} \cdot \frac{M_M}{R_M{}^2}}{\cancel{G} \cdot \frac{M_T}{R_T{}^2}} = \frac{\frac{0'11 M_T}{(0'53 R_T)^2}}{\frac{M_T}{R_T{}^2}} = \frac{0'11}{0'53^2} = 0'3916$$

$$P_M = m \cdot g_M = m \cdot 0'3916 \, g_T = 0'3916 \cdot m \cdot g_T =$$

$$= 0'3916 \cdot P_T = 0'3916 \cdot 2'6 = 1'0182 \; N$$

BLOQUE II - PROBLEMA

$$T = 0'1 \; seg \;\longrightarrow\; f = \frac{1}{T} = 10 \, Hz$$

$$V_P = \lambda \cdot f \;\Longrightarrow\; \lambda = \frac{V_P}{f} = \frac{1}{10} = 0'1 \, m$$

$$\omega = 2\pi \cdot f = 2\pi \cdot 10 = 20\pi \; rad/seg$$

$$K = \frac{2\pi}{\lambda} = \frac{2\pi}{0'1} = 20\pi \; rad/m$$

$$y = A \, sen \, (\omega t + Kx + \varphi_0) \;\Longrightarrow\; y = \frac{1}{\pi} \cdot sen \, (20\pi t + 20\pi x + \varphi_0) \, m$$

$$v = \frac{dy}{dt} = \frac{1}{\pi} \cdot 20\pi \cdot \cos \, (20\pi t + 20\pi x + \varphi_0)$$

$$v = 20 \cos \, (20\pi t + 20\pi x + \varphi_0) \; m/s$$

Como para $t=0$ y $x=0$ es $v=20$ m/s

$$20 = 20\cos\varphi_0 \Rightarrow \varphi_0 = \arccos(1) = 0 \text{ rad.}$$

b) $y(x,t) = \dfrac{1}{\pi} \operatorname{sen}(20\pi t + 20\pi x)$ m

$$y(0'1, 0'2) = \dfrac{1}{\pi} \operatorname{sen}(20\pi \cdot 0'2 + 20\pi \cdot 0'1) = 0 \text{ m}$$

{ BLOQUE III – CUESTIÓN }

El ojo miope es aquel que presenta un exceso de convergencia por tener una córnea demasiado curvada o bien aquel que presenta un alargamiento del globo ocular.

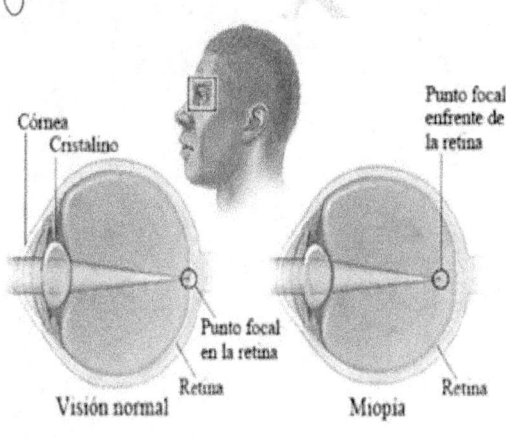

Córnea
Cristalino
Punto focal en la retina
Retina
Visión normal

Punto focal enfrente de la retina
Retina
Miopía

Como vemos, este defecto origina que en la visión lejana el foco se sitúe antes de la retina, por lo que el ojo miope ve MAL DE LEJOS.

Sin embargo, ese mismo exceso de convergencia hace que el punto próximo esté muy cerca del ojo, por lo que los miopes ven muy bien de cerca y a distancias más próximas de lo que ve una persona normal.

Para corregir ese exceso de convergencia utilizamos lentes divergentes, de modo que el foco imagen de la lente correctora coincida con el punto remoto del ojo.

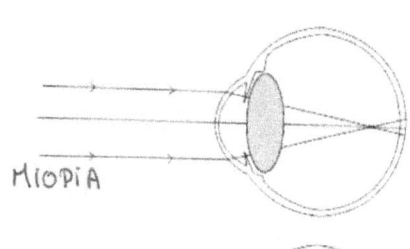

MIOPÍA

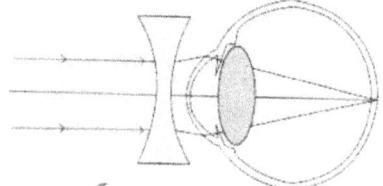

CORRECCIÓN CON
LENTES DIVERGENTES

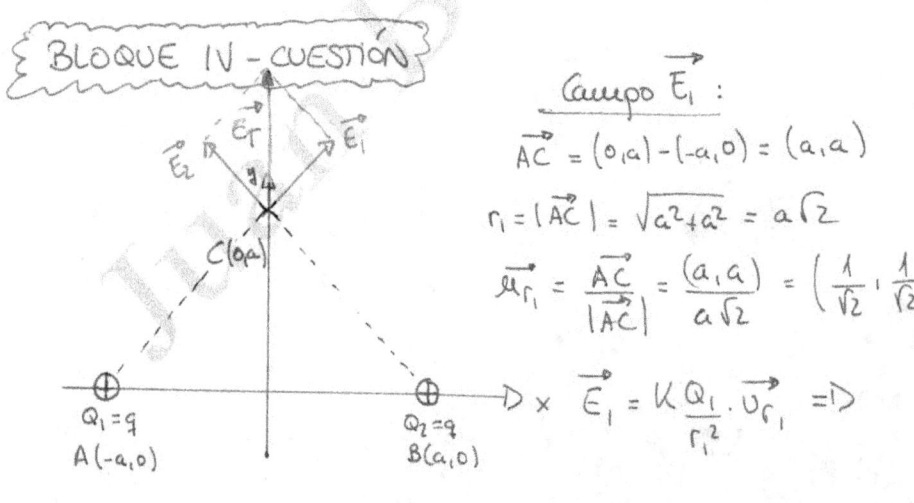

{ BLOQUE IV - CUESTIÓN }

Campo $\vec{E_1}$:

$$\vec{AC} = (0,a) - (-a,0) = (a,a)$$

$$r_1 = |\vec{AC}| = \sqrt{a^2 + a^2} = a\sqrt{2}$$

$$\vec{u_{r_1}} = \frac{\vec{AC}}{|\vec{AC}|} = \frac{(a,a)}{a\sqrt{2}} = \left(\frac{1}{\sqrt{2}}, \frac{1}{\sqrt{2}}\right)$$

$$\vec{E_1} = K \frac{Q_1}{r_1^2} \cdot \vec{u_{r_1}} \Rightarrow$$

$$\Rightarrow \vec{E_1} = K \frac{q}{2a^2} \left(\frac{1}{\sqrt{2}}, \frac{1}{\sqrt{2}}\right) \, N/C$$

Campo $\vec{E_2}$:

$\vec{BC} = (0,a) - (a,0) = (-a,a)$

$r_2 = |\vec{BC}| = \sqrt{a^2 + a^2} = a\sqrt{2}$

$\vec{u_{r_2}} = \dfrac{\vec{BC}}{|\vec{BC}|} = \dfrac{(-a,a)}{a\sqrt{2}} = \left(-\dfrac{1}{\sqrt{2}}, \dfrac{1}{\sqrt{2}}\right)$

$\vec{E_2} = K \cdot \dfrac{Q_2}{r_2^2} \cdot \vec{u_{r_2}} = K \cdot \dfrac{q}{2a^2}\left(-\dfrac{1}{\sqrt{2}}, \dfrac{1}{\sqrt{2}}\right)$ N/C

$\vec{E_{TOTAL}} = \vec{E_1} + \vec{E_2} = \left(0, \dfrac{K \cdot q}{a^2\sqrt{2}}\right)$ N/C

{ BLOQUE V - CUESTIÓN }

La radiación α consiste en la emisión de un núcleo de $^4_2$He. Por tanto, las partículas α tienen carga positiva

$$^A_Z X \xrightarrow{\alpha} {}^{A-4}_{Z-2}Y + {}^4_2He \rightarrow \text{Partícula } \alpha \; (q>0)$$

La radiación β^- consiste en la emisión de un electrón. Las partículas β^- son electrones y tienen por tanto carga negativa

$$^A_Z X \xrightarrow{\beta^-} {}^A_{Z+1}Y + {}^{\;0}_{-1}e + {}^0_0\bar{\nu}_e$$
$$\hookrightarrow \beta^- (q<0)$$

PÁGINA 9

241

La radiación gamma es una radiación electro-magnética en la que se emiten fotones de alta energía sin carga eléctrica.

$$^A_Z X^* \xrightarrow{\ \gamma\ } \ ^A_Z X + (fotones) \longrightarrow \gamma (q=0)$$

Si hacemos pasar estas partículas por un campo eléctrico $\vec{E}$ perpendicular a $\vec{v}$, y dado que $\vec{Fe} = q \cdot \vec{E}$, veremos como las partículas α se desvían a favor del campo, las β^- en contra, y las γ no sufren desviación alguna.

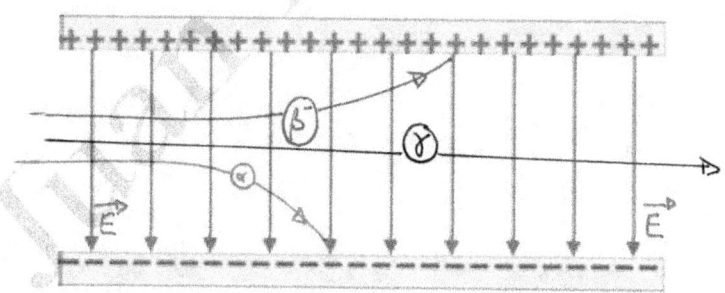

{BLOQUE VI - PROBLEMA}

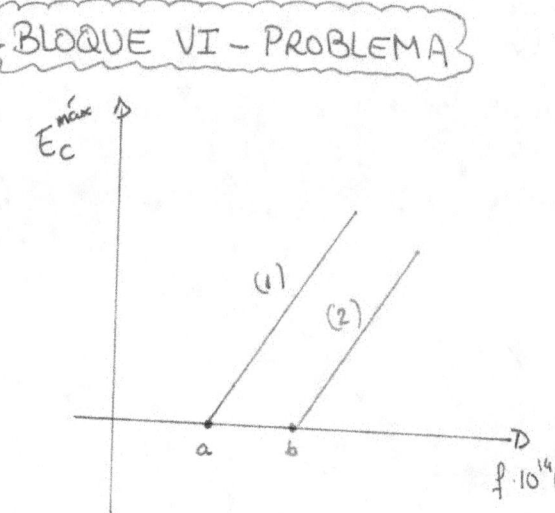

$$E_{fotón} = W_{ext} + E_c^{máx}$$

$$\Downarrow$$

$$E_c^{máx} = E_{fotón} - W_{ext}$$

$$E_c^{máx} = h \cdot (f - f_0)$$

$$\Rightarrow a = f_0^{(1)} \quad y \quad b = f_0^{(2)}$$

La energía de un fotón de la luz incidente viene dada por:

$$E_{1\,fotón} = h \cdot f = h \cdot \frac{c}{\lambda}$$

Como vemos, frecuencia y longitud de onda son inversamente proporcionales. El hecho de que para $\lambda_1 = 500\,nm$ solo se produzca emisión en el Cs nos indica que para esa λ_1 corresponde una f_1 que será $f_1 > a$ pero $f_1 < b$ detectándose electrones solo en (1). Por lo tanto la recta (1) corresponde al Cs.

Cuando pasamos a $\lambda_2 = 250\,nm$ tendremos una f_2 que será $f_2 > f_1 > b$ y por eso detectamos electrones también en (2). La recta (2) es la del Zn.

b) $\lambda_1 = 500\ nm \longrightarrow E_C^{máx} = 6'63 \cdot 10^{-20}\ J$

$E_{fotón} = Wext_{Cs} + E_C^{máx}$

$h \cdot \dfrac{c}{\lambda} = Wext_{Cs} + E_C^{máx}$

$6'63 \cdot 10^{-34} \cdot \dfrac{3 \cdot 10^8}{500 \cdot 10^{-9}} = Wext_{Cs} + 6'63 \cdot 10^{-20}$

$\Longrightarrow Wext_{Cs} = 3'315 \cdot 10^{-19}\ J$

$Wext_{Cs} = h \cdot f_{0_{Cs}} \Longrightarrow f_{0_{Cs}} = 5 \cdot 10^{14}\ Hz \Longrightarrow a = 5$

$\lambda_2 = 250\ nm \longrightarrow E_C^{máx} = 13'26 \cdot 10^{-20}\ J$

$6'63 \cdot 10^{-34} \cdot \dfrac{3 \cdot 10^8}{250 \cdot 10^{-9}} = Wext_{Zn} + 13'26 \cdot 10^{-20}$

$\Longrightarrow Wext_{Zn} = 6'63 \cdot 10^{-19}\ J$

$Wext_{Zn} = h \cdot f_{0_{Zn}} \Longrightarrow f_{0_{Zn}} = 1 \cdot 10^{15}\ Hz \Longrightarrow b = 10$

GENERALITAT
VALENCIANA
Conselleria d'Educació,
Investigació, Cultura i Esport

COMISSIÓ GESTORA DE LES PROVES D'ACCÉS A LA UNIVERSITAT
COMISIÓN GESTORA DE LAS PRUEBAS DE ACCESO A LA UNIVERSIDAD

SISTEMA UNIVERSITARI VALENCIÀ
SISTEMA UNIVERSITARIO VALENCIANO

PROVES D'ACCÉS A LA UNIVERSITAT	PRUEBAS DE ACCESO A LA UNIVERSIDAD
CONVOCATÒRIA: JUNY 2018	CONVOCATORIA: JUNIO 2018
Assignatura: FÍSICA	Asignatura: FÍSICA

BAREMO DEL EXAMEN: La puntuación máxima de cada problema es de 2 puntos y la de cada cuestión de 1,5 puntos. Cada estudiante podrá disponer de una calculadora científica no programable y no gráfica. Se prohíbe su utilización indebida (almacenamiento de información). Se utilice o no la calculadora, los resultados deberán estar siempre debidamente justificados. Realiza primero el cálculo simbólico y después obtén el resultado numérico.

OPCIÓN A

SECCIÓN I - CUESTIÓN

Deduce razonadamente la expresión que permite calcular el radio de una órbita circular descrita por un planeta alrededor de una estrella de masa M, conociendo la velocidad orbital del planeta. Supongamos dos planetas cuyas velocidades orbitales alrededor de la misma estrella son v_1 y v_2, siendo $v_1 > v_2$. ¿Qué planeta tiene el radio orbital mayor? Razona la respuesta.

SECCIÓN II - CUESTIÓN

Una onda sonora de frecuencia f se propaga por un medio (1) con una longitud de onda λ_1. En un cierto punto, la onda pasa a otro medio (2) en el que la longitud de onda es $\lambda_2 = 2\lambda_1$. Determina razonadamente el periodo, el número de onda y la velocidad de propagación en el medio (2) en función de los que tiene la onda en el medio (1).

SECCIÓN III - CUESTIÓN

Utiliza un esquema de trazado de rayos para describir el problema de visión de una persona que sufre de miopía y explica razonadamente el fenómeno. ¿Con qué tipo de lente debe corregirse y por qué?

SECCIÓN IV - PROBLEMA

Atendiendo a la distribución de cargas representada en la figura, calcula:
 a) El vector campo eléctrico debido a cada una de las cargas y el total en el punto P. Dibuja todos los vectores (1,2 puntos).
 b) El trabajo mínimo necesario para trasladar una carga $q_3 = 1\ nC$ desde el infinito hasta el punto P. Considera que el potencial eléctrico en el infinito es nulo. (0,8 puntos)
Dato: constante de Coulomb, $k_e = 9 \cdot 10^9\ Nm^2/C^2$

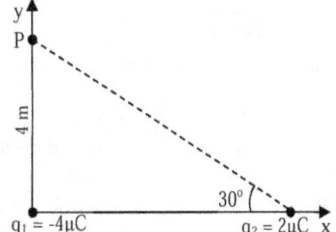

SECCIÓN V - CUESTIÓN

En una experiencia de efecto fotoeléctrico se ilumina un metal con luz monocromática de $500\ nm$ y se observa que es necesario aplicar una diferencia de potencial de $0,2\ V$ para anular totalmente la fotocorriente. Calcula la longitud de onda máxima de la radiación incidente para que se produzca el efecto fotoeléctrico en el metal.
Datos: constante de Planck, $h = 6,63 \cdot 10^{-34}\ Js$; carga elemental, $e = 1,6 \cdot 10^{-19}\ C$; velocidad de la luz en el vacío, $c = 3 \cdot 10^8\ m/s$

SECCIÓN VI - PROBLEMA

En una prueba médica, se le inyecta a un paciente un radiofármaco constituido por un isótopo radiactivo con periodo de semidesintegración $T = 17,8\ h$. Para obtener la resolución deseada, en el momento de realizar la prueba la actividad de la sustancia inyectada debe ser de $2 \cdot 10^8\ Bq$ (desintegraciones/segundo). Entre la fabricación del radiofármaco y la realización de la prueba pasan $20\ h$. Calcula:
 a) La actividad que debe tener el radiofármaco en el momento de su fabricación. (1 punto)
 b) El número inicial de núcleos de dicho isótopo y la masa que se necesita fabricar. (1 punto)
Datos: número de Avogadro, $N_A = 6,02 \cdot 10^{23}\ mol^{-1}$; masa molar del isótopo, $m_M = 74\ g/mol$

GENERALITAT
VALENCIANA
Conselleria d'Educació,
Investigació, Cultura i Esport

COMISSIÓ GESTORA DE LES PROVES D'ACCÉS A LA UNIVERSITAT

COMISIÓN GESTORA DE LAS PRUEBAS DE ACCESO A LA UNIVERSIDAD

SISTEMA UNIVERSITARI VALENCIÀ
SISTEMA UNIVERSITARIO VALENCIANO

PROVES D'ACCÉS A LA UNIVERSITAT | PRUEBAS DE ACCESO A LA UNIVERSIDAD

CONVOCATÒRIA: JUNY 2018	CONVOCATORIA: JUNIO 2018
Assignatura: FÍSICA	Asignatura: FÍSICA

BAREMO DEL EXAMEN: La puntuación máxima de cada problema es de 2 puntos y la de cada cuestión de 1,5 puntos. Cada estudiante podrá disponer de una calculadora científica no programable y no gráfica. Se prohíbe su utilización indebida (almacenamiento de información). Se utilice o no la calculadora, los resultados deberán estar siempre debidamente justificados. Realiza primero el cálculo simbólico y después obtén el resultado numérico.

OPCIÓN B

SECCIÓN I - CUESTIÓN

Tau Ceti es una estrella que, como nuestro Sol, tiene un sistema planetario. La masa de ese sistema solar es 0,7 veces la masa del nuestro. Considerando ambos sistemas como dos masas puntuales separadas una distancia d, calcula el punto donde se anula el campo gravitatorio originado exclusivamente por dichas masas. Calcula primero la posición del punto en función de d y realiza después el cálculo numérico en km sabiendo que $d = 12\ años - luz$.
Dato: velocidad de la luz en el vacío, $c = 3 \cdot 10^8\ m/s$

SECCIÓN II - PROBLEMA

La función que representa una onda sísmica es $y(x,t) = 3sen\left(\frac{\pi}{4}t - 4\pi x\right)$, donde x e y están expresadas en metros y t en segundos. Calcula razonadamente:

a) La amplitud, el periodo, la frecuencia y la longitud de onda. (1,2 puntos)

b) La velocidad de propagación de la onda y la velocidad de vibración de un punto situado a 1 m del foco emisor, para $t = 8\ s$. (0,8 puntos)

SECCIÓN III - PROBLEMA

La lente convergente de un proyector de diapositivas tiene una potencia de 10D, y se encuentra a una distancia de 10,2 cm de la diapositiva que se proyecta.

a) Calcula razonadamente la distancia a la que habrá que poner la pantalla para tener una imagen nítida (1 punto)

b) Calcula el tamaño de la imagen y realiza un trazado de rayos para justificar la respuesta. (1 punto)

SECCIÓN IV - CUESTIÓN

La figura representa un conductor rectilíneo de longitud muy grande recorrido por una corriente continua $I_1 = 2\ A$. Calcula y dibuja el vector campo magnético en un punto P situado a una distancia $d = 1\ m$ a la derecha del conductor. En el punto P se sitúa otro conductor rectilíneo paralelo al anterior y recorrido por una corriente I_2 en sentido opuesto. Representa el vector fuerza que actúa sobre el segundo conductor.
Dato: permeabilidad magnética del vacío, $\mu_0 = 4\pi \cdot 10^{-7} N/A^2$

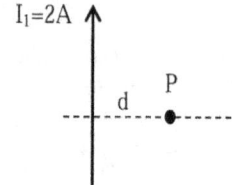

SECCIÓN V - CUESTIÓN

La energía cinética de una partícula es un 50% de su energía en reposo. Calcula su energía relativista total en función de su energía en reposo y calcula también la velocidad de la partícula.
Dato: velocidad de la luz en el vacío, $c = 3 \cdot 10^8\ m/s$

SECCIÓN VI - CUESTIÓN

Explica brevemente en qué consisten la radiación alfa y la radiación beta. Halla razonadamente el número atómico y el número másico del elemento producido a partir del $^{218}_{84}Po$, después de emitir una partícula α y una partícula β^-.

OPCIÓN A

SECCIÓN 1 - CUESTIÓN

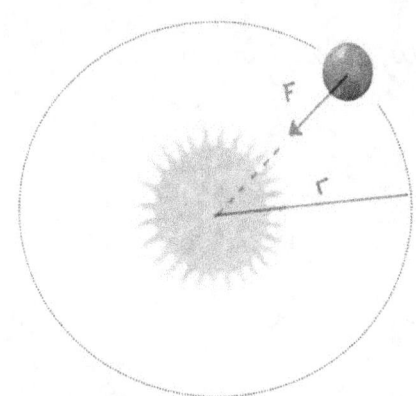

$$F = m \cdot a_N$$

$$G \cdot \frac{M m}{r^2} = m \cdot \frac{V^2}{r} \quad \Rightarrow$$

$$\Rightarrow GM = r \cdot V^2 \Rightarrow$$

$$\Rightarrow r = \frac{GM}{V^2}$$

$$\frac{r_2}{r_1} = \frac{\frac{GM}{V_2^2}}{\frac{GM}{V_1^2}} = \frac{V_1^2}{V_2^2} = \left(\frac{V_1}{V_2}\right)^2 > 1 \quad \Rightarrow r_2 > r_1$$

Como $V_1 > V_2 \Rightarrow \frac{V_1}{V_2} > 1$

SECCIÓN 2 - CUESTIÓN

Cuando una onda cambia de medio, la frecuencia

f permanece constante al depender ésta sólo del foco emisor

Por tanto:

Medio 1 $\longrightarrow$ $T_1 = \frac{1}{f_1}$; $K_1 = \frac{2\pi}{\lambda_1}$; $V_{P_1} = \lambda_1 f_1$

Medio 2 $\longrightarrow$ $T_2 = \frac{1}{f_2} = \frac{1}{f_1} = T_1$; $K_2 = \frac{2\pi}{\lambda_2} = \underbrace{\frac{2\pi}{2 \cdot \lambda_1}}_{=K_1} = \frac{1}{2} K_1$

$$V_{P_2} = \lambda_2 \cdot f_2 = 2 \underbrace{\lambda_1 \cdot f_1}_{=V_{P_1}} = 2 V_{P_1}$$

PÁGINA 1

SECCIÓN 3 - CUESTIÓN

El ojo miope es aquel que presenta un exceso de convergencia por tener una córnea demasiado curvada o bien aquel que presenta un alargamiento del globo ocular.

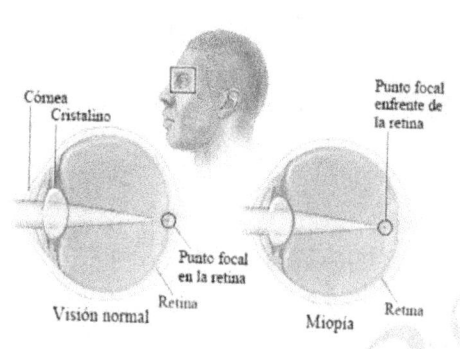

Córnea
Cristalino

Punto focal
en la retina
Retina
Visión normal

Punto focal
enfrente de
la retina

Retina
Miopía

Como vemos, este defecto origina que en la visión lejana el foco imagen se sitúe antes de la retina, por lo que el miope VE MAL DE LEJOS.

Sin embargo, ese mismo exceso de convergencia hace que el punto próximo esté muy cerca del ojo, por lo que los miopes ven muy bien de cerca y a distancias más próximas de lo que ve una persona normal.

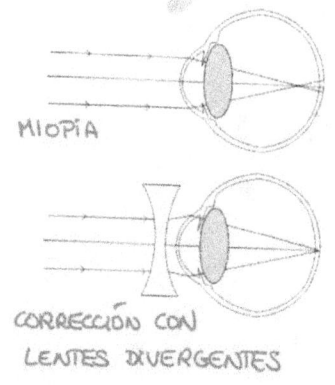

MIOPÍA

CORRECCIÓN CON
LENTES DIVERGENTES

Para corregir ese exceso de convergencia utilizamos lentes divergentes, de modo que el foco imagen de la lente correctora coincida con el punto remoto del ojo.

PÁGINA 2

SECCIÓN 4 - PROBLEMA

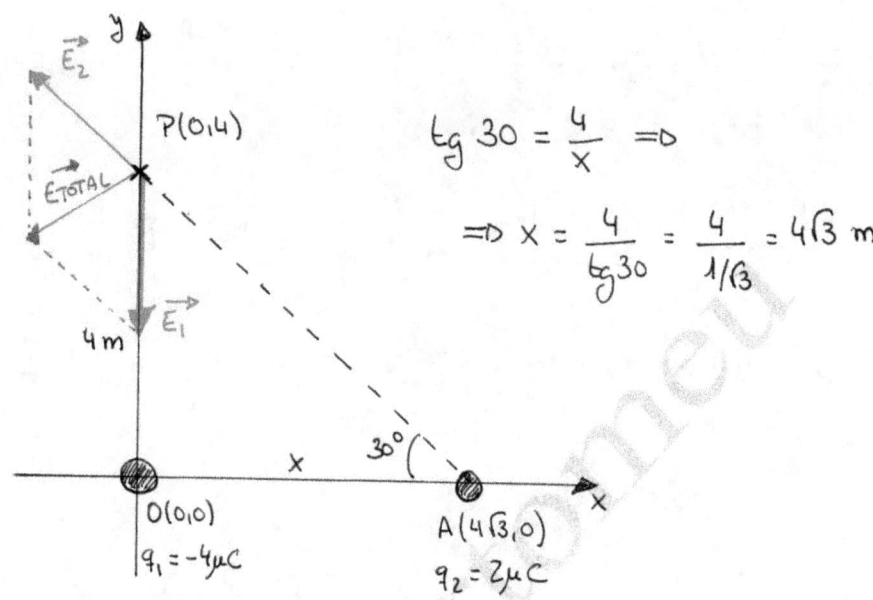

$$tg\,30 = \frac{4}{x} \Rightarrow$$

$$\Rightarrow x = \frac{4}{tg\,30} = \frac{4}{1/\sqrt{3}} = 4\sqrt{3}\ m$$

Campo $\vec{E_1}$:

$$\vec{OP} = (0,4) - (0,0) = (0,4)$$

$$|\vec{OP}| = r_1 = \sqrt{4^2} = 4\ m$$

$$\vec{u_{r_1}} = \frac{1}{|\vec{OP}|} \cdot \vec{OP} = (0,1)$$

$$\vec{E_1} = K \cdot \frac{q_1}{r_1^2} \cdot \vec{u_{r_1}} = 9 \cdot 10^9 \cdot \frac{(-4 \cdot 10^{-6})}{4^2} \cdot (0,1) = (0, -2250)\ N/C$$

Campo $\vec{E_2}$:

$$\vec{AP} = (0,4) - (4\sqrt{3}, 0) = (-4\sqrt{3}, 4)$$

$$|\vec{AP}| = r_2 = \sqrt{(4\sqrt{3})^2 + 4^2} = \sqrt{48 + 16} = \sqrt{64} = 8\ m$$

$$\vec{u_{r_2}} = \frac{1}{|\vec{AP}|} \cdot \vec{AP} = \frac{1}{8}(-4\sqrt{3}, 4) = \left(-\frac{\sqrt{3}}{2}, \frac{1}{2}\right)$$

$$\vec{E_2} = K \cdot \frac{q_2}{r_2^2} \cdot \vec{u_{r_2}} = 9 \cdot 10^9 \cdot \frac{2 \cdot 10^{-6}}{8^2} \cdot \left(-\frac{\sqrt{3}}{2}, \frac{1}{2}\right) = \left(-\frac{1125\sqrt{3}}{8}, \frac{1125}{8}\right) N/C$$

PÁGINA 3

$$\vec{E_{TOTAL}} = \vec{E_1} + \vec{E_2} = (0, -2250) + \left(-\frac{1125\sqrt{3}}{8}, \frac{1125}{8} \right) =$$

$$= \left(-\frac{1125\sqrt{3}}{8}, -\frac{16875}{8} \right) \text{ N/C} \approx (-243'57, -2109'37) \text{ N/C}$$

b) $W_{campo} = -q_{_3} \cdot \Delta V = -q_{_3} \cdot (V_P - \cancel{V_\infty}^{=0}) = -q \cdot V_P$

$$V_P = V_1 + V_2 = K \cdot \frac{q_1}{r_1} + K \frac{q_2}{r_2} = 9 \cdot 10^9 \cdot \frac{-4 \cdot 10^{-6}}{4} + 9 \cdot 10^9 \cdot \frac{2 \cdot 10^{-6}}{8} =$$

$$= -9000 + 2250 = -6750 \text{ V}$$

$$W_{campo} = -1 \cdot 10^{-9} \cdot (-6750) = 6'75 \cdot 10^{-6} \text{ J}$$

SECCIÓN 5 - CUESTIÓN

El balance energético en el efecto fotoeléctrico nos dice que la energía de un fotón de la radiación incidente, se va a repartir en dos procesos: arrancar el electrón y emitir el electrón. Es decir:

$$E_{\substack{\text{fotón} \\ \text{incidente}}} = W_{ext} + E_c$$

$$h \cdot f = h \cdot f_o + E_c$$

$$h \cdot \frac{c}{\lambda} = h \cdot \frac{c}{\lambda_{Máx}} + E_c$$

Como sabemos la diferencia de potencial que anula la fotocorriente, podemos saber la energía cinética que han adquirido los electrones emitidos según:

$$E_c = q \cdot \Delta V = 1'6 \cdot 10^{-19} \cdot 0'2 = 3'2 \cdot 10^{-20} \, J$$

Y Por tanto:

$$h \frac{c}{\lambda} = h \cdot \frac{c}{\lambda_{máx}} + E_c \implies \frac{6'63 \cdot 10^{-34} \cdot 3 \cdot 10^8}{500 \cdot 10^{-9}} = \frac{6'63 \cdot 10^{-34} \cdot 3 \cdot 10^8}{\lambda_{máx}} + 3'2 \cdot 10^{-20}$$

$$\implies 3'658 \cdot 10^{-19} = \frac{1'989 \cdot 10^{-25}}{\lambda_{máx}} \implies \lambda_{máx} = 5'44 \cdot 10^{-7} \, m = 544 \, nm$$

{SECCIÓN 6 - PROBLEMA}

$$T_{1/2} = 17'8 \, h = \frac{ln \, 2}{\lambda} \implies \lambda = \frac{ln \, 2}{17'8} \, h^{-1}$$

$$A = A_0 \cdot e^{-\lambda \cdot t} \implies 2 \cdot 10^8 = A_0 \cdot e^{-\frac{ln 2}{17'8} \cdot 20} \implies 2 \cdot 10^8 = 0'4589 \, A_0$$

$$\implies A_0 = 4'358 \cdot 10^8 \, Bq$$

b) $\lambda = \dfrac{ln \, 2}{17'8} \dfrac{1}{h} \times \dfrac{1 \, h}{3600 \, s} = \dfrac{ln \, 2}{17'8 \cdot 3600} \, s^{-1} = 1'0817 \cdot 10^{-5} \, s^{-1}$

$$A_0 = \lambda \cdot N_0 \implies N_0 = \frac{4'358 \cdot 10^8}{1'0817 \cdot 10^{-5}} = 4'029 \cdot 10^{13} \, núcleos$$

$$4'029 \cdot 10^{13} \, núcleos \times \frac{1 \, mol}{6'02 \cdot 10^{23} \, núcleos} \times \frac{74 \, g}{1 \, mol} = 4'95 \cdot 10^{-9} \, g$$

OPCIÓN B

SECCIÓN 1 - CUESTIÓN

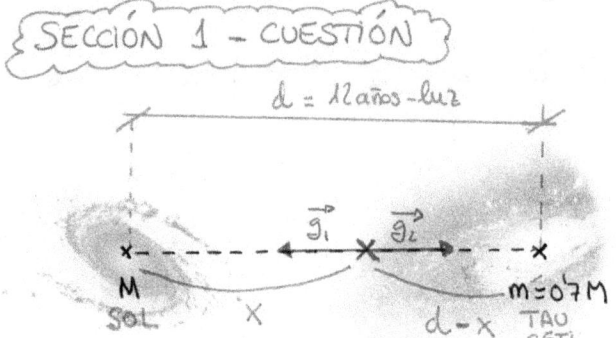

Para que el campo gravitatorio sea nulo, los campos $\vec{g_1}$ y $\vec{g_2}$

tendrán que tener el mismo módulo. Así:

$$|\vec{g_1}| = |\vec{g_2}|$$

$$G \cdot \frac{M}{x^2} = G \cdot \frac{m}{(d-x)^2} \implies \frac{M}{x^2} = \frac{0'7\,M}{(d-x)^2} \implies \frac{x^2}{(d-x)^2} = \frac{10}{7}$$

$$\implies \frac{x}{d-x} = \frac{\sqrt{10}}{\sqrt{7}} \implies x\sqrt{7} = d\sqrt{10} - x\sqrt{10} \implies$$

$$\implies x\sqrt{7} + x\sqrt{10} = d\sqrt{10} \implies x = \frac{d\sqrt{10}}{\sqrt{7}+\sqrt{10}}$$

$$d = 12 \text{ años-luz} = 12 \text{ años} \cdot 3 \cdot 10^8 \text{ m/s} \times \frac{31536000\,s}{1\,\text{año}} \times$$

$$\times \frac{1\,km}{1000\,m} = 1'1353 \cdot 10^{14}\,km$$

$$\implies x = \frac{d\sqrt{10}}{\sqrt{7}+\sqrt{10}} = 6'18 \cdot 10^{13}\,km$$

SECCIÓN 2 - PROBLEMA

$$y(x,t) = 3 \operatorname{sen}\left(\frac{\pi}{4}t - 4\pi x\right) \, m \quad (x \text{ en metros y } t \text{ en } s)$$

a) La ecuación de una onda viene dada por:

$$y(x,t) = A \operatorname{sen}(\omega t - kx + \varphi_0)$$

Comparando ambas expresiones es fácil ver que:

$$A = 3 \, m$$

$$\omega = \frac{\pi}{4} \Rightarrow \frac{2\pi}{T} = \frac{\pi}{4} \Rightarrow T = 8 \, s \Rightarrow f = \frac{1}{T} = 0'125 \, Hz$$

$$k = 4\pi \Rightarrow \frac{2\pi}{\lambda} = 4\pi \Rightarrow \lambda = 0'5 \, m$$

b) La velocidad de propagación:

$$v_p = \frac{\lambda}{T} = \frac{0'5}{8} = 0'0625 \, m/s$$

Como vemos, en 8 segundos la onda recorrerá una distancia de $e = v \cdot t = 0'0625 \cdot 8 = 0'5 \, m$ y en consecuencia, a los 8 segundos un punto que esté situado a 1 m del foco emisor aún no ha sido alcanzado por la perturbación y por lo tanto no está vibrando. $\Rightarrow v_{vibración} = 0 \, m/s$!!

SECCIÓN 3 - PROBLEMA

a) $P = 10D = \dfrac{1}{f'} \Rightarrow f' = 0'1\,m = 10\,cm$

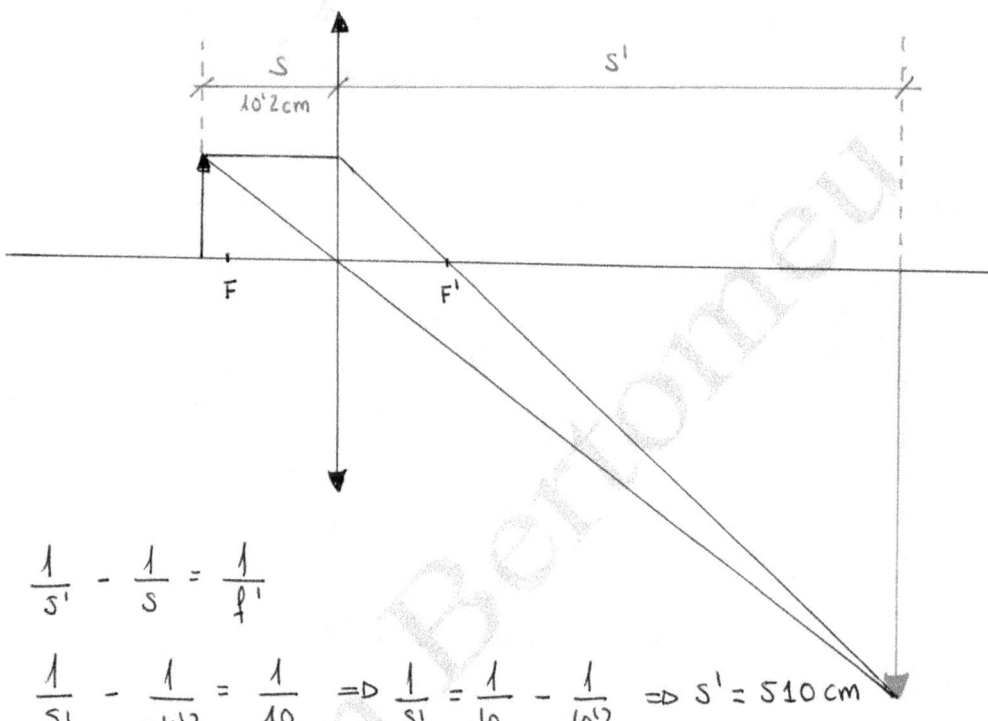

$\dfrac{1}{s'} - \dfrac{1}{s} = \dfrac{1}{f'}$

$\dfrac{1}{s'} - \dfrac{1}{-10'2} = \dfrac{1}{10} \Rightarrow \dfrac{1}{s'} = \dfrac{1}{10} - \dfrac{1}{10'2} \Rightarrow s' = 510\,cm$

b) El tamaño de la imagen (y') no lo podemos calcular ya que el tamaño del objeto (y) nos es desconocido. Podemos obtener el aumento lateral.

$A_L = \dfrac{s'}{s} = \dfrac{510}{-10'2} = -50$

Lo que significa que la imagen será 50 veces mayor que el objeto y que estará <u>invertida</u> ($A_L < 0$!!)

PÁGINA 8

SECCIÓN IV - CUESTIÓN

a)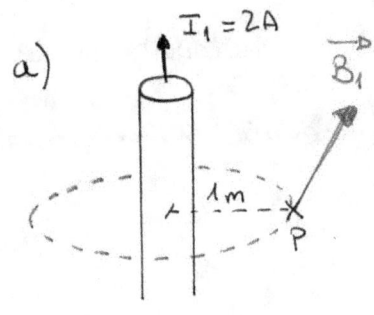

$$B_1 = \frac{\mu \cdot I_1}{2\pi \cdot r}$$

$$B_1 = \frac{4\pi \cdot 10^{-7} \cdot 2}{2\pi \cdot 1} = 4 \cdot 10^{-7} \, T$$

$$\Rightarrow \vec{B_1^P} = (0, 0, -4 \cdot 10^{-7}) \, T$$

b)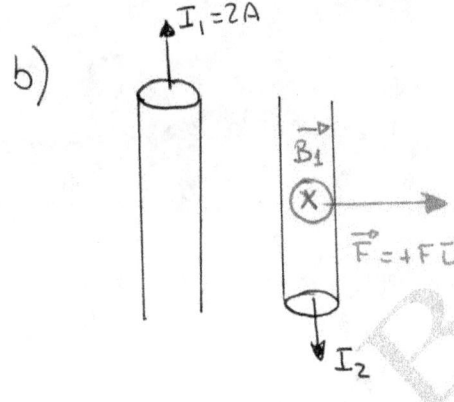

Ley de Laplace:

$$\vec{F_2} = I_2 \cdot (\vec{\ell_2} \times \vec{B_1})$$

$$\vec{F_2} = I_2 \cdot \begin{vmatrix} \vec{i} & \vec{j} & \vec{k} \\ 0 & -\ell_2 & 0 \\ 0 & 0 & -B_1 \end{vmatrix} =$$

$$= + I_2 \cdot \ell_2 \cdot B_1 \, \vec{i}$$

SECCIÓN 5 - CUESTIÓN

$$E_c = \frac{50}{100} E_0 = 0'5 E_0$$

$$E_{total} = E_0 + E_c = E_0 + 0'5 E_0 = 1'5 E_0$$

$$\left.\begin{array}{l} E = m c^2 = \gamma m_0 \cdot c^2 = \gamma E_0 \\ \text{y acabamos de ver que } E = 1'5 E_0 \end{array}\right\} \Rightarrow \gamma = 1'5$$

$$\gamma = \frac{1}{\sqrt{1 - (v/c)^2}} \Rightarrow 1'5 = \frac{1}{\sqrt{1 - (v/c)^2}} \Rightarrow v/c = 0'745 \Rightarrow$$

$$\Rightarrow v = 2'235 \cdot 10^8 \, m/s$$

SECCIÓN 6 - CUESTIÓN

La radiación α se da en núcleos considerablemente masivos y consiste en la emisión de un núcleo de $_2^4He$

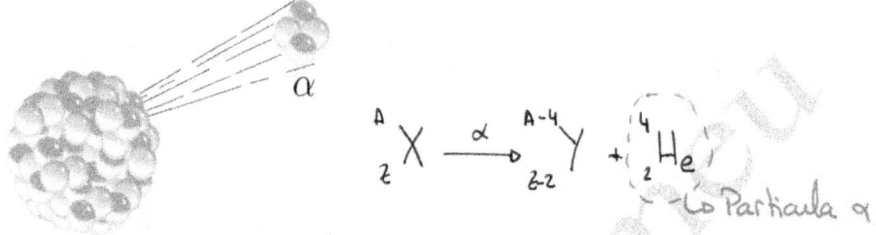

$$_Z^A X \xrightarrow{\alpha} {}_{Z-2}^{A-4} Y + {}_2^4 He$$

↳ La Partícula α

La radiación β^- se da en núcleos inestables que poseen un exceso de neutrones. Para corregirlo, la fuerza nuclear débil posibilita que estos decaigan según:

$$_0^1 n \longrightarrow {}_1^1 p + {}_{-1}^0 e + {}_0^0 \bar{\nu}_e$$

$$_Z^A X \xrightarrow{\beta^-} {}_{Z+1}^A Y + {}_{-1}^0 e + {}_0^0 \bar{\nu}_e$$

↳ β^- (electrones)

$$_{84}^{218} Po \xrightarrow{\alpha,\,\beta^-} {}_Z^A X + {}_2^4 He + {}_{-1}^0 e + {}_0^0 \bar{\nu}_e \Rightarrow$$

$$\Rightarrow \left. \begin{array}{l} 218 = A + 4 \\ 84 = Z + 2 - 1 \end{array} \right\} \quad Z = 83 \quad y \quad A = 214$$

GENERALITAT
VALENCIANA
Conselleria d'Educació,
Investigació, Cultura i Esport

COMISSIÓ GESTORA DE LES PROVES D'ACCÉS A LA UNIVERSITAT

COMISIÓN GESTORA DE LAS PRUEBAS DE ACCESO A LA UNIVERSIDAD

SISTEMA UNIVERSITARI VALENCIÀ
SISTEMA UNIVERSITARIO VALENCIANO

PROVES D'ACCÉS A LA UNIVERSITAT	PRUEBAS DE ACCESO A LA UNIVERSIDAD
CONVOCATÒRIA: JULIOL 2018	CONVOCATORIA: JULIO 2018
Assignatura: FÍSICA	Asignatura: FÍSICA

BAREMO DEL EXAMEN: La puntuación máxima de cada problema es de 2 puntos y la de cada cuestión de 1,5 puntos. Cada estudiante podrá disponer de una calculadora científica no programable y no gráfica. Se prohíbe su utilización indebida (almacenamiento de información). Se utilice o no la calculadora, los resultados deberán estar siempre debidamente justificados. Realiza primero el cálculo simbólico y después obtén el resultado numérico.

OPCIÓN A

SECCIÓN I – PROBLEMA

Un planeta, de masa M = 0,86 M_{Tierra} y radio un 4% mayor que el de la Tierra, orbita alrededor de la estrella TRAPPIST-1. Calcula:

a) El peso de un astronauta en la superficie del planeta si su peso en la superficie terrestre es de 800 N. (1 punto).

b) La expresión de la velocidad de escape del planeta. Realiza el cálculo numérico sabiendo que la velocidad de escape de la Tierra es de 11,2 km/s. (1 punto)

SECCIÓN II – CUESTIÓN

La gráfica representa la propagación de una onda armónica de presión, en cierto instante temporal. La frecuencia de la onda es de 100 Hz. Determina razonadamente la longitud de onda y la velocidad de propagación de la onda en el medio.

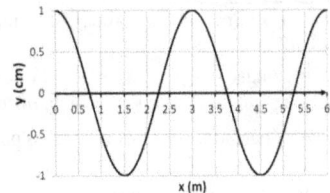

SECCIÓN III – CUESTIÓN

Se tiene una lente convergente en aire. Razona mediante un trazado de rayos dónde habrá que situar un objeto respecto a la lente para que la imagen sea derecha y mayor que el objeto

SECCIÓN IV – CUESTIÓN

Por dos conductores rectilíneos, paralelos e indefinidos circulan corrientes continuas de intensidades I_1 e I_2, siendo $I_2 = 2I_1$ (ver figura adjunta). Calcula la fuerza que actúa sobre una carga q que pasa por el punto P con una velocidad $\vec{v} = 2\,\vec{\iota}\ m/s$.

Dato: permeabilidad magnética del vacío, $\mu_0 = 4\pi \cdot 10^{-7}\ Tm/A$

SECCIÓN V– CUESTIÓN

Razona cual debe ser la velocidad v_μ de un muon, para que su longitud de onda asociada (de De Broglie) sea igual que la de un electrón que se mueve a una velocidad $v_e = 0,025\ c$. La masa del muon es 207 veces la del electrón. Considera que las velocidades son no relativistas. Deja el resultado en función de la velocidad de la luz en el vacío c.

SECCIÓN VI– PROBLEMA

Se ha descubierto una antigua silla egipcia de madera que se desea datar. Se mide la actividad de una muestra debido al ^{14}C presente en la silla y se obtiene que es de 260 $desintegraciones/dia$, frente a las 18 $desintegraciones/hora$ que produce una muestra similar de madera recién talada.

a) Calcula las actividades de las muestras en becquerelios (desintegraciones por segundo). Determina la edad de la silla y establece si pudo pertenecer a la reina Hetepheres I que vivió en la cuarta dinastía entre los años 2575 $a.C.$ y 2551 $a.C.$ (1 punto)

b) Calcula la actividad de la muestra de la silla dentro de 2000 $años$ y el porcentaje de núcleos de ^{14}C que se han desintegrado desde que se fabricó la silla. (1 punto)

Dato: periodo de semidesintegración del ^{14}C, T = 5730 años

GENERALITAT
VALENCIANA
Conselleria d'Educació,
Investigació, Cultura i Esport

COMISSIÓ GESTORA DE LES PROVES D'ACCÉS A LA UNIVERSITAT

COMISIÓN GESTORA DE LAS PRUEBAS DE ACCESO A LA UNIVERSIDAD

SISTEMA UNIVERSITARI VALENCIÀ
SISTEMA UNIVERSITARIO VALENCIANO

PROVES D'ACCÉS A LA UNIVERSITAT		PRUEBAS DE ACCESO A LA UNIVERSIDAD	
CONVOCATÒRIA:	JULIOL 2018	CONVOCATORIA:	JULIO 2018
Assignatura: FÍSICA		Asignatura: FÍSICA	

BAREMO DEL EXAMEN: La puntuación máxima de cada problema es de 2 puntos y la de cada cuestión de 1,5 puntos. Cada estudiante podrá disponer de una calculadora científica no programable y no gráfica. Se prohíbe su utilización indebida (almacenamiento de información). Se utilice o no la calculadora, los resultados deberán estar siempre debidamente justificados. Realiza primero el cálculo simbólico y después obtén el resultado numérico.

OPCIÓN B

SECCIÓN I-CUESTIÓN

Deduce razonadamente la expresión que relaciona el periodo de una órbita circular con su radio. El radio de la órbita terrestre es de $1,5 \cdot 10^{11}$ m y el de la órbita de Urano es de $2,9 \cdot 10^{12}$ m. Calcula el periodo orbital de Urano, suponiendo que la órbita de los planetas alrededor del Sol es circular.

SECCIÓN II-PROBLEMA

Una onda transversal se propaga por una cuerda según la ecuación $y(x,t) = 0,5\ cos[5\pi(2t - x)]$, en unidades del SI. Calcula:

a) La elongación, y, del punto de la cuerda situado en $x_1 = 40\ cm$ en el instante $t_1 = 1\ s$. ¿Qué distancia mínima hay entre dos puntos de la cuerda con la misma elongación y velocidad en un mismo instante? (1 punto)

b) La velocidad transversal en los dos puntos, x_1 y $x_2 = x_1 + \frac{\lambda}{4}$, en el instante t_1. (1 punto).

SECCIÓN III-CUESTIÓN

En el fondo de una cubeta, llena de un cierto líquido, se sitúa un pequeño foco luminoso (ver figura adjunta). Se observa que el rayo A se refracta y sale con un ángulo de refracción de 58°, pero el rayo B no se refracta. Determina el índice de refracción, n, del líquido y explica razonadamente el motivo por el cual el rayo B no se refracta.
Dato: índice de refracción del aire, $n_{aire} = 1,00$

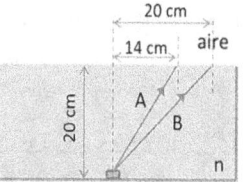

SECCIÓN IV-PROBLEMA

En los puntos $A(0,0)\ m$, $B(0,2)\ m$ y $C(2,2)\ m$ se sitúan tres cargas eléctricas iguales, de valor $-3\ \mu C$.

a) Dibuja, en el punto $D(1,1)$, los vectores campo eléctrico generados por cada una de las cargas y calcula el vector campo eléctrico resultante. (1 punto)

b) Calcula el trabajo realizado en el desplazamiento de una carga eléctrica puntual de $1\ \mu C$ entre los puntos $D(1,1)\ m$ y $E(2,0)\ m$, razonando si la carga puede realizar espontáneamente dicho desplazamiento. (1 punto)
Dato: constante de Coulomb, $k_e = 9 \cdot 10^9\ Nm^2/C^2$

SECCIÓN V-CUESTIÓN

La energía cinética relativista de un electrón es el doble de su energía en reposo. Calcula su energía total y su velocidad en unidades del SI.
Dato: velocidad de la luz en el vacío, $c = 3 \cdot 10^8\ m/s$; masa del electrón, $m = 9,1 \cdot 10^{-31}\ kg$.

SECCIÓN VI-CUESTIÓN

Completa la reacción (determinando Z y X) sabiendo que la partícula emitida sigue la trayectoria representada en la gráfica cuando pasa por un campo eléctrico uniforme. ¿De qué tipo de desintegración y partícula se trata?

$$^{14}_{6}C \rightarrow\ ^{14}_{Z}N + X$$

OPCIÓN A

SECCIÓN I - PROBLEMA

El peso de un astronauta en un planeta es la fuerza gravitatoria con la que el planeta atrae a ese astronauta. Así:

$$P_{Tierra} = Fg_T = G \cdot \frac{M_T \cdot m}{R_T^2} = 800 \, N$$

$$P_{Planeta} = Fg_P = G \cdot \frac{M_P \cdot m}{R_P^2} = \frac{G \cdot 0'86 \, M_T \cdot m}{(1'04 \, R_T)^2} =$$

$$= \frac{0'86}{1'04^2} \cdot \underbrace{\left(\frac{G \, M_T \cdot m}{R_T^2} \right)}_{P_{Tierra}} = \frac{0'86}{1'04^2} \cdot 800 = 636'09 \, N$$

Obtengamos la expresión de la velocidad de escape desde la superficie de un planeta:

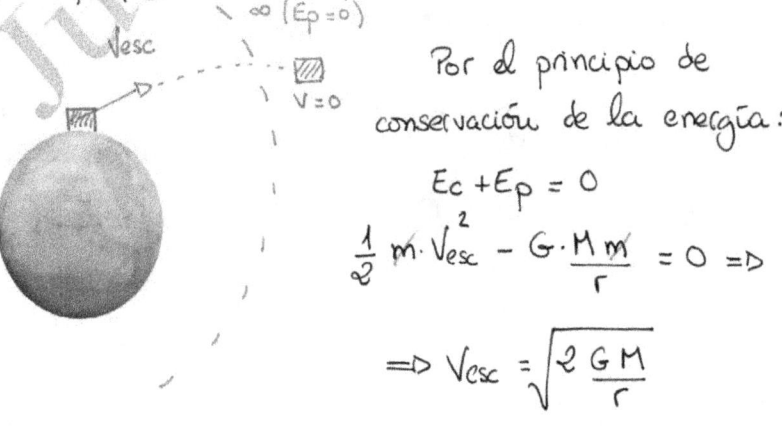

Por el principio de conservación de la energía:

$$E_c + E_p = 0$$

$$\frac{1}{2} m \cdot V_{esc}^2 - G \cdot \frac{M \, m}{r} = 0 \implies$$

$$\implies V_{esc} = \sqrt{2 \frac{G M}{r}}$$

En el caso de la Tierra:

$$V_{esc_T} = \sqrt{2 \cdot \frac{G \cdot M_T}{R_T}} = 11'2 \ Km/s$$

Y por tanto, para el otro planeta se tendrá:

$$V_{esc_P} = \sqrt{2 \cdot \frac{G \cdot M_P}{R_P}} = \sqrt{2 \cdot \frac{G \cdot 0'86 M_T}{1'04 R_T}} = \sqrt{\frac{0'86}{1'04}} \cdot \underbrace{\sqrt{\frac{2 G M_T}{R_T}}}_{V_{esc_T}} =$$

$$= 0'91 \cdot 11'2 = 10'19 \ Km/s$$

SECCIÓN II - CUESTIÓN

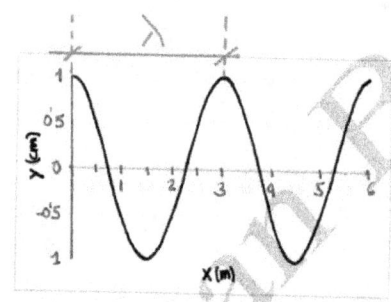

La longitud de onda es la mínima distancia entre dos puntos con la misma elongación y velocidad en un instante dado

De la gráfica se puede leer fácilmente que $\lambda = 3m$

La velocidad de propagación de la onda viene dada

por $V_p = \lambda \cdot f = 3 \cdot 100 = 300 \ m/s$

SECCIÓN III - CUESTIÓN

Sabemos que para que la imagen tenga las características que nos dicen en el enunciado, el objeto deberá situarse por delante del foco objeto según:

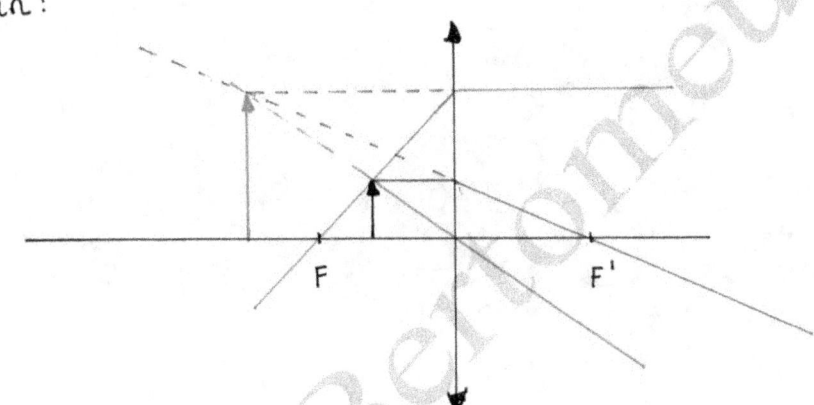

Donde efectivamente vemos que se obtiene una imagen mayor y derecha (además de virtual)

SECCIÓN IV - CUESTIÓN

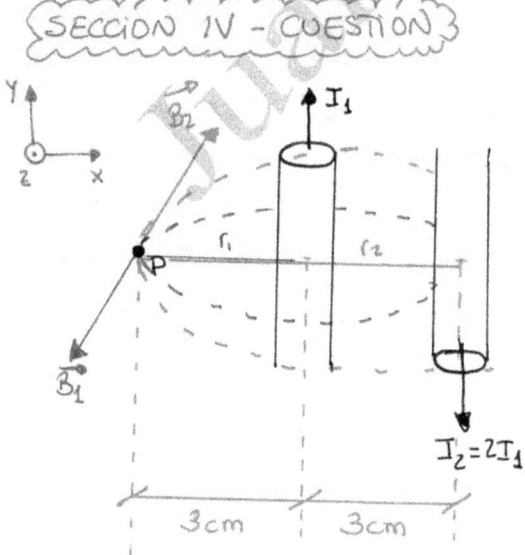

Con la regla de la mano derecha hemos determinado la dirección y sentido de los campos $\vec{B_1}$ y $\vec{B_2}$ en el punto P.

Con la ley de Biot-Savart determinaremos sus valores:

PÁGINA 3

$$B_1 = \frac{\mu I_1}{2\pi r_1} = \frac{4\pi \cdot 10^{-7} \cdot I_1}{2\pi \cdot 0'03} = 6'67 \cdot 10^{-6} I_1 \ (T)$$

$$\hookrightarrow \vec{B_1} = (0, 0, +6'67 \cdot 10^{-6} I_1) \ T$$

$$B_2 = \frac{\mu I_2}{2\pi r_2} = \frac{4\pi \cdot 10^{-7} \cdot 2 I_1}{2\pi \cdot 0'06} = 6'67 \cdot 10^{-6} I_1 \ (T)$$

$$\hookrightarrow \vec{B_2} = (0, 0, -6'67 \cdot 10^{-6} I_1) \ T$$

$$\vec{B}_{TOTAL} = \vec{B_1} + \vec{B_2} = \vec{0} \ T$$

$$\text{Como } \vec{B}_{TOTAL} = \vec{0} \implies \vec{F_M} = q(\vec{v} \times \vec{B}) = \vec{0} \ N.$$

SECCIÓN V – CUESTIÓN 3

$$\lambda = \frac{h}{P} = \frac{h}{m \cdot v} \implies \text{Longitud de onda asociada}$$
$$(\text{de De Broglie})$$

$$\lambda_e = \lambda_\mu \implies \frac{h}{m_e \cdot v_e} = \frac{h}{m_\mu \cdot v_\mu} \implies m_\mu \cdot v_\mu = m_e \cdot v_e \implies$$

$$\implies v_\mu = \frac{m_e \cdot v_e}{m_\mu} = \frac{m_e \cdot 0'025\, c}{207\, m_e} = 1'208 \cdot 10^{-4} \, c$$

SECCIÓN VI - PROBLEMA

a) $A_0 = 18$ desintegraciones/hora $\times \dfrac{1\,hora}{3600\,s} = 5 \cdot 10^{-3}$ Bq

$A = 260$ desintegraciones/día $\times \dfrac{1\,dia}{86400\,s} = 3'01 \cdot 10^{-3}$ Bq

$A_0 \xrightarrow{\ T_{1/2}\ } A = \dfrac{A_0}{2} \Rightarrow$

$A = A_0 \cdot e^{-\lambda \cdot t}$

$\dfrac{A_0}{2} = A_0 \cdot e^{-\lambda \cdot T_{1/2}} \Rightarrow$

$\Rightarrow T_{1/2} = \dfrac{\ln 2}{\lambda}$

$\Rightarrow \lambda = \dfrac{\ln 2}{T_{1/2}} = \dfrac{\ln 2}{5730}$ años^{-1}

$A = A_0 \cdot e^{-\lambda \cdot t} \Rightarrow 3'01 \cdot 10^{-3} = 5 \cdot 10^{-3} \cdot e^{-\frac{\ln 2}{5730} \cdot t} \Rightarrow$

$\Rightarrow \ln\left(\dfrac{3'01}{5}\right) = \dfrac{-\ln 2}{5730} \cdot t \Rightarrow t = \dfrac{-5730 \cdot \ln\left(\frac{3'01}{5}\right)}{\ln 2}$

$\Rightarrow t = 4195'3$ años

Reinado de Hetepheres I

2575 a.C   2551 a.C   2177'3 a.C   Año 0   Hoy (2018)

Antigüedad 4195'3 años

Como vemos, la silla NO pudo pertenecer a la reina Hetepheres I.

b) Actividad hoy $\Rightarrow$ A = 3'01·10^{-3} Bq

$$A = A_0 \cdot e^{-\lambda \cdot t}$$

$$A = 3'01 \cdot 10^{-3} \cdot e^{-\frac{\ln 2}{5730} \cdot 2000} = 2'36 \cdot 10^{-3} \, Bq$$

El porcentaje de núcleos que se han desintegrado desde que se fabricó la silla (A$_0$ = 5·10^{-3} Bq) hasta hoy (A = 3'01·10^{-3} Bq) viene dado por:

$$\%_{\text{sin desintegrar}} = \frac{3'01 \cdot 10^{-3}}{5 \cdot 10^{-3}} \cdot 100 = 60'2\% \text{ quedan sin desintegrar}$$

$$\Rightarrow \%_{\text{desintegrados}} = 100 - 60'2 = 39'8\% \text{ de los núcleos}$$

de ^{14}C se han desintegrado desde que se fabricó la silla hasta hoy.

PÁGINA 6

OPCIÓN B

SECCIÓN I - CUESTIÓN

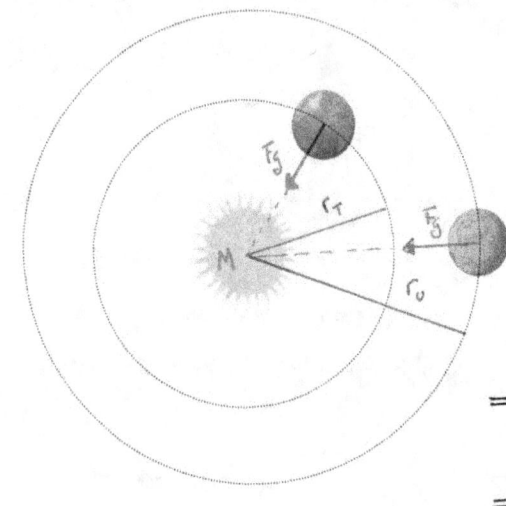

$$\vec{F} = m \cdot a_N$$

$$G \frac{M m}{r^2} = m \cdot \frac{V^2}{r} \implies \quad V = \omega \cdot r$$

$$\implies G \frac{M}{r} = \omega^2 \cdot r^2 \implies \quad \omega = \frac{2\pi}{T}$$

$$\implies G \frac{M}{r} = \frac{4\pi^2}{T^2} \cdot r^2 \implies$$

$$\implies \frac{T^2}{r^3} = \frac{4\pi^2}{GM}$$

Como vemos, al ser $\frac{4\pi^2}{GM}$ constante para ambos planetas podemos deducir fácilmente que:

$$\frac{T_T^2}{r_T^3} = \frac{T_U^2}{r_U^3} \quad (3^a \text{ Ley de Kepler !!})$$

$$\implies T_U^2 = \frac{r_U^3 \cdot T_T^2}{r_T^3} \implies T_U^2 = \left(\frac{r_U}{r_T}\right)^3 \cdot T_T^2 \implies$$

$$\implies T_U = \sqrt{\left(\frac{r_U}{r_T}\right)^3 \cdot T_T^2} \implies T_U = \sqrt{\left(\frac{r_U}{r_T}\right)^3} \cdot T_T \implies$$

$$\implies T_U = \sqrt{\left(\frac{2'9 \cdot 10^{12}}{1'5 \cdot 10^{11}}\right)^3} \cdot T_T = 85 \, T_T = 85 \text{ años terrestres}$$

SECCIÓN II - PROBLEMA

$$y(x,t) = 0'5 \cos\left[5\pi(2t-x)\right]$$

$$y(x,t) = 0'5 \cos\left(10\pi t - 5\pi x\right)$$

$$\omega = \frac{2\pi}{T} \implies 10\pi = \frac{2\pi}{T} \implies T = \frac{2}{10} = 0'2 \text{ s.}$$

$$K = \frac{2\pi}{\lambda} \implies 5\pi = \frac{2\pi}{\lambda} \implies \boxed{\lambda = \frac{2}{5} = 0'4 \text{ m}}$$

Distancia mínima entre dos puntos vibrando en concordancia de fase.

$$V_p = \frac{\lambda}{T} = \frac{0'4}{0'2} = 2 \text{ m/s}$$

La onda recorre 2 metros en 1 segundo y por tanto, los puntos $x_1 = 0'4$ m y $x_2 = x_1 + \frac{\lambda}{4} = 0'4 + 0'1 = 0'5$ m ya se encuentran vibrando en $t_1 = 1$ s. Así:

$$y(x=0'4, t=1) = 0'5 \cos(10\pi \cdot 1 - 5\pi \cdot 0'4) = 0'5 \text{ m}$$

$$v = \frac{dy}{dt} = -0'5 \cdot 10\pi \cdot \text{sen}(10\pi t - 5\pi x) = -5\pi \, \text{sen}(10\pi t - 5\pi x) \text{ m/s}$$

$$V(x=0'4, t=1) = -5\pi \, \text{sen}(10\pi \cdot 1 - 5\pi \cdot 0'4) = 0 \text{ m/s}$$

$$V(x=0'5, t=1) = -5\pi \, \text{sen}(10\pi \cdot 1 - 5\pi \cdot 0'5) = +5\pi \text{ m/s}$$

{SECCIÓN III - CUESTIÓN}

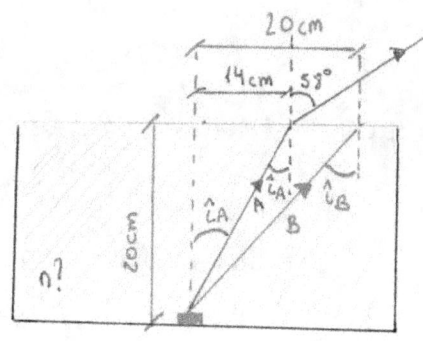

Utilizando los datos geométricos de la figura, podemos hallar el ángulo de incidencia $\hat{\imath}_A$ según:

$$tg\,\hat{\imath}_A = \frac{14}{20} \Rightarrow$$

$$\Rightarrow \hat{\imath}_A = arctg\left(\frac{14}{20}\right) = 34'99°$$

Y aplicando la ley de Snell:

$$n \cdot sen\,\hat{\imath}_A = n_{acre} \cdot sen\,\hat{r}_A$$

$$n \cdot sen\,(34'99°) = 1 \cdot sen\,(58°) \Rightarrow n = 1'48$$

Veamos ahora el ángulo $\hat{\imath}_B$:

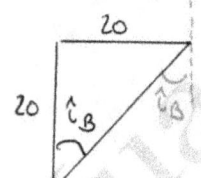

$$tg\,\hat{\imath}_B = \frac{20}{20}$$

$$\Rightarrow \hat{\imath}_B = arctg\,(1) = 45°$$

Y vamos a compararlo con el ÁNGULO LÍMITE de este medio hacia el aire:

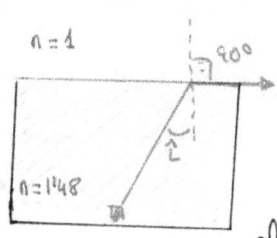

$$n\,sen\,\hat{L} = n_{acre}\,sen\,90°$$

$$\hat{L} = arcsen\left(\frac{1}{1'48}\right) = 42'51°$$

Como vemos, al ser $\hat{\imath}_B > \hat{L}$, se produce el fenómeno de reflexión total y por eso el rayo B no se refracta.

PÁGINA 9

SECCIÓN IV - PROBLEMA

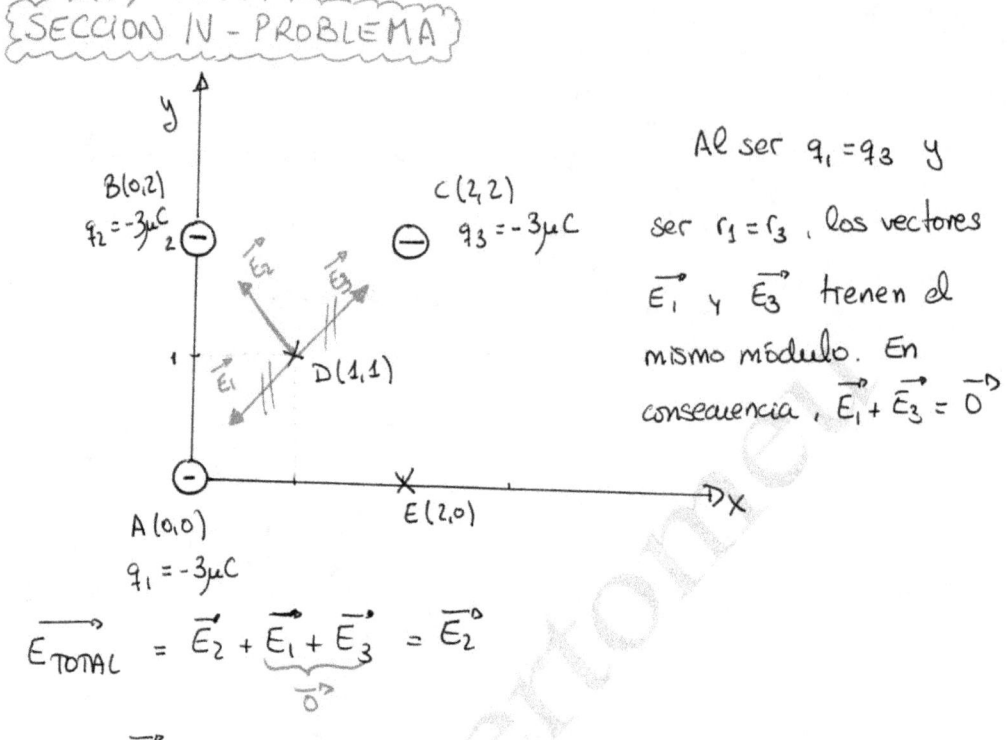

Al ser $q_1 = q_3$ y

ser $r_1 = r_3$, los vectores

$\vec{E_1}$ y $\vec{E_3}$ tienen el

mismo módulo. En

consecuencia, $\vec{E_1} + \vec{E_3} = \vec{0}$

$$\vec{E_{TOTAL}} = \vec{E_2} + \underbrace{\vec{E_1} + \vec{E_3}}_{\vec{0}} = \vec{E_2}$$

Campo $\vec{E_2}$:

$$\vec{BD} = (1,1) - (0,2) = (1,-1)$$

$$|\vec{BD}| = r_2 = \sqrt{1^2 + 1^2} = \sqrt{2} \text{ m}$$

$$\vec{\mu_{r_2}} = \frac{1}{|\vec{BD}|} \cdot \vec{BD} = \frac{1}{\sqrt{2}} \cdot (1,-1) = \left(\frac{1}{\sqrt{2}}, \frac{-1}{\sqrt{2}}\right)$$

$$\vec{E_2} = K \cdot \frac{q_2}{r_2^2} \cdot \vec{\mu_{r_2}} = 9 \cdot 10^9 \cdot \frac{-3 \cdot 10^{-6}}{2} \left(\frac{1}{\sqrt{2}}, \frac{-1}{\sqrt{2}}\right) = -13500 \left(\frac{1}{\sqrt{2}}, \frac{-1}{\sqrt{2}}\right) =$$

$$= (-6750\sqrt{2}, 6750\sqrt{2}) \text{ N/C} \approx (-9545'54, 9545'54) \text{ N/C}$$

PÁGINA 10

268

b) $W = -q \cdot \Delta V = -q(V_E - V_D)$

$V_D = V_{q_1} + V_{q_2} + V_{q_3} = K \cdot \dfrac{q_1}{r_{1D}} + K \cdot \dfrac{q_2}{r_{2D}} + K \cdot \dfrac{q_3}{r_{3D}}$ $\quad r_1 = r_2 = r_3$
$\qquad\qquad\qquad\qquad\qquad\qquad\qquad\qquad\qquad\qquad q_1 = q_2 = q_3$

$= \dfrac{3Kq_1}{r_{1D}} = \dfrac{3 \cdot 9 \cdot 10^9 \cdot (-3 \cdot 10^{-6})}{\sqrt{2}} = -57275'65\ V$

$\qquad\qquad\qquad\qquad\qquad\qquad\qquad r_{1E} = r_{3E} = 2m$
$\qquad\qquad\qquad\qquad\qquad\qquad\qquad q_1 = q_3$

$V_E = V_{q_1} + V_{q_2} + V_{q_3} = K \cdot \dfrac{q_1}{r_{1E}} + K \cdot \dfrac{q_2}{r_{2E}} + K \cdot \dfrac{q_3}{r_{3E}} =$

$\qquad\qquad\qquad\qquad\qquad\qquad r_{2E} \Rightarrow r_{2E} = \sqrt{4+4} = \sqrt{8}\ m$

$= 2 \cdot \dfrac{K \cdot q_1}{r_{1E}} + \dfrac{K \cdot q_2}{r_{2E}} =$

$= 2 \cdot \dfrac{9 \cdot 10^9 \cdot (-3 \cdot 10^{-6})}{2} + \dfrac{9 \cdot 10^9 \cdot (-3 \cdot 10^{-6})}{\sqrt{8}} = -36545'94\ V$

$\Rightarrow W_{campo} = -q \cdot \Delta V = -1 \cdot 10^{-6}(-36545'4 - (-57275'65)) =$

$= -1 \cdot 10^{-6} \cdot 20729'71 = -0'021\ J$

Puesto que $W_{campo} < 0$ no se trata de un proceso espontáneo, y sería necesaria la acción de fuerzas exteriores para trasladar dicha carga de D hasta E.

{SECCIÓN V - CUESTIÓN}

$$E_{TOTAL} = m c^2$$
$$E_0 = m_0 \cdot c^2$$
$$m = \gamma m_0$$

$$E_T = E_0 + E_c$$
$$mc^2 = m_0 c^2 + E_c \implies$$
$$\implies E_c = mc^2 - m_0 c^2 = \gamma m_0 c^2 - m_0 c^2 \implies$$
$$\implies E_c = (\gamma - 1) m_0 \cdot c^2 \implies E_c = (\gamma - 1) \cdot E_0$$

Como nos dicen que $E_c = 2 \cdot E_0 \implies$

$$E_c = (\gamma - 1) E_0$$
$$E_c = 2 \cdot E_0$$
$$\gamma - 1 = 2 \implies \gamma = 3$$

$$\gamma = \frac{1}{\sqrt{1 - (v/c)^2}} \implies 3 = \frac{1}{\sqrt{1 - (v/c)^2}} \implies 1 - (v/c)^2 = \frac{1}{9} \implies$$

$$\implies (v/c)^2 = \frac{8}{9} \implies v/c = \frac{2\sqrt{2}}{3} \implies v = \frac{2\sqrt{2}}{3} \cdot c =$$

$$= \frac{2\sqrt{2}}{3} \cdot 3 \cdot 10^8 = 2\sqrt{2} \cdot 10^8 \ m/s$$

$$E_T = E_0 + E_c = E_0 + 2E_0 = 3E_0 = 3 m_0 \cdot c^2 =$$

$$= 3 \cdot 9'1 \cdot 10^{-31} \cdot (3 \cdot 10^8)^2 = 2'457 \cdot 10^{-13} \ J$$

SECCIÓN VI - CUESTIÓN 3

El campo generado entre las dos placas, se orienta de la placa positiva hacia la negativa.

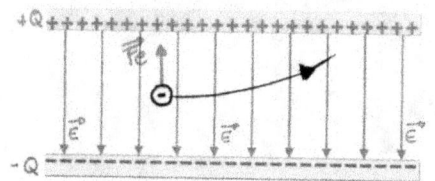

Como la partícula se desvía en contra de la dirección del campo, podemos asegurar que que dicha partícula tiene carga negativa.

Por tanto, la partícula emitida es un electrón y la desintegración sufrida ha sido la desintegración β^-

Por tanto:

$$^{14}_{6}C \longrightarrow ^{14}_{z}N + X$$

$$^{14}_{6}C \xrightarrow{\beta^-} ^{14}_{z}N + ^{0}_{-1}e \implies 6 = z - 1 \implies z = 7$$

GENERALITAT
VALENCIANA
Conselleria d'Educació,
Investigació, Cultura i Esport

COMISSIÓ GESTORA DE LES PROVES D'ACCÉS A LA UNIVERSITAT

COMISIÓN GESTORA DE LAS PRUEBAS DE ACCESO A LA UNIVERSIDAD

SISTEMA UNIVERSITARI VALENCIÀ
SISTEMA UNIVERSITARIO VALENCIANO

PROVES D'ACCÉS A LA UNIVERSITAT		PRUEBAS DE ACCESO A LA UNIVERSIDAD	
CONVOCATÒRIA:	JUNY 2019	CONVOCATORIA:	JUNIO 2019
Assignatura: FÍSICA		Asignatura: FÍSICA	

BAREMO DEL EXAMEN: La puntuación máxima de cada problema es de 2 puntos y la de cada cuestión de 1,5 puntos. Cada estudiante podrá disponer de una calculadora científica no programable y no gráfica. Se prohíbe su utilización indebida (almacenamiento de información). Se utilice o no la calculadora, los resultados deberán estar siempre debidamente justificados. Realiza primero el cálculo simbólico y después obtén el resultado numérico.

OPCIÓN A

SECCIÓN I-CUESTIÓN

Sobre un cuerpo sólo actúan fuerzas gravitatorias. Al trasladarse el cuerpo entre dos puntos, A y B, su energía potencial gravitatoria aumenta en 2000 J. ¿Cuál es el valor del trabajo que realizan las fuerzas conservativas que actúan sobre el cuerpo? ¿En cuál de los dos puntos su velocidad es mayor?

SECCIÓN II-CUESTIÓN

Sabiendo que el potencial eléctrico en el punto P es nulo, determina el valor de la carga q_2. Razona si será nulo el campo eléctrico en el punto P.

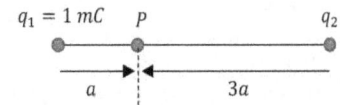

SECCIÓN III-PROBLEMA

Dos cables rectilíneos y muy largos, paralelos entre sí, transportan corrientes eléctricas $I_1 = 2\ A$ e $I_2 = 4\ A$ con los sentidos representados en la figura adjunta.

a) Calcula el campo magnético total (módulo, dirección y sentido) en el punto P. (1 punto)

b) Sobre un electrón que se desplaza por el eje X actúa una fuerza magnética $\vec{F} = 1,6 \cdot 10^{-18} \vec{j}\ N$ cuando pasa por el punto P. Calcula el módulo de su velocidad en dicho punto. (1 punto)

Datos: permeabilidad magnética del vacío, $\mu_0 = 4\pi \cdot 10^{-7}\ Tm/A$; carga del electrón, $e = -1,6 \cdot 10^{-19} C$

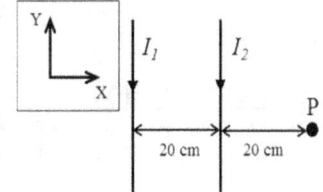

SECCIÓN IV-CUESTIÓN

En la figura se representa un instante de la propagación de una onda armónica en una cuerda. La onda se mueve hacia la derecha sobre el eje x, su periodo es $T = 4\ s$, la distancia entre los puntos P y Q es de 45 cm. Determina razonadamente la longitud de onda, la frecuencia angular y la velocidad de propagación.

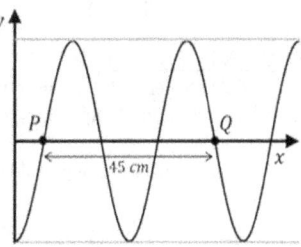

SECCIÓN V-CUESTIÓN

Se tiene una lente de potencia 2 dioptrías. Calcula razonadamente a qué distancia de la lente debe situarse un objeto para que la imagen tenga el mismo tamaño que el objeto y sea invertida. Realiza un trazado de rayos como comprobación de tu respuesta.

SECCIÓN VI-PROBLEMA

El ^{60}Co se utilizaba como fuente de rayos gamma para ciertos tratamientos de radioterapia. Su periodo de semidesintegración es de 1925 $días$. Se dispone de una muestra de 100 g de ^{60}Co.

a) Calcula el valor de la constante de desintegración radiactiva y de la actividad inicial de la muestra. (1 punto)

b) Si hay que reemplazar la muestra cuando la actividad ha descendido a un tercio de la actividad inicial, ¿cuál es la vida útil en años de una muestra destinada a este uso? (1 punto)

Datos: número de Avogadro, $N_A = 6 \cdot 10^{23}\ mol^{-1}$; masa molar del ^{60}Co, $M = 60\ g/mol$

GENERALITAT
VALENCIANA
Conselleria d'Educació,
Investigació, Cultura i Esport

COMISSIÓ GESTORA DE LES PROVES D'ACCÉS A LA UNIVERSITAT

COMISIÓN GESTORA DE LAS PRUEBAS DE ACCESO A LA UNIVERSIDAD

SISTEMA UNIVERSITARI VALENCIÀ
SISTEMA UNIVERSITARIO VALENCIANO

PROVES D'ACCÉS A LA UNIVERSITAT	PRUEBAS DE ACCESO A LA UNIVERSIDAD	
CONVOCATÒRIA: JUNY 2019	CONVOCATORIA: JUNIO 2019	
Assignatura: FÍSICA	Asignatura: FÍSICA	

BAREMO DEL EXAMEN: La puntuación máxima de cada problema es de 2 puntos y la de cada cuestión de 1,5 puntos. Cada estudiante podrá disponer de una calculadora científica no programable y no gráfica. Se prohíbe su utilización indebida (almacenamiento de información). Se utilice o no la calculadora, los resultados deberán estar siempre debidamente justificados. Realiza primero el cálculo simbólico y después obtén el resultado numérico.

OPCIÓN B

SECCIÓN I-PROBLEMA

Un satélite artificial de la Tierra tiene una velocidad de 4,2 km/s en una determinada órbita circular. Calcula:
a) Las expresiones del radio de la órbita y del periodo del movimiento, así como sus valores numéricos. (1 punto)
b) La velocidad con la que debe lanzarse el satélite desde la superficie terrestre para situarlo en dicha órbita. (1 punto)
Datos: constante de gravitación universal, $G = 6,67 \cdot 10^{-11} \, Nm^2/kg^2$; masa de la Tierra, $M_T = 6 \cdot 10^{24} \, kg$; radio de la Tierra, $R_T = 6400 \, km$

SECCIÓN II-CUESTIÓN

Una carga puntual de valor $q_1 = -4 \, \mu C$ se encuentra en el punto $(0,0) \, m$ y una segunda carga de valor desconocido, q_2 se encuentra en el punto $(2,0) \, m$. Calcula el valor que debe tener la carga q_2 para que el campo eléctrico generado por ambas cargas en el punto $(4,0) \, m$ sea nulo. Representa los vectores campo eléctrico generados por cada una de las cargas en ese punto.

SECCIÓN III-CUESTIÓN

Escribe la ley de Faraday-Lenz y explica su significado. La figura muestra una varilla que se desliza hacia la derecha con velocidad $\vec{v}$ sobre dos raíles paralelos formando una espira rectangular. El conjunto es conductor y se encuentra en el seno de un campo magnético uniforme $\vec{B}$ perpendicular al plano del papel. Explica el sentido de la corriente inducida en la espira en base a dicha ley.

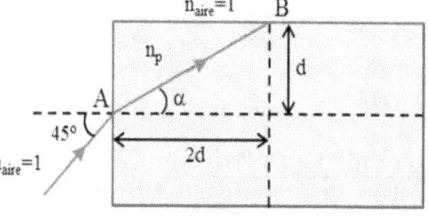

SECCIÓN IV-PROBLEMA

Como se observa en la figura, un rayo de luz monocromática incide (punto A) sobre un bloque de policarbonato que se encuentra rodeado de aire.
a) Calcula el ángulo α y el índice de refracción n_p del policarbonato. (1 punto)
b) ¿Cuál es la velocidad del rayo cuando se mueve en el policarbonato? Cuando el rayo llega al punto B, ¿se refracta o se refleja? Realiza los cálculos necesarios para razonar la respuesta. (1 punto)
Dato: velocidad de la luz en el vacío, $c = 3 \cdot 10^8 \, m/s$

SECCIÓN V-CUESTIÓN

Una lente de -2 dioptrías ¿es convergente o divergente? ¿El foco imagen de esta lente es real o virtual? Calcula la distancia focal imagen de esta lente. Razona qué tipo de defecto ocular (miopía o hipermetropía) puede corregir.

SECCIÓN VI-CUESTIÓN

Una partícula de masa en reposo m y energía igual a tres veces su energía en reposo se une a otra de igual masa y energía para formar una única partícula con velocidad nula y energía en reposo Mc^2. Si en el proceso de unión se conserva la energía, calcula razonadamente el valor de M en función de m y la velocidad de las partículas iniciales en función de la velocidad de la luz en el vacío, c.

OPCIÓN A

SECCIÓN I - CUESTIÓN

La fuerza gravitatoria es una fuerza conservativa. El trabajo de las fuerzas conservativas es el dado por:

$$W_{\text{Fuerzas Conservativas}} = -\Delta Ep$$

Como nos dicen que $\Delta Ep = 2000$ J, la resolución es inmediata:

$$W_{\text{Fuerzas Conservativas}} = -\Delta Ep = -2000 \text{ J}$$

Por otro lado, sabemos que el trabajo de las fuerzas no conservativas se traduce en una variación de la energía mecánica según:

$$W_{\text{Fuerzas no conservativas}} = \Delta Ec + \Delta Ep$$

Al no haber fuerzas no conservativas en este caso:

$$0 = \Delta Ec + \Delta Ep \quad \left(\begin{array}{c} \text{PRINCIPIO DE CONSERVACIÓN} \\ \text{DE LA ENERGÍA} \end{array} \right)$$

$$0 = \Delta Ec + 2000 \Rightarrow \Delta Ec = -2000 \text{ J}$$

$$\Rightarrow (E_{c_B} - E_{c_A}) < 0 \Rightarrow E_{c_B} < E_{c_A} \Rightarrow$$

$$\Rightarrow \frac{1}{2} m \cdot V_B^2 < \frac{1}{2} m \cdot V_A^2 \Rightarrow V_B < V_A$$

$$\Rightarrow \text{La velocidad es mayor en el punto A}$$

PÁGINA 1

SECCIÓN II - CUESTIÓN

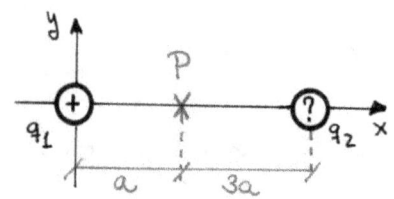

El potencial "creado" por una carga Q a una distancia r de ella es:

$$V = K \cdot \frac{Q}{r}$$

En nuestro caso, el potencial en P es:

$$V_P = V_{q_1 P} + V_{q_2 P} = K\frac{q_1}{r_1} + K\frac{q_2}{r_2} = K\frac{q_1}{a} + K\frac{q_2}{3a}$$

Como nos dicen que el potencial en P es nulo:

$$0 = K\frac{q_1}{a} + K\frac{q_2}{3a} \Rightarrow K\frac{q_2}{3a} = -K\frac{q_1}{a} \Rightarrow q_2 = -3q_1 = -3mC$$

Para razonar si el campo eléctrico es nulo en P, basta con representar los vectores campo según:

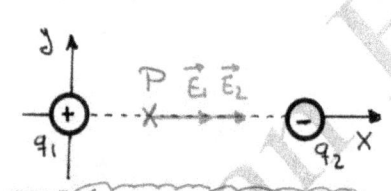

Como vemos, $\vec{E_1} + \vec{E_2} \neq \vec{0}$ y por tanto, el campo no será nulo en P.

SECCIÓN III - PROBLEMA

Con la regla de la mano derecha determinamos la dirección y sentido de los campos $\vec{B_1}$ y $\vec{B_2}$ en P.

La ley de Biot nos proporcionará los módulos de cada uno de esos vectores según:

20 cm   20 cm

PÁGINA 2

$$B_1 = \frac{\mu I_1}{2\pi r_1} = \frac{4\pi \cdot 10^{-7} \cdot 2}{2\pi \cdot 0'4} = 1 \cdot 10^{-6} T \Rightarrow \vec{B_1} = +1 \cdot 10^{-6} \vec{K} \; T$$

$$B_2 = \frac{\mu I_2}{2\pi r_2} = \frac{4\pi \cdot 10^{-7} \cdot 4}{2\pi \cdot 0'2} = 4 \cdot 10^{-6} T \Rightarrow \vec{B_2} = +4 \cdot 10^{-6} \vec{K} \; T$$

El campo total será $\vec{B_T} = \vec{B_1} + \vec{B_2} = +5 \cdot 10^{-6} \vec{K} \; T$, que es

un vector de módulo $B_T = 5 \cdot 10^{-6} T$, la dirección del eje

Z, y el sentido positivo del mismo.

b) La fuerza magnética, viene dada por:

$$\vec{F_M} = q \cdot (\vec{V} \times \vec{B}) \quad \text{siendo} \quad \begin{cases} \vec{F_M} = 1'6 \cdot 10^{-18} \vec{j} \; N \\ \vec{V} = V\vec{i} \; m/s \; \text{(Se desplaza por el eje X)} \\ q = -1'6 \cdot 10^{-19} C \\ \vec{B} = 5 \cdot 10^{-6} \vec{K} \end{cases}$$

$$\vec{F_M} = q \cdot \begin{vmatrix} \vec{i} & \vec{j} & \vec{K} \\ V & 0 & 0 \\ 0 & 0 & B \end{vmatrix} = -q V B \vec{j} \Rightarrow$$

$$\Rightarrow 1'6 \cdot 10^{-18} \vec{j} = -(-1'6 \cdot 10^{-19}) \cdot V \cdot 5 \cdot 10^{-6} \vec{j} \Rightarrow V = 2 \cdot 10^{6} \; m/s$$

SECCIÓN IV - CUESTIÓN

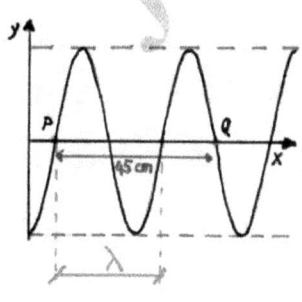

Como se puede deducir de la gráfica, la distancia PQ es de tres semilongitudes de onda, y así:

$$d(P,Q) = \frac{3\lambda}{2} \Rightarrow 0'45 = \frac{3\lambda}{2} \Rightarrow \lambda = 0'3 \; m$$

$$\omega = \frac{2\pi}{T} = \frac{2\pi}{4} = \frac{\pi}{2} \; rad/s$$

$$V_P = \frac{\lambda}{T} = \frac{0'3}{4} = \frac{3}{40} = 0'075 \; m/s$$

SECCIÓN V - CUESTIÓN

$$P = \frac{1}{f'} \Rightarrow f' = \frac{1}{P} = \frac{1}{2} = 0'5\,m$$

Si la imagen debe ser invertida $\Rightarrow A_L < 0$

Si la imagen debe tener el mismo tamaño $\Rightarrow |A_L| = 1$ $\Big\}$ $A_L = -1$

El aumento lateral viene dado por:

$$A_L = \frac{s'}{s} \Rightarrow -1 = \frac{s'}{s} \Rightarrow s' = -s$$

Sustituyendo esta información en la ecuación de las lentes:

$$\frac{1}{s'} - \frac{1}{s} = \frac{1}{f'} \underset{\substack{f'=0'5m \\ s'=-s}}{\Rightarrow} \quad -\frac{1}{s} - \frac{1}{s} = 2 \Rightarrow -\frac{2}{s} = 2 \Rightarrow s = -1\,m$$

El diagrama de rayos:

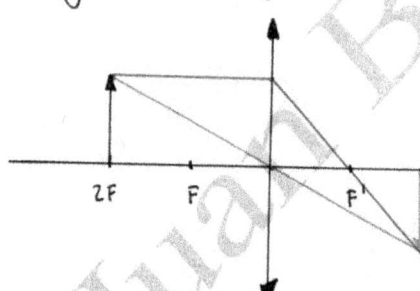

Donde se puede ver que efectivamente la imagen está invertida y tiene el mismo tamaño que el objeto.

SECCIÓN VI - PROBLEMA

El periodo de semidesintegración $T_{1/2}$ es el tiempo que transcurre hasta que se desintegra el 50% de los núcleos radiactivos de una muestra. Podemos deducir su expresión con estas condiciones a partir de la ley de desintegración radiactiva dada por:

$$N = N_0 \cdot e^{-\lambda \cdot t}$$

$$\frac{N_0}{2} = N_0 \cdot e^{-\lambda \cdot T_{1/2}} \Rightarrow \ln\left(\frac{1}{2}\right) = -\lambda \cdot T_{1/2}$$

$$\Rightarrow T_{1/2} = \frac{\ln 2}{\lambda}$$

$$T_{1/2} = 1925 \text{ días} \times \frac{86400 \, S}{1 \, día} = 166320000 \, S$$

$$\Rightarrow \lambda = \frac{\ln(2)}{T_{1/2}} = 4'1676 \cdot 10^{-9} \, s^{-1}$$

La actividad de una muestra mide el número de desintegraciones por unidad de tiempo, y por tanto viene dada por:

$$A = \lambda \cdot N$$

$$100 \, g \, {}^{60}Co \times \frac{1 \, mol \, {}^{60}Co}{60 \, g \, {}^{60}Co} \times \frac{6 \cdot 10^{23} \text{ átomos}}{1 \, mol \, {}^{60}Co} = 1 \cdot 10^{24} \text{ núcleos de } {}^{60}Co$$

$$A_0 = \lambda \cdot N_0 = 4'1676 \cdot 10^{-9} \cdot 1 \cdot 10^{24} = 4'1676 \cdot 10^{15} \, Bq$$

b) $\quad A = A_0 \cdot e^{-\lambda \cdot t}$

$$\frac{1}{3} A_0 = A_0 \cdot e^{-\lambda \cdot t} \Rightarrow \ln\left(\frac{1}{3}\right) = -\lambda \cdot t \Rightarrow t = \frac{\ln(3)}{\lambda} =$$

$$= \frac{\ln(3)}{\dfrac{\ln(2)}{T_{1/2}}} = T_{1/2} \cdot \frac{\ln(3)}{\ln(2)} = 1925 \text{ días} \cdot \frac{\ln(3)}{\ln(2)} =$$

$$= 3051'053 \text{ días} \times \frac{1 \, año}{365 \, días} = 8'36 \text{ años}$$

OPCIÓN B

SECCIÓN I - PROBLEMA

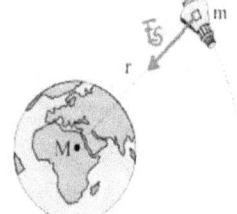

a) La fuerza gravitatoria es la única que actúa sobre el satélite, y por tanto:

$$F = m \cdot a_N$$

$$G\frac{Mm}{r^2} = m \cdot \frac{v^2}{r} \implies r = \frac{GM}{v^2}$$

Para deducir la expresión del período podemos utilizar que $V = \omega \cdot r$, y como $\omega = \frac{2\pi}{T}$ se obtiene

$$V = \frac{2\pi}{T} \cdot r \implies T = \frac{2\pi \cdot r}{V}$$

Conocida $V = 4'2$ Km/s $= 4200$ m/s, los valores numéricos pedidos son:

$$r = \frac{GM}{v^2} = \frac{6'67 \cdot 10^{-11} \cdot 6 \cdot 10^{24}}{4200^2} = 2'269 \cdot 10^7 \, m$$

$$T = \frac{2\pi r}{V} = \frac{2\pi \cdot 2'269 \cdot 10^7}{4200} = 33939'78 \, s$$

b)

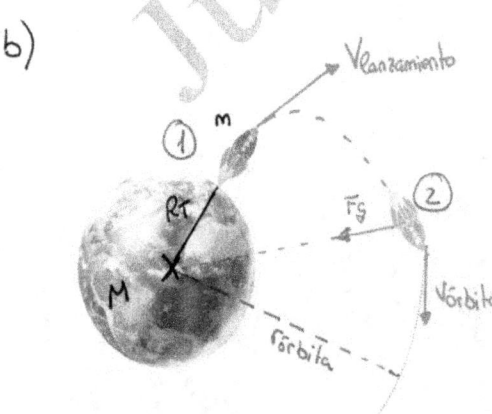

Una vez comunicada la energía cinética de lanzamiento a nuestro satélite para ponerlo en órbita, la única fuerza que actúa sobre el satélite es la gravitatoria, y siendo ésta una fuerza conservativa, la energía

PÁGINA 6

mecánica del satélite se conservará. Así:

$$E_{mecánica_{①}} = E_{mecánica_{②}}$$

$$E_{p_1} + E_{c_1} = E_{p_2} + E_{c_2} \implies -G\frac{Mm}{R_T} + \frac{1}{2}m\,V_{lanz}^2 = -G\frac{Mm}{r_{órbita}} + \frac{1}{2}m\cdot V_{orb}^2$$

$$\implies -G\frac{M}{R_T} + \frac{1}{2}V_{lanz}^2 = -G\frac{M}{r_{órb}} + \frac{1}{2}\left(\frac{GM}{r_{órb}}\right)$$

$$\implies -G\frac{M}{R_T} + \frac{1}{2}V_{lanz}^2 = -\frac{1}{2}\frac{GM}{r_{órb}} \implies$$

$$\implies \frac{1}{2}V_{lanz}^2 = \frac{GM}{R_T} - \frac{1}{2}\frac{GM}{r_{orb}} \implies V_{lanz}^2 = \frac{2GM}{R_T} - \frac{GM}{r_{orb}} \implies$$

$$\implies V_{lanz} = \sqrt{\frac{2\cdot 6'67\cdot 10^{-11}\cdot 6\cdot 10^{24}}{6400\cdot 10^3} - \frac{6'67\cdot 10^{-11}\cdot 6\cdot 10^{24}}{2'269\,\,10^7}} = 10364'59 \text{ m/s}$$

SECCIÓN II - CUESTIÓN

Como $\vec{E_1} = k\cdot\frac{q_1}{r_1^2}\cdot\vec{u_r}$ será $\vec{E_1} = -E_1\vec{i}$, sabemos que para que pueda ser nulo el campo total en B, el campo $\vec{E_2}$ tendrá que ser $\vec{E_2} = +E_2\vec{i}$. Esto implica necesariamente que la carga q_2 tiene que ser $q_2 > 0$.

Una vez deducido esto, $\vec{E_T}$ será $\vec{E_T} = \vec{0}$ cuando los módulos de los campos $\vec{E_1}$ y $\vec{E_2}$ sean iguales. Así:

PÁGINA 7

281

$$|\vec{E_1}| = |\vec{E_2}| \Rightarrow K \cdot \frac{|q_1|}{r_1^2} = K \cdot \frac{|q_2|}{r_2^2} \Rightarrow |q_2| = \frac{r_2^2 \cdot |q_1|}{r_1^2} \Rightarrow$$

$$\Rightarrow |q_2| = \frac{2^2 \cdot 4 \cdot 10^{-6}}{4^2} = 1 \cdot 10^{-6} C \xRightarrow[q_2 > 0]{} q_2 = 1 \cdot 10^{-6} C = 1 \mu C$$

SECCIÓN III - CUESTIÓN

Según la ley de FARADAY-HENRY, sobre la espira se inducirá una corriente si la espira se ve sometida a una variación del flujo magnético que la atraviesa. Al ser el número de líneas de campo que atraviesan la espira creciente con el tiempo (debido al ensanchamiento que experimenta la espira por tener un lado móvil), es obvio que el flujo está variando, apareciendo así la corriente inducida.

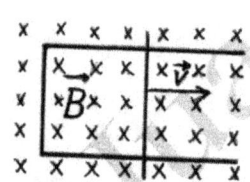

Para averiguar el sentido de la corriente inducida, debemos acudir a la LEY DE LENZ, que dice que el sentido de la corriente inducida debe ser tal que sus efectos se opongan a la causa que la ha provocado. En nuestro caso:

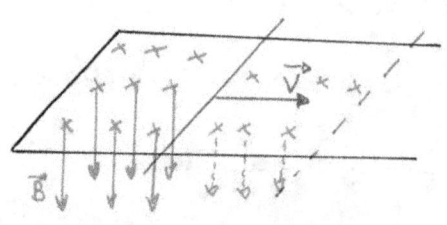

Como ves, a medida que la varilla deslice, habrá cada vez más líneas de campo ENTRANTE en la espira

Según LENZ, como la corriente inducida debe oponerse a esto, dicha corriente deberá generar en la espira un campo SALIENTE que "compense" (o "se oponga") esa variación en el flujo.

Basta razonar con la regla de la mano derecha para ver que el sentido de la corriente inducida deberá ser ANTIHORARIO

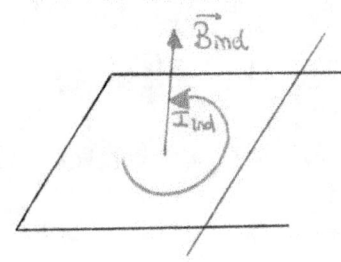

La corriente inducida crea un campo $\vec{B}_{ind}$ saliente que se opone y compensa el aumento de líneas de campo $\vec{B}$ entrante.

SECCIÓN IV - PROBLEMA

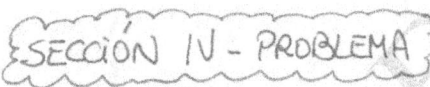

a) En el triángulo sombreado:

$$tg\,\alpha = \frac{d}{2d} = \frac{1}{2} \Rightarrow$$

$$\Rightarrow \alpha = arctg\left(\frac{1}{2}\right) = 26'56°$$

$$\alpha + \beta = 90° \Rightarrow \beta = 63'44°$$

Para el índice de refracción, aplicamos SNELL:

$$n_1 \operatorname{sen} \hat{\iota} = n_2 \operatorname{sen} \hat{r} \Rightarrow n_{aire} \cdot \operatorname{sen} 45° = n_P \cdot \operatorname{sen} \alpha \Rightarrow$$

$$1 \cdot \operatorname{sen} 45° = n_P \cdot \operatorname{sen}(26'56°) \Rightarrow n_P = 1'58$$

b) $n = \dfrac{c}{V_P} \Rightarrow V_P = \dfrac{c}{1'58} = \dfrac{3 \cdot 10^8}{1'58} = 1'9 \cdot 10^8 \, m/s$

Para saber si el rayo se refracta de nuevo hacia el aire al llegar al punto B, debemos comparar el ángulo de incidencia β calculado con el ángulo límite del policarbonato hacia el aire.

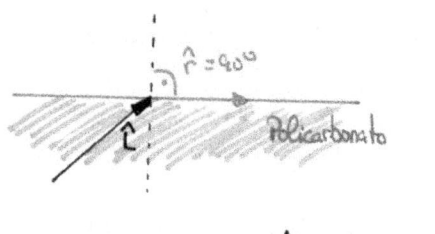

$$n_1 \operatorname{sen} \hat{i} = n_2 \operatorname{sen} \hat{r}$$

$$n_p \cdot \operatorname{sen} \hat{L} = n_{aire} \cdot \operatorname{sen} 90°$$

$$\operatorname{sen} \hat{L} = \frac{n_{aire}}{n_p} \Rightarrow$$

$$\Rightarrow \hat{L} = \operatorname{arcsen}\left(\frac{1}{1'58}\right) = 39'26°$$

Como $\beta > \hat{L}$, el rayo no se refractará hacia el aire cuando llegue al punto B y se producirá el fenómeno de reflexión total.

SECCIÓN V - CUESTIÓN

$$P = \frac{1}{f'} \Rightarrow f' = \frac{1}{P} = \frac{1}{-2} = -0'5 m$$

Como $f' < 0 \rightarrow$ La lente es divergente. El foco imagen f' de estas lentes es virtual y lo localizamos en el punto donde concurren las prolongaciones teóricas de los rayos luminosos refractados por la lente cuando éstos inciden paralelos al eje óptico (es decir, desde el infinito)

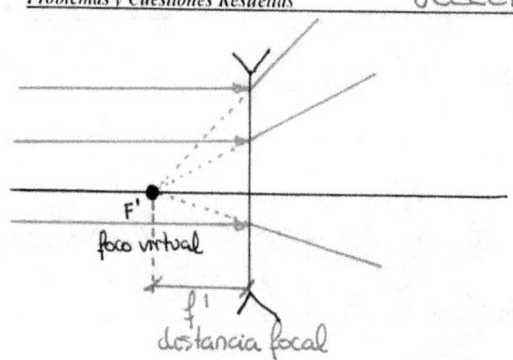

Dado que la miopía consiste en un exceso de convergencia, éstas lentes son adecuadas para su corrección.

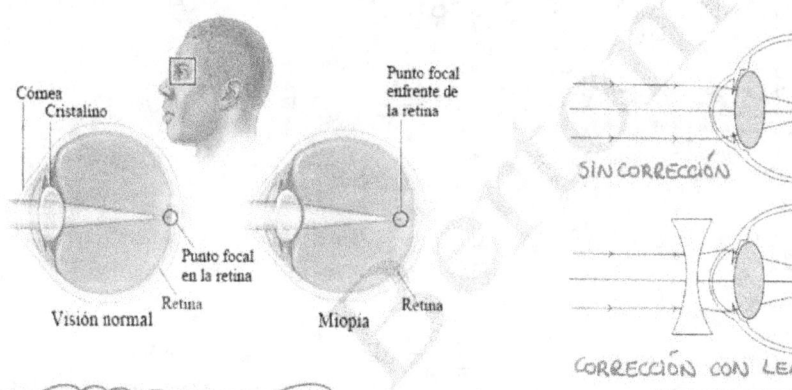

SIN CORRECCIÓN

CORRECCIÓN CON LENTES DIVERGENTES

SECCIÓN VI - CUESTIÓN

Antes de la unión : $E_1 = 3E_{0_1}$
                      $E_2 = 3E_{0_2}$ Son iguales $\Rightarrow$
                      $\Rightarrow E_T = E_1 + E_2$

$\Rightarrow E_T = 6E_0 = 6mc^2$

Después de la unión : $E_T = E_0 + \cancel{E_c}^{\text{(velocidad nula)}} = Mc^2$

Si la energía se conserva $\Rightarrow 6mc^2 = Mc^2 \Rightarrow M = 6m$

Sabemos que la energía relativista es :

$$E = m_{rel} \cdot c^2$$

Y la relación entre la masa relativista y la masa en reposo "m" es el factor de Lorentz :

$$m_{rel} = \gamma \cdot m$$

Por tanto $\Rightarrow$ $E = m_{rel} \cdot c^2 = \gamma m \cdot c^2 = \gamma \cdot E_0$

Como sabíamos que $E = 3E_0$, es obvio que $\gamma = 3$. Así:

$$\gamma = \frac{1}{\sqrt{1 - (v/c)^2}} \Rightarrow \left(\sqrt{1 - (v/c)^2}\right)^2 = \left(\frac{1}{\gamma}\right)^2 \Rightarrow$$

$$\Rightarrow (v/c)^2 = 1 - \left(\frac{1}{\gamma}\right)^2 \Rightarrow v/c = \sqrt{1 - \frac{1}{\gamma^2}} \Rightarrow v = c \cdot \sqrt{1 - \frac{1}{\gamma^2}}$$

$$\Rightarrow v = c \cdot \sqrt{1 - \frac{1}{9}} = c \cdot \sqrt{\frac{8}{9}} = \frac{2\sqrt{2}}{3} \cdot c$$

GENERALITAT VALENCIANA
Conselleria d'Educació,
Investigació, Cultura i Esport

COMISSIÓ GESTORA DE LES PROVES D'ACCÉS A LA UNIVERSITAT
COMISIÓN GESTORA DE LAS PRUEBAS DE ACCESO A LA UNIVERSIDAD

SISTEMA UNIVERSITARI VALENCIÀ
SISTEMA UNIVERSITARIO VALENCIANO

PROVES D'ACCÉS A LA UNIVERSITAT	PRUEBAS DE ACCESO A LA UNIVERSIDAD	
CONVOCATÒRIA:	**JULIOL 2019**	CONVOCATORIA: JULIO 2019
Assignatura: FÍSICA		Asignatura: FÍSICA

BAREMO DEL EXAMEN: La puntuación máxima de cada problema es de 2 puntos y la de cada cuestión de 1,5 puntos. Cada estudiante podrá disponer de una calculadora científica no programable y no gráfica. Se prohíbe su utilización indebida (almacenamiento de información). Se utilice o no la calculadora, los resultados deberán estar siempre debidamente justificados. Realiza primero el cálculo simbólico y después obtén el resultado numérico.

OPCIÓN A

SECCIÓN I - CUESTIÓN

Explica brevemente el concepto de velocidad de escape de un planeta y deduce su expresión en función del radio R del planeta y de la aceleración de la gravedad en su superficie, g_0.

SECCIÓN II - CUESTIÓN

Las posiciones, respecto al origen de coordenadas, de dos cargas $q_1 = -4\ \mu C$ y $q_2 = -6\ \mu C$ son, respectivamente, $\vec{r}_1 = 3\ \vec{j}\ m$ y $\vec{r}_2 = -3\ \vec{j}\ m$. Calcula el valor de una carga q, situada en el origen de coordenadas, si la fuerza eléctrica total que actúa sobre ella es $\vec{F} = 2 \cdot 10^{-3}\ \vec{j}\ N$.
Dato: constante de Coulomb, $k = 9 \cdot 10^9\ Nm^2/C^2$

SECCIÓN III - PROBLEMA

Dos hilos rectilíneos indefinidos, paralelos y separados una distancia $d = 2\ cm$ conducen las corrientes I_1 e I_2, con los sentidos representados en la figura. En el punto P, equidistante a ambos hilos, el modulo del campo magnético creado sólo por la corriente I_1 es $0,06\ mT$, y el del campo total debido a las dos corrientes es $0,04\ mT$. Ambos campos (el debido a I_1 y el total) tienen la misma dirección y sentido.

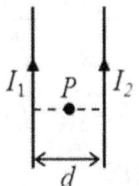

a) Calcula razonadamente el campo magnético generado por la corriente I_2 y representa claramente todos los vectores campo magnético involucrados. (1 punto)
b) Calcula el valor de las corrientes I_1 e I_2. (1 punto)
Dato: permeabilidad magnética del vacío, $\mu_0 = 4\pi \cdot 10^{-7}\ Tm/A$

SECCIÓN IV- CUESTIÓN

El gráfico representa una onda armónica en un instante arbitrario t propagándose hacia la derecha del eje X con una velocidad de $2\ m/s$. Determina razonadamente la amplitud y la frecuencia de la onda. ¿Cuál es la diferencia de fase entre dos puntos de la onda situados en $x_2 = 5\ m$ y $x_1 = 4\ m$?

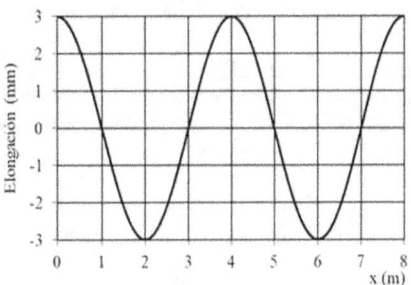

SECCIÓN V - PROBLEMA

Para observar una hormiga de $3\ mm$ de longitud se usa una lupa de distancia focal $f' = 12\ cm$ situada a una distancia de $6\ cm$ respecto a la hormiga.
a) Calcula la posición, respecto a la lupa, a la que se encuentra la imagen y el tamaño con el que veremos la hormiga. (1 punto)
b) Representa el diagrama de rayos, señalando claramente la posición y tamaño de objeto e imagen. Indica cómo es la imagen ¿real o virtual? ¿derecha o invertida? (1 punto)

SECCIÓN VI - CUESTIÓN

Escribe la expresión de la longitud de onda de De Broglie y explica su significado. Calcula la longitud de onda de De Broglie de una bacteria que se mueve a una velocidad de $66\ \mu m/s$, sabiendo que la masa de un millón de bacterias es de $1\ \mu g$.
Dato: constante de Planck, $h = 6,6 \cdot 10^{-34}\ Js$

GENERALITAT VALENCIANA
Conselleria d'Educació,
Investigació, Cultura i Esport

COMISSIÓ GESTORA DE LES PROVES D'ACCÉS A LA UNIVERSITAT
COMISIÓN GESTORA DE LAS PRUEBAS DE ACCESO A LA UNIVERSIDAD

SISTEMA UNIVERSITARI VALENCIÀ
SISTEMA UNIVERSITARIO VALENCIANO

PROVES D'ACCÉS A LA UNIVERSITAT		PRUEBAS DE ACCESO A LA UNIVERSIDAD	
CONVOCATÒRIA:	JULIOL 2019	CONVOCATORIA:	JULIO 2019
Assignatura: FÍSICA		Asignatura: FÍSICA	

BAREMO DEL EXAMEN: La puntuación máxima de cada problema es de 2 puntos y la de cada cuestión de 1,5 puntos. Cada estudiante podrá disponer de una calculadora científica no programable y no gráfica. Se prohíbe su utilización indebida (almacenamiento de información). Se utilice o no la calculadora, los resultados deberán estar siempre debidamente justificados. Realiza primero el cálculo simbólico y después obtén el resultado numérico.

OPCIÓN B

SECCIÓN I - PROBLEMA

Se sitúan dos masas puntuales de $1\ kg$ en las posiciones $(-3,0)\ m$ y $(3,0)\ m$ de un sistema de coordenadas cartesiano. Calcula para el punto $(0,4)\ m$:

a) Los vectores campo gravitatorio que generan cada una de ellas y el vector campo gravitatorio total. Razona si existe algún punto de esta configuración donde se anula el campo gravitatorio y en caso afirmativo identifícalo (1 punto).

b) El potencial gravitatorio debido a cada una de las masas y el potencial total. Razona si existe algún punto donde el potencial gravitatorio se anula (1 punto).

Dato: constante de gravitación universal, $G = 6,67 \cdot 10^{-11}\ Nm^2/kg^2$

SECCIÓN II - CUESTIÓN

Explica brevemente qué es un campo de fuerzas conservativo. Una carga positiva se encuentra en el seno de un campo electrostático. El trabajo realizado por el campo para desplazarla entre los puntos A y B de la figura es de $0,01\ J$ si se sigue el camino (1) ¿Cuál es el trabajo si se sigue el camino (2)? ¿En qué punto, A o B, es mayor el potencial eléctrico? Razona las respuestas.

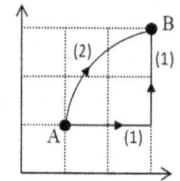

SECCIÓN III - CUESTIÓN

Una espira plana de superficie $5\ cm^2$ está situada en el seno de un campo magnético uniforme de $B = 1\ mT$ perpendicular al plano de la espira. Calcula el flujo magnético a través de la espira en esta situación y cuando la espira ha girado un ángulo $\alpha = 45°$. Razona si se genera una fuerza electromotriz en la espira mientras gira.

SECCIÓN IV - PROBLEMA

Una onda sinusoidal transversal en una cuerda se propaga en el sentido positivo del eje X con una velocidad de $1\ m/s$ y un periodo de $0,2\ s$. En el instante inicial, el punto de la cuerda situado en el origen de coordenadas tiene una elongación positiva igual a su amplitud.

a) Calcula los valores de la frecuencia angular, el número de onda y la fase inicial. (1 punto).

b) Si la amplitud de la onda es de $0,1\ m$, escribe la función de onda $y(x,t)$ ¿qué elongación tiene el punto de la cuerda $x = 0,2\ m$ en el instante $t = 0,4\ s$? (1 punto)

SECCIÓN V - CUESTIÓN

El esquema de la figura representa una lente, un objeto y dos rayos (1 y 2) que, procedentes del extremo del objeto (flecha), salen de la lente tal y como se muestra. Determina, a partir de un trazado de rayos, la posición, tamaño de la imagen y aumento, posición de los puntos focales y la potencia de la lente. ¿la imagen es real o virtual?

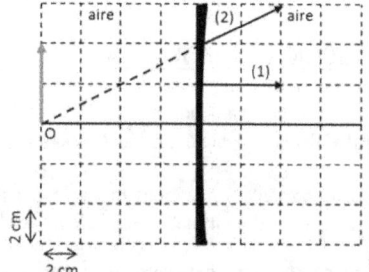

SECCIÓN VI - CUESTIÓN

En la nucleosíntesis estelar de estrellas masivas, el núcleo de la estrella, al contraerse, provoca la siguiente desintegración: ${}^{20}_{10}Ne \rightarrow {}^{16}_{8}O + X$. Determina razonadamente qué partícula es X. En esta reacción se consume una energía de $4,7\ MeV$. Calcula la energía consumida, en julios, cuando se desintegra un mol de núcleos de neón.

Datos: número de Avogadro, $N_A = 6 \cdot 10^{23}\ mol^{-1}$; carga elemental, $e = 1,6 \cdot 10^{-19}\ C$

OPCIÓN A

SECCIÓN I - CUESTIÓN

La velocidad de escape es la velocidad mínima con la que debe lanzarse un cuerpo para que llegue al infinito con velocidad nula.

En términos energéticos, tenemos que comunicar a ese cuerpo una energía (cinética) para que eso sea posible.

∞ (Ep$_\infty$ = 0)

Como una vez comunicada esa energía cinética, la única fuerza que actúa sobre el cuerpo es la gravitatoria, y siendo ésta una fuerza conservativa, la energía mecánica del cuerpo se conserva. Así:

$\Delta E_m = 0 \Rightarrow E_{m\,inicial} = E_{m\,final} \Rightarrow$

$\Rightarrow E_{p\,inicial} + E_{c\,inicial} = \cancel{E_{p\infty}}^{0} + \cancel{E_{c\infty}}^{0}$ (porque por hipótesis suponemos que llega al infinito con velocidad nula)

$\Rightarrow -G\dfrac{Mm}{R} + \dfrac{1}{2}m\cdot V_{esc}^{2} = 0 \Rightarrow V_{esc} = \sqrt{2\dfrac{GM}{R}}$

Por otro lado, se nos pide que expresemos esta velocidad en función de la gravedad en la superficie del planeta. Dado que el módulo de dicha intensidad

de campo viene dada por:

$$g_0 = G \cdot \frac{M}{R^2} \implies GM = g_0 \cdot R^2$$

y así, la expresión pedida para la velocidad de escape:

$$V_{esc} = \sqrt{2 \, \frac{G M}{R}} \underset{\substack{\uparrow \\ GM = g_0 \cdot R^2}}{=} \sqrt{2 \cdot \frac{g_0 \cdot R^2}{R}} = \sqrt{2 \cdot g_0 \cdot R}$$

{ SECCIÓN II - CUESTIÓN }

La ley de Coulomb nos dice la fuerza con la que

se atraen/repelen dos cargas puntuales según:

$$\vec{F} = K \cdot \frac{Q \cdot q}{r^2} \cdot \vec{u_r}$$

Así:

$$\vec{F_1} = K \cdot \frac{q_1 \cdot q}{r_1^2} \cdot \vec{u_{r_1}} = 9 \cdot 10^9 \cdot \frac{(-4 \cdot 10^{-6}) \cdot q}{3^2} \cdot \vec{j} = -4000 q \, \vec{j}$$

$$\vec{F_2} = K \cdot \frac{q_2 \cdot q}{r_2^2} \cdot \vec{u_{r_2}} = 9 \cdot 10^9 \cdot \frac{(-6 \cdot 10^{-6}) \cdot q}{3^2} \cdot (-\vec{j}) = +6000 q \, \vec{j}$$

Por el principio de superposición, la fuerza total:

$$\vec{F_{TOTAL}} = \vec{F_1} + \vec{F_2}$$

$$2 \cdot 10^{-3} \, \vec{j} = -4000 q \, \vec{j} + 6000 q \, \vec{j} \implies$$

$$\implies 2 \cdot 10^{-3} \, \vec{j} = 2000 q \, \vec{j} \implies q = \frac{2 \cdot 10^{-3}}{2000} = 1 \cdot 10^{-6} = 1 \mu C$$

PÁGINA 2

SECCIÓN III - PROBLEMA

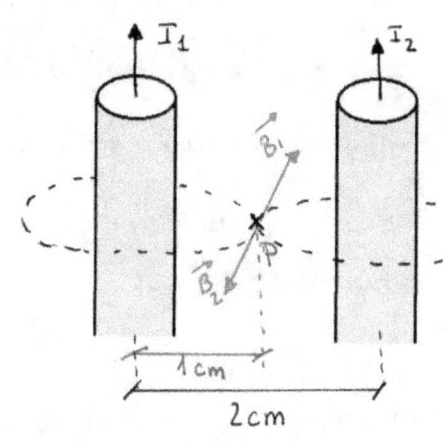

Tomamos como sistema de referencia:

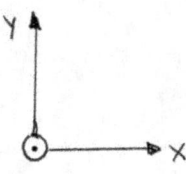

Con la regla de la mano derecha hemos determinado la dirección y sentido de los campos $\vec{B_1}$ y $\vec{B_2}$ en P para llegar a la conclusión:

$$\left.\begin{array}{l} \vec{B_1} = -B_1 \cdot \vec{K} \\[2mm] \vec{B_2} = B_2 \cdot \vec{K} \end{array}\right\} \quad \vec{B_{TOTAL}} = \vec{B_1} + \vec{B_2} = (B_2 - B_1)\vec{K} = -B_T \vec{K}$$

misma dirección y sentido que $\vec{B_1}$

Por otro, nos dan los siguientes datos:

$$\left.\begin{array}{l} B_1 = 0'06 \, mT \\[2mm] B_{TOTAL} = 0'04 \, mT \end{array}\right\} \quad B_2 - B_1 = -B_T \Rightarrow B_2 - 0'06 = -0'04 \Rightarrow$$

$$\Rightarrow B_2 = 0'02 \, mT$$

Y por tanto, el campo pedido es $\vec{B_2} = 0'02 \, \vec{K} \, mT$

Conocidos los módulos B_1 y B_2, obtendremos las intensidades mediante la ley de Biot:

$$B_1 = \frac{\mu I_1}{2\pi r_1} \longrightarrow 0'06 \cdot 10^{-3} = \frac{4\pi \cdot 10^{-7} \cdot I_1}{2\pi \cdot 0'01} \Rightarrow I_1 = 3 \, A$$

$$B_2 = \frac{\mu I_2}{2\pi r_2} \longrightarrow 0'02 \cdot 10^{-3} = \frac{4\pi \cdot 10^{-7} \cdot I_2}{2\pi \cdot 0'01} \Rightarrow I_2 = 1 \, A$$

PÁGINA 3

SECCIÓN IV - CUESTIÓN

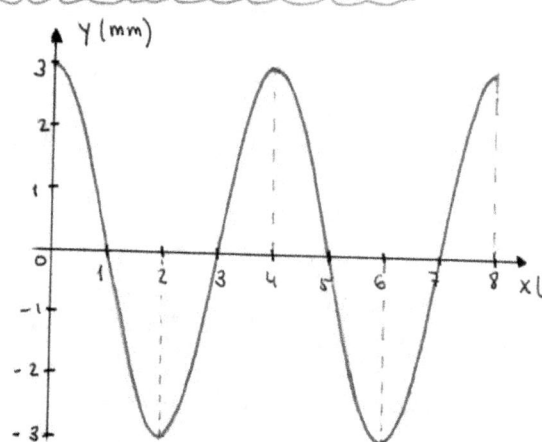

Se nos da el gráfico de la elongación y (en mm) de los puntos x de un medio que oscilan en un instante determinado.

De la gráfica, se puede leer directamente:

$$A = 3\,mm = 0'003\,m$$

$$\lambda = 4\,m \quad \left(\begin{array}{l}\text{la longitud de onda es la distancia mínima} \\ \text{que separa a dos puntos que vibran en fase}\end{array}\right)$$

Por otro lado, conocemos la velocidad de propagación:

$$V_p = \frac{\lambda}{T} \Rightarrow 2 = \frac{4}{T} \Rightarrow T = 2s \Rightarrow f = \frac{1}{T} = \frac{1}{2} = 0'5\,Hz$$

La diferencia de fase entre dos puntos en un instante dado:

$$\Delta\theta = \frac{2\pi}{\lambda} \cdot \Delta x = \frac{2\pi}{4} \cdot 1 = \frac{\pi}{2}\,rad$$

SECCIÓN V - PROBLEMA

Tenemos los siguientes datos:

$$\left.\begin{array}{l}f' = 12\,cm \\ s = -6\,cm \\ y = 3\,mm\end{array}\right\}$$

En la ecuación de las lentes:

$$\frac{1}{s'} - \frac{1}{s} = \frac{1}{f'} \Rightarrow \frac{1}{s'} - \frac{1}{-6} = \frac{1}{12} \Rightarrow s' = -12\,cm$$

PÁGINA 4

Y para el tamaño de la imagen, usamos el aumento lateral:

$$A_L = \frac{y'}{y} = \frac{s'}{s} \implies \frac{y'}{3} = \frac{-12}{-6} \implies y' = 6\,mm$$

Dado que :

   $f' > 0 \longrightarrow$ Es una lente convergente

   $y' > 0 \longrightarrow$ Imagen derecha

   $y' > y \longrightarrow$ Imagen mayor

   $s' < 0 \longrightarrow$ Imagen virtual

Todo esto, lo podemos ver en el diagrama de rayos :

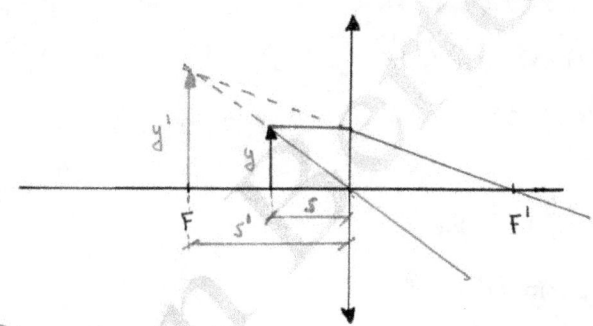

SECCIÓN VI - CUESTIÓN

El debate acerca de la naturaleza de la luz que existió a principios del siglo XX trajo como consecuencia el tener que admitir que la luz tiene un comportamiento dual. Así, la luz se comporta como una onda cuando se refleja, se refracta, etc; y se comporta como un conjunto de partículas en otros fenómenos como puede ser el

efecto fotoeléctrico. Fue precisamente la explicación dada
por Einstein para el mencionado efecto, combinada
además con la relatividad lo que llevó a De Broglie
a formular su hipótesis. Veámoslo:

Efecto fotoeléctrico:

La luz está compuesta por partículas que se llaman
fotones, siendo la energía de uno de ellos:

$$E = h \cdot f = h \cdot \frac{c}{\lambda} \implies \frac{h}{\lambda} = \frac{E}{c}$$

Relatividad:

La energía total de una partícula es la suma
de su energía en reposo más su energía cinética:

$$E = E_c + E_0 = \sqrt{p^2 c^2 + m_0^2 c^4}$$

Como el fotón no tiene masa en reposo $\implies m_0 = 0 \implies$

$$\implies E = \sqrt{p^2 c^2} \implies E = p c \implies p = \frac{E}{c} \quad \left(\text{Momento de un fotón} \right)$$

Y por tanto, para el fotón $\implies \dfrac{h}{\lambda} = p \implies \lambda = \dfrac{h}{p}$

La hipótesis de De Broglie no es más que generalizar
la expresión encontrada para λ fotón, extendiéndola
a cualquier partícula con momento lineal p. Es
decir, si Einstein consiguió explicar el efecto fotoeléctrico

diciendo que la luz (onda electromagnética) se comportaba como un conjunto de partículas (fotones), ¿por qué no iba a poder suceder al revés? ¿Por qué no iba a poder ser que una partícula tuviese comportamiento ondulatorio en circunstancias concretas?

La hipótesis de De Broglie extiende el comportamiento dual de la luz a toda la materia diciendo que "toda la materia presenta características tanto ondulatorias como corpusculares, comportándose de un modo u otro dependiendo del experimento específico"

La formulación matemática de la hipótesis ya la hemos deducido, y es la dada por:

$$\lambda = \frac{h}{P} = \frac{h}{m \cdot v}$$

El primer hecho experimental que confirmó la hipótesis fue el de los físicos Clinton Joseph Davisson y Lester Halbert Germer (Experimento Germer-Davisson) que al guiar un haz de electrones a través de una celda cristalina observaron los mismos efectos de difracción que se obtienen con el experimento de la doble rendija de Young.

PÁGINA 7

Ahora, vamos con el ejercicio:

$$V = 66 \, \mu m/s = 66 \cdot 10^{-6} \, m/s$$

$$1 \text{ bacteria} \times \frac{1 \, \mu g}{1000000 \text{ bacterias}} \times \frac{1 \cdot 10^{-6} \, g}{1 \, \mu g} \times \frac{1 \, kg}{1000 \, g} =$$

$$= 1 \cdot 10^{-15} \, kg$$

$$\Rightarrow \lambda = \frac{h}{P} = \frac{h}{m \cdot v} = \frac{6'6 \cdot 10^{-34}}{1 \cdot 10^{-15} \cdot 66 \cdot 10^{-6}} = 1 \cdot 10^{-14} \, m$$

OPCIÓN B

SECCIÓN I - PROBLEMA

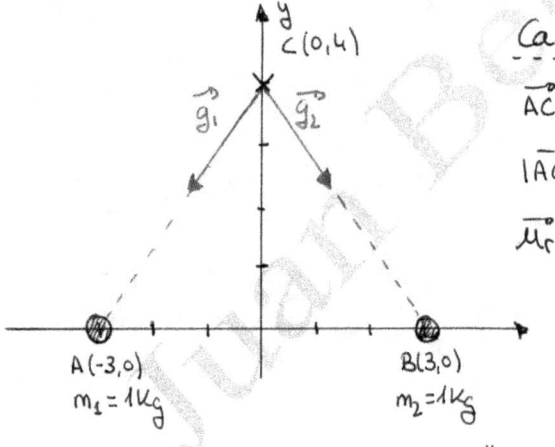

Campo $\vec{g_1}$:

$$\vec{AC} = (0,4) - (-3,0) = (3,4)$$

$$|\vec{AC}| = r_1 = \sqrt{3^2 + 4^2} = 5 \, m$$

$$\vec{u}_{r_1} = \frac{1}{|\vec{AC}|} \cdot \vec{AC} = \left(\frac{3}{5}, \frac{4}{5}\right)$$

$$\vec{g_1} = -G \frac{m_1}{r_1^2} \cdot \vec{u}_{r_1} = -6'67 \cdot 10^{-11} \cdot \frac{1}{25} \cdot \left(\frac{3}{5}, \frac{4}{5}\right) = \left(-1'6 \cdot 10^{-12}, -2'13 \cdot 10^{-12}\right) N/kg$$

Campo $\vec{g_2}$:

$$\vec{BC} = (0,4) - (3,0) = (-3,4) \; ; \; |\vec{BC}| = r_2 = \sqrt{3^2 + 4^2} = 5m \; ; \; \vec{u}_{r_2} = \left(\frac{-3}{5}, \frac{4}{5}\right)$$

$$\vec{g_2} = -G \frac{m_2}{r_2^2} \cdot \vec{u}_{r_2} = -6'67 \cdot 10^{-11} \cdot \frac{1}{25} \left(\frac{-3}{5}, \frac{4}{5}\right) = \left(1'6 \cdot 10^{-12}, -2'13 \cdot 10^{-12}\right) N/kg$$

PÁGINA 8

El campo total por tanto:

$$\vec{g_T} = \vec{g_1} + \vec{g_2} = (0, -4'26 \cdot 10^{-12}) \ N/kg$$

El campo gravitatorio creado por dos masas se anula en un punto del segmento que une ambas masas y donde los módulos de los vectores $\vec{g_1}$ y $\vec{g_2}$ sean iguales. En nuestro caso:

$$g_1 = g_2$$

$$-G \cdot \frac{m_1}{x^2} = -G \frac{m_2}{(6-x)^2} \Rightarrow$$

$$\Rightarrow x^2 = (6-x)^2 \Rightarrow x = 6-x \Rightarrow 2x = 6 \Rightarrow x = 3m$$

El campo se anula a 3 metros a la derecha de m_1. Es decir, que el campo se anula en el origen $O(0,0)$

b) $V_1 = -G \cdot \frac{m_1}{r_1} = \frac{-6'67 \cdot 10^{-11} \cdot 1}{5} = -1'334 \cdot 10^{-11} \ J/kg$

$V_2 = -G \cdot \frac{m_2}{r_2} = \frac{-6'67 \cdot 10^{-11} \cdot 1}{5} = -1'334 \cdot 10^{-11} \ J/kg$

$V_T = V_1 + V_2 = -2'668 \cdot 10^{-11} \ J/kg$

Dado que el potencial es un escalar, no puede anularse en ningún punto. Solamente será nulo en el infinito (es decir, fuera del campo).

PÁGINA 9

SECCIÓN II - CUESTIÓN

Un campo de fuerzas es una región del espacio en el que cualquier cuerpo experimenta una fuerza $\vec{F}$.

Los campos de fuerzas los crean cuerpos capaces de hacerlo y afectan a cuerpos capaces de experimentar la acción del campo. Es decir, si el campo lo crea una masa (campo gravitatorio), afectará a los cuerpos que tienen masa (fuerza gravitatoria). Si el campo lo crea una carga eléctrica (campo eléctrico), afectará a los cuerpos que tengan carga eléctrica (fuerza eléctrica).

Decimos que un campo es conservativo cuando el trabajo realizado por la fuerza del campo cuando un cuerpo se traslada de un punto A a otro B es independiente de la trayectoria elegida para ir de A hasta B.

Esto es equivalente a decir que el trabajo que realiza una fuerza conservativa que actúa sobre un cuerpo que se traslada a lo largo de una trayectoria cerrada es cero.

PÁGINA 10

Cuando un campo es conservativo, es posible definir en cada punto del mismo una función potencial $V(r)$ que depende únicamente de la posición del punto considerado. Esto a su vez permite encontrar el trabajo realizado por la fuerza del campo conservativo cuando un cuerpo se traslada desde A hasta B como función exclusiva de la diferencia de potencial $\Delta V_A^B = V_B - V_A$

Son conservativos el campo gravitatorio y el campo electrostático, y en ambos:

$$W_{\substack{campo \\ gravitatorio}} = \int_A^B \vec{F} \cdot d\vec{r} = \int_A^B m \cdot \vec{g} \cdot d\vec{r} = -m \cdot \Delta V = -m(V_B - V_A)$$

$$W_{\substack{campo \\ eléctrico}} = \int_A^B \vec{F} \cdot d\vec{r} = \int_A^B q \cdot \vec{E} \cdot d\vec{r} = -q \cdot \Delta V = -q(V_B - V_A)$$

Ahora, vamos con el ejercicio:

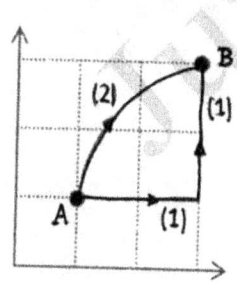

Sabemos que es un campo electrostático, y por tanto, sabemos que es un campo conservativo. Acabamos de ver como en estos campos el trabajo es independiente de la trayectoria, por lo que podemos concluir que $W_{camino\,2} = W_{camino\,1} = 0'01\,J$

Por otro lado:

$$W = -q \cdot \Delta V = -q \cdot (V_B - V_A) = 0'01\,J \Rightarrow$$

$$\Rightarrow -q \cdot (V_B - V_A) > 0 \Rightarrow V_B - V_A < 0 \Rightarrow V_B < V_A$$

$\Rightarrow$ El potencial eléctrico es mayor en el punto A.

Tenemos estas dos situaciones

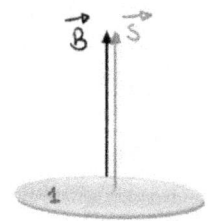
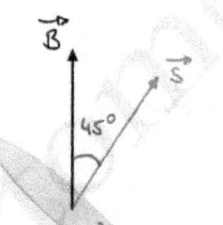

$B = 1 mT$

$S = 5 cm^2 =$

$= 5 \cdot 10^{-4} m^2$

Y como el flujo viene dado por $\phi = \vec{B} \cdot \vec{S} = B S \cos \alpha$, se tiene:

$$\phi_1 = 1 \cdot 10^{-3} \cdot 5 \cdot 10^{-4} \cdot \cos 0 = 5 \cdot 10^{-7} Wb$$

$$\phi_2 = 1 \cdot 10^{-3} \cdot 5 \cdot 10^{-4} \cdot \cos 45 = 3'53 \cdot 10^{-7} Wb$$

Como mientras la espira gira, ésta se ve sometida a una variación del flujo magnético que la atraviesa, efectivamente se genera en la espira una fuerza electromotriz (LEY DE FARADAY-HENRY)

{SECCIÓN IV - PROBLEMA}

Tenemos los datos:

$$v_p = 1 \, m/s$$
$$T = 0'2 \, s$$

$\Rightarrow v_p = \dfrac{\lambda}{T} \Rightarrow \lambda = v_p \cdot T = 1 \cdot 0'2 = 0'2 \, m$

Por tanto:

$$\omega = \dfrac{2\pi}{T} = \dfrac{2\pi}{0'2} = 10\pi \, rad/s$$

$$K = \dfrac{2\pi}{\lambda} = \dfrac{2\pi}{0'2} = 10\pi \, rad/m$$

La ecuación de la onda:

$$y(x,t) = A \cdot sen(\omega t - Kx + \varphi_0)$$
$$y(x,t) = A \cdot sen(10\pi t - 10\pi x + \varphi_0)$$

Conocemos la elongación del origen en el instante inicial

$$y(0,0) = +A \Rightarrow A = A \, sen(\varphi_0) \Rightarrow sen(\varphi_0) = 1 \Rightarrow$$

$$\Rightarrow \varphi_0 = arcsen(1) = \pi/2 \, rad$$

b) Si conocemos la amplitud A = 0'1 m

$$y(x,t) = 0'1 \, sen\left(10\pi t - 10\pi x + \dfrac{\pi}{2}\right)$$

En t = 0'4 s la onda ha recorrido $e = v \cdot t = 1 \cdot 0'4 = 0'4 \, m$ y por tanto el punto x = 0'2 m ya ha sido alcanzado por la onda. La elongación de dicho punto en dicho instante:

$$y(0'2 , 0'4) = 0'1 \, sen\left(10\pi \cdot 0'4 - 10\pi \cdot 0'2 + \dfrac{\pi}{2}\right) = 0'1 \, m$$

{ SECCIÓN V - CUESTIÓN }

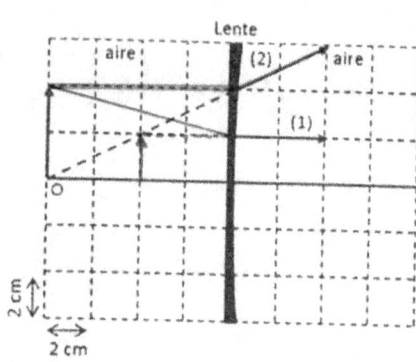

Los rayos (1) y (2) divergen al atravesar la lente, y por tanto se trata de una lente divergente.

El diagrama de rayos genérico para estas lentes es:

Como puedes ver, el rayo que incide en la lente paralelo a el eje óptico se refracta de modo que su prolongación teórica pasa por F'. Es por eso por lo que sabemos que el punto 0 del esquema que nos dan es el foco imagen f' de la lente. Por lo demás, todo se puede leer directamente del esquema dado:

$$f' = -8\,cm$$

$$\left.\begin{array}{l} s = -8\,cm \quad ; \quad y = 4\,cm \\ s' = -4\,cm \quad ; \quad y' = 2\,cm \end{array}\right\} \quad A_L = \frac{y'}{y} = \frac{s'}{s} = \frac{1}{2}$$

$$P = \frac{1}{f'} = \frac{1}{-0'08} = -12'5\,D$$

Se trata de una imagen virtual al formarse con las prolongaciones teóricas de los rayos refractados en la lente

SECCIÓN VI - CUESTIÓN

$$^{20}_{10}Ne \longrightarrow {}^{16}_{8}O + {}^{A}_{z}X \Rightarrow \left.\begin{array}{l} 20 = 16 + A \\ 10 = 8 + z \end{array}\right\} \Rightarrow A = 4; \; z = 2$$

La partícula es $^{4}_{2}X$ (partícula $\alpha \longrightarrow {}^{4}_{2}He$)

$$1 \; mol \; de \; Ne \times \frac{6 \cdot 10^{23} \; núcleos \; Ne}{1 \; mol \; Ne} \times \frac{4'7 \; MeV}{1 \; núcleo \; Ne} \times \frac{10^{6} eV}{1 \; MeV} \times$$

$$\times \; \frac{1'6 \cdot 10^{-19} J}{1 \; eV} = 4'512 \cdot 10^{11} \; J$$

PROVES D'ACCÉS A LA UNIVERSITAT	PRUEBAS DE ACCESO A LA UNIVERSIDAD
CONVOCATÒRIA: JULIOL 2020	CONVOCATORIA: JULIO 2020
Assignatura: Física	Asignatura: Física

BAREMO DEL EXAMEN: La puntuación máxima de cada problema es de 2 puntos y la de cada cuestión de 1,5 puntos. Cada estudiante podrá disponer de una calculadora científica no programable y no gráfica. Se prohíbe su utilización indebida (almacenamiento de información). Se utilice o no la calculadora, los resultados deberán estar siempre debidamente justificados. Realiza primero el cálculo simbólico y después obtén el resultado numérico.
TACHA CLARAMENTE todo aquello que no deba ser evaluado

CUESTIONES (elige y contesta exclusivamente 4 cuestiones)

CUESTIÓN 1 - Interacción gravitatoria
Entre un cuerpo de masa m y otro de masa $M > m$ (ambas puntuales) existe solo la interacción gravitatoria. ¿es la fuerza gravitatoria que ejerce M sobre m mayor que la que ejerce m sobre M? ¿es la aceleración de ambos cuerpos igual en módulo? ¿y en dirección y sentido? Razona adecuadamente las respuestas.

CUESTIÓN 2 - Interacción electromagnética
Se colocan dos cargas puntuales, q y $-2q$, en los vértices de un cuadrado de 1 m de lado, como aparece en la figura. Si $q = 2\sqrt{2}$ nC, calcula y representa claramente el vector campo eléctrico en el punto P debido a cada carga, así como el vector campo eléctrico resultante generado por dichas cargas en el punto P.
Dato: constante de Coulomb $k = 9 \cdot 10^9$ N m^2/C^2

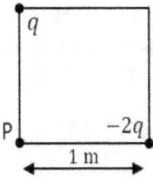

CUESTIÓN 3 - Interacción electromagnética
Por un conductor rectilíneo indefinido circula una corriente de intensidad I. Escribe y representa el vector campo magnético $\vec{B}$ en puntos que se encuentran a una distancia r del hilo. Explica como cambia dicho vector si los puntos se encuentran a una distancia $2r$.

CUESTIÓN 4 - Interacción electromagnética
Se tiene una espira circular en el interior de un campo magnético uniforme y constante como muestra la figura a). Si el área de la espira circular disminuye hasta hacerse la mitad ¿se induce corriente eléctrica en la espira? ¿en qué sentido? Si la forma de la espira pasa a ser ovalada, dejando invariante su área (figura b), ¿se induce corriente eléctrica? Escribe y explica la ley del electromagnetismo en la que te basas y responde razonadamente.

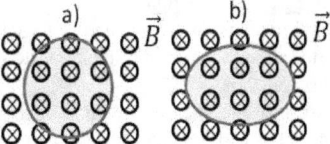

CUESTIÓN 5 - Ondas
Escribe la expresión del nivel sonoro (en dB) en función de la intensidad de un sonido. A una cierta distancia del punto de explosión de un petardo se mide una intensidad de 1 W m^{-2}. ¿Qué nivel de intensidad en dB tendremos en este punto? Calcula la intensidad en W m^{-2} que se medirá al duplicar la distancia. (Considera que la onda sonora es esférica).
Dato: Intensidad umbral de referencia $I_0 = 10^{-12}$ W m^{-2}

CUESTIÓN 6- Óptica geométrica
Deduce la relación entre la distancia objeto, s, y la distancia focal, f', de una lente convergente para que la imagen sea invertida y con un tamaño tres veces mayor que el del objeto.

CUESTIÓN 7- Óptica geométrica
En una revisión optométrica indican a una persona que, para ver bien objetos lejanos, debería ponerse una gafa de lentes de 1,5 dioptrías. Razona si tiene miopía o hipermetropía y por qué se corrige con dicho tipo de lente. Explica razonadamente el fenómeno y su corrección con ayuda de un trazado de rayos.

CUESTIÓN 8- Física del s. XX
La energía relativista de una partícula es $3/\sqrt{8}$ veces su energía en reposo. Calcula su velocidad en función de la velocidad de la luz en el vacío, c. Si se duplica dicha velocidad, ¿se duplica su energía? Responde razonadamente.

GENERALITAT VALENCIANA
Conselleria d'Innovació,
Universitats, Ciència
i Societat Digital

COMISSIÓ GESTORA DE LES PROVES D'ACCÉS A LA UNIVERSITAT
COMISIÓN GESTORA DE LAS PRUEBAS DE ACCESO A LA UNIVERSIDAD

SISTEMA UNIVERSITARI VALENCIÀ
SISTEMA UNIVERSITARIO VALENCIANO

PROVES D'ACCÉS A LA UNIVERSITAT	PRUEBAS DE ACCESO A LA UNIVERSIDAD
CONVOCATÒRIA: **JULIOL 2020**	CONVOCATORIA: JULIO 2020
Assignatura: **Física**	Asignatura: Física

BAREMO DEL EXAMEN: La puntuación máxima de cada problema es de 2 puntos y la de cada cuestión de 1,5 puntos. Cada estudiante podrá disponer de una calculadora científica no programable y no gráfica. Se prohíbe su utilización indebida (almacenamiento de información). Se utilice o no la calculadora, los resultados deberán estar siempre debidamente justificados. Realiza primero el cálculo simbólico y después obtén el resultado numérico.
TACHA CLARAMENTE todo aquello que no deba ser evaluado

PROBLEMAS (elige y contesta exclusivamente 2 problemas)

PROBLEMA 1 - Interacción gravitatoria
Syncom 3 fue un satélite de telecomunicaciones de masa 40 kg, que describía órbitas circulares a una altura de 35800 km sobre la superficie terrestre.
a) Deduce la expresión de la velocidad orbital de un satélite y calcula el valor en este caso, así como el periodo de la órbita (en horas). (1 punto)
b) Calcula las energías potencial y cinética del satélite en su movimiento por dicha órbita. Calcula la energía que se debe aportar al satélite para que se sitúe en una órbita en la que su energía mecánica sea $E = -9,5 \cdot 10^7$ J. (1 punto)
Datos: constante de gravitación universal, $G = 6,67 \cdot 10^{-11}$ N m^2 kg^{-2}; masa de la Tierra, $M_T = 6 \cdot 10^{24}$ kg; radio de la Tierra, $R_T = 6,4 \cdot 10^6$ m

PROBLEMA 2 - Interacción electromagnética
Un ion con carga $q = 3,2 \cdot 10^{-19}$ C, entra con velocidad constante $\vec{v} = 20\vec{j}$ m/s en una región del espacio en la que existen un campo magnético uniforme $\vec{B} = -20\vec{i}$ T y un campo eléctrico uniforme $\vec{E}$. Desprecia el campo gravitatorio.
a) Calcula el valor del vector $\vec{E}$ necesario para que el movimiento del ion sea rectilíneo y uniforme. (1 punto)
b) Calcula los vectores fuerza que actúan sobre el ion (dirección y sentido) en esta región del espacio. Representa claramente los vectores, $\vec{v}, \vec{B}, \vec{E}$ y dichos vectores fuerza. (1 punto)

PROBLEMA 3 - Ondas
Se hace incidir un haz de luz blanca sobre una lámina plano-paralela de un cierto material, cuyo índice de refracción para la luz roja es $n_r = 1,19$ y para la luz violeta $n_v = 1,23$.
a) Explica qué sucede cuando el rayo incidente de luz blanca entra en la lámina e identifica cuál de los rayos 1 y 2 corresponde al rojo y cuál al violeta. Razona la respuesta en base a la ley física que rige este fenómeno. (1 punto)
b) Tras incidir en la cara superior de la lámina, el rayo 2 prosigue paralelo a ella, como se ve en la figura. Determina el ángulo, i, con el que incide sobre esta cara y el ángulo de entrada, ε. (1 punto)

PROBLEMA 4 - Física del s. XX
El ^{222}Rn (radón 222) es un gas radiactivo natural presente en el aire de los espacios cerrados. Se realizan medidas para determinar la masa y la actividad de dicho gas.
a) Determina la actividad en becquerel de un cierto volumen de aire si la masa de ^{222}Rn que se mide es de 0,02 pg. (1 punto)
b) La actividad medida en otro volumen de aire es de 228 Bq. Si dicho volumen se aísla, y se vuelve a medir al cabo de 11,4 días ¿Cuánta actividad, debida al ^{222}Rn, se tendrá? ¿Cuánto valdrá la masa de ^{222}Rn correspondiente? (1 punto)
Dato: masa de un átomo de ^{222}Rn, $3,7 \cdot 10^{-25}$ kg; periodo de semidesintegración del ^{222}Rn, 3,8 días

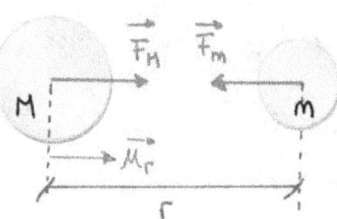

Sean las masas M y m (con M>m):

Según la ley de gravitación universal de Newton, el módulo de la fuerza con la que se atraen dos masas, viene dado por:

$$F_M = F_m = G \cdot \frac{M \cdot m}{r^2}$$, y por tanto ambas fuerzas serán iguales (en módulo).

Según la segunda ley de Newton, la suma de todas las fuerzas que actúan sobre un cuerpo es igual al producto de su masa por su aceleración según:

$$\vec{F} = m \cdot \vec{a}$$

$$\vec{F_M} = M \cdot \vec{a_M} \Rightarrow G \frac{M m}{r^2} \cdot \vec{u_r} = M \cdot \vec{a_M}$$

$$\vec{F_m} = m \cdot \vec{a_m} \Rightarrow -G \frac{M m}{r^2} \cdot \vec{u_r} = m \cdot \vec{a_m}$$

Como vemos, hemos obtenido las aceleraciones:

$$\vec{a_M} = \frac{G m}{r^2} \cdot \vec{u_r} \quad y \quad \vec{a_m} = -\frac{G M}{r^2} \cdot \vec{u_r}$$

PÁGINA 1

de donde ya es muy fácil deducir que:

I) Ambas aceleraciones tendrán la misma dirección (la dada por el vector $\vec{u_r}$) pero con sentidos opuestos

II) Al ser $M > m$, será mayor el módulo de la aceleración que experimentará la masa m.

CUESTIÓN 2

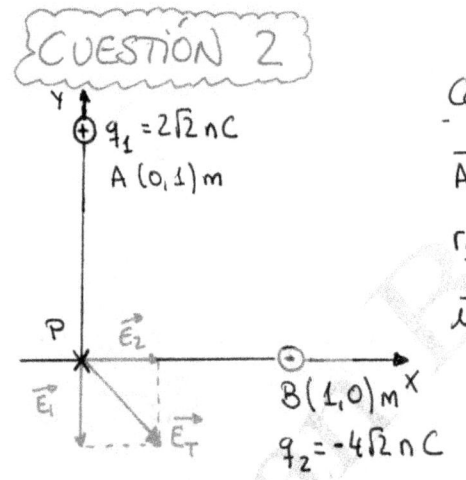

Campo $\vec{E_1}$:

$$\vec{AP} = (0,0) - (0,1) = (0,-1)$$

$$r_1 = |\vec{AP}| = \sqrt{(-1)^2} = 1 \text{ m}$$

$$\vec{u_{r_1}} = \frac{1}{|\vec{AP}|} \cdot \vec{AP} = (0,-1)$$

$$\vec{E_1} = K \cdot \frac{q_1}{r_1^2} \cdot \vec{u_{r_1}} = 9 \cdot 10^9 \cdot \frac{2\sqrt{2} \cdot 10^{-9}}{1^2} \cdot (0,-1) = (0, -18\sqrt{2}) \text{ N/C}$$

Campo $\vec{E_2}$:

$$\vec{BP} = (0,0) - (1,0) = (-1,0) \; ; \; r_2 = |\vec{BP}| = \sqrt{(-1)^2} = 1 \text{ m}$$

$$\vec{u_{r_2}} = \frac{1}{|\vec{BP}|} \cdot \vec{BP} = (-1,0)$$

$$\vec{E_2} = K \cdot \frac{q_2}{r_2^2} \cdot \vec{u_{r_2}} = 9 \cdot 10^9 \cdot \frac{(-4\sqrt{2}) \cdot 10^{-9}}{1^2} \cdot (-1,0) = (36\sqrt{2}, 0) \text{ N/C}$$

PÁGINA 2

Y por tanto, el campo resultante:

$$\vec{E_T} = \vec{E_1} + \vec{E_2} = (0, -18\sqrt{2}) + (36\sqrt{2}, 0) = (36\sqrt{2}, -18\sqrt{2}) \; N/_C$$

CUESTIÓN 3

Según la ley de Biot-Savart, el campo magnético $\vec{B}$ creado por un conductor rectilíneo indefinido por el que circula una intensidad de corriente I y a una distancia r del hilo, tiene un módulo que viene dado por:

$$B = \frac{\mu \cdot I}{2\pi \cdot r} \quad \text{siendo } \mu \text{ la permeabilidad magnética}$$

Para determinar la dirección y el sentido de dicho campo utilizamos la regla de la mano derecha:

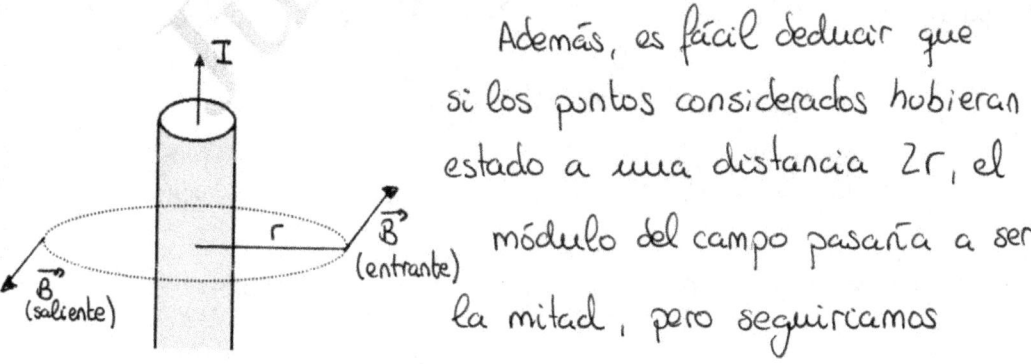

Además, es fácil deducir que si los puntos considerados hubieran estado a una distancia $2r$, el módulo del campo pasaría a ser la mitad, pero seguiríamos determinando la dirección y sentido con la regla de la mano derecha, no variando la circulación del campo $\vec{B}$ en torno al conductor. Es decir:

$$\left. \begin{array}{l} \text{En } r \Rightarrow B_1 = \dfrac{\mu\, I}{2\pi\, r} \\[2mm] \text{En } 2r \Rightarrow B_2 = \dfrac{\mu\, I}{2\pi \cdot 2r} \end{array} \right\} \Rightarrow B_2 = \dfrac{B_1}{2}$$

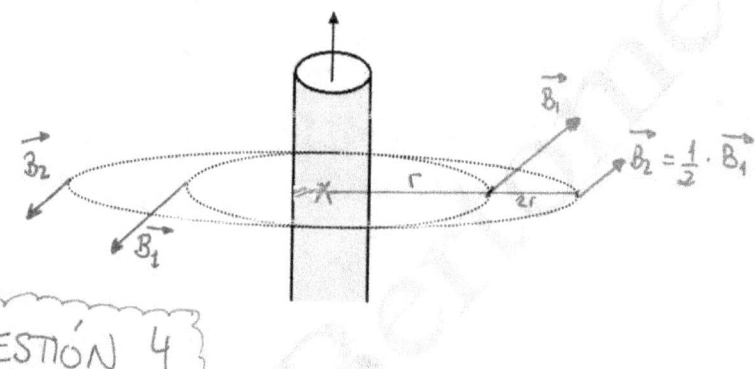

CUESTIÓN 4

Según la LEY DE FARADAY-HENRY, sobre la espira se inducirá una corriente si la espira se ve sometida a una variación del flujo magnético que la atraviesa. El flujo magnético se calcula según:

$$\phi = \vec{B} \cdot \vec{S} = B \cdot S \cdot \cos\alpha$$, siendo α el ángulo que forma el vector campo $\vec{B}$ con el vector superficie $\vec{S}$.

Ahora analicemos cada caso:

En el caso a) nos dicen que la superficie disminuye.
Por tanto, es obvio que el flujo magnético a través
de la espira variará. Y fruto de dicha variación,
aparecerá en la espira la corriente inducida.

En el caso b) la espira cambia de forma pero no de
superficie. No variando ni B, ni S, ni el ángulo
entre $\vec{B}$ y $\vec{S}$ podemos asegurar que el flujo
permanecerá constante y no se inducirá corriente en
la espira en este caso.

Para averiguar el sentido de la corriente que se induce
en el caso a) debemos acudir a la LEY DE LENZ
que dice que el sentido de la corriente debe ser tal
que sus efectos se opongan a la causa que la ha
provocado. En nuestro caso :

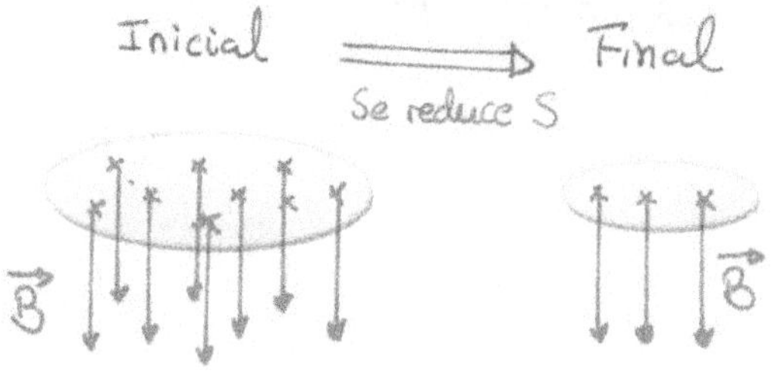

Inicial ⟶ Final
Se reduce S

Como ves, al reducir S
ahora hay menos líneas
de campo entrante en la
espira.

PÁGINA 5

Como según LENZ la corriente inducida debe oponerse a esto, dicha corriente deberá generar en la espira un campo entrante que "compense" esa variación en el flujo.

Basta razonar con la regla de la mano derecha para ver que el sentido de la corriente inducida deberá ser HORARIO

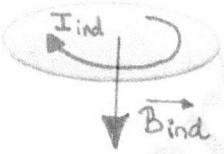

CUESTIÓN 5

El nivel de intensidad sonora o sonoridad viene dado por la expresión:

$$\beta = 10 \cdot \log \left(\frac{I}{I_0} \right) \quad (\text{en dB})$$

siendo I la intensidad del sonido y siendo $I_0 = 10^{-12} \, W/m^2$ el umbral de audición para los humanos.

Conocida $I = 1 \, W/m^2$ se tendrá:

$$\beta = 10 \cdot \log \left(\frac{1}{10^{-12}} \right) = 10 \cdot \log 10^{12} = 10 \cdot 12 = 120 \, dB$$

Para calcular la intensidad I que se medirá al duplicar la distancia, veamos la relación de atenuación para las ondas esféricas:

Siendo la potencia acústica emitida por la explosión del petardo la misma se tendrá:

$$P_{esfera_1} = P_{esfera_2}$$

$$I_1 \cdot S_1 = I_2 \cdot S_2 \implies$$

$$\implies I_1 \cdot 4\pi \cdot r_1^2 = I_2 \cdot 4\pi \cdot r_2^2 \implies$$

$$\implies I_2 = \frac{I_1 \cdot r_1^2}{r_2^2} \underset{r_2 = 2r_1}{\implies} I_2 = \frac{I_1 \cdot r_1^2}{(2r_1)^2} \implies I_2 = \frac{I_1}{4}$$

$$\implies I_2 = \frac{1}{4} = 0'25 \ W/m^2$$

CUESTIÓN 6

Como nos dicen que la imagen será invertida y tres veces mayor, sabemos ya el aumento lateral

$$A_L = -3 \implies \frac{s'}{s} = -3 \implies s' = -3s$$

Y con la ecuación de las lentes:

$$\frac{1}{s'} - \frac{1}{s} = \frac{1}{f'} \implies \frac{1}{-3s} - \frac{1}{s} = \frac{1}{f'} \implies \frac{1+3}{-3s} = \frac{1}{f'}$$

$$\Rightarrow \frac{4}{-3s} = \frac{1}{f'} \Rightarrow s = -\frac{4}{3} \cdot f'$$

Aunque no lo pidan, podemos comprobar haciendo un trazado de rayos con una escala adecuada:

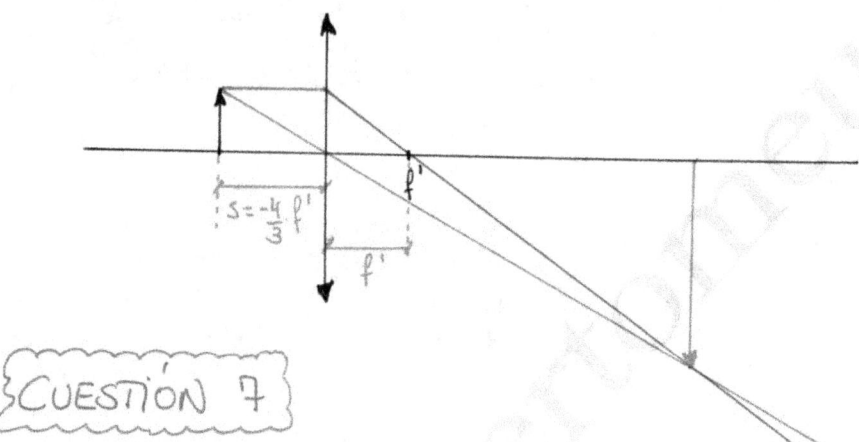

CUESTIÓN 7

El enunciado nos dice que la persona ve mal de lejos. Por ello sabemos que se trata de una persona con MIOPÍA.

El ojo miope es aquel que presenta un exceso de convergencia por tener una córnea demasiado curvada o bien aquel que presenta un alargamiento del globo ocular.

©Juan Bertomeu Ferrer
www.bertoblog.com

314

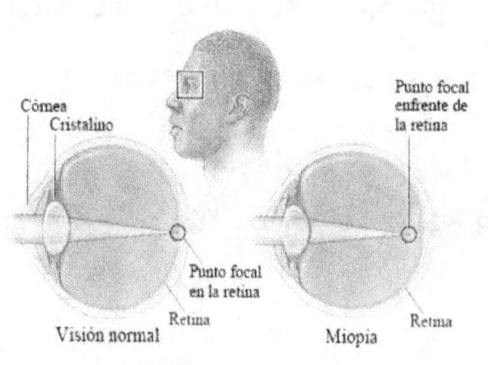

Como vemos, este defecto origina que en la visión lejana el foco imagen se sitúe antes de la retina (y de ahí que vea mal de lejos)

Sin embargo, ese mismo exceso de convergencia hace que el punto próximo esté muy cerca del ojo, por lo que los miopes ven muy bien de cerca y a distancias más próximas de lo que ve una persona normal.

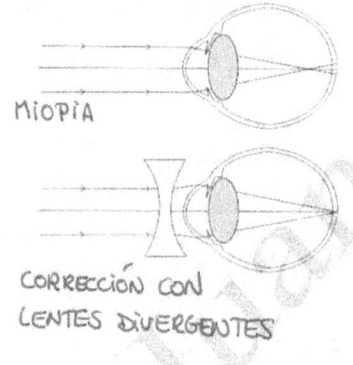

MIOPÍA

CORRECCIÓN CON LENTES DIVERGENTES

Para corregir ese exceso de convergencia utilizamos lentes divergentes de modo que el foco imagen de la lente correctora coincida con el punto remoto del ojo.

Nota:

En óptica geométrica se utiliza el criterio de signos dado por la norma DIN 1335. Este criterio establece que el eje X es el eje óptico y toma como origen de coordenadas el centro óptico, lo que implica

que las distancias a la derecha y encima del origen
sean positivas, y sean negativas a la izquierda y
debajo.

En base a ese criterio (que es el más utilizado; el
que sale en tu libro de texto; el que te han explicado
en clase; y el que hemos utilizado para resolver
todas las PAU's de años anteriores) resulta que:

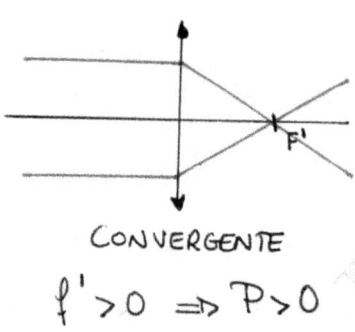

CONVERGENTE

$$f' > 0 \Rightarrow P > 0$$

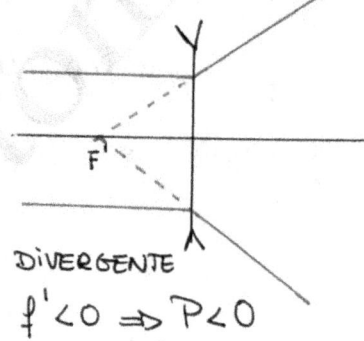

DIVERGENTE

$$f' < 0 \Rightarrow P < 0$$

Como ves, la lente divergente (que es la que necesita
la persona de nuestro ejercicio) debe tener, en base al
mencionado criterio, una potencia negativa y por eso
el enunciado debería decir $P = -1'5$ dioptrías.
En cualquier caso, lo importante es que entiendas que
si no ves bien de lejos eres miope y necesitas lentes
divergentes, independientemente de que luego te
refieras a la potencia de la misma con un número

que será positivo o negativo en función del criterio de signos con el que trabajes.

CUESTIÓN 8

La relación entre la energía relativista y la energía en reposo viene dada por:

$$\left.\begin{array}{l} E = m \cdot c^2 \\ E_0 = m_0 \cdot c^2 \\ m = \gamma \, m_0 \end{array}\right\} \quad E = m \cdot c^2 = \gamma m_0 \cdot c^2 = \gamma \cdot E_0$$

Como nos dicen $E = \dfrac{3}{\sqrt{8}} \cdot E_0$, es evidente que el factor de Lorentz será:

$$\gamma = \frac{3}{\sqrt{8}} \longrightarrow \frac{1}{\sqrt{1 - \left(\frac{v}{c}\right)^2}} = \frac{3}{\sqrt{8}} \longrightarrow \frac{1}{1 - \left(\frac{v}{c}\right)^2} = \frac{9}{8}$$

$$\Rightarrow 1 - \left(\frac{v}{c}\right)^2 = \frac{8}{9} \Rightarrow \left(\frac{v}{c}\right)^2 = 1 - \frac{8}{9} \Rightarrow \left(\frac{v}{c}\right)^2 = \frac{1}{9} \Rightarrow$$

$$\Rightarrow \frac{v}{c} = \frac{1}{3} \Rightarrow v = \frac{1}{3} c$$

Si duplicamos la velocidad $\Rightarrow v = \dfrac{2}{3} c$

$$\gamma = \frac{1}{\sqrt{1 - \left(\frac{v}{c}\right)^2}} = \frac{1}{\sqrt{1 - \left(\frac{2/3 \, c}{c}\right)^2}} = \frac{1}{\sqrt{1 - \frac{4}{9}}} = \frac{1}{\sqrt{5/9}} = \frac{3}{\sqrt{5}}$$

Por tanto, la nueva energía relativista será:

$$E = \frac{3}{\sqrt{5}} \cdot E_0$$

Comparando ambas es fácil ver que la energía relati-vista no se duplica al duplicar la velocidad:

$$\frac{E'}{E} = \frac{\frac{3}{\sqrt{5}} \cdot E_0}{\frac{3}{\sqrt{8}} \cdot E_0} = \sqrt{\frac{8}{5}} \Rightarrow E' = \sqrt{\frac{8}{5}} \cdot E$$

$$\Rightarrow E' = 1'2649 \cdot E$$

Al duplicar la velocidad, la energía relativista aumentará un 26'49%.

PROBLEMAS

PROBLEMA 1

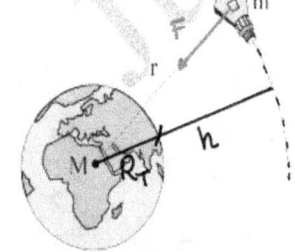

a) La fuerza gravitatoria es la única que actúa sobre el satélite y por tanto:

$$F = m \cdot a_N$$

$$G \frac{Mm}{r^2} = m \cdot \frac{v^2}{r} \Rightarrow v = \sqrt{\frac{GM}{r}}$$

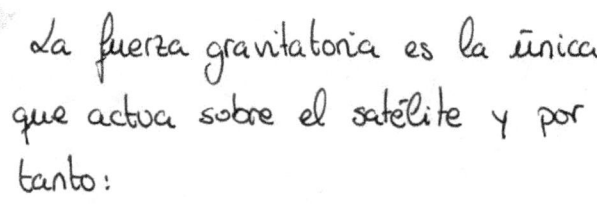

Teniendo en cuenta que $r = R_T + h = 6'4 \cdot 10^6 + 3'58 \cdot 10^7 =$

$= 4'22 \cdot 10^7$ m, solamente falta sustituir:

PÁGINA 12

$$V = \sqrt{\frac{GM}{r}} = \sqrt{\frac{6'67 \cdot 10^{-11} \cdot 6 \cdot 10^{24}}{4'22 \cdot 10^{7}}} = 3079'51 \text{ m/s}$$

Para el periodo, podemos utilizar

$$V = \omega \cdot r \implies V = \frac{2\pi}{T} \cdot r \implies$$

$$\implies T = \frac{2\pi r}{V} = \frac{2\pi \cdot 4'22 \cdot 10^{7}}{3079'51} = 86101'5 \text{ s} \times \frac{1 \text{ h}}{3600 \text{ s}} = 23'92 \text{ h}$$

b) Las energías cinética y potencial en esta órbita:

$$E_c = \frac{1}{2} m \cdot V^2 = \frac{1}{2} \cdot 40 \cdot 3079'51^2 = 1'897 \cdot 10^{8} \text{ J}$$

$$E_p = -G\frac{Mm}{r} = -\frac{6'67 \cdot 10^{-11} \cdot 6 \cdot 10^{24} \cdot 40}{4'22 \cdot 10^{7}} = -3'794 \cdot 10^{8} \text{ J}$$

Con lo que, en la órbita actual, tiene una energía mecánica de:

$$E_1 = E_c + E_p = -1'897 \cdot 10^{8} \text{ J}$$

Si queremos que pase a otra órbita de energía mecánica $E_2 = -9'5 \cdot 10^{7}$ J, tendremos que aportar:

$$\Delta E = E_2 - E_1 = -9'5 \cdot 10^{7} + 1'897 \cdot 10^{8} = 9'47 \cdot 10^{7} \text{ J}$$

PROBLEMA 2

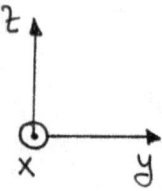

Tomaremos como sistema de referencia

a) El ión se encontrará sometido a una fuerza magnética $\vec{F_M}$ y a otra eléctrica $\vec{F_E}$ dadas por:

$$\vec{F_M} = q(\vec{V} \times \vec{B}) = 3'2 \cdot 10^{-19} \cdot \begin{vmatrix} \vec{i} & \vec{j} & \vec{k} \\ 0 & 20 & 0 \\ -20 & 0 & 0 \end{vmatrix} = 1'28 \cdot 10^{-16} \vec{k} \; N$$

$$\vec{F_E} = q \cdot \vec{E} = 3'2 \cdot 10^{-19} \vec{E} \; N$$

Si el ión no se desvía, significa que la fuerza total sobre el ión es nula y por tanto:

$$\vec{F_{TOTAL}} = \vec{0} \Rightarrow 1'28 \cdot 10^{-16} \vec{k} + 3'2 \cdot 10^{-19} \vec{E} = \vec{0} \Rightarrow$$

$$\Rightarrow 3'2 \cdot 10^{-19} \vec{E} = -1'28 \cdot 10^{-16} \vec{k} \Rightarrow$$

$$\Rightarrow \vec{E} = -400 \vec{k} \; N/C$$

b) $\vec{F_M} = 1'28 \cdot 10^{-16} \vec{k}$; $\vec{F_E} = -1'28 \cdot 10^{-16} \vec{k}$

{PROBLEMA 3}

En base a ley de Snell podemos razonar:

Para el rojo ⟶ $n_1 \cdot sen\ \hat{\varepsilon} = n_r \cdot sen\ \hat{r}_r$

Para el violeta ⟶ $n_2 \cdot sen\ \hat{\varepsilon} = n_v \cdot sen\ \hat{r}_v$

$\Big\}$ y por tanto ⟹

$$\Rightarrow n_r \cdot sen\ \hat{r}_r = n_v \cdot sen\ \hat{r}_v$$

Como $n_v > n_r$, necesariamente se verificará que

$sen\ \hat{r}_r > sen\ \hat{r}_v$, con lo que $\hat{r}_r > \hat{r}_v$, siendo el

rayo rojo el 1 y el violeta el 2

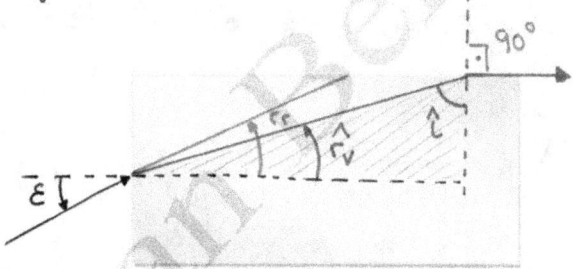

b) Aplicamos Snell en la cara superior:

$$n_v \cdot sen\ \hat{\imath} = n_{aire} \cdot sen\ 90° \Rightarrow 1'23 \cdot sen\ \hat{\imath} = 1$$

$$\Rightarrow \hat{\imath} = arcsen\left(\frac{1}{1'23}\right) = 54'39°$$

Determinamos $\hat{r}_v$ en el triángulo sombreado:

$$\hat{r}_v + \hat{\imath} = 90° \Rightarrow \hat{r}_v = 90 - \hat{\imath} = 35'61°$$

Y aplicando Snell en la cara lateral:

$$n_{aire} \cdot \text{sen } \hat{\varepsilon} = n_v \cdot \text{sen } \hat{r}_v$$

$$1 \cdot \text{sen } \hat{\varepsilon} = 1'23 \cdot \text{sen } 35'61°$$

$$\hat{\varepsilon} = \text{arcsen}\left(0'7162\right) = 45'74°$$

PROBLEMA 4

El periodo de semidesintegración se define como el tiempo que transcurre hasta que se desintegra el 50% de una muestra radiactiva. Aplicaremos este concepto a la ley de desintegración para obtener la expresión de la constante radiactiva λ. Así:

$$N = N_0 \cdot e^{-\lambda \cdot t} \implies \text{Si se desintegra la mitad} \implies$$

$$\frac{N_0}{2} = N_0 \cdot e^{-\lambda \cdot T_{1/2}} \implies \ln\left(\frac{1}{2}\right) = -\lambda \cdot T_{1/2} \implies$$

$$\implies \ln(2) = \lambda \cdot T_{1/2} \implies \lambda = \frac{\ln(2)}{T_{1/2}}$$

Y como nos dan $T_{1/2} = 3'8$ días $= 328320$ s, tenemos

$$\lambda = \frac{\ln(2)}{3'8} \text{ días}^{-1} = \frac{\ln(2)}{328320} \text{ s}^{-1}$$

a) $0'02 \, pg \times \dfrac{1 \, g}{10^{12} \, pg} \times \dfrac{1 \, Kg}{1000 g} \times \dfrac{1 \text{ átomos de } {}^{222}Rn}{3'7 \cdot 10^{-25} \, Kg} =$

$$= 5'405 \cdot 10^{7} \text{ átomos } {}^{222}Rn$$

Y por tanto, la actividad pedida:

$$A = \lambda \cdot N = \dfrac{\ln(2)}{328320} \cdot 5'405 \cdot 10^{7} = 114'12 \, Bq$$

b) De la ley de desintegración:

$$A = A_0 \cdot e^{-\lambda \cdot t}$$

$$A = 228 \cdot e^{-\frac{\ln(2)}{3'8} \cdot 11'4} = 28'5 \, Bq$$

Y por tanto:

$$A = \lambda \cdot N \Rightarrow 28'5 = \dfrac{\ln(2)}{328320} \cdot N \Rightarrow$$

$$\Rightarrow N = \dfrac{328320 \cdot 28'5}{\ln(2)} = 1'35 \cdot 10^{7} \text{ átomos } {}^{222}Rn \times \dfrac{3'7 \cdot 10^{-25} \, Kg}{1 \text{ átomo } {}^{222}Rn} \times$$

$$\times \dfrac{1000 \, g}{1 \, Kg} \times \dfrac{10^{12} \, pg}{1 g} = 0'005 \, pg \text{ de } {}^{222}Rn$$

COMISSIÓ GESTORA DE LES PROVES D'ACCÉS A LA UNIVERSITAT
COMISIÓN GESTORA DE LAS PRUEBAS DE ACCESO A LA UNIVERSIDAD

SISTEMA UNIVERSITARI VALENCIÀ
SISTEMA UNIVERSITARIO VALENCIANO

PROVES D'ACCÉS A LA UNIVERSITAT   PRUEBAS DE ACCESO A LA UNIVERSIDAD

CONVOCATÒRIA: SETEMBRE 2020	CONVOCATORIA: SEPTIEMBRE 2020
Assignatura: Física	Asignatura: Física

**BAREMO DEL EXAMEN: La puntuación máxima de cada problema es de 2 puntos y la de cada cuestión de 1,5 puntos. Cada estudiante podrá disponer de una calculadora científica no programable y no gráfica. Se prohíbe su utilización indebida (almacenamiento de información). Se utilice o no la calculadora, los resultados deberán estar siempre debidamente justificados. Realiza primero el cálculo simbólico y después obtén el resultado numérico.
TACHA CLARAMENTE todo aquello que no deba ser evaluado**

CUESTIONES (elige y contesta exclusivamente 4 cuestiones)

CUESTIÓN 1 - Interacción gravitatoria
Escribe la expresión del trabajo de una fuerza y su relación con la energía potencial si la fuerza es conservativa. Un satélite gira alrededor de la Tierra siguiendo una órbita circular. Razona qué trabajo realiza la fuerza gravitatoria cuando el satélite recorre un cuarto de la órbita. ¿Y si recorre una órbita completa?

CUESTIÓN 2 - Interacción electromagnética
Una carga $q_1 = -3$ nC se encuentra situada en el origen de coordenadas del plano XY. Una segunda carga de $q_2 = 4$ nC está situada sobre el eje Y positivo a 2 m del origen. Calcula el vector campo eléctrico creado por cada una de las cargas en un punto P situado a 3 m del origen sobre el eje x positivo y el campo eléctrico total creado por ambas.
Dato: constante de Coulomb, $k = 9 \cdot 10^9$ N m^2/C^2

CUESTIÓN 3 - Interacción electromagnética
Dos cargas $q_1 = 8,9$ µC y $q_2 = 17,8$ µC se encuentran en el vacío y situadas, respectivamente, en los puntos $O(0,0,0)$ cm y $P(1,0,0)$ cm. Enuncia el teorema de Gauss para el campo eléctrico. Calcula, justificadamente, el flujo del campo eléctrico a través de una superficie esférica de radio 0,5 cm centrada en el punto O. ¿Cambia el flujo si en lugar de una esfera se trata de un cubo de lado 0,5 cm?
Dato: permitividad del vacío $\varepsilon_0 = 8,9 \cdot 10^{-12}$ C^{2}N^{-1}m^{-2}

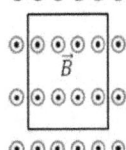

CUESTIÓN 4 - Interacción electromagnética
En la figura se muestra una espira rectangular de lados 10 cm y 12 cm en el seno de un campo magnético $\vec{B}$ perpendicular al plano del papel y saliente. Se hace variar $|\vec{B}|$ desde 0 a 1 T en un intervalo de tiempo de 1,2 s. Calcula la variación de flujo magnético y la fuerza electromotriz media inducida en la espira. Indica y justifica el sentido de la corriente eléctrica inducida.

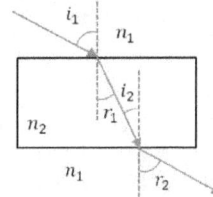

CUESTIÓN 5 - Ondas
Un rayo de luz incide sobre una lámina de caras plano-paralelas de índice de refracción n_2, situada en un medio de índice de refracción n_1. Demuestra que el rayo que emerge de la lámina es paralelo al rayo incidente.

CUESTIÓN 6 - Óptica geométrica
La imagen de un objeto real, dada por una lente delgada divergente, es siempre virtual, derecha y más pequeña que el objeto. Justifícalo mediante trazado de rayos y explica el porqué de dicho trazado. ¿Qué significa imagen virtual?

CUESTIÓN 7- Óptica geométrica
Explica en qué consiste la miopía utilizando los conceptos de la óptica geométrica. ¿Qué tipo de lente hay que usar para corregirla? Si una persona miope se va acercando un objeto al ojo, existe una posición en la que ve bien, ¿por qué?

CUESTIÓN 8 - Física del s. XX
Un muon (partícula elemental) generado por un rayo cósmico en la atmósfera, a 10 km de altura, viaja hacia el suelo, donde se determina que su velocidad (constante) es $v = 0,98c$. Calcula cuánto tiempo dura el vuelo del muon según una observadora situada en el suelo y también según otra que viaje con el muon. Determina la altura (distancia recorrida por el muon) según la observadora que viaja con el muon.
Dato: velocidad de la luz en el vacío, $c = 3 \cdot 10^8$ m/s

 GENERALITAT VALENCIANA
Conselleria d'Innovació,
Universitats, Ciència
i Societat Digital

COMISSIÓ GESTORA DE LES PROVES D'ACCÉS A LA UNIVERSITAT
COMISIÓN GESTORA DE LAS PRUEBAS DE ACCESO A LA UNIVERSIDAD

SISTEMA UNIVERSITARI VALENCIÀ
SISTEMA UNIVERSITARIO VALENCIANO

PROVES D'ACCÉS A LA UNIVERSITAT   **PRUEBAS DE ACCESO A LA UNIVERSIDAD**

CONVOCATÒRIA: SETEMBRE 2020	CONVOCATORIA: SEPTIEMBRE 2020
Assignatura: Física	Asignatura: Física

BAREMO DEL EXAMEN: La puntuación máxima de cada problema es de 2 puntos y la de cada cuestión de 1,5 puntos. Cada estudiante podrá disponer de una calculadora científica no programable y no gráfica. Se prohíbe su utilización indebida (almacenamiento de información). Se utilice o no la calculadora, los resultados deberán estar siempre debidamente justificados. Realiza primero el cálculo simbólico y después obtén el resultado numérico.
TACHA CLARAMENTE todo aquello que no deba ser evaluado

PROBLEMAS (elige y contesta exclusivamente 2 problemas)

PROBLEMA 1 - Interacción gravitatoria
El proyecto Starlink ha colocado en órbita circular alrededor de la Tierra unos 300 satélites para comunicaciones, que son fácilmente visibles desde la superficie de la Tierra. Sabiendo que la velocidad de uno de dichos satélites es de 7,6 km/s:
a) Calcula la altura h a la que se encuentra desde la superficie terrestre (en kilómetros). (1 punto)
b) ¿Cuántas órbitas circulares completas describe el satélite en un día? (1 punto)
Datos: constante de gravitación universal, $G = 6{,}67 \cdot 10^{-11}$ Nm²/kg²; masa de la Tierra, $M_T = 6 \cdot 10^{24}$ kg; radio de la Tierra, $R_T = 6400$ km.

PROBLEMA 2 - Interacción electromagnética
La figura muestra dos conductores rectilíneos, indefinidos y paralelos entre sí, separados por una distancia d en el plano YZ. Se conoce la intensidad de corriente $I_1 = 1$ A, el módulo del campo magnético que esta corriente crea en el punto P de la figura, $B_1 = 10^{-5}$ T, así como el módulo del campo magnético total $B = 3B_1$.
a) Calcula la distancia d y el vector campo magnético $\vec{B}_2$ en el punto P (1 punto)
b) Si una carga $q = 1$ μC pasa por dicho punto P con una velocidad $\vec{v} = 10^6 \ \vec{k}$ m/s, calcula la fuerza $\vec{F}$ (módulo, dirección y sentido) sobre ella. Representa los vectores $\vec{v}, \vec{B}$ y $\vec{F}$. (1 punto)
Dato: permeabilidad magnética del vacío, $\mu_0 = 4\pi \cdot 10^{-7}$ T m/A

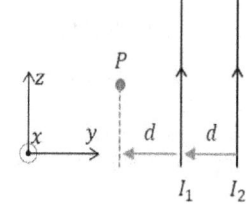

PROBLEMA 3 - Ondas
Una onda armónica transversal se propaga con velocidad $v = 5$ cm/s en el sentido negativo del eje x. A partir de la información contenida en la figura y justificando la respuesta:
a) Determina la amplitud, la longitud de onda, el periodo y la diferencia de fase entre dos puntos que distan 15 cm y separados en el tiempo 3 s. (1 punto)
b) Escribe la expresión de la función de onda (usando el seno), suponiendo que la fase inicial es nula. Calcula la velocidad de un punto de la onda situado en $x = 0$ cm para $t = 0$ s. (1 punto)

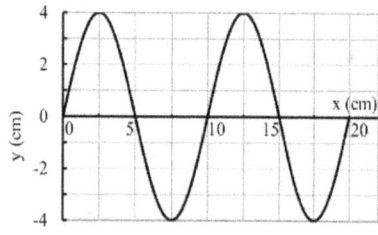

PROBLEMA 4 – Física del s. XX
Una radiación monocromática de longitud de onda 500 nm incide sobre una fotocélula de cesio, cuyo trabajo de extracción es de 2 eV. Calcula:
a) La frecuencia umbral y la longitud de onda umbral. (1 punto)
b) La energía cinética máxima de los electrones emitidos y el potencial de frenado, ambos en eV. Explica qué es el potencial de frenado. (1 punto)
Datos: carga elemental $q = 1{,}6 \cdot 10^{-19}$ C; velocidad de la luz en el vacío, $c = 3 \cdot 10^8$ m/s; constante de Planck, $h = 6{,}6 \cdot 10^{-34}$ J $\cdot$ s

{CUESTIÓN 1}

EL trabajo de la fuerza gravitatoria (que es una fuerza conservativa) cuando una masa "m" se traslada de un punto A hasta otro punto B viene dado por:

$$W_{\substack{Fuerza \\ gravitatoria}} = \int_A^B \vec{F} \cdot d\vec{r} = -\Delta E_p = -\left(E_{P_B} - E_{P_A}\right)$$

En el caso que se nos describe tendremos:

$$W = -\Delta E_p = -\left(-\frac{GMm}{r_B} + \frac{GMm}{r_A}\right)$$

Al ser la trayectoria circular, el satélite siempre está a la misma distancia de la Tierra y por ello, tanto en el caso de recorrer un cuarto de órbita como en el caso de recorrer una órbita completa, siempre se verificará que $r_B = r_A$ y en consecuencia:

$$W = -\left(E_{P_B} - E_{P_A}\right) = 0 \text{ J}$$

$$\uparrow$$
$$r_B = r_A \Rightarrow E_{P_B} = E_{P_A}$$

PÁGINA 1

CUESTIÓN 2

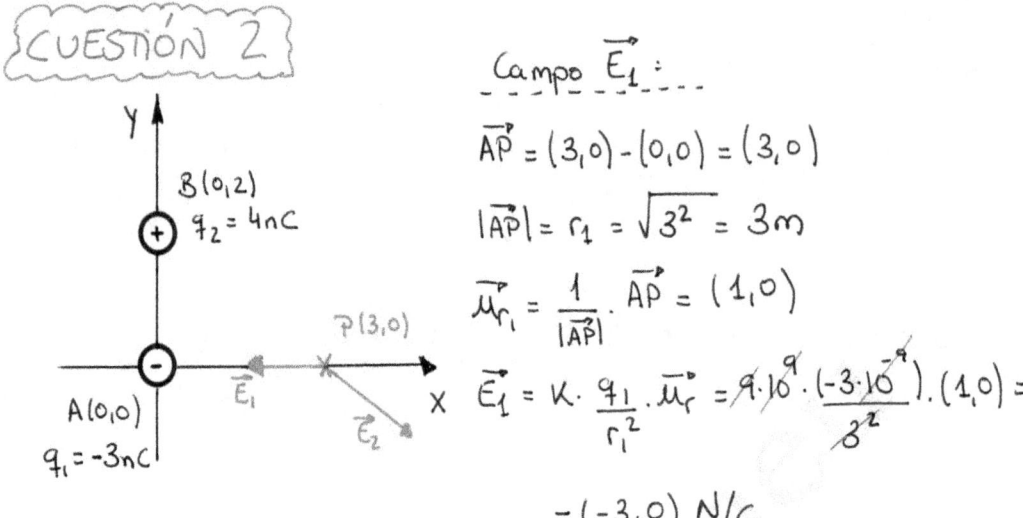

Campo $\vec{E_1}$:

$\vec{AP} = (3,0) - (0,0) = (3,0)$

$|\vec{AP}| = r_1 = \sqrt{3^2} = 3\,m$

$\vec{u_{r_1}} = \dfrac{1}{|\vec{AP}|} \cdot \vec{AP} = (1,0)$

$\vec{E_1} = K \cdot \dfrac{q_1}{r_1^2} \cdot \vec{u_r} = 9 \cdot 10^9 \cdot \dfrac{(-3 \cdot 10^{-9})}{3^2} \cdot (1,0) =$

$= (-3,0)\ N/C$

Campo $\vec{E_2}$:

$\vec{BP} = (3,0) - (0,2) = (3,-2)$

$|\vec{BP}| = r_2 = \sqrt{3^2 + 2^2} = \sqrt{13}\ m$

$\vec{u_{r_2}} = \dfrac{1}{|\vec{BP}|} \cdot \vec{BP} = \left(\dfrac{3}{\sqrt{13}}, \dfrac{-2}{\sqrt{13}} \right)$

$\vec{E_2} = K \cdot \dfrac{q_2}{r_2^2} \cdot \vec{u_{r_2}} = 9 \cdot 10^9 \cdot \dfrac{4 \cdot 10^{-9}}{(\sqrt{13})^2} \cdot \left(\dfrac{3}{\sqrt{13}}, \dfrac{-2}{\sqrt{13}} \right) = (2'3, -1'54)\ N/C$

Y por tanto $\vec{E_{TOTAL}} = \vec{E_1} + \vec{E_2} = (-0'7, -1'54)\ N/C \Rightarrow |\vec{E_T}| = 1'69\ N/C$

CUESTIÓN 3

El teorema de Gauss dice que el flujo del campo eléctrico que atraviesa una superficie cerrada es igual a la carga Q contenida dentro de dicha superficie dividida por la permitividad dieléctrica

PÁGINA 2

del medio. Esto es:

$$\Phi = \oint_S \vec{E} \cdot \vec{dS} = \frac{Q}{\varepsilon_0} \quad \text{con} \quad \varepsilon_0 = 8'9 \cdot 10^{-12} \frac{C^2}{N \cdot m^2}$$

Fíjate que el flujo solo depende de la carga Q que haya en el interior de la superficie gaussiana que consideres y no de la forma que tenga ésta.

Ahora veamos el ejercicio:

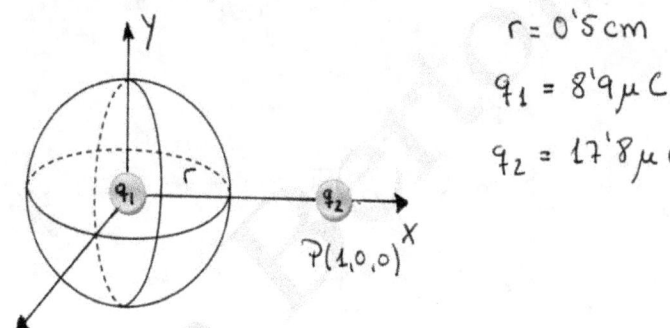

$r = 0'5 \, cm$

$q_1 = 8'9 \, \mu C$

$q_2 = 17'8 \, \mu C$

Como acabamos de ver, y teniendo en cuenta que en el interior de la esfera únicamente está la carga q_1:

$$\Phi = \frac{q_1}{\varepsilon_0} = \frac{8'9 \cdot 10^{-6}}{8'9 \cdot 10^{-12}} = 10^6 \frac{N \cdot m^2}{C}$$

Si hubiésemos elegido un cubo de lado 0'5 cm, la carga encerrada seguiría siendo la misma y en consecuencia el flujo sería el mismo.

PÁGINA 3

CUESTIÓN 4

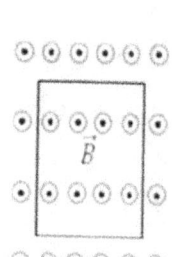

El flujo magnético viene dado por:

$$\Phi = \vec{B} \cdot \vec{S} = B \cdot S \cdot \cos \alpha, \text{ siendo } \alpha$$

el ángulo que forman los vectores $\vec{B}$ y $\vec{S}$.

El vector superficie $\vec{S}$ tiene por módulo al valor de la superficie y como dirección la perpendicular a la superficie en sentido saliente. En consecuencia, dado que $\vec{B}$ también es un vector saliente, el ángulo α será $\alpha = 0°$. Por ello:

$$\Phi_{inicial} = B \cdot S \cdot \cos 0° = 0 \ T \cdot m^2$$

$$\Phi_{final} = B \cdot S \cdot \cos 0° = 1 \cdot 0'1 \cdot 0'12 \cdot 1 = 0'012 \ T \cdot m^2$$

Según la ley de FARADAY - HENRY, sobre una espira se induce una corriente si la espira se ve sometida a una variación del flujo magnético que la atraviesa. Dicha corriente se caracteriza por una fuerza electromotriz que es igual a la variación por unidad de tiempo del flujo que atraviesa la espira.

Además, según la ley de LENZ, el sentido de la corriente inducida debe ser tal que sus efectos

PÁGINA 4

se opongan a la causa que la ha provocado. Por todo ello:

$$\varepsilon = - \frac{\Delta \Phi}{\Delta t} = - \frac{(0'012 - 0)}{1'2} = -0'01 \ V$$

LENZ

FARADAY

El sentido de la corriente será HORARIO

CUESTIÓN 5

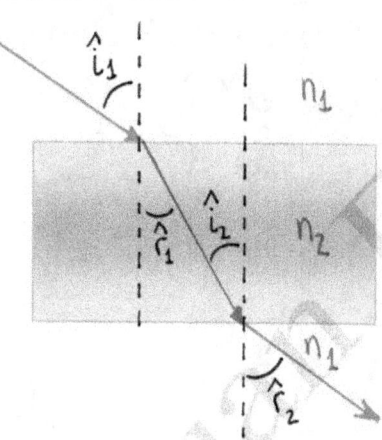

Aplicamos Snell en los dos cambios de medio que experimenta el rayo de luz:

Snell Medio 1 – Medio 2:

$$n_1 \cdot sen \ \hat{\imath}_1 = n_2 \cdot sen \ \hat{r}_1 \qquad 1^a \ Ecuación$$

Snell Medio 2 – Medio 1

$$n_2 \cdot sen \ \hat{\imath}_2 = n_1 \cdot sen \ \hat{r}_2 \qquad 2^a \ Ecuación$$

Como ves, el ángulo $\hat{\imath}_2 = \hat{r}_1$, y así, esta última ecuación la escribimos:

$$\underline{n_2 \cdot sen \ \hat{r}_1} = n_1 \cdot sen \ \hat{r}_2$$

1ª Ecuación

$$\cancel{n_1} \ sen \ \hat{\imath}_1 = \cancel{n_1} \ sen \ \hat{r}_2 \Rightarrow sen \ \hat{\imath}_1 = sen \ \hat{r}_2 \Rightarrow \hat{\imath}_1 = \hat{r}_2$$

Como $\hat{\imath}_1 = \hat{r}_2$, los rayos incidente y emergente son paralelos

PÁGINA 5

CUESTIÓN 6

El trazado de rayos en una lente divergente es el dado por:

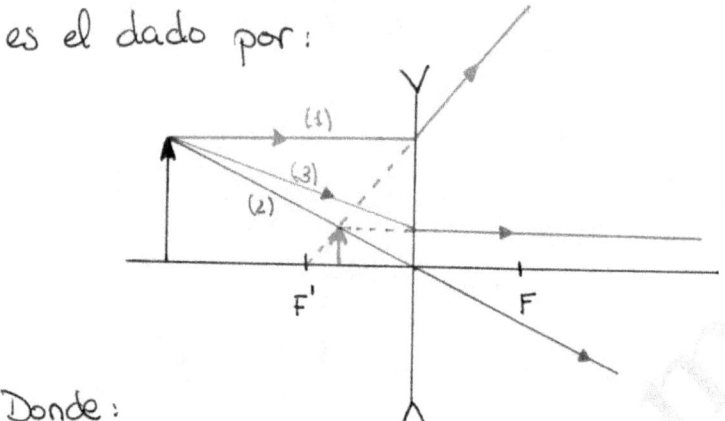

Donde:

- El rayo que incide en la lente paralelo al eje óptico, se refracta de modo que su prolongación teórica pasa por el foco imagen (rayo (1))

- El rayo que incide en el centro de la lente no se desviará (lentes delgadas!!) (rayo (2))

- El rayo que incide en la lente con una trayectoria hacia el foco objeto de la lente, se refracta de modo que su prolongación teórica es paralela al eje óptico (rayo (3))

Como puedes ver, el hecho de que la lente hace diverger a los rayos que se refractan en ella, implica necesariamente que para formar las imágenes tengamos que hacerlo con las prolongaciones teóricas de los rayos refractados. Este tipo de imágenes se llaman imágenes virtuales.

Fíjate que para nuestros ojos, los rayos parecerán venir de un punto por el que realmente no han pasado y es en dicho punto donde nuestro cerebro interpretará que está la imagen (que se llama virtual precisamente por dicha circunstancia)

El ejemplo más cotidiano lo tenemos en los espejos planos (el normal que tienes en el cuarto de baño de tu casa). Los rayos de luz se reflejan en la superficie del espejo y salen divergentes.

Al diverger los rayos reflejados, si los prolongamos hacia atrás parecerá que provengan del interior del propio espejo y por eso tú te ves como dentro del espejo. Pero los rayos no proceden realmente de ahí. "Detrás" o "dentro" del espejo no hay nada. Los rayos proceden de la superficie del espejo. Nunca han estado al otro lado del espejo a pesar de que parece que provengan de allí.

Cuando esa procedencia "aparente" de los rayos no es su procedencia real, decimos que es virtual. No debes confundir el término "imagen virtual" con imágenes imaginarias o espejismos o similares. Son imágenes que tienen una posición y un tamaño definidos y que podrás ver como cualquier otra imagen.

Además, dicha imagen virtual será siempre menor y derecha independientemente de la posición del objeto:

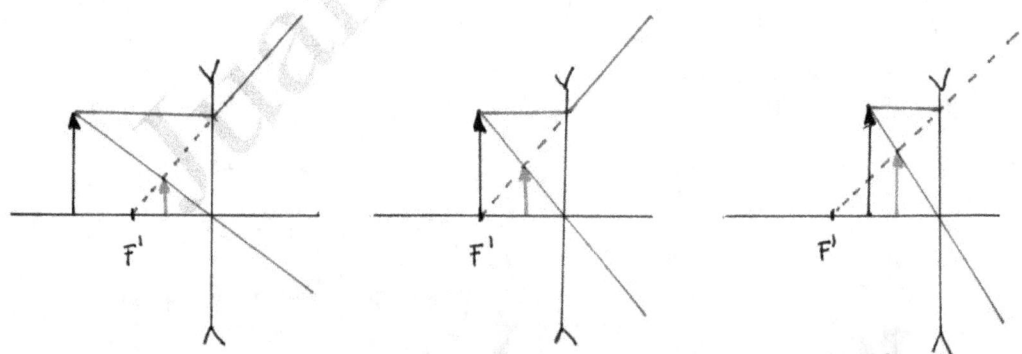

Aunque a medida que acercamos el objeto a la lente la imagen aumenta de tamaño, ésta siempre será menor que el objeto

PÁGINA 8

CUESTIÓN 7

El ojo miope es aquel que presenta un exceso de convergencia por tener una córnea demasiado curvada o bien un alargamiento del globo ocular. Este defecto origina que cuando miramos objetos con $s = -\infty$ (VISTA LEJANA), éstos no se enfocan sobre la retina según:

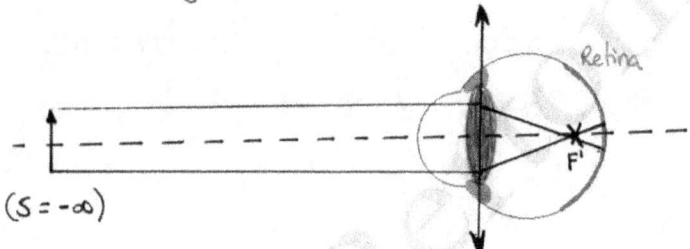

Al no poder enfocar los objetos lejanos sobre la retina el miope VE MAL DE LEJOS. Si se acerca ese objeto lejano hacia el ojo, llegará un punto (al que llamamos PUNTO REMOTO) donde la imagen ya se enfocará sobre la retina:

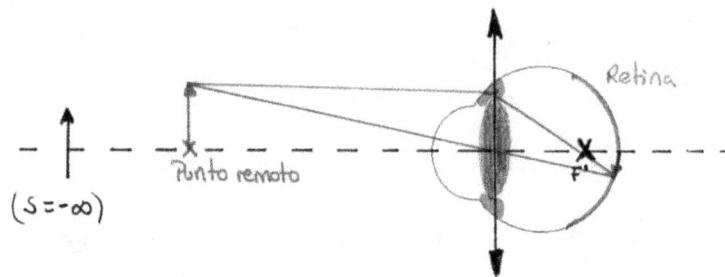

PÁGINA 9

El miope por tanto empezará a ver bien desde su punto remoto hasta el punto próximo que su capacidad de acomodación le permita.

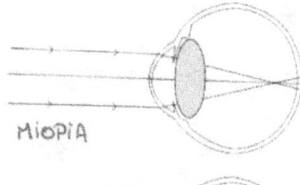

MIOPIA

CORRECCIÓN CON
LENTES DIVERGENTES

Para corregir ese exceso de convergencia utilizamos lentes divergentes, de modo que el foco imagen de la lente correctora coincida con el punto remoto del ojo.

CUESTIÓN 8

Según el sistema de referencia de la observadora situada en el suelo:

$$V = \frac{e}{t} \Rightarrow t = \frac{e}{V} = \frac{10000}{0'98 \cdot 3 \cdot 10^8} = 3'4 \cdot 10^{-5} \, s$$

Calculamos el factor de Lorentz:

$$\gamma = \frac{1}{\sqrt{1 - \left(\frac{V}{c}\right)^2}} = \frac{1}{\sqrt{1 - \left(\frac{0'98c}{c}\right)^2}} = 5'025$$

Y por tanto, según una observadora ligada al muon, y teniendo en cuenta la dilatación del tiempo:

PÁGINA 10

$$\Delta t = \gamma \cdot \Delta t_p \implies \Delta t_p = \frac{\Delta t}{\gamma} = \frac{3'4 \cdot 10^{-5}}{5'025} = 6'766 \cdot 10^{-6} \, s$$

Del mismo modo y teniendo en cuenta la contracción de las longitudes, la distancia recorrida por el muon

$$L = \frac{1}{\gamma} \cdot L_p = \frac{10000}{5'025} = 1990'05 \, m$$

PROBLEMA 1

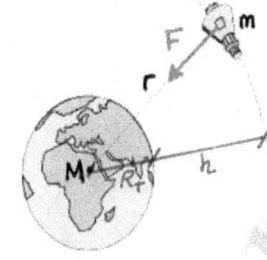

a) La única fuerza que actúa sobre el satélite es la fuerza gravitatoria Aplicando la segunda ley de Newton al satélite:

$$F = m \cdot a_N$$

$$G \frac{Mm}{r^2} = m \cdot \frac{v^2}{r} \implies$$

$$\implies r = \frac{G \cdot M}{v^2} = \frac{6'67 \cdot 10^{-11} \cdot 6 \cdot 10^{24}}{(7600)^2} = 6928'67 \cdot 10^{3} \, m =$$

$$= 6928'67 \, Km$$

Y como nos piden la altura:

$$r = R_T + h \implies h = r - R_T = 6928'67 - 6400 = 528'67 \, Km$$

b) Calculamos el periodo:

$$V = \omega \cdot r \Rightarrow V = \frac{2\pi}{T} \cdot r \Rightarrow T = \frac{2\pi r}{V} = \frac{2\pi \cdot 6928'67 \cdot 10^3}{7600} = 5728'17s$$

$$1 \text{ día} \times \frac{86\,400\,s}{1\,\text{día}} \times \frac{1 \text{ órbita completa}}{5728'17\,s} = 15'08 \text{ órbitas}$$

PROBLEMA 2

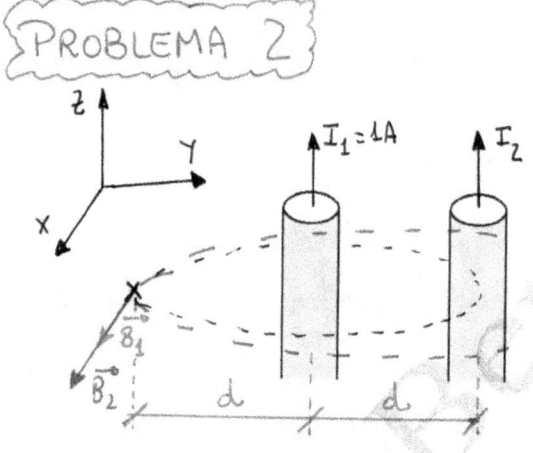

Con la regla de la mano derecha, podemos establecer la dirección y sentido de los vectores $\vec{B_1}$ y $\vec{B_2}$ según:

$$\vec{B_1} = + B_1 \cdot \vec{\imath}$$
$$\vec{B_2} = + B_2 \, \vec{\imath}$$

Como vemos, será además:

$$\vec{B_{TOTAL}} = \vec{B_1} + \vec{B_2} = (B_1 + B_2) \, \vec{\imath}$$

Conocidos los módulos $B_1 = 10^{-5} T$ y $B_{TOTAL} = 3B_1 = 3 \cdot 10^{-5} T$ la resolución es inmediata:

$$B_{TOTAL} = B_1 + B_2 \Rightarrow 3 \cdot 10^{-5} = 10^{-5} + B_2 \Rightarrow B_2 = 2 \cdot 10^{-5} T$$

con lo que el vector $\vec{B_2}$ pedido será:

$$\vec{B_2} = B_2 \, \vec{\imath} = 2 \cdot 10^{-5} \, \vec{\imath} \; T$$

PÁGINA 12

Para calcular la distancia "d" hay que aplicar la ley de BIOT-SAVART:

$$B_1 = \frac{\mu \cdot I_1}{2\pi \cdot r_1} \Rightarrow 10^{-5} = \frac{4\pi \cdot 10^{-7} \cdot 1}{2\pi \cdot d} \Rightarrow d = 0'02 \, m$$

b)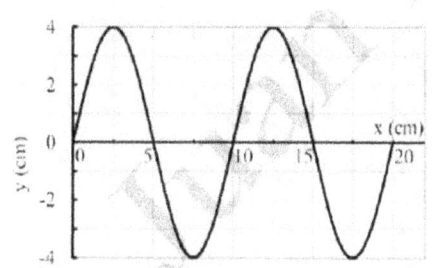

$\vec{v} = 10^6 \vec{k} \, m/s$

q $\overrightarrow{F_M}$

$\overrightarrow{B_{TOTAL}} = 3 \cdot 10^{-5} \vec{i} \, T$

La fuerza magnética pedida :

$$\overrightarrow{F_M} = q \cdot (\vec{v} \times \vec{B})$$

$$\overrightarrow{F_M} = 1 \cdot 10^{-6} \cdot \begin{vmatrix} \vec{i} & \vec{j} & \vec{k} \\ 0 & 0 & 10^6 \\ 3 \cdot 10^{-5} & 0 & 0 \end{vmatrix} = 3 \cdot 10^{-5} \vec{j} \, N$$

PROBLEMA 3

De la gráfica proporcionada podemos leer los valores :

$$A = 4 cm = 0'04 \, m$$

$$\lambda = 10 cm = 0'1 \, m$$

Como además nos dan la velocidad de propagación:

$$V_p = \frac{\lambda}{T} \Rightarrow T = \frac{\lambda}{V_p} = \frac{0'1}{0'05} = 2 \, s$$

La ecuación de la onda que se propaga en sentido negativo y suponiendo fase inicial nula es:

$$y(x, t) = A \cdot sen(\omega t + kx)$$

$$y(x, t) = A \cdot sen\left(\frac{2\pi}{T} \cdot t + \frac{2\pi}{\lambda} \cdot x\right)$$

$$y(x, t) = 0'04 \cdot sen(\underbrace{\pi t + 20\pi x}_{FASE \ \theta}) \ m \quad \left(\begin{array}{l} t \text{ en segundos} \\ x \text{ en metros} \end{array}\right)$$

La diferencia de fase, por tanto:

$$\Delta\theta = \theta_2 - \theta_1 = (\pi \cdot t_2 + 20\pi \cdot x_2) - (\pi \cdot t_1 + 20\pi x_1) =$$

$$= \pi \cdot (t_2 - t_1) + 20\pi (x_2 - x_1) =$$

$$= \pi \cdot 3 + 20\pi \cdot 0'15 = 6\pi \ rad$$

Por último, la velocidad de vibración:

$$v(x, t) = \frac{dy}{dt} = 0'04 \cdot \pi \cdot \cos(\pi t + 20\pi x) \ m/s$$

$$v(0, 0) = 0'04 \cdot \pi \cdot \cos(0) = 0'04\pi \ m/s \approx 0'126 \ m/s$$

{PROBLEMA 4}

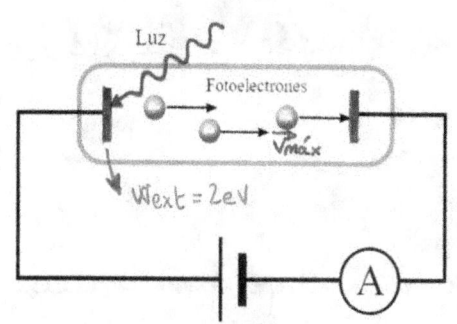

λ incidente $= 500$ nm

Luz

Fotoelectrones

$V_{máx}$

$W_{ext} = 2 eV$

A

La energía de uno de los fotones de la radiación incidente:

$$E_{fotón} = h \cdot f = h \cdot \frac{c}{\lambda}$$

$$E_{fotón} = 6'6 \cdot 10^{-34} \cdot \frac{3 \cdot 10^{8}}{500 \cdot 10^{-9}} = 3'96 \cdot 10^{-19} \, J$$

$$E_{fotón} = 3'96 \cdot 10^{-19} \, J \times \frac{1 \, eV}{1'6 \cdot 10^{-19} \, J} = 2'475 \, eV$$

El trabajo de extracción es la energía mínima que debe tener un fotón de la radiación incidente para producir el efecto fotoeléctrico:

$$W_{ext} = 2 eV \times \frac{1'6 \cdot 10^{-19} \, J}{1 \, eV} = 3'2 \cdot 10^{-19} \, J$$

$$W_{ext} = h \cdot f_0 \Rightarrow f_0 = \frac{W_{ext}}{h} = \frac{3'2 \cdot 10^{-19}}{6'6 \cdot 10^{-34}} = 4'85 \cdot 10^{14} \, Hz$$

$$f_0 = \frac{c}{\lambda_{máx}} \Rightarrow \lambda_{máx} = \frac{c}{f_0} = \frac{3 \cdot 10^{8}}{4'85 \cdot 10^{14}} = 6'19 \cdot 10^{-7} \, m = 619 \, nm$$

Se llama potencial de frenado al voltaje que es necesario aplicar para frenar a los electrones que han sido emitidos por efecto fotoeléctrico. También se llama potencial de corte, pues si frenamos a los electrones emitidos por efecto fotoeléctrico desde el electrodo negativo, éstos no llegarán a la placa positiva. Y si conseguimos que no lleguen, pues hemos "cortado" la corriente.

Para ello, se va aumentando el voltaje poco a poco hasta que el amperímetro deja de marcar el paso de corriente. En ese momento, la energía cinética de los electrones emitidos medida en eV coincidirá numéricamente con el potencial aplicado en ese momento. Así:

Del balance energético del efecto fotoeléctrico:

$$E_{fotón} = W_{ext} + E_{c_{máx}}$$

$$2'475 = 2 + E_{c_{máx}} \implies E_{c_{máx}} = 0'475 \ eV$$

Lo que quiere decir que necesitaremos un potencial de frenado de 0'475 V para frenar a los electrones

$$V_{frenado} = 0'475 \ V$$

PROVES D'ACCÉS A LA UNIVERSITAT	PRUEBAS DE ACCESO A LA UNIVERSIDAD
CONVOCATÒRIA: JUNY 2021	CONVOCATORIA: JUNIO 2021
Assignatura: FÍSICA	Asignatura: FÍSICA

BAREMO DEL EXAMEN: La puntuación máxima de cada problema es de **2 puntos** y la de cada cuestión de **1,5 puntos**. Se permite el uso de calculadoras siempre que no sean gráficas o programables y que no puedan realizar cálculo simbólico ni almacenar datos o fórmulas en memoria. Los resultados deberán estar siempre debidamente justificados. Realiza primero el cálculo simbólico y después obtén el resultado numérico.
TACHA CLARAMENTE todo aquello que no deba ser evaluado

CUESTIONES (elige y contesta exclusivamente 4 cuestiones)

CUESTIÓN 1 - Interacción gravitatoria
Un cuerpo que se encuentra en un campo gravitatorio se mueve entre dos puntos A y B de una superficie equipotencial ¿qué trabajo realiza la fuerza gravitatoria para mover el cuerpo entre A y B? Si la energía potencial del cuerpo en B es de $-800\,J$ y seguidamente pasa del punto B a un punto C, donde su energía potencial es de $-1000\,J$, discute si su energía cinética es mayor en B o en C.

CUESTIÓN 2 - Interacción electromagnética
Enuncia el teorema de Gauss para el campo eléctrico. Determina el flujo eléctrico a través de la superficie cerrada de la figura. Las cargas son $q_1 = 8,85\,pC$ y $q_2 = -2q_1$ y se encuentran en el vacío.
Dato: constante dieléctrica del vacío, $\varepsilon_0 = 8,85 \cdot 10^{-12}\,C^2/N \cdot m^2$

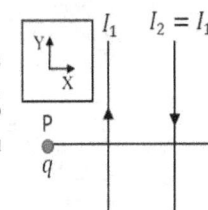

CUESTIÓN 3 - Interacción electromagnética
Considera una espira conductora plana sobre la superficie del papel. Esta se encuentra en el seno de un campo magnético uniforme de módulo $B = 1\,T$, que es perpendicular al papel y con sentido saliente. Aumentamos la superficie de la espira de $2\,cm^2$ a $4\,cm^2$ en $10\,s$, sin que deje de ser plana y perpendicular al campo. Calcula la variación de flujo magnético y la fuerza electromotriz media inducida en la espira. Justifica e indica claramente con un dibujo el sentido de la corriente eléctrica inducida.

CUESTIÓN 4 - Interacción electromagnética
La figura muestra dos conductores rectilíneos, indefinidos y paralelos entre sí, por los que circulan corrientes eléctricas del mismo valor ($I_1 = I_2$) y de sentidos contrarios. Indica la dirección y sentido del campo magnético total en el punto P. Si en el punto P se tiene una carga $q > 0$, con velocidad perpendicular al plano XY, ¿qué fuerza magnética recibe dicha carga? Responde razonada y claramente las respuestas.

CUESTIÓN 5 - Ondas
Considera una onda trasversal en una cuerda descrita por $y(x,t) = 0,01 \cos[2\pi(10t - x)]$ m, donde x se expresa en metros y t en segundos. Calcula la velocidad de vibración en función de x y t. Dado el punto de la cuerda situado en $x_1 = 0,75\,m$, encuentra un punto x_2, que en un mismo instante t, tenga la misma velocidad de vibración que x_1 y el mismo valor y. Indica el razonamiento seguido.

CUESTIÓN 6 - Óptica
La figura muestra un objeto y su imagen a través de una cierta lente interpuesta entre el objeto y el observador. Especifica las características de la imagen que se aprecian en la figura, en relación con el objeto. Indica qué tipo de lente es y realiza un trazado de rayos que explique lo que se muestra en la figura.

CUESTIÓN 7 - Física del siglo XX

Completa, razonando la resolución, los números atómico y másico del núcleo X y del núcleo Ac en la serie radiactiva indicada. Identifica X. ¿Cómo se llama el tipo de desintegración que da lugar a este núcleo? ¿Cómo se llama el tipo de desintegración que da lugar a la partícula $_{-1}^{0}e$?

$$^{232}_{90}\text{Th} \rightarrow {}^{228}_{88}\text{Ra} + {}^{\square}_{\square}\text{X}$$
$$\rightarrow {}^{\square}_{\square}\text{Ac} + {}_{-1}^{0}e$$

CUESTIÓN 8 - Física del siglo XX

Una astronauta se encuentra en una nave espacial que se mueve a una velocidad $v = 0.5\,c$ respecto a la Tierra (c es la velocidad de la luz en el vacío). En un cierto momento comunica a la base en la Tierra que va a dormir desde las 13 h hasta las 19 h, según los relojes de la nave. Calcula a qué hora se despertará, según los relojes de la Tierra (todos los relojes se sincronizan a las 13 h). Justifica adecuadamente tu respuesta.

PROBLEMAS (elige y contesta exclusivamente 2 problemas)

PROBLEMA 1 - Interacción gravitatoria

La masa del planeta K2-72 es 2.21 veces la masa de la Tierra y su radio es 1.29 veces el radio de la Tierra.
  a) ¿Cuál es el valor de la intensidad de campo gravitatorio en la superficie de K2-72? ¿Cuál es la fuerza gravitatoria que K2-72 ejerce sobre una persona de 70 kg en reposo sobre su superficie? (1 punto)
  b) Determina la distancia desde el centro de K2-72 para la cual la intensidad de campo gravitatorio es 0.16 veces el valor en su superficie. Deduce y calcula la velocidad que tendría un satélite en órbita circular a dicha distancia. (1 punto)
Datos: campo gravitatorio de la Tierra en su superficie, $g_0 = 9.8\ \text{m/s}^2$; radio terrestre, $R_T = 6.37 \cdot 10^6$ m

PROBLEMA 2 - Interacción electromagnética

Sean dos cargas puntuales de valores $q_1 = 2\ \mu\text{C}$ y $q_2 = -1.6\ \mu\text{C}$ situadas en los puntos A(0,0) m y B(0,3) m, respectivamente. Calcula:
  a) El vector campo eléctrico creado por cada una de las dos cargas y el vector campo eléctrico total en el punto C(4,3) m. (1 punto)
  b) El trabajo que realiza el campo al trasladar una carga $q_3 = -1$ nC desde C hasta un punto D donde la energía potencial electrostática de dicha carga vale $-1.62\ \mu\text{J}$. (1 punto)
Dato: constante de Coulomb, $k = 9 \cdot 10^9\ \text{N m}^2/\text{C}^2$

PROBLEMA 3 - Óptica

Un objeto se sitúa $10\ cm$ a la izquierda de una lente de -5 dioptrías.
  a) Calcula la posición de la imagen. Dibuja un trazado de rayos, con la posición del objeto, la lente, los puntos focales y la imagen. Explica el tipo de imagen que se forma. (1 punto)
  b) ¿Qué distancia y hacia dónde habría que mover el objeto para que la imagen tenga 1/3 del tamaño del objeto y a derechas? (1 punto)

PROBLEMA 4 - Física del siglo XX

a) Define periodo de semidesintegración. A la vista de la figura, calcula el periodo de semidesintegración del ^{56}Ni y razona si es mayor o menor que el del ^{131}Cs. ¿Qué tiempo debe pasar para que el número de núcleos de ^{131}Cs disminuya un 75%? (1 punto)
b) Si la masa inicial de ^{56}Ni es de 10^{-3} pg, determina el número de núcleos que quedan sin desintegrar a los 15 días. (1 punto)
Dato: masa de un núcleo de ^{56}Ni: $93 \cdot 10^{-24}$ g

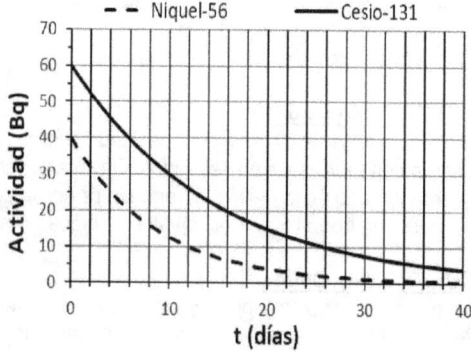

CUESTIÓN 1

Superficies equipotenciales son aquellas superficies cuyos puntos tienen el mismo potencial gravitatorio.

En consecuencia, y dado que el potencial gravitatorio es la energía potencial por unidad de masa, el cuerpo que se traslada entre A y B tendrá la misma energía potencial en A que en B.

$$\text{Potencial} \Rightarrow V = \frac{E_p}{m}$$

$$\text{Superficie equipotencial} \Rightarrow V_A = V_B$$

$\times_A$ - - - - - - $\times_B$

↳ Superficie Equipotencial

$$\text{Con lo que} \Rightarrow \frac{E_{P_A}}{m} = \frac{E_{P_B}}{m} \Rightarrow$$

$$\Rightarrow E_{P_A} = E_{P_B}$$

Por otro lado sabemos que el trabajo de la fuerza gravitatoria cuando una masa "m" se traslada de un punto A hasta otro punto B viene dado por:

$$W_{\substack{\text{Fuerza} \\ \text{gravitatoria}}} = \int_A^B \vec{F} \cdot \vec{dr} = -\Delta E_p = -(E_{P_B} - E_{P_A})$$

Como acabamos de ver que $E_{P_A} = E_{P_B} \Rightarrow W_{A \to B} = 0\,J$

PÁGINA 1

Cuando la fuerza gravitatoria traslada al cuerpo de B hasta C, tendremos:

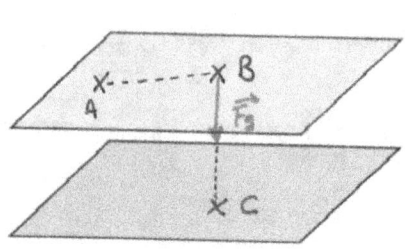

$$W_{B \to C} = \int_{B}^{C} \vec{F} \cdot \vec{dr} = -\Delta E_p =$$

$$= -(E_{P_C} - E_{P_B}) =$$

$$= -(-1000 + 800) = +200 \ J$$

Suponiendo que dicha fuerza es la única que actúa, por el teorema de las fuerzas vivas, ese trabajo será igual a la variación de energía cinética. Así:

$$W_{B \to C} = \Delta E_c \implies E_{c_C} - E_{c_B} = 200 \implies$$

$$\implies E_{c_C} - E_{c_B} > 0 \implies E_{c_C} > E_{c_B}$$

También hubieras podido razonar que al ser la fuerza gravitatoria una fuerza conservativa, y habiendo perdido energía potencial al trasladarse de B a C, necesariamente la energía cinética tendría que aumentar

$$\underbrace{-\Delta E_p = \Delta E_c}_{\substack{\text{Principio de} \\ \text{conservación}}} \longrightarrow \underset{\substack{\downarrow \\ \text{Se pierde } E_p \\ \text{al ir de } B \text{ a } C \\ \text{(es un dato!!)}}}{\Delta E_p < 0} \implies \underset{\substack{\downarrow \\ \text{Se tiene que ganar} \\ E_c \text{ por el ppo de conservación.}}}{\Delta E_c > 0}$$

PÁGINA 2

El teorema de Gauss dice que el flujo del campo eléctrico que atraviesa una superficie cerrada es igual a la carga Q contenida dentro de dicha superficie dividida por la permitividad dieléctrica del medio. Esto es:

$$\Phi = \oint_S \vec{E} \cdot d\vec{S} = \frac{Q}{\varepsilon_0} \quad \text{con} \quad \varepsilon_0 = 8'85 \cdot 10^{-12} \frac{C^2}{N \cdot m^2}$$

En nuestro caso:

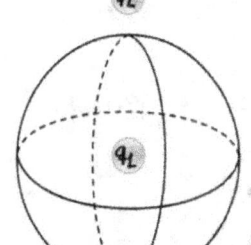

Como únicamente la carga q_1 se encuentra en el interior de la superficie

$$\Phi = \frac{q_1}{\varepsilon_0} = \frac{8'85 \cdot 10^{-12}}{8'85 \cdot 10^{-12}} = 1 \frac{N \cdot m^2}{C}$$

Inicial   Final

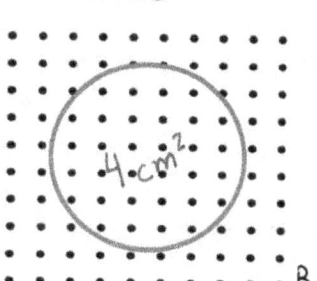

PÁGINA 3

El flujo magnético viene dado por:

$$\Phi = \vec{B} \cdot \vec{S} = B \cdot S \cdot \cos(\alpha)$$, siendo "α" el ángulo

que forman los vectores $\vec{B}$ y $\vec{S}$ y que en este caso,

al ser ambos vectores salientes, será de $\alpha = 0°$. Así:

$$\Phi_{inicial} = B \cdot S \cdot \cos\alpha = 1 \; 2 \cdot 10^{-4} \cdot \cos(0°) = 2 \cdot 10^{-4} \; T \cdot m^2$$

$$\Phi_{final} = B \cdot S \cdot \cos\alpha = 1 \cdot 4 \cdot 10^{-4} \cdot \cos(0°) = 4 \cdot 10^{-4} \; T \cdot m^2$$

Con lo que $\Delta\Phi = \Phi_f - \Phi_0 = 4 \cdot 10^{-4} - 2 \cdot 10^{-4} = 2 \cdot 10^{-4} \; T \cdot m^2$

Según la ley de FARADAY-HENRY, sobre una

espira se induce una corriente si la espira se ve sometida

a una variación del flujo magnético que la atraviesa

Dicha corriente se caracteriza por una fuerza

electromotriz ε que es igual a la variación por

unidad de tiempo del flujo que atraviesa la espira.

Además, según la ley de LENZ, el sentido de

la corriente inducida debe ser tal que sus efectos

se opongan a la causa que la ha provocado.

Por todo ello:

$$\mathcal{E} = - \frac{\Delta \Phi}{\Delta t} = - \frac{2 \cdot 10^{-4}}{10} = - 2 \cdot 10^{-5} \; V$$

Al haber aumentado el número de líneas de campo salientes de la espira, la corriente inducida deberá circular en sentido HORARIO para generar un campo entrante que se oponga a dicha variación.

CUESTIÓN 4

Con la regla de la mano derecha hemos determinado la dirección y sentido de los campos $\vec{B_1}$ y $\vec{B_2}$ en el punto P según:

$$\vec{B_1} = + B_1 \vec{k}$$

$$\vec{B_2} = - B_2 \vec{k}$$

Los módulos de cada uno de esos campos, vienen dados por la LEY DE BIOT según:

$$B_1 = \frac{\mu I_1}{2\pi \cdot r_1}$$

$$B_2 = \frac{\mu I_2}{2\pi \cdot r_2}$$

Aunque no podamos obtener el valor numérico de estos módulos, es fácil ver que será $B_1 > B_2$ al tenerse que $I_1 = I_2$ y que $r_1 < r_2$

Así, el campo total en P:

$$\vec{B_{TOTAL}} = \vec{B_1} + \vec{B_2} = B_1 \vec{k} - B_2 \vec{k} = (B_1 - B_2) \vec{k}$$

Y como $B_1 > B_2 \Rightarrow B_1 - B_2 > 0 \Rightarrow \vec{B_{TOTAL}} = + B_{TOTAL} \cdot \vec{k}$

Es decir, el campo total $\vec{B_{TOTAL}}$ es un vector en la dirección del eje z y el sentido positivo del mismo.

Si en el punto P hay una carga $q > 0$ con una velocidad $\vec{v} = v \cdot \vec{k}$, la fuerza magnética que recibe será:

$$\vec{F_M} = q \cdot (\vec{v} \times \vec{B}) = q \cdot \begin{vmatrix} \vec{i} & \vec{j} & \vec{k} \\ 0 & 0 & v \\ 0 & 0 & B \end{vmatrix} = \vec{0} \ N$$

Fuerza de Lorentz

ya que el producto vectorial de vectores paralelos es nulo.

PÁGINA 6

350

CUESTIÓN 5

$$y(x,t) = 0'01 \cdot \cos(20\pi t - 2\pi x) \; m$$

$$V = \frac{\partial y}{\partial t} \longrightarrow V(x,t) = -0'01 \cdot 20\pi \cdot \text{sen}(20\pi t - 2\pi x) \; m/s$$

$$V(x,t) = -0'2\pi \; \text{sen}(20\pi t - 2\pi x) \; m/s$$

Los puntos que, para un mismo instante t dado, tienen la misma elongación y velocidad, son los puntos que vibran en concordancia de fase y la distancia que hay entre ellos es un número entero de veces la longitud de onda.

En nuestro caso:

$K = 2\pi \; rad/m \longrightarrow$ leído de la ecuación

Con lo que:

$$K = \frac{2\pi}{\lambda} \Rightarrow \lambda = \frac{2\pi}{2\pi} = 1 \; m$$

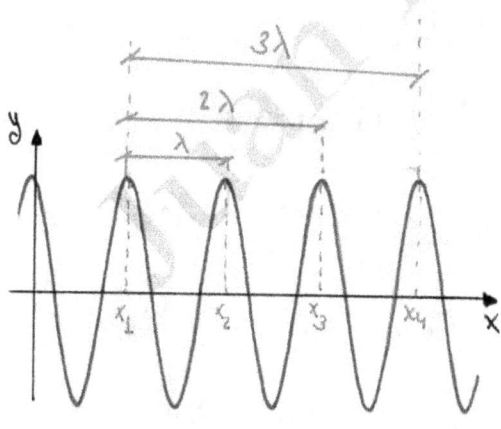

Y como acabamos, los puntos pedidos:

$$x_2 - x_1 = n \cdot \lambda \quad con \quad n = 1,2,3,4 \Rightarrow$$

$$\Rightarrow x_2 = n + 0'75 \; m$$

$\overset{n=1}{\longrightarrow} x_2 = 1'75 \, m$

$\overset{n=2}{\longrightarrow} x_2 = 2'75 \, m$

$\cdots$

PÁGINA 7

CUESTIÓN 6

Agua destilada

Como se aprecia en la figura, la lente interpuesta nos proporciona una imagen de tamaño mayor. Con esta característica, ya podemos asegurar que se trata de una lente convergente. Además vemos que la imagen está derecha, lo que a su vez nos permite asegurar también que se trata de una imagen virtual.

Este tipo de imágenes son las que forma una lente convergente cuando el objeto se sitúa por delante del foco objeto ($|s| < |f|$) según:

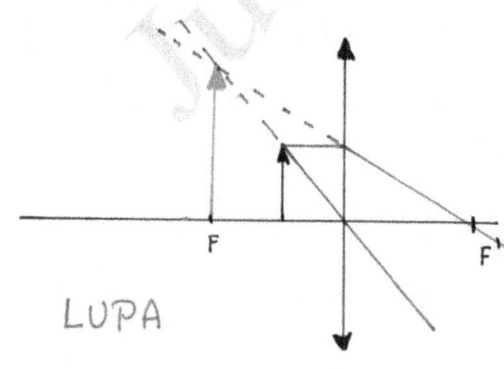

LUPA

Donde efectivamente puedes comprobar que la imagen que nos da la lupa es una imagen:
- Virtual
- Derecha
- Mayor

PÁGINA 8

CUESTIÓN 7

$$^{232}_{90}\text{Th} \longrightarrow {}^{228}_{88}\text{Ra} + {}^{A}_{Z}\text{X} \Rightarrow \begin{cases} 232 = 228 + A \longrightarrow A = 4 \\ 90 = 88 + Z \longrightarrow Z = 2 \end{cases}$$

La partícula es $^{4}_{2}\text{X}$ que corresponde a la partícula α (que es núcleo de $^{4}_{2}\text{He}$). La desintegración α se da en núcleos considerablemente masivos y, como acabamos de ver, consiste en la emisión de un núcleo de $^{4}_{2}\text{He}$:

$$^{A}_{Z}\text{Y} \longrightarrow {}^{A-4}_{Z-2}\text{X} + {}^{4}_{2}\text{He} \longrightarrow \text{Partícula } \alpha$$

$$^{228}_{88}\text{Ra} \longrightarrow {}^{A}_{Z}\text{Ac} + {}^{0}_{-1}e \Rightarrow \begin{cases} 228 = A + 0 \longrightarrow A = 228 \\ 88 = Z - 1 \longrightarrow Z = 89 \end{cases}$$

Esta desintegración es la β^{-} que se da en núcleos con exceso de neutrones según:

$$^{A}_{Z}\text{Y} \longrightarrow {}^{A}_{Z+1}\text{X} + {}^{0}_{-1}e$$

$\longrightarrow \beta^{-}$ (electrones)

$\longrightarrow$ La fuerza nuclear débil es la que posibilita la reacción $^{1}_{0}n \longrightarrow {}^{1}_{1}p + {}^{0}_{-1}e + \bar{\nu}$

©Juan Bertomeu Ferrer
www.bertoblog.com

CUESTIÓN 8

La relación entre el tiempo que marcará un reloj en la nave (Δt_p) y el que marcará un reloj en la Tierra (Δt) es la dada por:

$\Delta t = \gamma \cdot \Delta t_p$, siendo γ el factor de Lorentz.

Dicho factor es:

$$\gamma = \frac{1}{\sqrt{1 - \left(\frac{v}{c}\right)^2}} \underset{v = 0'5c}{=} \frac{1}{\sqrt{1 - \left(\frac{0'5c}{c}\right)^2}} = \frac{1}{\sqrt{\frac{3}{4}}} = \frac{2}{\sqrt{3}}$$

Puesto que en la nave transcurren 6 horas hasta que se despierte, en los relojes en la Tierra transcurren:

$$\Delta t = \frac{2}{\sqrt{3}} \cdot 6 = 6'93 \text{ horas}$$

Con lo que el astronauta despertará aproximadamente a las 19:56 según los relojes de la Tierra

$$0'93 \text{ horas} \times \frac{60 \text{ minutos}}{1 \text{ hora}} = 55'8 \text{ minutos}$$

PÁGINA 10

a) Se nos da $g_{o_{Tierra}} = 9'8\ m/s^2$ que

sabemos que corresponde a $g_{o_T} = G \cdot \dfrac{M_T}{R_T^2}$

Se nos pide g_K que calculamos según:

$$g_K = G \cdot \frac{M_K}{R_K^2} = G \cdot \frac{2'21 \cdot M_T}{(1'29\, R_T)^2} = \frac{2'21}{1'29^2} \cdot G\, \frac{M_T}{R_T^2} =$$

$$M_K = 2'21\, M_T$$
$$R_K = 1'29\, R_T$$

$$= \frac{2'21}{1'29^2} \cdot g_{o_T} = \frac{2'21}{1'29^2} \cdot 9'8 = 13'01\ m/s^2$$

La fuerza gravitatoria sobre una persona de $m = 70\ kg$

por tanto:

$$F = m \cdot g = 70 \cdot 13'01 = 910'7\ N$$

b)

Sabemos que a la distancia r
se debe verificar que:

$$g' = 0'16 \cdot g_K$$

$$\frac{G \cdot M_K}{r^2} = 0'16 \cdot \frac{G \cdot M_K}{R_K^2} \implies$$

$$\implies r^2 = \frac{R_K^2}{0'16} \implies r = \sqrt{\frac{R_K^2}{0'16}} \implies r = \frac{R_K}{0'4} = 2'5 \cdot R_K$$

$$\implies r = 2'5 \cdot (1'29\, R_T) = 2'05 \cdot 10^7\ m$$

Para la velocidad del satélite, aplicamos la segunda ley de Newton al satélite:

$$F = m \cdot a \implies G \cdot \frac{M \cdot m}{r^2} = m \cdot \frac{v^2}{r} \implies V = \sqrt{\frac{G \cdot M_K}{r}}$$

Necesitamos el producto $G \cdot M_K$ que lo podemos deducir (por ejemplo) de:

$$g' = \frac{G \cdot M_K}{r^2} \implies G \cdot M_K = g' \cdot r^2 \implies G \cdot M_K = 0'16 \, g_K \cdot r^2$$

Con lo que:

$$V = \sqrt{\frac{G \cdot M_K}{r}} = \sqrt{\frac{0'16 \, g_K \cdot r^2}{r}} = \sqrt{0'16 \cdot g_K \cdot r} = \sqrt{0'16 \cdot 13'01 \cdot 2'05 \cdot 10^7} =$$

$$= 6532'44 \text{ m/s}$$

PROBLEMA 2

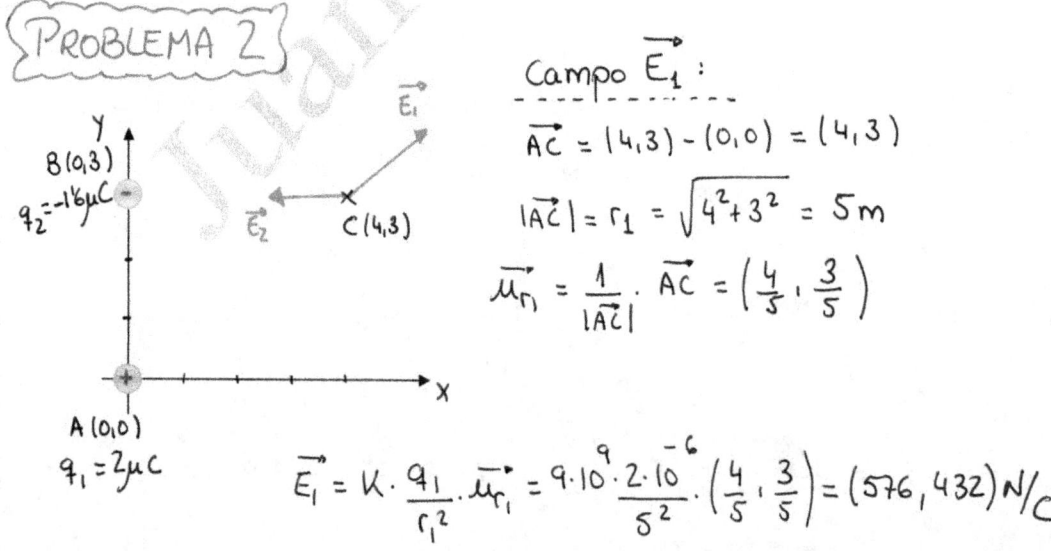

Campo $\vec{E_1}$:

$$\vec{AC} = (4,3) - (0,0) = (4,3)$$

$$|\vec{AC}| = r_1 = \sqrt{4^2 + 3^2} = 5 \text{ m}$$

$$\vec{u_{r_1}} = \frac{1}{|\vec{AC}|} \cdot \vec{AC} = \left(\frac{4}{5}, \frac{3}{5} \right)$$

$$\vec{E_1} = K \cdot \frac{q_1}{r_1^2} \cdot \vec{u_{r_1}} = 9 \cdot 10^9 \cdot \frac{2 \cdot 10^{-6}}{5^2} \cdot \left(\frac{4}{5}, \frac{3}{5} \right) = (576, 432) \, N/C$$

Campo $\vec{E_2}$:

$\vec{BC} = (4,3) - (0,3) = (4,0)$

$|\vec{BC}| = r_2 = \sqrt{4^2} = 4\,m$

$\vec{u_{r_2}} = \dfrac{1}{|\vec{BC}|} \cdot \vec{BC} = (1,0)$

$\vec{E_2} = K \cdot \dfrac{q_2}{r_2^2} \cdot \vec{u_{r_2}} = 9 \cdot 10^9 \cdot \dfrac{(-1'6 \cdot 10^{-6})}{4^2} \cdot (1,0) = (-900,0)\,N/C$

Con lo que el vector campo eléctrico total:

$\vec{E_{total}} = \vec{E_1} + \vec{E_2} = (576, 432) + (-900, 0) = (-324, 432)\,N/C$

b) El potencial eléctrico en C:

$V_C = V_{C_{q_1}} + V_{C_{q_2}} = K \cdot \dfrac{q_1}{r_1} + K \cdot \dfrac{q_2}{r_2} =$

$= 9 \cdot 10^9 \cdot \dfrac{2 \cdot 10^{-6}}{5} + 9 \cdot 10^9 \cdot \dfrac{(-1'6 \cdot 10^{-6})}{4} = 0\,V$

Y por tanto, el trabajo del campo:

$W = -q \cdot \Delta V = -q \cdot (V_D - V_C) = -q \cdot V_D = -E_{P_D} =$

$= -(-1'62 \cdot 10^{-6}) = 1'62 \cdot 10^{-6}\,J$

PROBLEMA 3

a) Se nos da la potencia $P = -5D$.

$$P = \frac{1}{f'} \Rightarrow f' = \frac{1}{P} = \frac{1}{-5} = -0'2\,m = -20\,cm$$

Como $P < 0 \longrightarrow$ Se trata de una lente divergente y

el diagrama de rayos por tanto:

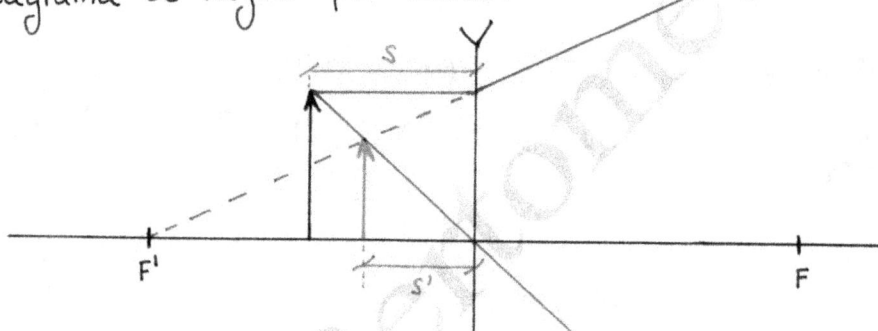

Del trazado de rayos, vemos

que la imagen será menor, derecha y virtual. Para

la posición de la imagen, con la ecuación de las lentes:

$$\frac{1}{s'} - \frac{1}{s} = \frac{1}{f'} \Rightarrow \frac{1}{s'} = \frac{1}{f'} + \frac{1}{s} \Rightarrow \frac{1}{s'} = \frac{-1}{20} - \frac{1}{10} \Rightarrow$$

$$\Rightarrow \frac{1}{s'} = \frac{-3}{20} \Rightarrow s' = \frac{-20}{3}\,cm = -6'67\,cm$$

b) Si queremos que el aumento lateral sea $1/3 \Rightarrow$

$$\Rightarrow A_L = \frac{s'}{s} \Rightarrow \frac{1}{3} = \frac{s'}{s} \Rightarrow s' = \frac{1}{3}s$$

Y de nuevo, aplicamos la ecuación de las lentes:

$$\frac{1}{s'} - \frac{1}{s} = \frac{1}{f'} \implies \frac{1}{\frac{1}{3}s} - \frac{1}{s} = \frac{1}{f'} \implies \frac{3}{s} - \frac{1}{s} = \frac{1}{f'} \implies$$

$$\implies \frac{2}{s} = \frac{1}{f'} \implies s = 2 \cdot f' = 2 \cdot (-20) = -40 \, cm$$

Es decir, habría que mover el objeto 30 cm hacia la izquierda para situarlo a 40 cm de la lente.

(PROBLEMA 4)

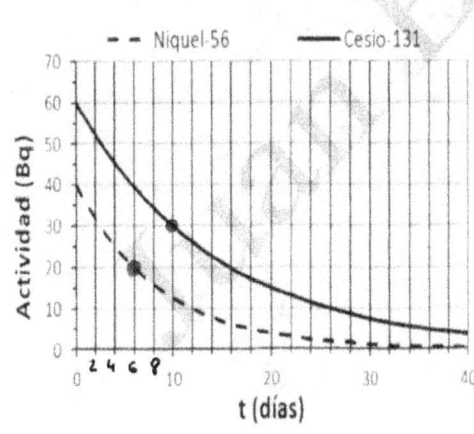

a) El periodo de semidesintegración $T_{1/2}$ se define como el tiempo que ha de transcurrir para que se desintegren la mitad de los núcleos de una muestra de N_0 núcleos radiactivos.

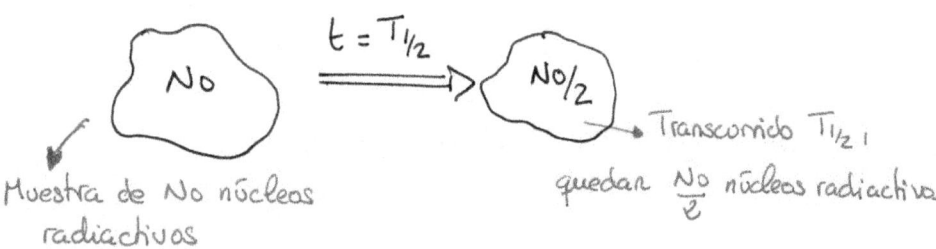

Muestra de N_0 núcleos radiactivos

Transcurrido $T_{1/2}$, quedan $\frac{N_0}{2}$ núcleos radiactivos

Dichos valores los podemos leer directamente de la gráfica. Así, vemos que

→ El ^{56}Ni reduce su actividad un 50% (de 40 Bq a 20 Bq) en 6 días $\implies T_{1/2\,Ni} = 6$ días

→ El ^{131}Cs reduce su actividad un 50% (de 60 Bq a 30 Bq) en 10 días $\implies T_{1/2\,Cs} = 10$ días

Evidentemente $\quad T_{1/2\,Ni} < T_{1/2\,Cs}$

Para que la actividad de una muestra de ^{131}Cs disminuya un 75%:

$$T_{1/2} = \frac{\ln(2)}{\lambda} \implies \lambda = \frac{\ln(2)}{T_{1/2}} = \frac{\ln(2)}{10} \text{ días}^{-1}$$

$$A = A_0 \cdot e^{-\lambda \cdot t} \implies 0'25\,A_0 = A_0 \cdot e^{-\frac{\ln(2)}{10} \cdot t} \implies$$

$$\implies \ln\left(\frac{1}{4}\right) = -\frac{\ln(2)}{10} \cdot t \implies \ln(4) = \frac{\ln(2)}{10} \cdot t \implies$$

$$\implies t = \frac{10 \cdot \ln(4)}{\ln(2)} = \frac{10 \cdot 2 \cdot \cancel{\ln(2)}}{\cancel{\ln(2)}} = 20 \text{ días}$$

A la misma conclusión hubieras podido llegar leyendo los valores de la gráfica proporcionada.

PÁGINA 16

b) $T_{1/2} = \dfrac{\ln(2)}{\lambda} \implies \lambda = \dfrac{\ln(2)}{T_{1/2}} = \dfrac{\ln(2)}{6}$ días^{-1}

Aplicamos la ley de desintegración:

$$m = m_0 \cdot e^{-\lambda \cdot t} = 10^{-3} \cdot e^{-\frac{\ln(2)}{6} \cdot 15} = 1'77 \cdot 10^{-4} \text{ pg de } ^{56}Ni$$

$$1'77 \cdot 10^{-4} \text{ pg de } ^{56}Ni \times \dfrac{10^{-12} \text{ g}}{1 \text{ pg}} \times \dfrac{1 \text{ núcleo de } ^{56}Ni}{93 \cdot 10^{-24} \text{ g}} = 1'9 \cdot 10^{6} \text{ núcleos de } ^{56}Ni$$

 GENERALITAT VALENCIANA
Conselleria d'Innovació,
Universitats, Ciència
i Societat Digital

COMISSIÓ GESTORA DE LES PROVES D'ACCÉS A LA UNIVERSITAT
COMISIÓN GESTORA DE LAS PRUEBAS DE ACCESO A LA UNIVERSIDAD

 SISTEMA UNIVERSITARI VALENCIÀ
SISTEMA UNIVERSITARIO VALENCIANO

PROVES D'ACCÉS A LA UNIVERSITAT	PRUEBAS DE ACCESO A LA UNIVERSIDAD
CONVOCATÒRIA: JULIOL 2021	CONVOCATORIA: JULIO 2021
Assignatura: FÍSICA	Asignatura: FÍSICA

BAREMO DEL EXAMEN: La puntuación máxima de cada problema es de 2 puntos y la de cada cuestión de 1,5 puntos. Se permite el uso de calculadoras siempre que no sean gráficas o programables y que no puedan realizar cálculo simbólico ni almacenar datos o fórmulas en memoria. Los resultados deberán estar siempre debidamente justificados. Realiza primero el cálculo simbólico y después obtén el resultado numérico.
TACHA CLARAMENTE todo aquello que no deba ser evaluado

CUESTIONES (elige y contesta exclusivamente 4 cuestiones)

CUESTIÓN 1 - Interacción gravitatoria
Explica qué se entiende por fuerza conservativa y su relación con el concepto de energía potencial ¿Es lo mismo la energía potencial gravitatoria que el potencial gravitatorio? ¿En qué unidades del SI se mide cada una de estas dos magnitudes? Justifica las respuestas a partir de sus definiciones.

CUESTIÓN 2 - Interacción electromagnética
Cuatro cargas puntuales están situadas en los vértices A, B, C y D de un cuadrado de 2 m de lado, como se indica en la figura. Si $q = \sqrt{2}/2$ nC, calcula y representa los vectores campo eléctrico generados por cada una de las cargas y el total, en el centro del cuadrado, punto O.
Dato: constante de Coulomb, $k = 9 \cdot 10^9$ N m^2/C^2

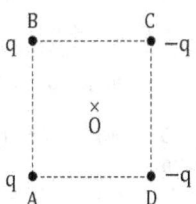

CUESTIÓN 3 - Interacción electromagnética
Una partícula de carga $q < 0$ entra con velocidad $\vec{v}$ en una región en la que hay un campo magnético uniforme normal al plano del papel, tal y como se muestra en la figura. Escribe la expresión del vector fuerza magnética que actúa sobre la carga. Razona si la trayectoria mostrada es correcta y representa razonadamente, en el punto P, los vectores velocidad y fuerza magnética.

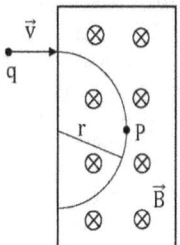

CUESTIÓN 4 – Interacción electromagnética
Una espira rectangular se sitúa en las cercanías de un hilo conductor rectilíneo de gran longitud, recorrido por una corriente eléctrica cuya intensidad aumenta con el tiempo. Razona por qué aparecerá una corriente en la espira, indica cuál será su sentido y enuncia la ley del electromagnetismo que explica este fenómeno.

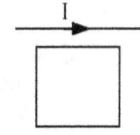

CUESTIÓN 5 - Ondas
Escribe la expresión del nivel sonoro (en dB) en función de la intensidad de un sonido. Un auricular produce en la entrada del oído un nivel sonoro de 80 dB. Calcula la intensidad sonora en ese punto en W/m^2.
Dato: Intensidad umbral de referencia $I_0 = 10^{-12}$ W/m^2.

CUESTIÓN 6 - Óptica geométrica
Deduce la relación entre la distancia objeto, s, y la distancia focal imagen, f', de una lente para que la imagen sea invertida y de doble tamaño que el objeto.

CUESTIÓN 7 - Óptica geométrica
Describe en qué consiste la hipermetropía. Explica razonadamente el fenómeno con ayuda de un trazado de rayos. ¿Con qué tipo de lente debe corregirse y por qué?

CUESTIÓN 8 - Física del siglo XX

Escribe las expresiones de la energía total y de la energía cinética de un cuerpo, en relación con su velocidad relativista, explicando la diferencia entre ambas energías. Una partícula cuya energía en reposo es $E_0 = 135$ MeV, se mueve con una velocidad $v = 0,5\,c$. Calcula la energía relativista de la partícula en MeV y su energía cinética en julios. Dato: carga elemental, $q = 1,6 \cdot 10^{-19}$ C.

PROBLEMAS (elige y contesta <u>exclusivamente</u> 2 problemas)

PROBLEMA 1 - Interacción gravitatoria

La Estación Espacial Internacional tiene una masa $m = 4 \cdot 10^5$ kg y describe una órbita circular alrededor de la Tierra a una altura sobre su superficie $h = 400$ km.

    a) Calcula las energías potencial, cinética y mecánica de la Estación en su movimiento por dicha órbita. (1 punto)

    b) Calcula la energía que se debe aportar a la estación para que se sitúe en una órbita en la que su energía mecánica sea $E = -2 \cdot 10^{12}$ J. Calcula su velocidad en dicha órbita. (1 punto)

Datos: constante de gravitación universal, $G = 6,67 \cdot 10^{-11}$ N m^2 kg^{-2}; masa de la Tierra, $M_T = 6 \cdot 10^{24}$ kg; radio de la Tierra, $R_T = 6,4 \cdot 10^6$ m.

PROBLEMA 2 - Interacción electromagnética

Una partícula con carga negativa entra con velocidad constante $\vec{v} = 2 \cdot 10^5\,\vec{j}$ m/s en una región del espacio en la que hay un campo eléctrico uniforme $\vec{E} = 4 \cdot 10^4\,\vec{i}$ N/C y un campo magnético uniforme $\vec{B} = -B\,\vec{k}$ T, siendo $B > 0$.

    a) Calcula el valor de B necesario para que el movimiento de la partícula sea rectilíneo y uniforme. Representa claramente los vectores $\vec{v}, \vec{E}, \vec{B}$, la fuerza magnética y la fuerza eléctrica. (1 punto)

    b) En un instante dado se anula el campo eléctrico y el módulo de la fuerza que actúa sobre la partícula a partir de ese instante es $6,4 \cdot 10^{-15}$ N. Determina el valor de la carga de la partícula. (1 punto)

PROBLEMA 3 - Óptica geométrica

A través de una lente delgada se observa el ojo de una persona. Sabiendo que la lente se sitúa a 4 cm del ojo y teniendo en cuenta los datos de la figura, determina:

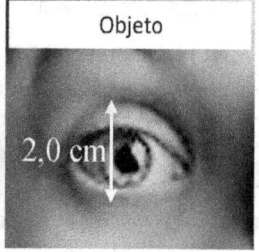

    a) La posición de la imagen, la distancia focal imagen de la lente y su potencia en dioptrías. Realiza un trazado de rayos que presente la situación mostrada (1 punto).

    b) ¿La lente es convergente o divergente? ¿La imagen es real o virtual? ¿De qué tamaño se verá el ojo si alejamos la lente del ojo 1,5 cm más? (1 punto)

PROBLEMA 4 - Física del siglo XX

Tras un episodio de "tormenta seca" o calima, se recoge y analiza una muestra de polvo y se concluye que contiene Cs-137, un isótopo radiactivo asociado a alguna prueba nuclear realizada hace 60 años. La actividad de la muestra, debida exclusivamente al Cs-137, es de 0,08 Bq (muy baja). Determina:

    a) El número de núcleos y la masa de Cs-137 contenida en la muestra (expresa el resultado en picogramos). (1 punto)

    b) La actividad de la muestra hace 60 años, justo tras la prueba nuclear. (1 punto)

Datos: periodo de semidesintegración del Cs-137, $T_{1/2} = 30,2$ años; masa de un núcleo de Cs-137, $M = 2,27 \cdot 10^{-25}$ kg

CUESTIÓN 1

Una fuerza conservativa es aquella cuyo trabajo realizado cuando traslada a un cuerpo desde una posición inicial A hasta otra final B depende exclusivamente de dichas posiciones A y B y NO de la trayectoria elegida para ir de A a B:

$$W_1 = W_2 = \int_A^B \vec{F} \cdot d\vec{r}$$

Las fuerzas conservativas son las que pueden también ser escritas como derivadas de una función escalar llamada ENERGÍA POTENCIAL, que es función exclusiva de la posición del cuerpo dentro del campo. Es por ello por lo que el trabajo de una fuerza conservativa viene dado por:

$$W_1 = W_2 = \int_A^B \vec{F} \cdot d\vec{r} = E_{P_A} - E_{P_B} = -\Delta E_P$$

PÁGINA 1

Las unidades de energía potencial en el Sistema Internacional son los Julios (J)

El potencial gravitatorio en un punto del campo, es la energía potencial por unidad de masa en dicho punto, y por tanto:

$$V = \frac{E_p}{m} \longrightarrow$$

Su unidad en el Sistema Internacional es el Julio por Kilogramo $\left(\frac{J}{Kg} \right)$

{ CUESTIÓN 2 }

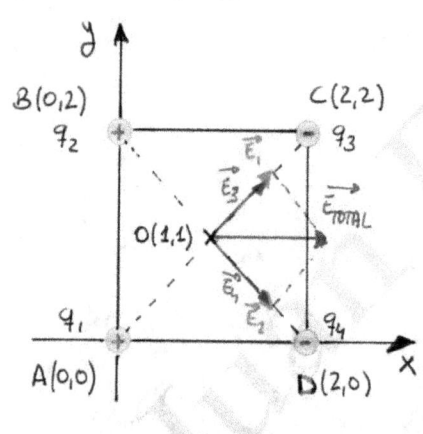

Es fácil razonar que siendo $r_1 = r_3$ y $|q_1| = |q_3|$ se tendrá que $\vec{E_1} = \vec{E_3}$. Del mismo modo es obvio que $\vec{E_2} = \vec{E_4}$. Es por ello por lo que calcularemos $\vec{E}_{TOTAL}$ según:

$$\vec{E}_{TOTAL} = \underbrace{\vec{E_1} + \vec{E_3}}_{Iguales} + \underbrace{\vec{E_2} + \vec{E_4}}_{Iguales} = 2\vec{E_1} + 2\vec{E_2} \; . \; Así:$$

Campo $\vec{E_1}$:

$$\vec{AO} = (1,1) - (0,0) = (1,1) \; ; \; r_1 = |\vec{AO}| = \sqrt{1^2 + 1^2} = \sqrt{2} \; m$$

$$\vec{u_{r_1}} = \frac{1}{|\vec{AO}|} \cdot \vec{AO} = \frac{1}{\sqrt{2}} (1,1) = \left(\frac{1}{\sqrt{2}}, \frac{1}{\sqrt{2}} \right)$$

$$\vec{E_1} = K \cdot \frac{q_1}{r_1^2} \cdot \vec{u_{r_1}} = 9 \cdot 10^9 \cdot \frac{\sqrt{2}/2 \cdot 10^{-9}}{(\sqrt{2})^2} \left(\frac{1}{\sqrt{2}}, \frac{1}{\sqrt{2}} \right) = (2'25, \, 2'25) \; N/c$$

PÁGINA 2

Campo $\vec{E_2}$:

$$\vec{BO} = (1,1)-(0,2) = (1,-1) \;;\; r_2 = |\vec{BO}| = \sqrt{1^2+(-1)^2} = \sqrt{2} \text{ m}$$

$$\vec{u_{r_2}} = \frac{1}{\vec{BO}} \cdot |\vec{BO}| = \frac{1}{\sqrt{2}} \cdot (1,-1) = \left(\frac{1}{\sqrt{2}}, \frac{-1}{\sqrt{2}}\right)$$

$$\vec{E_2} = K \cdot \frac{q_2}{r_2^2} \cdot \vec{u_{r_2}} = 9 \cdot 10^9 \cdot \frac{\frac{\sqrt{2}}{2} \cdot 10^{-9}}{(\sqrt{2})^2} \cdot \left(\frac{1}{\sqrt{2}}, \frac{-1}{\sqrt{2}}\right) = (2'25, -2'25) \, \text{N}/_C$$

Y por tanto:

$$\vec{E_{TOTAL}} = 2 \cdot (\vec{E_1}+\vec{E_2}) = 2 \cdot (4'5, 0) = (9,0) = 9\vec{i} \, \text{N}/_C$$

CUESTIÓN 3

Se tienen los vectores:

$$\vec{V} = V\vec{i} \;;\; \vec{B} = -B\vec{K}$$

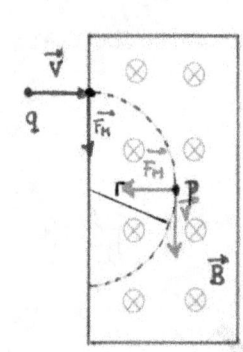

Por tanto, la fuerza magnética:

$$\vec{F_M} = q \cdot (\vec{V} \times \vec{B}) = q \cdot \begin{vmatrix} \vec{i} & \vec{j} & \vec{K} \\ V & 0 & 0 \\ 0 & 0 & -B \end{vmatrix} = q V B \vec{j}$$

y teniendo en cuenta que es $q < 0$:

$$\vec{F_M} = q V B \vec{j} \underset{q<0}{=} -|q| V B \vec{j}$$

Al ser la fuerza magnética $\vec{F_M} = -F_M \vec{j}$, la carga q describirá una trayectoria circular plana en sentido horario (trayectoria correcta!!), siendo los vectores los representados en P.

PÁGINA 3

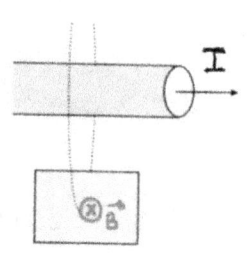

La corriente eléctrica recta creará un campo a su alrededor cuyo módulo vendrá dado según la ley de BIOT por:

$$B = \frac{\mu I}{2\pi r}$$

Además, y con la regla de la mano derecha, sabemos que las líneas del campo magnético serán ENTRANTES en la espira. Por otro lado, y dado que nos dicen que la intensidad I va en aumento, también aumentará con el tiempo el módulo B del campo magnético.

Según la ley de FARADAY-HENRY, sobre la espira se inducirá una corriente si ésta se ve sometida a una variación del flujo magnético que la atraviesa. Como el flujo viene dado por $\phi = \vec{B} \cdot \vec{S} = B \cdot S \cdot \cos(\alpha)$, y acabamos de ver que B aumenta con el tiempo, es obvio que el flujo varía, produciéndose por tanto la corriente inducida.

Para averiguar el sentido de la corriente inducida

debemos acudir a la LEY DE LENZ que dice que el sentido de la corriente debe ser tal que sus efectos se opongan a la causa que la ha provocado.

En este caso, que B aumente significa que el campo es CADA VEZ MÁS ENTRANTE, lo que implica que la corriente inducida tendrá que crear en el interior de la espira un CAMPO SALIENTE que "compense" ese aumento de B.

Basta razonar con la regla de la mano derecha para ver que el sentido de la corriente inducida deberá ser ANTIHORARIO.

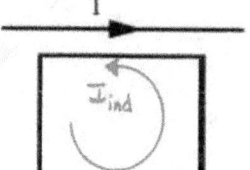

CUESTIÓN 5

El nivel de intensidad sonora o sonoridad viene dado por la expresión:

$$\beta = 10 \cdot \log \left(\frac{I}{I_0} \right) \quad (\text{en } dB)$$

siendo I la intensidad del sonido y siendo $I_0 = 10^{-12}$ W/m^2 el umbral de audición para los humanos.

$$\beta = 10 \cdot \log\left(\frac{I}{I_0}\right) \Rightarrow \frac{\beta}{10} = \log\left(\frac{I}{I_0}\right) \Rightarrow 10^{\frac{\beta}{10}} = \frac{I}{I_0} \Rightarrow$$

$$\Rightarrow I = I_0 \cdot 10^{\frac{\beta}{10}} = 10^{-12} \cdot 10^{\frac{80}{10}} = 10^{-12} \cdot 10^{8} = 10^{-4} \; W/m^2$$

CUESTIÓN 6

De las características de la imagen que nos dan, podremos deducir el aumento lateral según:

Imagen Invertida $\longrightarrow A_L < 0$

Imagen Doble Tamaño $\longrightarrow |A_L| = 2$

$\left. \right\} A_L = -2$

Con lo que:

$$A_L = \frac{s'}{s} \Rightarrow -2 = \frac{s'}{s} \Rightarrow s' = -2s$$

Con la ecuación de las lentes:

$$\frac{1}{s'} - \frac{1}{s} = \frac{1}{f'} \Rightarrow \frac{1}{-2s} - \frac{1}{s} = \frac{1}{f'} \Rightarrow \frac{1+2}{-2s} = \frac{1}{f'} \Rightarrow$$

$$\Rightarrow \frac{-3}{2s} = \frac{1}{f'} \Rightarrow \frac{s}{f'} = \frac{-3}{2}$$

CUESTIÓN 7

El ojo humano es un sistema óptico que produce imágenes de los objetos observados sobre una "pantalla" denominada retina. Exteriormente está limitado por una membrana transparente que se llama córnea. Detrás de ésta, se encuentra el cristalino, que es un cuerpo elástico transparente de aspecto gelatinoso que se comporta como una lente convergente (biconvexa). El cristalino está sujeto por sus extremos al globo ocular mediante los músculos ciliares que, según la presión que ejerzan, hacen que el cristalino se abombe más o menos, variando así su distancia focal (ACOMODACIÓN)

El ojo hipermétrope es aquel que presenta una falta de convergencia causada por una córnea demasiado plana o un acortamiento del globo ocular. Este defecto, contrario a la miopía, origina que cuando miramos objetos con $s = -\infty$ (VISTA LEJANA), éstos no se enfocan sobre la retina según:

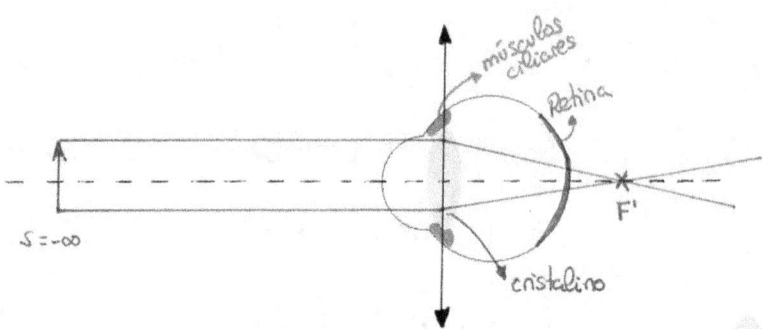

Para corregir esa falta de convergencia, se utilizan lentes convergentes según:

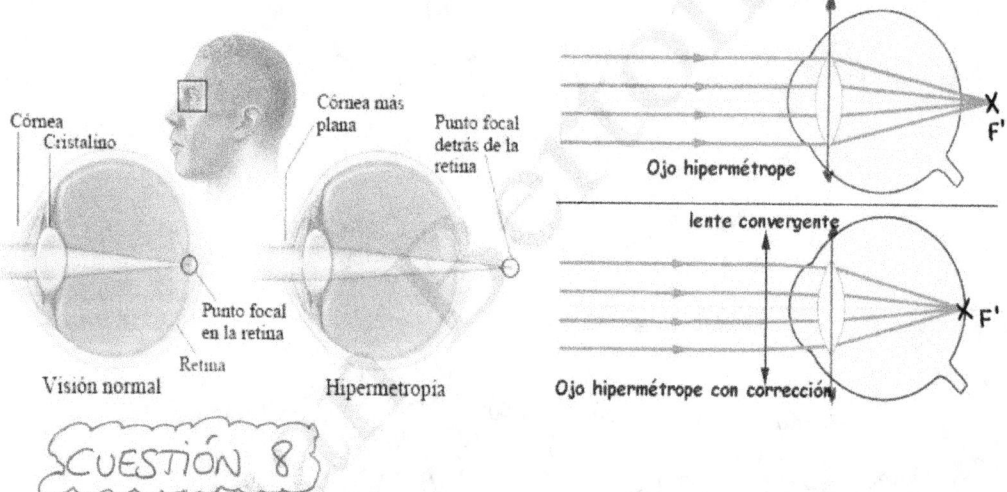

CUESTIÓN 8

En física relativista, se llama energía en reposo a la energía que tiene un cuerpo de masa m_0 en ausencia de movimiento:

$$E_0 = m_0 \cdot c^2 \longrightarrow \begin{cases} m_0 \longrightarrow \text{masa en reposo} \\ c \longrightarrow \text{velocidad de la luz} \end{cases}$$

Y se llama energía total a la energía que posee

el cuerpo cuando éste tiene movimiento:

$$E = m \cdot c^2 \longrightarrow \begin{cases} m \longrightarrow \text{masa relativista} \\ c \longrightarrow \text{velocidad de la luz} \end{cases}$$

La energía cinética es la diferencia entre la energía

total del cuerpo en movimiento y su energía en reposo

en ausencia de éste. O dicho de otro modo, la energía

cinética es la energía adquirida por el cuerpo debido

a su movimiento:

$$E_c = E - E_0 \implies E = E_0 + E_c$$

La relación entre la energía total y la energía en reposo

de un cuerpo que se mueve a velocidad "v" es el

FACTOR DE LORENTZ (γ):

$$E = \gamma \cdot E_0 = \frac{1}{\sqrt{1 - \left(\frac{v}{c}\right)^2}} \cdot E_0$$

En nuestro caso, siendo $v = 0'5\,c$ y $E_0 = 135\,MeV$:

$$E = \frac{1}{\sqrt{1 - \left(\frac{0'5\,c}{c}\right)^2}} \cdot 135 = \frac{2}{\sqrt{3}} \cdot 135 = 155'88\,MeV$$

PÁGINA 9

Y tal y como hemos explicado, obtenemos la energía cinética como la diferencia entre estas energías:

$$E_c = E - E_0 = 155'88 - 135 = 20'88 \, MeV \times \frac{10^6 \, eV}{1 \, MeV} \times \frac{1'6 \cdot 10^{-19} \, J}{1 \, eV} =$$

$$= 3'34 \cdot 10^{-12} \, J$$

PROBLEMA 1

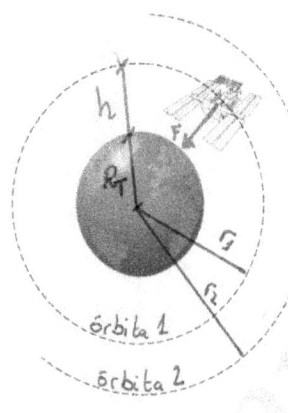

a) Aplicamos la segunda ley de Newton a la estación espacial:

$$\overline{F} = m \cdot a$$

$$G\frac{Mm}{r^2} = m \cdot \frac{V^2}{r} \Rightarrow V = \sqrt{\frac{GM}{r}}$$

Y así, las energías pedidas:

$$E_c = \frac{1}{2} m \cdot V^2 = \frac{1}{2} m \cdot \frac{GM}{r_1} = \frac{1}{2} \frac{GMm}{r_1} = \frac{1}{2} \cdot \frac{6'67 \cdot 10^{-11} \cdot 6 \cdot 10^{24} \cdot 4 \cdot 10^5}{6'4 \cdot 10^6 + 400 \cdot 10^3} =$$

$$= 1'175 \cdot 10^{13} \, J$$

$$E_p = -\frac{GMm}{r_1} = \frac{-6'67 \cdot 10^{-11} \cdot 6 \cdot 10^{24} \cdot 4 \cdot 10^5}{6'4 \cdot 10^6 + 400 \cdot 10^3} = -2'35 \cdot 10^{13} \, J$$

Con lo que $E_M = E_c + E_p = -1'175 \cdot 10^{13} \, J$

b) Si queremos que pase a la órbita 2 donde tendrá

una $E_{M_2} = -2 \cdot 10^{12}$ J tendremos que aportar:

$$\Delta E_M = E_{M_2} - E_{M_1} = -2 \cdot 10^{12} - (-1'175 \cdot 10^{13}) = 9'75 \cdot 10^{12} \text{ J}$$

Si te fijas bien en las fórmulas de la página anterior,

es fácil deducir que:

$$E_M = E_c + E_p = E_c - 2E_c = -E_c$$

Y por tanto, la velocidad pedida en la órbita 2:

$$E_{M_2} = -E_{c_2} \Rightarrow -2 \cdot 10^{12} = -\frac{1}{2} m \cdot V_2^2 \Rightarrow$$

$$\Rightarrow V = \sqrt{\frac{2 \cdot 2 \cdot 10^{12}}{4 \cdot 10^5}} = \sqrt{10^7} = 3162'28 \text{ m/s}$$

{PROBLEMA 2}

Tomamos como sistema de referencia

La fuerza eléctrica

sobre la carga q:

$$\vec{F_e} = q \cdot \vec{E} = q \cdot 4 \cdot 10^4 \, \vec{\imath} \text{ N}$$

$$\overset{q<0}{\Longrightarrow} \vec{F_e} = -|q| \cdot 4 \cdot 10^4 \, \vec{\imath} \text{ N}$$

La fuerza magnética:

$$\vec{F}_M = q \cdot (\vec{v} \times \vec{B}) = q \cdot \begin{vmatrix} \vec{i} & \vec{j} & \vec{k} \\ 0 & v & 0 \\ 0 & 0 & -B \end{vmatrix} = -q\,VB\,\vec{i} \ N$$

$$\underset{q<0}{\Longrightarrow} \ \vec{F}_M = +|q|\,VB\,\vec{i} \ N$$

Si la partícula no se desvia, es porque la fuerza total electromagnética sobre la partícula es nula. Así:

$$\vec{F}_{TOTAL} = \vec{0} \implies \vec{F}_M + \vec{F}_e = \vec{0} \implies |q|\,VB\,\vec{i} - |q|\,E\,\vec{i} = \vec{0}$$

$$\implies |q|\,VB\,\vec{i} = |q| \cdot E\,\vec{i} \implies B = \frac{E}{V} = \frac{4 \cdot 10^4}{2 \cdot 10^5} = 0'2\ T$$

b) Si no hay fuerza eléctrica $\implies \vec{F}_{TOTAL} = \vec{F}_M = |q|\,VB\,\vec{i}$

$$|q|\,VB = 6'4 \cdot 10^{-15} \implies |q| = \frac{6'4 \cdot 10^{-15}}{2 \cdot 10^5 \cdot 0'2} = 1'6 \cdot 10^{-19}\ C \implies$$

$$\underset{q<0}{\implies} q = -1'6 \cdot 10^{-19}\ C$$

PÁGINA 12

{PROBLEMA 3}

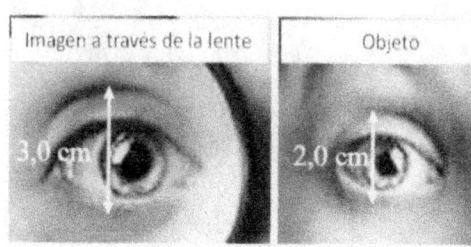

Imagen a través de la lente   Objeto
3,0 cm   2,0 cm

Se nos dice que la lente está situada a 4cm del ojo

$$\Rightarrow s = -4\,cm$$

Vemos que la imagen a través de la lente es derecha y es mayor. Por tanto, el aumento lateral:

$$A_L = \frac{y'}{y} = \frac{s'}{s} \Rightarrow \frac{3}{2} = \frac{s'}{s} \Rightarrow s' = \frac{3}{2}s = \frac{3}{2}\cdot(-4) = -6\,cm$$

Y con la ecuación de las lentes:

$$\frac{1}{s'} - \frac{1}{s} = \frac{1}{f'} \Rightarrow \frac{1}{f'} = \frac{1}{-6} - \frac{1}{-4} = \frac{1}{12} \Rightarrow f' = 12\,cm$$

Con lo que la potencia:

$$P = \frac{1}{f'} = \frac{1}{0'12} = 8'33\ D$$

El diagrama de rayos que ilustra esta situación:

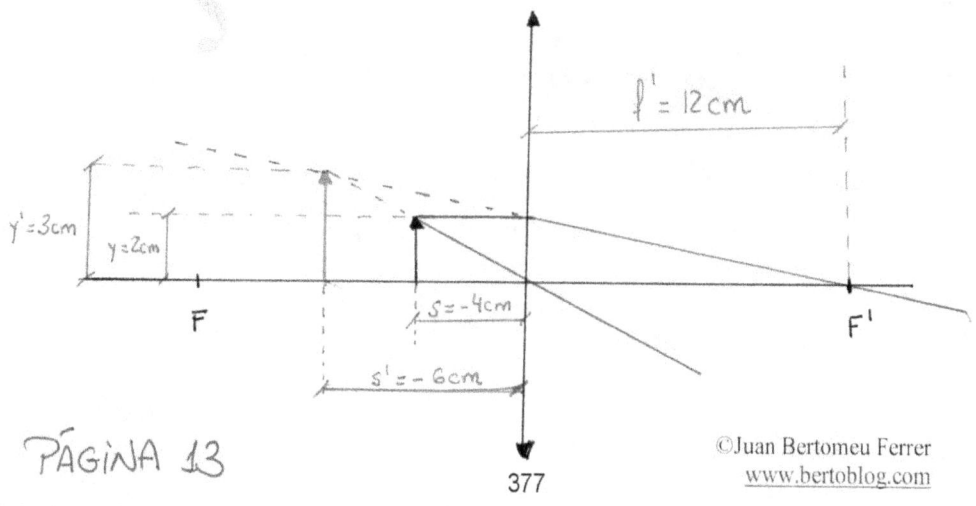

$f' = 12\,cm$

$y' = 3cm$ $y = 2cm$

F

$s = -4cm$

$s' = -6cm$

F'

b) Como hemos visto que $f' > 0$, la lente es convergente y como también se tiene $s' < 0$, la imagen es virtual. Información que igualmente hubieras podido deducir del diagrama de rayos.

Si se aleja el objeto 1'5 cm más, se tendrá $s = -5'5$ cm

Aplicando la ecuación de las lentes:

$$\frac{1}{s'} - \frac{1}{s} = \frac{1}{f'} \Rightarrow \frac{1}{s'} - \frac{1}{-5'5} = \frac{1}{12} \Rightarrow \frac{1}{s'} = \frac{1}{12} - \frac{2}{11}$$

$$\Rightarrow \frac{1}{s'} = \frac{-13}{132} \Rightarrow s' = \frac{-132}{13} = -10'154 \text{ cm}$$

Y con el aumento lateral, determinamos el tamaño pedido:

$$A_L = \frac{y'}{y} = \frac{s'}{s} \Rightarrow y' = \frac{s'}{s} \cdot y \Rightarrow y' = \frac{-132/13}{-11/2} \cdot 2 = \frac{24}{13} \cdot 2 = 3'692 \text{ cm}$$

PROBLEMA 4

a) Se nos da el periodo de semidesintegración del Cs-137:

$$T_{1/2} = 30'2 \text{ años} \times \frac{365 \text{ días}}{1 \text{ año}} \times \frac{24 \text{ horas}}{1 \text{ día}} \times \frac{3600 \text{ S}}{1 \text{ hora}} = 952387200 \text{ s}$$

Conocido el periodo de semidesintegración, determinamos la constante radiactiva:

$$T_{1/2} = \frac{\ln(2)}{\lambda} \Rightarrow \lambda = \frac{\ln(2)}{T_{1/2}} = \frac{\ln(2)}{952387200} = 7'278 \cdot 10^{-10} \, s^{-1}$$

Y como la actividad es conocida:

$$A = \lambda \cdot N \Rightarrow 0'08 = 7'278 \cdot 10^{-10} \cdot N \Rightarrow N = 1'099 \cdot 10^{8} \, núcleos$$

$$1'099 \cdot 10^{8} \, núcleos \times \frac{2'27 \cdot 10^{-25} \, Kg}{1 \, núcleo} \times \frac{1000 \, g}{1 \, Kg} \times \frac{1 \, pg}{10^{-12} \, g} = 0'025 \, pg$$

b) Como vamos a realizar el cálculo en años:

$$T_{1/2} = \frac{\ln(2)}{\lambda} \Rightarrow \lambda = \frac{\ln(2)}{T_{1/2}} = \frac{\ln(2)}{30'2} = 0'02295 \, años^{-1}$$

Y con la ley de desintegración:

$$A = A_0 \cdot e^{-\lambda \cdot t} \Rightarrow 0'08 = A_0 \cdot e^{-\frac{\ln(2)}{30'2} \cdot 60} \Rightarrow$$

$$\Rightarrow 0'08 = 0'2523 \, A_0 \Rightarrow A_0 = 0'317 \, Bq$$

©Juan Bertomeu Ferrer
www.bertoblog.com

GENERALITAT
VALENCIANA
Conselleria d'Innovació,
Universitats, Ciència
i Societat Digital

COMISSIÓ GESTORA DE LES PROVES D'ACCÉS A LA UNIVERSITAT

COMISIÓN GESTORA DE LAS PRUEBAS DE ACCESO A LA UNIVERSIDAD

SISTEMA UNIVERSITARI VALENCIÀ
SISTEMA UNIVERSITARIO VALENCIANO

PROVES D'ACCÉS A LA UNIVERSITAT	PRUEBAS DE ACCESO A LA UNIVERSIDAD
CONVOCATÒRIA: JUNY 2022	CONVOCATORIA: JUNIO 2022
Assignatura: FÍSICA	Asignatura: FÍSICA

BAREMO DEL EXAMEN: La puntuación máxima de cada problema es de 2 puntos y la de cada cuestión de 1,5 puntos. Se permite el uso de calculadoras siempre que no sean gráficas o programables y que no puedan realizar cálculo simbólico ni almacenar datos o fórmulas en memoria. Los resultados deberán estar siempre debidamente justificados. Realiza primero el cálculo simbólico y después obtén el resultado numérico.
TACHA CLARAMENTE todo aquello que no deba ser evaluado

CUESTIONES (elige y contesta exclusivamente 4 cuestiones)

CUESTIÓN 1 - Interacción gravitatoria
Deduce razonadamente la expresión de la velocidad de un satélite que gira alrededor de un planeta en una órbita circular y también la de la velocidad mínima necesaria para que se aleje indefinidamente desde la órbita en la que se encuentra. Supongamos que un satélite orbita a una distancia r de un planeta y se propulsa instantáneamente, de forma que su velocidad pasa a ser 1,5 veces la velocidad orbital, ¿continuará dicho planeta en alguna órbita o se alejará indefinidamente del planeta? Justifica la respuesta.

CUESTIÓN 2 - Interacción electromagnética
El potencial eléctrico en el punto A de la figura es nulo y $q_2 = 1$ nC. Determina el valor de la carga q_1 y el potencial eléctrico en el punto B.
Dato: constante de Coulomb, $k = 9 \cdot 10^9$ N $\cdot$ m^2/C^2.

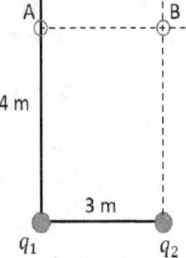

CUESTIÓN 3 - Interacción electromagnética
Una partícula cargada entra con velocidad constante $\vec{v}$ en el seno de un campo magnético uniforme no nulo $\vec{B}$. Escribe qué fuerza aparece sobre la partícula y razona en qué condiciones ésta será nula y en qué condiciones será máxima.

CUESTIÓN 4 - Interacción electromagnética
Por un hilo rectilíneo indefinido circula una corriente uniforme de intensidad I. Escribe la expresión del módulo del vector campo magnético $\vec{B}$ generado por dicha corriente y dibuja razonadamente dicho vector en un punto P situado a una distancia d del hilo. Si el módulo del campo magnético en ese punto es de 100 μT, deduce cuánto valdrá en un punto que se encuentre a una distancia $d/2$ (expresa el resultado en teslas).

CUESTIÓN 5 – Ondas
Una fuente sonora puntual de potencia $1,26 \cdot 10^{-4}$ W emite uniformemente en todas las direcciones. Calcula la intensidad, I, a 10 m de la fuente ¿Cuál es el nivel de intensidad sonora en decibelios a dicha distancia de la fuente?
Dato: intensidad física umbral $I_0 = 10^{-12}$ Wm^{-2}.

CUESTIÓN 6 - Óptica geométrica
En la figura se muestra una lente, la posición de un objeto, O, y la de la imagen, O', que la lente genera de dicho objeto. Determina la distancia focal imagen de la lente, la potencia de la lente en dioptrías y el tamaño de la imagen si el objeto mide 2 cm.

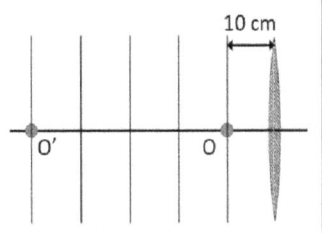

CUESTIÓN 7- Física del siglo XX

Al iluminar un determinado cátodo con radiación monocromática de frecuencia $f = 6,1 \cdot 10^{14}$ Hz se produce efecto fotoeléctrico. Se mide el valor del potencial de frenado ΔV y resulta 0,23 V. Calcula el valor de la frecuencia umbral f_o y determina el metal que constituye el cátodo.

Datos: carga elemental, $q = 1,6 \cdot 10^{-19}$ C; constante de Planck, $h = 6,6 \cdot 10^{-34}$ J · s; trabajos de extracción, $W_e(potasio) = 2,3$ eV, $W_e(aluminio) = 4,3$ eV, $W_e(cobre) = 4,7$ eV.

CUESTIÓN 8 - Física del siglo XX

Un núcleo de ^{60}Co se desintegra según la reacción $^{60}_{27}Co \rightarrow ^{60}_{28}Ni^* + ^{a}_{b}X$. Razona qué partícula es X. Posteriormente, el núcleo de níquel excitado, $^{60}_{28}Ni^*$, emite dos fotones de energías 1,17 y 1,33 MeV. Si en un segundo se emiten 10^{10} fotones de cada tipo, calcula la energía por unidad de tiempo (en watios) que produce la emisión.

Dato: carga elemental, $q = 1,6 \cdot 10^{-19}$ C.

PROBLEMAS (elige y contesta exclusivamente 2 problemas)

PROBLEMA 1 - Interacción gravitatoria

Un planeta de radio $R_P = 5000$ km que tiene una intensa actividad volcánica, emite fragmentos en las erupciones que pueden llegar a orbitar circularmente a una altura $h = 400$ km, donde el campo gravitatorio del planeta vale $g = 7$ m/s^2.

   a) Deduce las expresiones de la velocidad orbital y de la energía mecánica de un fragmento de masa $m = 2$ kg que se encuentra en dicha órbita y calcula también sus valores numéricos. (1 punto)
   b) Calcula el campo gravitatorio en la superficie del planeta y la velocidad con la que el fragmento ha sido emitido desde dicha superficie. (1 punto)

PROBLEMA 2 - Interacción electromagnética

Una carga puntual fija $q_1 = 10^{-9}$ C se encuentra situada a 1 m de otra carga puntual fija $q_2 = -2\,q_1$.

   a) Determina el punto de la recta que contiene las cargas en el cual el campo eléctrico es nulo. (1 punto)
   b) Un protón con velocidad inicial nula se deja libre entre q_1 y q_2, a 90 cm de q_2. Determina la diferencia de energía potencial del protón entre el punto inicial y un punto situado a 10 cm de q_2 ¿Qué velocidad tendrá el protón cuando alcance este último punto? (1 punto)

Datos: constante de Coulomb, $k = 9 \cdot 10^9$ N · m^2/C^2; masa del protón, $m_p = 1,67 \cdot 10^{-27}$ kg; carga del protón, $q = 1,6 \cdot 10^{-19}$ C

PROBLEMA 3 - Ondas

La función que representa una onda es $y(x,t) = 2\,sen(\pi t - 8\pi x)$, donde x e y están expresadas en metros y t en segundos. Calcula razonadamente:

   a) La amplitud, el periodo, la frecuencia y la longitud de onda. (1 punto)
   b) La velocidad de propagación de la onda y la velocidad de vibración de un punto situado a 1 m del foco emisor, para $t = 8$ s. (1 punto)

PROBLEMA 4 - Física del siglo XX

El mesón J/ψ tiene una vida media de $7,2 \cdot 10^{-21}$ s en su sistema de referencia y de $1,1 \cdot 10^{-20}$ s cuando se mueve a velocidad relativista respecto a un sistema de referencia ligado al laboratorio. Calcula razonadamente:

   a) El valor de la velocidad respecto al laboratorio. (1 punto)
   b) La energía cinética y la energía total, en MeV, en ambos sistemas de referencia. (1 punto)

Datos: masa (en reposo) del mesón J/ψ, $m_0 = 5,52 \cdot 10^{-27}$ kg; velocidad de la luz en el vacío, $c = 3 \cdot 10^8$ m/s; carga elemental, $q = 1,6 \cdot 10^{-19}$ C.

CUESTIÓN 1

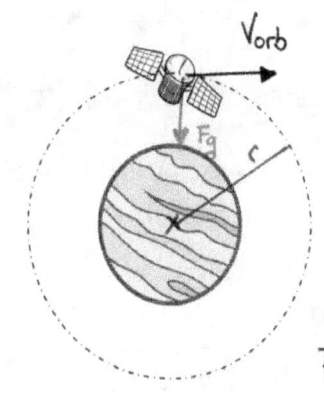

La fuerza gravitatoria es la única que actúa sobre el satélite. Aplicando la segunda ley de Newton:

$$F_g = m \cdot a_N \implies G\frac{Mm}{r^2} = m \cdot \frac{V_{orb}^2}{r}$$

$$\implies V_{orb} = \sqrt{\frac{G \cdot M}{r}} \quad \text{donde}$$

- $G \rightarrow$ Constante de Gravitación
- $M \rightarrow$ Masa del planeta
- $r \rightarrow$ Radio de la órbita

La velocidad mínima para que el satélite se aleje indefinidamente del planeta es lo que llamamos velocidad de escape, que es la velocidad mínima que debe poseer para alcanzar el infinito con velocidad nula.

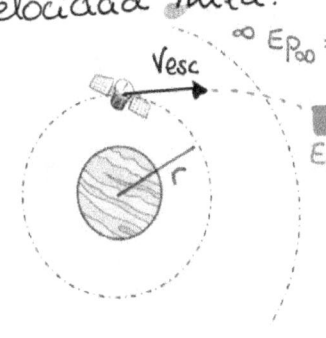

$\infty \; E_{p_\infty} = 0 \, J$

$v = 0$
$E_{c_\infty} = 0 \, J$

En términos energéticos, el satélite deberá poseer la energía cinética suficiente para que eso sea posible. Como la fuerza gravitatoria es una fuerza conserva

PÁGINA 1

_ tiva, aplicando el principio de conservación de la energía:

$$\Delta E_m = 0 \implies E_{m_{inicial}} = E_{m_{final}} \implies$$

$$\implies E_{p_o} + E_{c_o} = \cancel{E_{p_\infty}}^{0} + \cancel{E_{c_\infty}}^{0}$$

(porque como queremos la velocidad mínima, suponemos nula la velocidad en el infinito)

$$\implies -G\frac{Mm}{r} + \frac{1}{2}m \cdot V_{esc}^2 = 0 \implies V_{esc} = \sqrt{\frac{2GM}{r}}$$

Si un satélite se propulsa instantáneamente con velocidad $V = 1'5 \, V_{orb}$ entonces:

$$\frac{V}{V_{esc}} = \frac{1'5 \, V_{orb}}{V_{esc}} = \frac{1'5 \cdot \sqrt{\frac{GM}{r}}}{\sqrt{2} \cdot \sqrt{\frac{GM}{r}}} = \frac{1'5}{\sqrt{2}} > 1 \implies$$

$$\implies \frac{V}{V_{esc}} > 1 \implies V > V_{esc}$$

Al ser la velocidad del satelite superior a la velocidad de escape, el satélite se alejará indefinida_mente del planeta.

CUESTIÓN 2

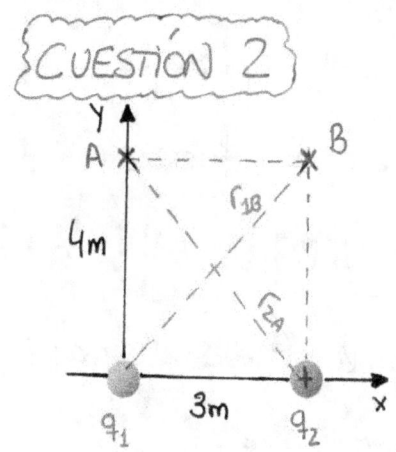

Las distancias r_{1B} y r_{2A} se calculan fácilmente según:

$$r_{1B} = r_{2A} = \sqrt{3^2 + 4^2} = 5\,m$$

Si el potencial en A es nulo:

$$V_A = 0\,V \Rightarrow V_{A q_1} + V_{A q_2} = 0 \Rightarrow K \cdot \frac{q_1}{r_{1A}} + K \frac{q_2}{r_{2A}} = 0$$

$$\Rightarrow q_1 = -\frac{q_2 \cdot r_{1A}}{r_{2A}} = -\frac{1 \cdot 10^{-9} \cdot 4}{5} = -8 \cdot 10^{-10}\,C$$

Y conocida q_1, el potencial en B:

$$V_B = V_{B q_1} + V_{B q_2} = K \cdot \frac{q_1}{r_{1B}} + K \cdot \frac{q_2}{r_{2B}} = 9 \cdot 10^9 \cdot \frac{-8 \cdot 10^{-10}}{5} + \frac{9 \cdot 10^9 \cdot 1 \cdot 10^{-9}}{4} =$$

$$= 0'81\,V$$

CUESTIÓN 3

Cuando una carga q $(q \neq 0)$ penetra con una velocidad $\vec{v}$ $(v \neq 0)$ en el interior de un campo magnético $\vec{B}$ $(B \neq 0)$ experimentará una fuerza magnética dada por:

PÁGINA 3

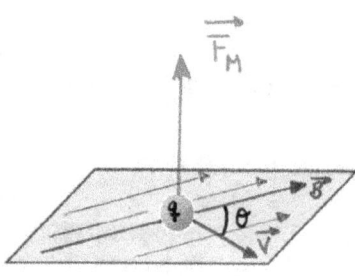

$$\vec{F_M} = q \cdot (\vec{V} \times \vec{B}) \quad (\text{Lorentz})$$

El módulo de dicha fuerza es:

$$F_M = |q| \cdot V \cdot B \cdot |sen(\theta)|$$

Como dicho módulo depende del ángulo θ que forman los vectores $\vec{V}$ y $\vec{B}$ es fácil razonar que:

$$\Rightarrow F_{M_{máx}} = |q| \cdot V \cdot B \cdot \overset{1}{|sen(\theta)|} = |q| \cdot V \cdot B, \text{ que se dará}$$

cuando los vectores $\vec{V}$ y $\vec{B}$ tengan direcciones perpendiculares.

$$\Rightarrow F_{M_{min}} = |q| \cdot V \cdot B \cdot \overset{0}{|sen(\theta)|} = 0, \text{ que se dará}$$

cuando los vectores $\vec{V}$ y $\vec{B}$ tengan la misma dirección.

CUESTIÓN 4

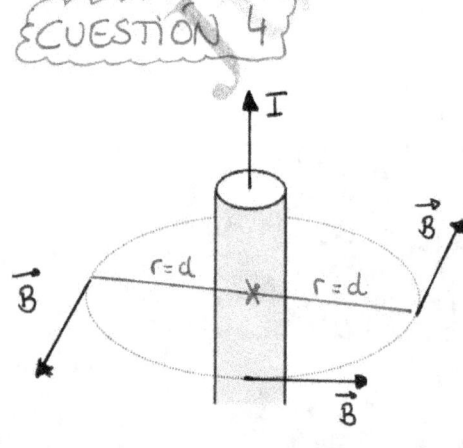

Una corriente recta e indefinida crea un campo magnético $\vec{B}$ a su alrededor cuyo módulo viene dado por la ley de BIOT-SAVART:

$$B = \frac{\mu \cdot I}{2\pi \cdot r}$$

PÁGINA 4

Si sabemos que a una distancia $r = d$, dicho módulo vale $100 \mu T$:

$$\text{Si } r = d \implies B_1 = \frac{\mu I}{2\pi \cdot d} = 100 \mu T$$

Y por tanto, en otro punto con $r = d/2$:

$$B_2 = \frac{\mu I}{2\pi \cdot d/2} = 2 \cdot \frac{\mu I}{2\pi d} = 2 B_1 = 200 \mu T = 200 \cdot 10^{-6} T =$$

$$= 2 \cdot 10^{-4} T$$

CUESTIÓN 5

La intensidad de una onda esférica se define como la potencia de la misma por unidad de superficie

Conocida la potencia de la fuente y teniendo en cuenta la superficie de la esfera:

$$I = \frac{P}{S} = \frac{P}{4\pi r^2} = \frac{1'26 \cdot 10^{-4}}{4\pi \cdot 10^2} = 1 \cdot 10^{-7} \, W/m^2$$

Para el nivel de intensidad sonora:

$$\beta = 10 \cdot \log \left(\frac{I}{I_0} \right) = 10 \cdot \log \left(\frac{10^{-7}}{10^{-12}} \right) = 50 \, dB$$

PÁGINA 5

CUESTIÓN 6

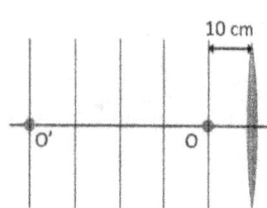

De la figura que se nos proporciona podemos leer:

$$s = -10 \text{ cm} \qquad s' = -50 \text{ cm}$$

Aplicando la ecuación de las lentes:

$$\frac{1}{s'} - \frac{1}{s} = \frac{1}{f'} \implies \frac{1}{-50} - \frac{1}{-10} = \frac{1}{f'} \implies$$

$$\implies \frac{2}{25} = \frac{1}{f'} \implies f' = 12'5 \text{ cm} = 0'125 \text{ m}$$

La potencia por tanto:

$$P = \frac{1}{f'} = \frac{1}{0'125} = 8 \text{ D}$$

No te olvides de que la distancia focal f' debes ponerla en metros para obtener la potencia en dioptrías.

Para el tamaño de la imagen:

$$A_L = \frac{y'}{y} = \frac{s'}{s} \implies y' = \frac{s'}{s} \cdot y = \frac{-50}{-10} \cdot 2 = 10 \text{ cm}$$

©Juan Bertomeu Ferrer
www.bertoblog.com

388

{CUESTIÓN 7}

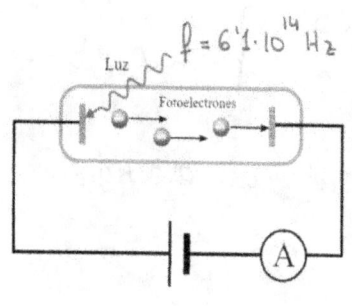

Cada uno de los fotones de la radiación incidente tiene una energía de:

$$E_{fotón} = h \cdot f = 6'6 \cdot 10^{-34} \cdot 6'1 \cdot 10^{14} =$$

$$= 4'026 \cdot 10^{-19} \; J$$

Parte de esa energía se gastará para "arrancar" el electrón (Wext) y lo que sobre, será la energía cinética con la que el electrón emitido se mueva, según el balance energético:

$$E_{fotón} = Wext + E_c$$

Como conocemos el potencial de frenado:

$$E_c = q \cdot \Delta V = 1'6 \cdot 10^{-19} \cdot 0'23 = 3'68 \cdot 10^{-20} \; J$$

Y por tanto, el Wext:

$$Wext = E_{fotón} - E_c = 3'66 \cdot 10^{-19} \; J \times \frac{1 eV}{1'6 \cdot 10^{-19} J} = 2'29 \; eV$$

$$Wext = h \cdot f_0 \Rightarrow f_0 = \frac{Wext}{h} = \frac{3'66 \cdot 10^{-19}}{6'6 \cdot 10^{-34}} = 5'55 \cdot 10^{14} \; Hz$$

Con los valores proporcionados para Wext concluimos que el cátodo era de POTASIO.

PÁGINA 7

CUESTIÓN 8

→ Por conservación del número de nucleones y la carga

$$^{60}_{27}Co \longrightarrow ^{60}_{28}Ni^* + ^{a}_{b}X \Rightarrow \left. \begin{array}{l} 60 = 60 + a \\ 27 = 28 + b \end{array} \right\} \Rightarrow a = 0 \wedge b = -1$$

La partícula emitida por tanto ha sido un electrón

$$^{0}_{-1}X = ^{0}_{-1}e$$

El núcleo de niquel está emitiendo:

$$10^{10} \frac{\text{fotones tipo A}}{s} \times \frac{1'17 \text{ MeV}}{1 \text{ fotón tipo A}} = 1'17 \cdot 10^{10} \frac{\text{MeV}}{s}$$

$$10^{10} \frac{\text{fotones tipo B}}{s} \times \frac{1'33 \text{ MeV}}{1 \text{ fotón tipo B}} = 1'33 \cdot 10^{10} \frac{\text{MeV}}{s}$$

Es decir, que en total, la potencia emitida

$$2'5 \cdot 10^{10} \frac{\text{MeV}}{s} \times \frac{10^{6} \text{ eV}}{1 \text{ MeV}} \times \frac{1'6 \cdot 10^{-19} \text{ J}}{1 \text{ eV}} = 4 \cdot 10^{-3} W$$

Recuerda que $1 W = 1 J/s$!!

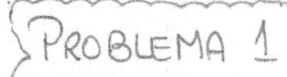

a) Vamos a deducir las expresiones que nos piden en función de los datos que nos dan. Conocemos la gravedad en altura, y

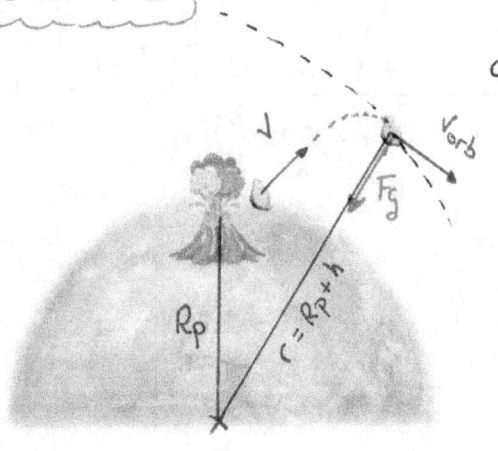

por tanto:

$$g = G \cdot \frac{M}{r^2} \implies \boxed{G \cdot M = g \cdot r^2}$$

Vamos a usar esta relación para obtener las expresiones pedidas

La única fuerza sobre el fragmento en órbita es la fuerza gravitatoria, y aplicando la 2ª ley de Newton:

$$F = m \cdot a_N \implies G \frac{Mm}{r^2} = m \cdot \frac{V_{orb}^2}{r} \implies \frac{g \cdot r^2}{r} = V_{orb}^2$$

$$\implies V_{orb} = \sqrt{g \cdot r} = \sqrt{7 \cdot 5400 \cdot 10^3} = 6148'17 \; m/s$$

La energía mecánica es la suma de:

$$E_M = E_c + E_p = \frac{1}{2} m \cdot V_{orb}^2 - \frac{G \cdot M \cdot m}{r} =$$

$$= \frac{1}{2} m \cdot g \cdot r - \frac{g r^2 m}{r} = -\frac{1}{2} m \cdot g \cdot r = -\frac{1}{2} \cdot 2 \cdot 7 \cdot 5400 \cdot 10^3 =$$

$$= -3'78 \cdot 10^7 \; J$$

PÁGINA 9

b) El campo g_0 en la superficie del planeta:

$$g_0 = G \cdot \frac{M}{R_p^2} = \frac{g \cdot r^2}{R_p^2} = \frac{7 \cdot (5400 \cdot 10^3)^2}{(5000 \cdot 10^3)^2} = 8'16 \ m/s^2$$

Para calcular la velocidad v con la que el fragmento ha sido emitido, por el principio de conservación de la energía:

$$E_{M \, emisión} = E_{M \, órbita}$$

$$\frac{1}{2} m \cdot V^2 - \frac{GMm}{R} = -\frac{1}{2} mgr$$

$$\frac{1}{2} V^2 = -\frac{1}{2} gr + \frac{gr^2}{R} \implies \frac{1}{2} V^2 = gr\left(\frac{r}{R} - \frac{1}{2}\right) \implies$$

$$\implies V = \sqrt{2gr\left(\frac{r}{R} - \frac{1}{2}\right)} = \sqrt{2 \cdot 7 \cdot 5400 \cdot 10^3 \left(\frac{5400 \cdot 10^3}{5000 \cdot 10^3} - \frac{1}{2}\right)} =$$

$$= 6621'78 \ m/s$$

PROBLEMA 2

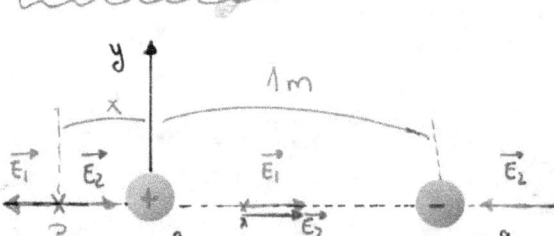

Teniendo en cuenta que $|q_2| > |q_1|$ es obvio que el campo solo podrá anularse en un punto P de la recta que no pertenezca al segmento que une las cargas y que esté más próximo a la carga q_1. Además, en dicho punto P si el campo se anula, los vectores $\vec{E_1}$ y $\vec{E_2}$ tendrán el mismo módulo. Así:

$$E_1 = E_2 \implies K \cdot \frac{|q_1|}{x^2} = K \cdot \frac{|q_2|}{(1+x)^2} \implies$$

$$\implies \frac{(1+x)^2}{x^2} = \frac{|q_2|}{|q_1|} \implies \frac{1+x}{x} = \sqrt{\frac{2 \cdot |q_1|}{|q_1|}} \implies$$

$$\implies 1+x = x\sqrt{2} \implies 1 = x\sqrt{2} - x \implies 1 = x(\sqrt{2}-1) \implies$$

$$\implies x = \frac{1}{\sqrt{2}-1} \approx 2'41 \, m$$

$\implies$ El campo se anulará en un punto P de la recta que diste $2'41\,m$ de q_1 y $3'41\,m$ de q_2

b)

Calculamos los potenciales en los puntos A y B

$$V_A = V_{Aq_1} + V_{Aq_2} = K \cdot \frac{q_1}{r_{1A}} + K \cdot \frac{q_2}{r_{2A}} = 9 \cdot 10^9 \left(\frac{10^{-9}}{0'1} + \frac{-2 \cdot 10^{-9}}{0'9} \right) = 70 \, V$$

$$V_B = V_{Bq_1} + V_{Bq_2} = K \cdot \frac{q_1}{r_{1B}} + K \cdot \frac{q_2}{r_{2B}} = 9 \cdot 10^9 \left(\frac{10^{-9}}{0'9} + \frac{-2 \cdot 10^{-9}}{0'1} \right) = -170 V$$

Con lo que, la diferencia de energía potencial del protón al ser trasladado por el campo desde A hasta B será:

$$\Delta E_p = q \cdot \Delta V = q \cdot (V_B - V_A) = 1'6 \cdot 10^{-19} \cdot (-170 - 70) =$$

$$= -3'84 \cdot 10^{-17} \ J$$

Y como la fuerza eléctrica es conservativa, por el principio de conservación:

$$\Delta E_c + \Delta E_p = 0 \implies \Delta E_c = -\Delta E_p \implies$$

$$\implies \frac{1}{2} m \cdot V^2 = 3'84 \cdot 10^{-17} \implies V = \sqrt{\frac{2 \cdot 3'84 \cdot 10^{-17}}{1'67 \cdot 10^{-27}}} = 2'14 \cdot 10^5 \ m/s$$

PROBLEMA 3

Ec. General : $y(x,t) = A \cdot sen(\omega t - kx + \varphi_0)$

Nuestra ecuación : $y(x,t) = 2 \cdot sen(\pi t - 8\pi x)$

Identificando términos es fácil ver que:

$A = 2 m$

$\omega = \pi \ rad/s \rightarrow \frac{2\pi}{T} = \pi \ \Big\langle \begin{array}{l} T = 2s \\ f = \frac{1}{T} = \frac{1}{2} \ Hz \end{array}$

$K = 8\pi \ rad/m \rightarrow \frac{2\pi}{\lambda} = 8\pi \rightarrow \lambda = 0'25 \ m$

PÁGINA 12

b) $V_p = \lambda \cdot f = 0'25 \cdot \frac{1}{2} = 0'125$ m/s

La velocidad de vibración:

$$V(x,t) = \frac{\partial Y}{\partial t} = 2\pi \cdot \cos(\pi t - 8\pi x) \; m/s$$

Por tanto, si $x = 1m$ en $t = 8s$

$$V(1,8) = 2\pi \cdot \cos(8\pi - 8\pi) = 2\pi \cdot \cos(0) = 2\pi \; m/s \approx 6'28 \; m/s$$

Donde sabemos que el punto $x = 1m$ empieza a vibrar en $t = 8s$ al tener una fase nula.

PROBLEMA 4

La relación entre ambos tiempos es la dada por el factor de Lorentz en la dilatación temporal según:

$$\Delta t = \gamma \cdot \Delta t_p$$

Y conocidos Δt_p y Δt:

$$1'1 \cdot 10^{-20} = \gamma \cdot 7'2 \cdot 10^{-21} \implies \gamma = \frac{55}{36} \approx 1'528$$

Por otro lado, el factor de Lorentz:

$$\gamma = \frac{1}{\sqrt{1 - (v/c)^2}} \implies 1 - (v/c)^2 = \frac{1}{\gamma^2} \implies v/c = \sqrt{1 - \frac{1}{\gamma^2}}$$

PÁGINA 13

$$\Rightarrow \frac{V}{C} = \sqrt{1 - \left(\frac{36}{55}\right)^2} = 0'756 \Rightarrow$$

$$\Rightarrow V = 0'756 \, c = 0'756 \cdot 3 \cdot 10^8 = 2'27 \cdot 10^8 \, m/s$$

b) Con respecto a un sistema de referencia ligado al propio mesón, éste estará en reposo y por tanto:

$$E_{C_{mesón}} = 0 \; MeV$$

$$E_{mesón} = E_0 + \cancel{E_{C_{mesón}}}^{0} = m_0 \cdot c^2 =$$

$$= 5'52 \cdot 10^{-27} \cdot (3 \cdot 10^8)^2 = 4'97 \cdot 10^{-10} \, J \times \frac{1 \, eV}{1'6 \cdot 10^{-19} \, J} \times \frac{1 \, MeV}{10^6 \, eV} =$$

$$= 3106'25 \; MeV$$

Con respecto al sistema de referencia ligado al laboratorio:

$$E_{lab} = \gamma \cdot E_0 = \frac{55}{36} \cdot 3106'25 = 4745'66 \; MeV$$

Y por tanto, la energía cinética:

$$E_{lab} = E_0 + E_{C_{lab}} \Rightarrow E_{C_{lab}} = E_{lab} - E_0 \Rightarrow$$

$$\Rightarrow E_{C_{lab}} = 4745'66 - 3106'25 = 1639'41 \; MeV$$

PÁGINA 14

GENERALITAT
VALENCIANA
Conselleria d'Innovació,
Universitats, Ciència
i Societat Digital

COMISSIÓ GESTORA DE LES PROVES D'ACCÉS A LA UNIVERSITAT

COMISIÓN GESTORA DE LAS PRUEBAS DE ACCESO A LA UNIVERSIDAD

SISTEMA UNIVERSITARI VALENCIÀ
SISTEMA UNIVERSITARIO VALENCIANO

PROVES D'ACCÉS A LA UNIVERSITAT	PRUEBAS DE ACCESO A LA UNIVERSIDAD
CONVOCATÒRIA: JULIOL 2022	CONVOCATORIA: JULIO 2022
Assignatura: FÍSICA	Asignatura: FÍSICA

BAREMO DEL EXAMEN: La puntuación máxima de cada problema es de 2 puntos y la de cada cuestión de 1,5 puntos. Se permite el uso de calculadoras siempre que no sean gráficas o programables y que no puedan realizar cálculo simbólico ni almacenar datos o fórmulas en memoria. Los resultados deberán estar siempre debidamente justificados. Realiza primero el cálculo simbólico y después obtén el resultado numérico.
TACHA CLARAMENTE todo aquello que no deba ser evaluado

CUESTIONES (elige y contesta exclusivamente 4 cuestiones)

CUESTIÓN 1 - Interacción gravitatoria
El potencial gravitatorio en un punto situado a una distancia r del centro de un planeta es $V = -9,1 \cdot 10^8$ J/kg. La intensidad de campo en la superficie del planeta es $g_0 = 26$ m/s^2 y el radio del planeta es $R = 7 \cdot 10^4$ km. Deduce una relación que proporcione la distancia r en función de V, R y g_0 y calcula el valor de r.

CUESTIÓN 2 - Interacción gravitatoria
Deduce la relación entre la energía mecánica de un satélite y el radio de su órbita circular alrededor de un planeta. Dos satélites, A y B, de igual masa siguen órbitas circulares, uno con energía mecánica $E_A = -4 \cdot 10^{10}$ J y otro con $E_B = -2 \cdot 10^{10}$ J. Razona cuál de los dos satélites tiene mayor energía cinética y cuál se encuentra más lejos del planeta.

CUESTIÓN 3 - Interacción electromagnética
Una carga de 3 μC entra con velocidad $\vec{v} = 10^4 \vec{\imath}$ m/s en una región del espacio en la que existe un campo eléctrico $\vec{E} = 10^4 \vec{\jmath}$ N/C y un campo magnético $\vec{B} = (\vec{\imath} + \vec{k})$ T. Determina el valor de las fuerzas eléctrica, magnética y total que actúan sobre la carga.

CUESTIÓN 4 - Interacción electromagnética
El circuito de la figura está formado por una barra metálica que desliza sobre un conductor en forma de ⊏. Sobre dicho circuito actúa un campo magnético perpendicular al plano xy, como aparece en la figura. Razona por qué se genera una corriente inducida en el circuito y cuál es su sentido (indícalo claramente con un dibujo). Escribe la ley física en la que te basas para responder, indicando las magnitudes que aparecen en ella.

CUESTIÓN 5 - Ondas
Una onda trasversal en una cuerda viene descrita por la función $y(x,t) = a \sin(2\pi bt - cx)$ ¿Qué magnitudes físicas representan a, b y c? ¿Cuáles son sus unidades en el Sistema Internacional? ¿Qué información aporta sobre la onda el signo negativo de la expresión? ¿Qué magnitud física representa el cociente $2\pi b/c$?

CUESTIÓN 6 - Ondas
En el fondo de una piscina llena de agua salada se sitúa un pequeño foco luminoso (ver figura adjunta). Se observa que el rayo A se refracta y sale del agua con un ángulo de refracción de 44°, pero el rayo B no se refracta. Determina el índice de refracción n del líquido y explica razonadamente el motivo por el cual el rayo B no se refracta.
Dato: índice de refracción del aire, $n_{aire} = 1,00$.

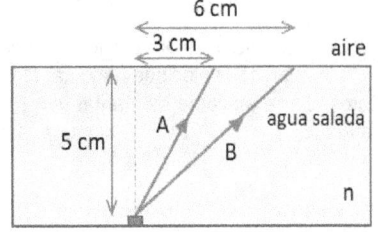

CUESTIÓN 7 – Óptica geométrica

Una persona usa habitualmente gafas con lentes y no sabe si éstas son convergentes o divergentes. Se quita las gafas y situándolas a 30 cm de un objeto obtiene sobre una pared una imagen enfocada a 2,7 m de la gafa ¿Qué potencia posee la lente? ¿La lente es convergente o divergente? Razona si la persona es miope o hipermétrope.

CUESTIÓN 8 - Física del siglo XX

Calcula la velocidad que debe tener una partícula para que su energía relativista sea el doble de su energía en reposo ¿Sería posible que la velocidad de la partícula fuera el doble que la calculada anteriormente? Razona la respuesta.

Dato: velocidad de la luz en el vacío, $c = 3 \cdot 10^8$ m/s

PROBLEMAS (elige y contesta exclusivamente 2 problemas)

PROBLEMA 1 - Interacción gravitatoria

Una sonda espacial de masa 800 kg se coloca en órbita circular de radio 6500 km alrededor de Venus. Si la energía cinética de la sonda es de $2 \cdot 10^{10}$ J:

a) Deduce la expresión de la velocidad orbital de la sonda y calcula la masa de Venus. (1 punto)

b) Si Venus es un planeta esférico de densidad $\rho = 5,24$ g/cm^3 obtén la altura, en kilómetros, a la que hay que situar un cuerpo para que la fuerza de atracción gravitatoria que realiza Venus sobre este cuerpo sea un 36% menor que la ejercida en su superficie. (1 punto)

Dato: constante de gravitación universal, $G = 6,67 \cdot 10^{-11}$ N $\cdot$ m^2/kg^2.

PROBLEMA 2 - Interacción electromagnética

Una carga puntual $q_1 = -5\ \mu$C está situada en el punto A $(3, -4)$ m y otra segunda, $q_2 = 4\ \mu$C, en el punto B $(0, -5)$ m.

a) Calcula los vectores campo eléctrico debidos a cada carga y el campo eléctrico total en el origen de coordenadas O $(0,0)$ m. Representa los tres vectores. (1 punto)

b) Calcula el potencial eléctrico total producido por las dos cargas en el origen de coordenadas. Calcula el trabajo necesario para trasladar una carga $Q = 1\ \mu$C desde el infinito hasta dicho punto considerando nulo el potencial en el infinito. (1 punto)

Dato: constante de Coulomb, $k = 9 \cdot 10^9$ N $\cdot$ m^2/C^2.

PROBLEMA 3 - Óptica geométrica

A partir de un objeto de 15 cm se desea obtener una imagen invertida de tamaño 0,75 m sobre una pantalla. Para ello se dispone de una lente convergente de 4 dioptrías.

a) ¿Dónde hay que colocar el objeto respecto a la lente? ¿Dónde hay que colocar la pantalla? Realiza un trazado de rayos esquemático que represente lo calculado (1 punto).

b) Supongamos que se rompe la lente anterior y la cambiamos por otra cuya distancia focal imagen es la mitad que la del apartado a). ¿Cuál es la potencia de la nueva lente? Si la distancia entre el objeto y la pantalla es 1,0 m, determina la menor distancia a la que hay que situar la lente del objeto para obtener una imagen enfocada en la pantalla. (1 punto)

PROBLEMA 4 - Física del siglo XX

En un experimento de efecto fotoeléctrico, al incidir luz con longitud de onda $\lambda_1 = 550$ nm se obtiene una velocidad máxima de los electrones $v = 296$ km/s. Calcula razonadamente:

a) El trabajo de extracción del metal sobre el que incide la luz (en eV) y la longitud de onda umbral. (1 punto)

b) El momento lineal y la longitud de onda de De Broglie asociada, en nanómetros, de los electrones que salen con velocidad máxima. (1 punto)

Datos: carga eléctrica elemental $q = 1,6 \cdot 10^{-19}$ C; velocidad de la luz en el vacío, $c = 3 \cdot 10^8$ m/s; constante de Planck $h = 6,63 \cdot 10^{-34}$ J $\cdot$ s; masa electrón $m = 9,1 \cdot 10^{-31}$ kg.

{CUESTIÓN 1}

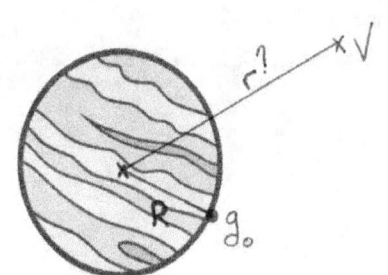

Se nos dan los valores:

$$V = -9'1 \cdot 10^8 \; J/Kg$$

$$g_0 = 26 \; m/s^2$$

$$R = 7 \cdot 10^4 \; Km = 7 \cdot 10^7 \; m$$

La intensidad del campo gravitatorio viene dada por:

$$g_0 = G\frac{M}{R^2} \implies G \cdot M = g_0 \cdot R^2$$

El potencial gravitatorio a una distancia r del centro:

$$V = -\frac{GM}{r} \implies r = -\frac{GM}{V} \implies \boxed{r = -\frac{g_0 \cdot R^2}{V}}$$

$$GM = g_0 \cdot R^2$$

Y el valor pedido por tanto:

$$r = -\frac{g_0 \cdot R^2}{V} = \frac{-26 \cdot (7 \cdot 10^7)^2}{-9'1 \cdot 10^8} = 1'4 \cdot 10^8 \; m$$

{CUESTIÓN 2}

La única fuerza sobre el satélite es la gravitatoria, y con la segunda ley de Newton:

$$F = m \cdot a \implies G\frac{Mm}{r^2} = m \cdot \frac{v^2}{r} \implies \frac{GM}{r} = v^2$$

PÁGINA 1

La energía cinética del satélite en su órbita circular

$$E_c = \frac{1}{2} m \cdot V^2 = \frac{1}{2} m \frac{GM}{r} = \frac{1}{2} \frac{GMm}{r}$$

La energía potencial a una distancia r del centro del planeta es por definición:

$$E_p = - G\frac{Mm}{r}$$

Con lo que la energía mecánica del satélite en su órbita:

$$\boxed{E_M = E_c + E_p = \frac{1}{2}\frac{GMm}{r} - \frac{GMm}{r} = -\frac{1}{2}\frac{GMm}{r}}$$

Si te fijas bien en la relación que hemos obtenido puedes ver la relación entre la energía mecánica y la energía cinética según $E_M = -E_c$ Por tanto:

$$\frac{E_{M_A}}{E_{M_B}} = \frac{-E_{c_A}}{-E_{c_B}} \implies \frac{-4\cdot 10^{10}}{-2\cdot 10^{10}} = \frac{E_{c_A}}{E_{c_B}} \implies 2 = \frac{E_{c_A}}{E_{c_B}} \implies$$

$$\implies E_{c_A} = 2\cdot E_{c_B} \implies \text{ Tiene mayor energía cinética el satélite A}$$

Y para saber cuál está más lejos:

$$E_{c_A} = 2\cdot E_{c_B} \implies \frac{1}{2}\frac{G\cdot M \cdot m_A}{r_A} = 2\cdot \frac{1}{2}\cdot \frac{G\cdot M\cdot m_B}{r_B} \implies$$

$$\implies \frac{1}{r_A} = 2\cdot \frac{1}{r_B} \implies r_B = 2\, r_A \implies \text{Está más lejos el satélite B}$$

PÁGINA 2

CUESTIÓN 3

$q = 3 \mu C = 3 \cdot 10^{-6}\, C$

$\vec{v} = 10^4\, \vec{\imath}\; m/s$

$\vec{E} = 10^4\, \vec{\jmath}\; N/C$

$\vec{B} = \vec{\imath} + \vec{k}\; T$

La fuerza eléctrica viene dada por:

$$\vec{F_e} = q \cdot \vec{E} = 3 \cdot 10^{-6} \cdot 10^4\, \vec{\jmath} = 0'03\, \vec{\jmath}\; N$$

cuyo módulo es $F_e = 0'03\, N$

La fuerza magnética viene dada por:

$$\vec{F_M} = q\, (\vec{v} \times \vec{B}) = 3 \cdot 10^{-6} \cdot \begin{vmatrix} \vec{\imath} & \vec{\jmath} & \vec{k} \\ 10^4 & 0 & 0 \\ 1 & 0 & 1 \end{vmatrix} = -0'03\, \vec{\jmath}\; N$$

cuyo módulo es $F_M = 0'03\, N$

con lo que la fuerza total electromagnética (Lorentz)

$$\vec{F}_{TOTAL} = \vec{F_e} + \vec{F_M} = 0'03\, \vec{\jmath} - 0'03\, \vec{\jmath} = \vec{0}\; N$$

CUESTIÓN 4

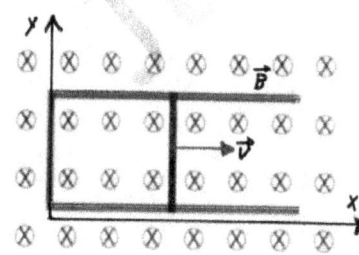

Según la ley de FARADAY-HENRY sobre el circuito se inducirá una corriente si éste se ve sometido a una variación del flujo magnético que lo atraviesa. Como el flujo viene dado por $\phi = \vec{B} \cdot \vec{S}$ es evidente que variará ya que

PÁGINA 3

al tener la espira un lado móvil, la superficie
del circuito aumentará con el tiempo. Al variar el
flujo, aparecerá la corriente inducida.

Para averiguar el sentido de la corriente inducida
debemos acudir a la LEY DE LENZ que dice que el
sentido de la corriente inducida debe ser tal que sus
efectos se opongan a la causa que la ha provocado.

En nuestro caso, al deslizar la barra sobre el
conductor y hacerse el circuito más grande provocará
que haya cada vez más líneas de campo $\vec{B}$ entrando
en el circuito. La corriente inducida tendrá que crear
un campo $\vec{B}_{inducido}$ saliente que compense la
variación de flujo. Basta razonar con la regla
de la mano derecha para ver que el sentido de la
corriente inducida deberá ser ANTIHORARIO

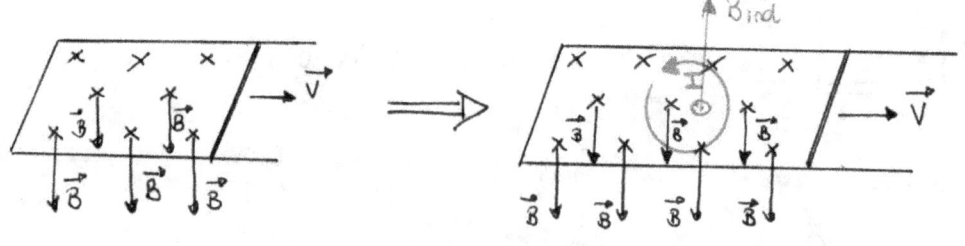

La expresión de la ley física que explica este fenómeno es la ya mencionada ley de FARADAY-LENZ

$$\varepsilon = -\frac{d\Phi}{dt}$$, donde puedes leer directamente que la fuerza electromotriz (ε) es igual al ritmo con el que el flujo varia respecto al tiempo $\left(\frac{d\Phi}{dt}\right)$ y de sentido opuesto a dicha variación (signo "-")

CUESTIÓN 5

Sabemos que la ecuación general de una onda viene dada por la expresión:

$$y(x,t) = A \cdot sen\left(\omega(t-t') + \varphi_0\right)$$

$$y(x,t) = A \cdot sen\left(\frac{2\pi}{T}\left(t - \frac{T}{\lambda} \cdot x\right) + \varphi_0\right)$$

$$y(x,t) = A \cdot sen\left(\frac{2\pi}{T} \cdot t - \frac{2\pi}{\lambda} \cdot x + \varphi_0\right)$$

$$y(x,t) = A \cdot sen\left(2\pi \cdot f \cdot t - Kx + \varphi_0\right)$$

Se nos da la ecuación:

$$y(x,t) = a \cdot sen\left(2\pi b t - cx\right)$$

PÁGINA 5

Identificando términos en ambas ecuaciones vemos que:

$a = A \longrightarrow$ Amplitud: nos dice la elongación máxima con la que oscilarán los puntos de la cuerda. Se mide en metros (m)

$b = f \longrightarrow$ Frecuencia: nos dice el número de oscilaciones que efectúa un punto de la cuerda cada segundo. Se mide en Hercios ($1\ Hz = 1\ s^{-1}$)

$c = K \longrightarrow$ Número de onda (angular): hace referencia a la periodicidad espacial de la onda y nos dice el número de longitudes de onda contenidas en una longitud de 2π metros. Su unidad en el SI es el metro recíproco (m^{-1}) aunque es mejor que en bachillerato escribas rad/m (ya que el radián es adimensional)

En la ecuación $y(x,t) = a \cdot sen(2\pi bt - cx)$, el signo negativo significa que la onda se propaga en el sentido positivo del eje X

PÁGINA 6

Veamos la magnitud del cociente dado por:

$$\frac{2\pi b}{c} = \frac{2\pi \cdot f}{K} = \frac{2\pi \cdot f}{2\pi/\lambda} = \lambda \cdot f = V_P$$

Donde como puedes ver, el cociente dado era la velocidad de propagación de la onda

 CUESTIÓN 6

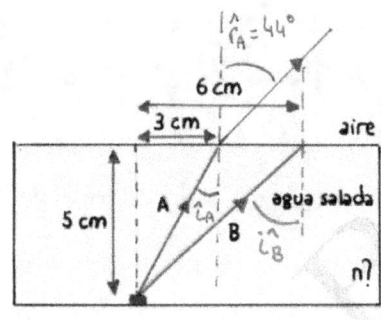

Utilizando los datos geométricos de la figura, podemos hallar el ángulo de incidencia $\hat{i}_A$ según:

$$tg\, \hat{i}_A = \frac{3}{5} \Rightarrow$$

$$\Rightarrow \hat{i}_A = \text{arctg}\left(\frac{3}{5}\right) = 30'964°$$

Y aplicando la ley de Snell:

$$n \cdot sen\, \hat{i}_A = n_{aire} \cdot sen\, \hat{r}_A$$

$$n \cdot sen\,(30'964°) = 1 \cdot sen\,(44°) \Rightarrow n = 1'35$$

Veamos ahora el ángulo $\hat{i}_B$

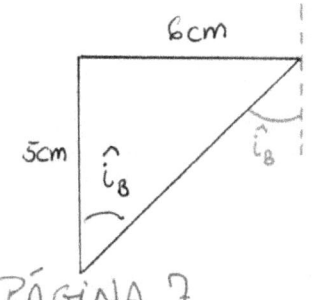

$$tg\, \hat{i}_B = \frac{6}{5} \Rightarrow$$

$$\Rightarrow \hat{i}_B = \text{arctg}\left(\frac{6}{5}\right) = 50'194°$$

Vamos a comparar el ángulo $\hat{i}_B$ con el ÁNGULO

LÍMITE del agua salada hacia el aire:

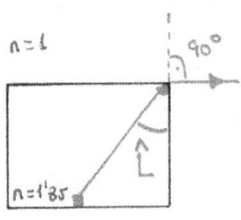

$$n \cdot \text{sen} \, \hat{L} = n_{aire} \cdot \text{sen} \, \hat{r}$$

$$1'35 \cdot \text{sen} \, \hat{L} = 1 \cdot \text{sen} \, 90°$$

$$\hat{L} = \text{arcsen} \left(\frac{1}{1'35} \right) = 47'794°$$

Como vemos, al ser $\hat{i}_B > \hat{L}$ se produce el fenómeno

de reflexión total y por eso el rayo B no se refracta.

CUESTIÓN 7

Podemos plasmar la información dada en el siguiente

diagrama:

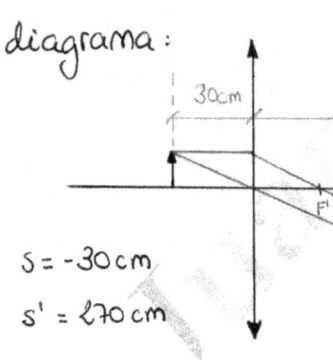

30cm   2'7m = 270 cm

$S = -30\,cm$

$s' = 270\,cm$

Con la ecuación de las lentes:

$$\frac{1}{s'} - \frac{1}{s} = \frac{1}{f'} \rightarrow \frac{1}{270} - \frac{1}{-30} = \frac{1}{f'} \Rightarrow f' = 27\,cm$$

Como $f' > 0$ se trata de una lente convergente. La

potencia de dicha lente es $P = \dfrac{1}{f'} = \dfrac{1}{0'27} = 3'704\,D$

El ojo hipermétrope es aquel que presenta una falta de convergencia. Las lentes convergentes son las que suplen esa falta de convergencia del ojo. Al llevar lentes convergentes, la persona es hipermétrope.

CUESTIÓN 8

La relación entre la energia relativista y la energia en reposo de una particula de masa en reposo m_0 es el FACTOR DE LORENTZ que relaciona la masa relativista y la masa en reposo según:

Energia reposo $\longrightarrow E_0 = m_0 \cdot c^2$

Energia relativista $\longrightarrow E = m \cdot c^2 = \gamma m_0 \cdot c^2 = \gamma E_0$

Si la energia relativista es el doble de la energia en reposo:

$\left. \begin{array}{l} E = 2 E_0 \\ E = \gamma \cdot E_0 \end{array} \right\} \gamma = 2 \longrightarrow \dfrac{1}{\sqrt{1 - \left(\frac{v}{c}\right)^2}} = 2 \longrightarrow \dfrac{1}{4} = 1 - \left(\frac{v}{c}\right)^2$

$\longrightarrow \left(\frac{v}{c}\right)^2 = \dfrac{3}{4} \longrightarrow v = \dfrac{\sqrt{3}}{2} \cdot c = 2'598 \cdot 10^8 \, m/s$

Si la particula tuviera el doble de velocidad se supera_ría la velocidad de la luz y no es posible

PÁGINA 9

PROBLEMA 1

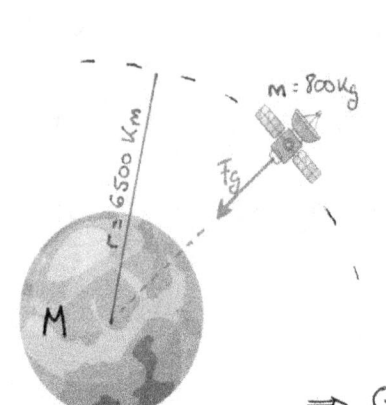

La única fuerza que actúa sobre la sonda es la gravitatoria.

Aplicando la segunda ley de Newton:

$$\overline{F} = m \cdot a \Rightarrow$$

$$\Rightarrow G \frac{Mm}{r^2} = m \cdot \frac{v^2}{r} \Rightarrow v^2 = G \frac{M}{r} \Rightarrow$$

$$\Rightarrow v = \sqrt{\frac{GM}{r}}$$

Como se nos da la energía cinética:

$$E_c = \frac{1}{2} m \cdot v^2 = \frac{1}{2} m \cdot \frac{GM}{r} \Rightarrow M = \frac{2 \cdot E_c \cdot r}{G \cdot m}$$

La masa M pedida $\Rightarrow M = \dfrac{2 \cdot 2 \cdot 10^{10} \cdot 6500 \cdot 10^3}{6'67 \cdot 10^{-11} \cdot 800} = 4'87 \cdot 10^{24} \, Kg$

b) Teniendo la densidad, podremos determinar el radio de Venus:

$$\rho = 5'24 \, g/cm^3 \times \frac{1 \, Kg}{1000 g} \times \frac{100^3 \, cm^3}{1 \, m^3} = 5240 \, Kg/m^3$$

Y como:

$$\rho = \frac{M}{V} = \frac{M}{\frac{4}{3} \pi R^3} \Rightarrow R = \sqrt[3]{\frac{M}{\frac{4}{3} \pi \rho}} = \sqrt[3]{\frac{4'87 \cdot 10^{24}}{\frac{4}{3} \cdot \pi \cdot 5240}} =$$

$$= 6'05 \cdot 10^6 \, m$$

PÁGINA 10

Planteamos el ejercicio:

Nos dicen que la fuerza sobre el cuerpo en altura es un 36% menor que la fuerza en superficie. Por tanto, y con la ley de gravitación de Newton:

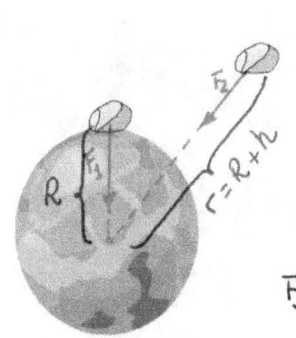

$$F_2 = \frac{64}{100} \cdot F_1 \longrightarrow$$

$$\longrightarrow \frac{GMm}{r^2} = \frac{64}{100} \cdot \frac{GMm}{R^2} \Rightarrow r^2 = \frac{100}{64} R^2 \Rightarrow r = \sqrt{\frac{100 R^2}{64}}$$

$$\Rightarrow r = \frac{5}{4} \cdot R \qquad \text{Y como nos piden la altura:}$$

$$\Rightarrow r = R + h \Rightarrow h = r - R = \frac{5}{4} R - R \Rightarrow$$

$$\Rightarrow h = \frac{R}{4} = \frac{6'05 \cdot 10^6}{4} = 1'51 \cdot 10^6 \, m = 1'51 \cdot 10^3 \, Km$$

PROBLEMA 2

a)

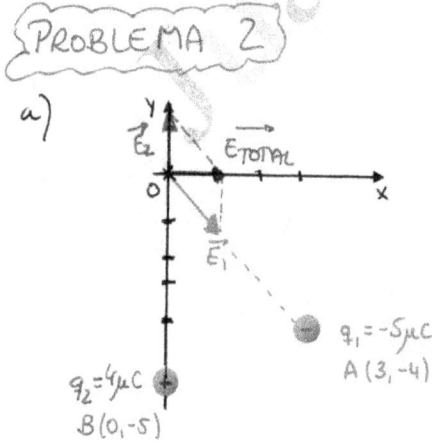

Campo $\vec{E_1}$:

$$\vec{AO} = (0,0) - (3,-4) = (-3, 4)$$

$$r_1 = |\vec{AO}| = \sqrt{3^2 + 4^2} = 5 \, m$$

$$\vec{u_{r_1}} = \frac{1}{|\vec{AO}|} \cdot \vec{AO} = \left(-\frac{3}{5}, \frac{4}{5}\right)$$

$$\vec{E_1} = K \cdot \frac{q_1}{r_1^2} \cdot \vec{u_{r_1}} =$$

$$= 9 \cdot 10^9 \cdot \frac{(-5 \cdot 10^{-6})}{5^2} \cdot \left(-\frac{3}{5}, \frac{4}{5}\right) = (1080, -1440) \, N/C$$

$q_1 = -5 \mu C$
$A (3,-4)$

$q_2 = 4 \mu C$
$B (0,-5)$

PÁGINA 11

Campo $\vec{E_2}$:

$\vec{BO} = (0,0) - (0,-5) = (0,5)$

$r_2 = |\vec{BO}| = \sqrt{5^2} = 5\,m$

$\vec{u_{r_2}} = \dfrac{1}{|\vec{BO}|} \cdot \vec{BO} = (0,1)$

$\vec{E_2} = K \cdot \dfrac{q_2}{r_2^2} \cdot \vec{u_{r_2}} = 9 \cdot 10^9 \cdot \dfrac{4 \cdot 10^{-6}}{5^2} \cdot (0,1) = (0,1440)\,N/C$

Con lo que el campo total:

$\vec{E_{TOTAL}} = \vec{E_1} + \vec{E_2} = (1080, -1440) + (0,1440) = (1080, 0) = 1080\,\vec{\imath}\,N/C$

b) $V_O = V_{q_{1_O}} + V_{q_{2_O}} = K \cdot \dfrac{q_1}{r_1} + K \cdot \dfrac{q_2}{r_2} \underset{r_1 = r_2}{=} \dfrac{K}{r_1}(q_1 + q_2) =$

$= \dfrac{9 \cdot 10^9}{5}\left(-5 \cdot 10^{-6} + 4 \cdot 10^{-6}\right) = \dfrac{9 \cdot 10^9 \cdot (-1 \cdot 10^{-6})}{5} = -1800\,V$

El trabajo pedido:

$W_{campo} = -Q \cdot \Delta V = -Q \cdot \left(V_O - \cancel{V_\infty}\right) = -1 \cdot 10^{-6} \cdot (-1800) = 1'8 \cdot 10^{-3}\,J$

PROBLEMA 3

Se nos dan los tamaños del objeto y la imagen

$y = 15\,cm$; $y' = -75\,cm$

↑ Imagen Invertida!!

con el aumento lateral deducimos:

$A_L = \dfrac{y'}{y} = \dfrac{s'}{s} \longrightarrow \dfrac{-75}{15} = \dfrac{s'}{s} \longrightarrow s' = -5s$

PÁGINA 12

También conocemos la potencia:

$$P = 4D \longrightarrow \frac{1}{f'} = 4 \longrightarrow f' = 0'25\,m = 25\,cm$$

Con la ecuación de las lentes:

$$\frac{1}{s'} - \frac{1}{s} = \frac{1}{f'} \quad \xrightarrow{s' = -5s} \quad \frac{1}{-5s} - \frac{1}{s} = \frac{1}{25} \longrightarrow$$

$$\longrightarrow \frac{1+5}{-5s} = \frac{1}{25} \Rightarrow S = -\frac{150}{5} = -30\,cm$$

$$\Rightarrow s' = -5 \cdot s = -5 \cdot (-30) = 150\,cm$$

Hay que colocar el objeto a 30cm a la izquierda de la lente y la pantalla a 1'5m de la lente según el trazado:

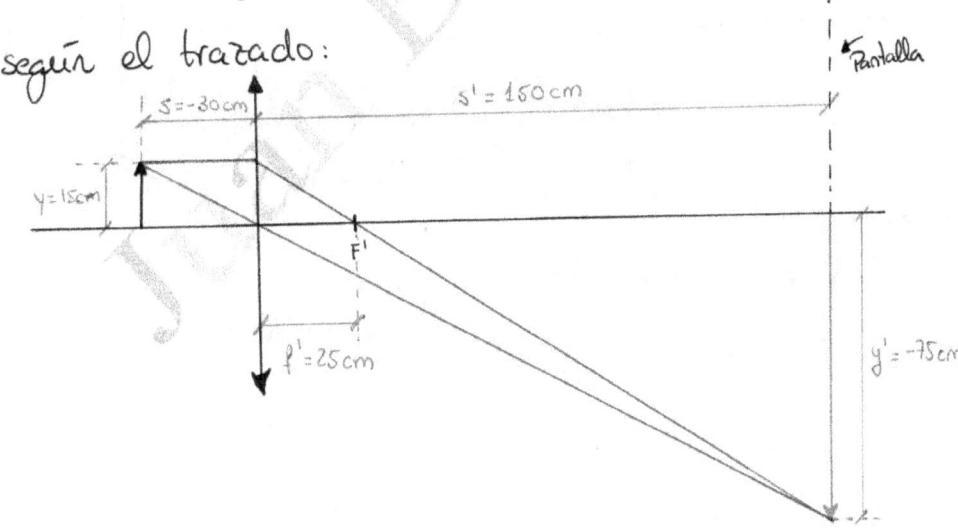

b) Si cambiamos a una lente cuya distancia focal es la mitad que la anterior, la nueva potencia será:

$$f' = \frac{25}{2} = 12'5\,cm = 0'125\,m$$

$$P = \frac{1}{f'} = \frac{1}{0'125} = 8D$$

Si entre el objeto y la pantalla hay 1m de distancia habrá dos posiciones de la lente que nos proporcionarán una imagen enfocada sobre la pantalla según:

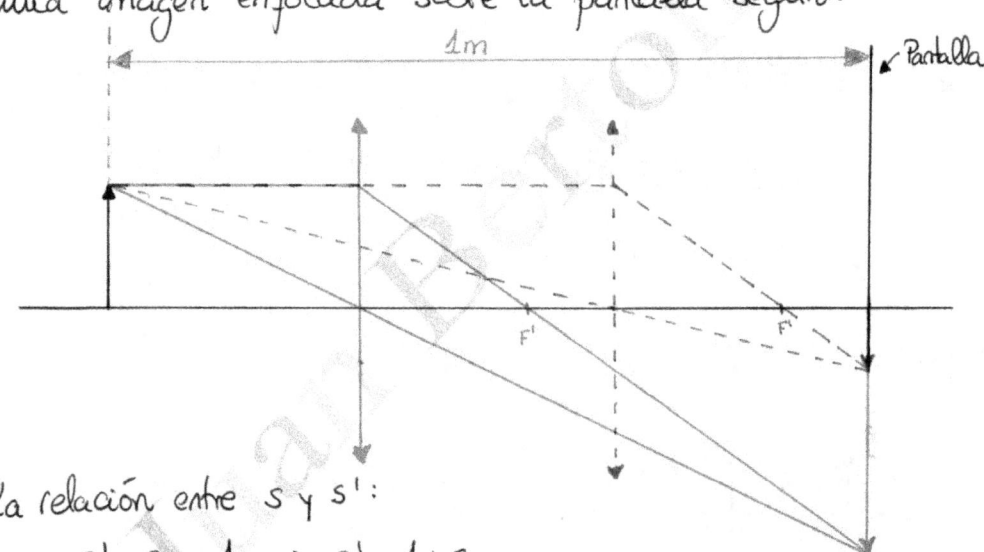

la relación entre s y s':

$$s' - s = 1 \implies s' = 1 + s$$

y sustituyendo en la ecuación de las lentes

$$\frac{1}{s'} - \frac{1}{s} = \frac{1}{f'} \implies \frac{1}{1+s} - \frac{1}{s} = 8 \implies \frac{-1}{s^2+s} = 8 \implies$$

$$\implies 8s^2 + 8s + 1 = 0 \begin{cases} s = -0'146\,m \left(\begin{array}{l}\text{En trazo continuo.}\\ \text{Es el que nos piden!!}\end{array}\right) \\ s = -0'854\,m \ (\text{En trazo discontinuo}) \end{cases}$$

Por tanto, la menor de las distancias que nos

piden nos dice que habrá que situar la lente

a 14'6 cm del objeto (y por tanto a 85'4 cm de

la pantalla)

{PROBLEMA 4}

$\lambda_{incidente} = 550 \, nm$

$V_{máx} = 296 \, Km/s$

a) Al no ser una velocidad relativista, la energía de cada uno de los fotoelectrones emitidos:

$$E_c = \frac{1}{2} m \cdot V_{max}^2 =$$

$$= \frac{1}{2} \cdot 9'1 \cdot 10^{-31} \cdot 296000^2 = 3'99 \cdot 10^{-20} \, J$$

La energía de cada uno de los fotones incidentes:

$$E_{1\,fotón} = h \cdot \frac{c}{\lambda} = \frac{6'63 \cdot 10^{-34} \cdot 3 \cdot 10^8}{550 \cdot 10^{-9}} = 3'62 \cdot 10^{-19} \, J$$

Y con el balance energético del efecto fotoeléctrico:

$$E_{fotón} = W_{ext} + \overline{Ec}_{máx} \implies W_{ext} = E_{fotón} - Ec_{máx} = 3'22 \cdot 10^{-19} \, J$$

$$\implies W_{ext} = 3'22 \cdot 10^{-19} \, J \times \frac{1 \, eV}{1'6 \cdot 10^{-19} \, J} = 2'01 \, eV$$

La longitud de onda umbral:

$$W_{ext} = \frac{h \cdot c}{\lambda_{máx}} \longrightarrow \lambda_{máx} = \frac{h \cdot c}{W_{ext}} = \frac{6'63 \cdot 10^{-34} \cdot 3 \cdot 10^8}{3'22 \cdot 10^{-19}} = 6'18 \cdot 10^{-7} \, m = 618 \, nm$$

PÁGINA 15

b) El momento lineal tendrá un valor de:

$$p = m \cdot v = 9'1 \cdot 10^{-31} \cdot 296000 = 2'69 \cdot 10^{-25} \ Kg \cdot m/s$$

Con lo que la longitud de onda asociada de De Broglie:

$$\lambda_{asociada} = \frac{h}{p} = \frac{6'63 \cdot 10^{-34}}{2'69 \cdot 10^{-25}} = 2'46 \cdot 10^{-9} \ m = 2'46 \ nm$$

GENERALITAT
VALENCIANA
Conselleria d'Innovació,
Universitats, Ciència
i Societat Digital

COMISSIÓ GESTORA DE LES PROVES D'ACCÉS A LA UNIVERSITAT

COMISIÓN GESTORA DE LAS PRUEBAS DE ACCESO A LA UNIVERSIDAD

SISTEMA UNIVERSITARI VALENCIÀ
SISTEMA UNIVERSITARIO VALENCIANO

PROVES D'ACCÉS A LA UNIVERSITAT	PRUEBAS DE ACCESO A LA UNIVERSIDAD
CONVOCATÒRIA: JUNY 2023	CONVOCATORIA: JUNIO 2023
Assignatura: FÍSICA	Asignatura: FÍSICA

BAREMO DEL EXAMEN: La puntuación máxima de cada problema es de 2 puntos y la de cada cuestión de 1,5 puntos. Se permite el uso de calculadoras siempre que no sean gráficas o programables y que no puedan realizar cálculo simbólico ni almacenar datos o fórmulas en memoria. Los resultados deberán estar siempre debidamente justificados. Realiza primero el cálculo simbólico y después obtén el resultado numérico.
TACHA CLARAMENTE todo aquello que no deba ser evaluado

CUESTIONES (elige y contesta exclusivamente 4 cuestiones)

CUESTIÓN 1 - Interacción gravitatoria
Deduce razonadamente la expresión del periodo de un planeta en una órbita circular alrededor del Sol, en función del radio de la órbita y de la masa del Sol. Suponiendo que las órbitas de la Tierra y Urano son circulares, de radios $r_T = 1,5 \cdot 10^{11}$ m y $r_U = 2,9 \cdot 10^{12}$ m respectivamente, calcula el periodo orbital de Urano en años terrestres. Utiliza exclusivamente los datos del enunciado.

CUESTIÓN 2 - Interacción electromagnética
Dos cargas puntuales $q = -1$ nC están situadas en los puntos A y B de la circunferencia de radio r de la figura. Representa en el punto O el vector campo eléctrico generado por cada carga y el vector campo total, indicando el ángulo que forma este último con el eje x. Razona el signo y valor de la carga Q que habrá que situar en el punto C (equidistante de A y B) para que el campo total de las tres cargas sea nulo en el punto O.

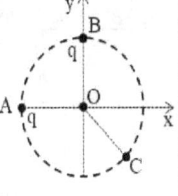

CUESTIÓN 3 - Interacción electromagnética
Un imán se mueve con velocidad v, acercándose perpendicularmente al plano de una espira conductora circular, como indica la figura. Razona por qué se induce una corriente en la espira, basándote en la ley que explica este fenómeno. Explica el sentido de la corriente inducida y dibújalo sobre la espira. ¿Cuál es la corriente inducida si el imán permanece quieto?

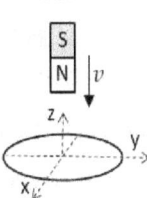

CUESTIÓN 4 - Ondas
Una onda armónica está descrita por la función $y(x,t) = A \sin(2\pi f t - kx + \varphi)$, y se propaga por un medio con velocidad v. ¿Cómo cambian su frecuencia, número de onda y fase inicial cuando esta onda pasa a otro medio donde su velocidad de propagación es $2v$?

CUESTIÓN 5 - Ondas
La figura muestra, en un instante fijo, una onda plana que incide desde la izquierda sobre una pared con un pequeño orificio y pasa a ser una onda circular. ¿Cómo se llama este fenómeno? Explica en qué consiste. ¿Qué magnitud física es la distancia d que se representa en la figura?

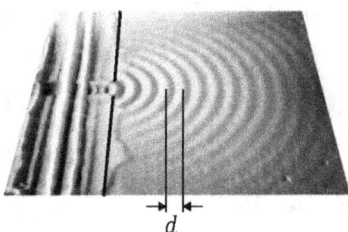

d

CUESTIÓN 6 - Óptica geométrica
En la figura se muestra una lente, L, y la posición de un objeto, O. La imagen es virtual y se encuentra a 10 cm de la lente. Determina la distancia focal imagen de la lente, la potencia de la lente en dioptrías y el tamaño de la imagen si el objeto mide 5 cm.

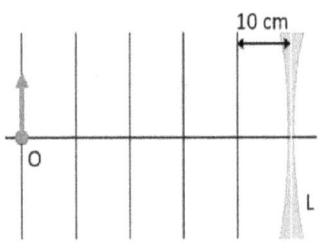

CUESTIÓN 7- Física del siglo XX

Un neutrón tiene una energía cinética relativista de $50\,\text{MeV}$. Determina la relación (cociente) entre la energía total del neutrón y su energía en reposo. Calcula la velocidad del neutrón.

Dato: masa en reposo del neutrón, $m_0 = 940\,\frac{\text{MeV}}{c^2}$; velocidad de la luz en el vacío, $c = 3 \cdot 10^8\,\text{m/s}$.

CUESTIÓN 8 - Física del siglo XX

El potencial de frenado de una célula fotoeléctrica es nulo cuando la luz incidente tiene la longitud de onda umbral, $\lambda_o = 540\,\text{nm}$. Determina la frecuencia umbral. Obtén la expresión del potencial de frenado ΔV en función de la frecuencia f de la luz incidente y explica en qué te basas para deducirla.

Datos: carga eléctrica elemental, $q = 1{,}6 \cdot 10^{-19}\,\text{C}$; constante de Planck, $h = 6{,}63 \cdot 10^{-34}\,\text{J} \cdot \text{s}$; velocidad de la luz en el vacío, $c = 3 \cdot 10^8\,\text{m/s}$.

PROBLEMAS (elige y contesta <u>exclusivamente</u> 2 problemas)

PROBLEMA 1 - Interacción gravitatoria

El satélite Sentinel 1 se utiliza para la monitorización del suelo terrestre por teledetección. Tiene una masa $m = 2200\,\text{kg}$ y completa 14,5 órbitas circulares alrededor de la Tierra cada día.

   a) Deduce la relación entre el radio de la órbita, la masa de la Tierra y la velocidad angular del Sentinel 1. Calcula la altura a la que se encuentra orbitando. (1 punto)
   b) Calcula la velocidad orbital, la energía cinética y la energía mecánica del Sentinel 1. (1 punto)

Datos: constante de gravitación universal, $G = 6{,}67 \cdot 10^{-11}\,\text{N} \cdot \text{m}^2/\text{kg}^2$; masa de la Tierra, $M = 6{,}0 \cdot 10^{24}\,\text{kg}$; radio de la Tierra, $R = 6370\,\text{km}$.

PROBLEMA 2 - Interacción electromagnética

Se tienen tres conductores rectilíneos muy largos y paralelos entre sí. Por dos de los conductores circulan corrientes eléctricas $I_1 = 2{,}0\,\text{A}$ e $I_2 = 4{,}0\,\text{A}$ en el sentido que se indica en la figura.

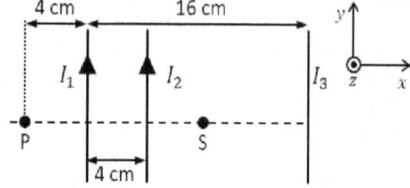

   a) Calcula la intensidad y el sentido de la corriente en el otro conductor I_3 para que el campo magnético en el punto P de la figura sea nulo. (1 punto)

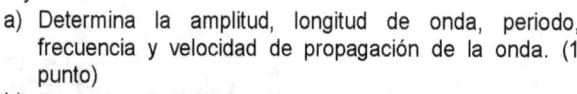

   b) El vector campo magnético en el punto S es $\vec{B}_S = -7{,}5 \cdot 10^{-7}\,\vec{k}\,\text{T}$, determina la fuerza que actúa sobre una carga de $1\,\mu\text{C}$ que pasa por S con una velocidad $\vec{v} = -10^5\,\vec{j}\,\text{m/s}$. (1 punto)

Dato: permeabilidad magnética del vacío, $\mu_0 = 4\pi \cdot 10^{-7}\,\text{T} \cdot \text{m/A}$.

PROBLEMA 3 - Ondas

Una onda armónica se propaga hacia la izquierda por la superficie de un estanque y provoca la oscilación de una boya, que pasa de la posición más baja a la más alta en 3 s. La figura representa la onda y la boya (círculo negro) en los instantes $t = 0$ y $t = 3\,\text{s}$.

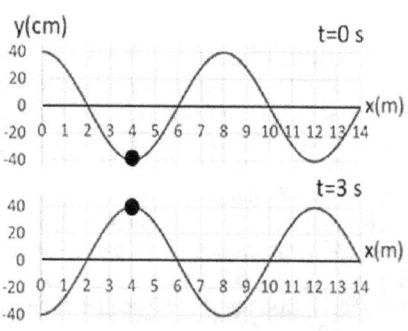

   a) Determina la amplitud, longitud de onda, periodo, frecuencia y velocidad de propagación de la onda. (1 punto)
   b) Determina la fase inicial y escribe la función de onda (utilizando la función seno). ¿Cuál es la velocidad de la boya en el instante $t = 3\,\text{s}$? (1 punto)

PROBLEMA 4 - Física del siglo XX

En una excavación arqueológica se ha encontrado un tótem de madera cuyo contenido en ^{14}C es el 53% del que tienen las maderas de árboles actuales de la misma zona.

   a) Determina en qué año fue realizado el tótem. (1 punto)
   b) El isótopo $^{14}_{6}C$ se desintegra según $^{14}_{6}C \rightarrow {}^{14}_{7}N + X$. La partícula X tiene una energía total $E = 0{,}667\,\text{MeV}$ y una energía cinética $E_c = 0{,}156\,\text{MeV}$ ¿De qué tipo de radiactividad se trata? Calcula la energía en reposo y la masa de la partícula. (1 punto)

Datos: periodo de semidesintegración $^{14}_{6}C$, $T_{1/2} = 5730$ años; carga elemental, $q = 1{,}6 \cdot 10^{-19}\,\text{C}$; velocidad de la luz en el vacío, $c = 3 \cdot 10^8\,\text{m/s}$

CUESTIÓN 1

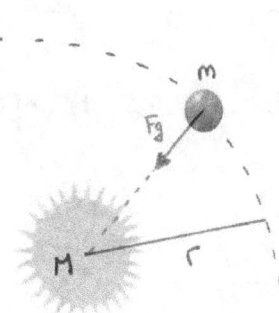

En su órbita circular, la única fuerza sobre el planeta es la gravitatoria. Aplicando la segunda ley de Newton:

$$\vec{F_g} = m \cdot a_N \longrightarrow G\frac{Mm}{r^2} = m \cdot \frac{v^2}{r}$$

$$\underset{V = \omega \cdot r}{\Longrightarrow} \quad G\frac{M}{r} = \omega^2 \cdot r^2 \underset{\omega = \frac{2\pi}{T}}{\Longrightarrow} G\frac{M}{r} = \frac{4\pi^2}{T^2} \cdot r^2 \Longrightarrow$$

$$\Longrightarrow T^2 = \frac{4\pi^2}{G \cdot M} \cdot r^3 \Longrightarrow T = \sqrt{\frac{4\pi^2 \cdot r^3}{G \cdot M}}$$

Si conocemos los radios de las órbitas de Urano y la Tierra (r_U y r_T respectivamente), la relación entre sus periodos:

$$\frac{T_U}{T_T} = \frac{\sqrt{\frac{4\pi^2 \cdot r_U^3}{GM}}}{\sqrt{\frac{4\pi^2 \cdot r_T^3}{GM}}} = \sqrt{\frac{r_U^3}{r_T^3}} \Longrightarrow T_U = \sqrt{\frac{r_U^3}{r_T^3}} \cdot T_T$$

$$\Longrightarrow T_U = \sqrt{\frac{(2'9 \cdot 10^{12})^3}{(1'5 \cdot 10^{11})^3}} \cdot T_T \Longrightarrow T_U = 85 \cdot T_T$$

$\Longrightarrow$ El periodo orbital de Urano son 85 años terrestres.

CUESTIÓN 2

Tenemos las cargas $q_A = q_B = -1\,nC$ situadas en los puntos $A(-r, 0)$ y $B(0, r)$

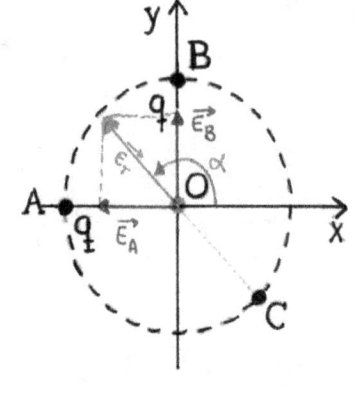

Campo $\vec{E_A}$:

$\vec{AO} = (0,0) - (-r, 0) = (r, 0)$

$r_A = |\vec{AO}| = r$

$\vec{u_{r_A}} = \frac{1}{|\vec{AO}|} \cdot \vec{AO} = \frac{1}{r} \cdot (r, 0) = (1, 0)$

$$\vec{E_A} = K \cdot \frac{q_A}{r_A^2} \cdot \vec{u_{r_A}} = K \cdot \frac{-1 \cdot 10^{-9}}{r^2} \cdot \vec{\imath} = -1 \cdot 10^{-9} \frac{K}{r^2} \cdot \vec{\imath}$$

También es fácil ver que como $q_A = q_B$ y $r_B = r_A$, el vector $\vec{E_B}$ tendrá un módulo igual al del vector $\vec{E_A}$ cambiando solo su dirección y sentido, que ahora vendría dada por el vector $+\vec{\jmath}$. Por tanto:

$$\vec{E_B} = + E_B \, \vec{\jmath} = + 1 \cdot 10^{-9} \frac{K}{r^2} \, \vec{\jmath}$$

Por el principio de superposición:

$$\vec{E_{TOTAL}} = \vec{E_A} + \vec{E_B} = -1 \cdot 10^{-9} \frac{K}{r^2} \vec{\imath} + 1 \cdot 10^{-9} \frac{K}{r^2} \vec{\jmath}$$

Y el ángulo pedido por tanto:

$$tg(\alpha) = \left(\frac{E_B}{-E_A}\right) \longrightarrow tg(\alpha) = -1 \Longrightarrow \alpha = 135°$$

PÁGINA 2

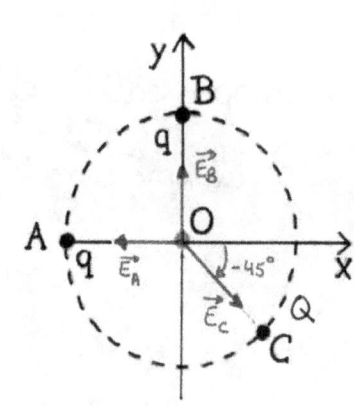

Conocido el ángulo α anterior, es obvio que $\vec{E_c}$ forma un ángulo de $-45°$ con el eje X. Por tanto:

Campo $\vec{E_c}$:

$$C(r\cos(-45°), r\,\text{sen}(-45°))$$

$$C\left(\frac{\sqrt{2}}{2}r, -\frac{\sqrt{2}}{2}r\right)$$

$$\vec{CO} = (0,0) - \left(\frac{\sqrt{2}}{2}r, -\frac{\sqrt{2}}{2}r\right) = \left(-\frac{\sqrt{2}}{2}r, +\frac{\sqrt{2}}{2}r\right)$$

$$r_c = |\vec{CO}| = r \quad , \quad \vec{u_{r_c}} = \frac{1}{|\vec{CO}|}\cdot\vec{CO} = \frac{1}{r}\cdot\left(-\frac{\sqrt{2}}{2}r, \frac{\sqrt{2}}{2}r\right) = \frac{\sqrt{2}}{2}(-\vec{i}+\vec{j})$$

$$\vec{E_c} = K\cdot\frac{Q}{r_c^2}\cdot\vec{u_{r_c}} = K\frac{Q}{r^2}\cdot\frac{\sqrt{2}}{2}(-\vec{i}+\vec{j})$$

Por otro lado, queremos que sea $\vec{E_A}+\vec{E_B}+\vec{E_c} = \vec{0}$, y por tanto:

$$\vec{E_c} = -\vec{E_A} - \vec{E_B}$$

$$\vec{E_c} = 1\cdot10^{-9}\cdot\frac{K}{r^2}\vec{i} - 1\cdot10^{-9}\frac{K}{r^2}\vec{j}$$

$$\vec{E_c} = -1\cdot10^{-9}\frac{K}{r^2}(-\vec{i}+\vec{j})$$

Igualando ambas expresiones de $\vec{E_c}$:

$$K\cdot\frac{Q}{r^2}\cdot\frac{\sqrt{2}}{2}(-\vec{i}+\vec{j}) = -1\cdot10^{-9}\frac{K}{r^2}(-\vec{i}+\vec{j})$$

$$Q\cdot\frac{\sqrt{2}}{2} = -1\cdot10^{-9} \Rightarrow Q = -\sqrt{2}\cdot10^{-9}\,C \Rightarrow Q = -\sqrt{2}\,nC$$

PÁGINA 3

CUESTIÓN 3

En un imán, las líneas de campo salen del polo norte y entran en el polo sur. Como el imán se mueve hacia la espira, tendremos:

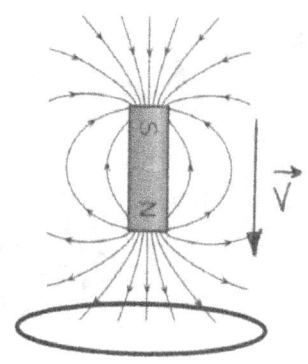 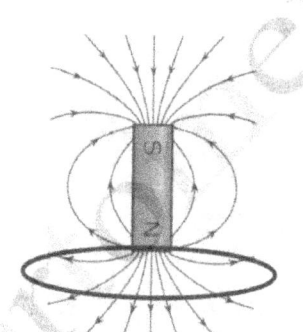

Como ves, a medida que el imán se acerca a la espira, el número de líneas de campo que entran en la espira aumenta. Por tanto, está variando el flujo magnético y en virtud de la LEY DE FARADAY HENRY aparecerá en la espira una corriente inducida cuya fuerza electromotriz será igual a la velocidad con la que el flujo varía.

Además, y según la LEY DE LENZ, el sentido de dicha corriente inducida debe provocar unos efectos que se opongan a la causa que origina

PÁGINA 4

la corriente. Como en nuestro caso lo que origina

la variación de flujo es el aumento de líneas

que entran en la espira, la corriente inducida

deberá crear un campo saliente que se oponga

a dicha variación. Razonando con la regla de la

mano derecha, establecemos que la corriente inducida

recorrerá la espira en sentido ANTIHORARIO.

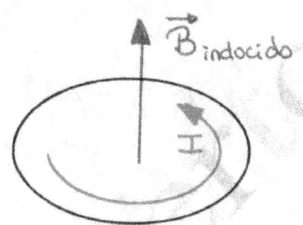

Obviamente, si el imán permaneciese en reposo, el

flujo permanecería constante y no se induciría ninguna

corriente en la espira.

CUESTIÓN 4

La frecuencia de una onda solo depende del foco

emisor de la misma, y en consecuencia, permanecerá

invariante cuando la onda cambie de medio

$$\Rightarrow f_1 = f_2$$

PÁGINA 5

La fase inicial φ determina la posición del foco emisor en el instante inicial . y por tanto, tampoco variará al cambiar de medio.

$$\Rightarrow \varphi_1 = \varphi_2$$

Sin embargo, el número de onda K depende de la longitud de onda λ, y esta magnitud si que cambiará al cambiar de medio según:

$$v_2 = 2 \cdot v_1 \longrightarrow \lambda_2 \cdot \cancel{f_2} = 2 \cdot \lambda_1 \cdot \cancel{f_1} \longrightarrow \lambda_2 = 2\lambda_1$$

Y por tanto:

$$K_2 = \frac{2\pi}{\lambda_2} = \frac{2\pi}{2 \cdot \lambda_1} = \frac{K_1}{2} \Rightarrow$$ El número de onda se reducirá a la mitad

CUESTIÓN 5

En la figura el fenómeno físico que se observa es la DIFRACCIÓN. Se denomina difracción de una onda a la propiedad que tienen las ondas de "rodear" obstáculos en determinadas condiciones. Se basa en el curvado y esparcido de las ondas

PÁGINA 6

cuando éstas encuentran el obstáculo o al atravesar una rendija. En el caso de la rendija para poder apreciar el fenómeno, el tamaño de ésta debe ser muy similar a la longitud de onda.

Según el principio de Huygens, la rendija se comportará como un nuevo foco emisor de ondas y de esta forma es como la onda consigue "rodear" el obstáculo y propagarse detrás.

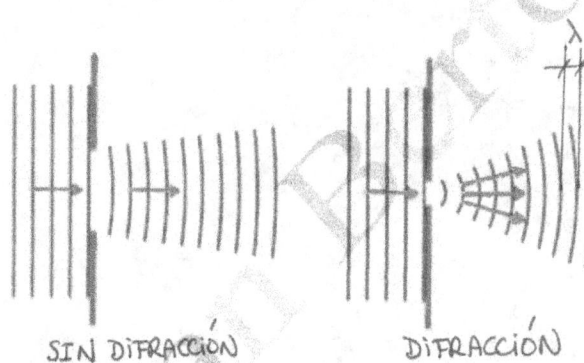

Como ves, la distancia "d" que se daba en el enunciado es la longitud de onda λ.

SIN DIFRACCIÓN
(Tamaño de la rendija muy superior a la longitud de onda λ)

DIFRACCIÓN
(Tamaño de la rendija similar a λ)

CUESTIÓN 6

De la gráfica proporcionada vemos que la posición del objeto es:

$$S = -50 \text{ cm}$$

Por otro lado, se nos dice que la imagen que se forma es virtual ($s' < 0$) y se encuentra a 10 cm de la lente. Por ello se tiene que $s' = -10$ cm.

Con la ecuación de las lentes:

$$\frac{1}{s'} - \frac{1}{s} = \frac{1}{f'} \longrightarrow \frac{1}{-10} - \frac{1}{-50} = \frac{1}{f'} \Longrightarrow$$

$$\Longrightarrow \frac{1}{f'} = \frac{-2}{25} \longrightarrow f' = -12'5 \text{ cm} \left(f' < 0 \longrightarrow \substack{\text{Lente} \\ \text{Divergente}} \right)$$

La potencia por tanto:

$$P = \frac{1}{f'} = \frac{1}{-0'125} = -8 D$$

Y con el aumento lateral:

$$A_L = \frac{y'}{y} = \frac{s'}{s} \longrightarrow y' = \frac{s'}{s} \cdot y = \frac{-10}{-50} \cdot 5 = 1 \text{ cm}$$

El diagrama de rayos:

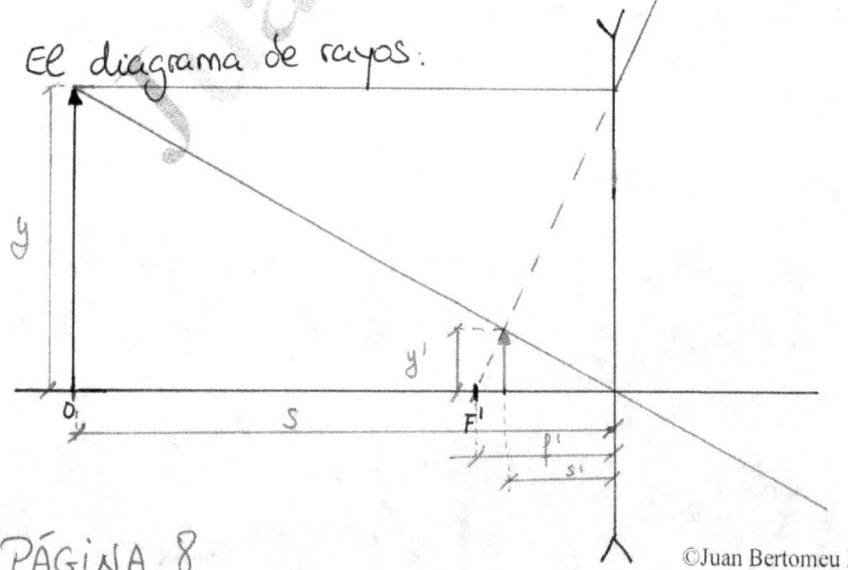

PÁGINA 8

CUESTIÓN 7

La energía en reposo del neutrón:

$$E_0 = m_0 \cdot c^2 = 940 \text{ MeV}$$

Con lo que la energía total relativista:

$$E = E_0 + E_c = 940 + 50 = 990 \text{ MeV}$$

Así, el cociente pedido:

$$\frac{E}{E_0} = \frac{990}{940} = \frac{99}{94} \approx 1'0532$$

Por otro lado, sabemos que:

$$E = m \cdot c^2 = \gamma m_0 c^2 = \gamma \cdot E_0 \implies \frac{E}{E_0} = \gamma$$

Conocido el factor de Lorentz, la velocidad pedida:

$$\gamma = \frac{1}{\sqrt{1 - \left(\frac{v}{c}\right)^2}} \longrightarrow 1 - \left(\frac{v}{c}\right)^2 = \frac{1}{\gamma^2} \longrightarrow \frac{v}{c} = \sqrt{1 - \frac{1}{\gamma^2}}$$

$$\implies \frac{v}{c} = \sqrt{1 - \frac{94^2}{99^2}} \implies v = 0'3138 \cdot c = 9'41 \cdot 10^7 \text{ m/s}$$

CUESTIÓN 8

Si conocemos la longitud de onda umbral:

$$f_0 = \frac{c}{\lambda_{máx}} = \frac{3 \cdot 10^8}{540 \cdot 10^{-9}} = 5'56 \cdot 10^{14} \text{ Hz}$$

PÁGINA 9

Del balance energético del efecto fotoeléctrico:

$$E_{fotón} = W_{ext} + E_c \longrightarrow E_c = E_{fotón} - W_{ext} \longrightarrow$$

$$\longrightarrow E_c = h \cdot f - h \cdot f_0$$

Por otro lado, para frenar los electrones emitidos

$$E_c = q \cdot \Delta V \longrightarrow hf - hf_0 = q \cdot \Delta V \Longrightarrow$$

$$\Longrightarrow \Delta V = \frac{h}{q} \cdot f - \frac{h}{q} \cdot f_0 \Longrightarrow \text{Sustituyendo los valores} \Longrightarrow$$

$$\Longrightarrow \Delta V = 4'14 \cdot 10^{15} \cdot f - 2'3$$

PROBLEMA 1

a) Podemos calcular el periodo de órbita fácilmente según:

$$\frac{1 \, día}{14'5 \, órbitas} \times \frac{86400 \, s}{1 \, día} = 5958'62 \, ^{s}/_{órbita}$$

La única fuerza sobre el satélite es la gravitatoria, y aplicando la segunda ley de Newton:

$$F = m \cdot a_N \longrightarrow G\frac{Mm}{r^2} = m \cdot \frac{v^2}{r} \underset{v = \omega \cdot r}{\longrightarrow} \frac{GM}{r} = \omega^2 \cdot r^2$$

$$\longrightarrow GM = \omega^2 \cdot r^3 \text{ es la relación pedida.}$$

Usando la relación anterior:

$$G M = \omega^2 \cdot r^3 \longrightarrow r = \sqrt[3]{\frac{GM}{\omega^2}} \underset{\omega = \frac{2\pi}{T}}{\Longrightarrow} r = \sqrt[3]{\frac{G \cdot M \cdot T^2}{4\pi^2}}$$

Y sustituyendo:

$$r = \sqrt[3]{\frac{6'67 \cdot 10^{-11} \cdot 6 \cdot 10^{24} \cdot 5958'62^2}{4\pi^2}} = 7'113 \cdot 10^6 \, m = 7113 \, Km$$

La altura pedida por tanto:

$$r = R_T + h \implies h = r - R_T = 7113 - 6370 = 743 \, Km$$

b) Ya hemos utilizado que:

$$V = \omega \cdot r = \frac{2\pi}{T} \cdot r = \frac{2\pi}{5958'62} \cdot 7'113 \cdot 10^6 = 7500'44 \, m/s$$

Y las energías pedidas:

$$E_c = \frac{1}{2} m \cdot V^2 = \frac{1}{2} \cdot 2200 \cdot (7500'44)^2 = 6'190 \cdot 10^{10} \, J$$

$$E_p = -G \frac{Mm}{r} = \frac{-6'67 \cdot 10^{-11} \cdot 6 \cdot 10^{24} \cdot 2200}{7'113 \cdot 10^6} = -1'238 \cdot 10^{11} \, J$$

$$E_M = E_c + E_p = -6'190 \cdot 10^{10} \, J$$

PROBLEMA 2

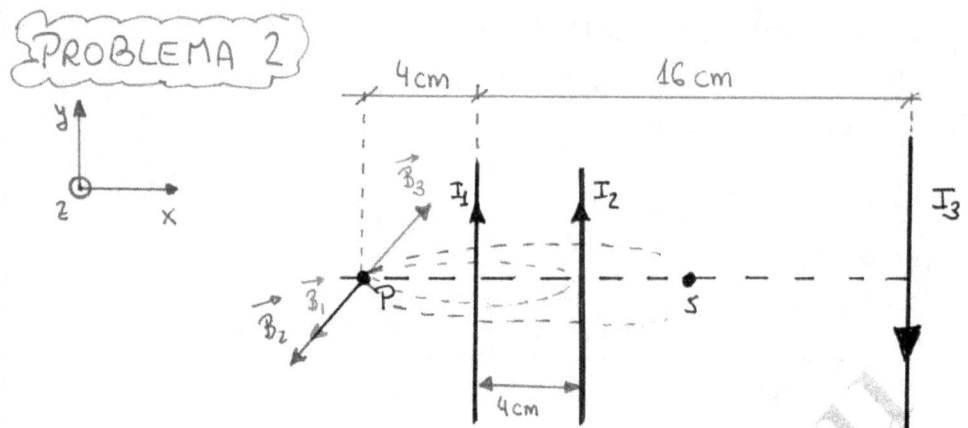

Con la regla de la mano derecha, hemos determinado la dirección y el sentido de los vectores $\vec{B_1}$ y $\vec{B_2}$ según:

$$\vec{B_1} = + B_1 \cdot \vec{K} \quad ; \quad \vec{B_2} = + B_2 \vec{K}$$

Por otro lado, queremos que el campo en P sea nulo:

$$\vec{B_1} + \vec{B_2} + \vec{B_3} = \vec{0} \implies \vec{B_3} = -\vec{B_1} - \vec{B_2} = -(B_1 + B_2)\vec{K}$$

Para que $\vec{B_3}$ sea $\vec{B_3} = -B_3 \cdot \vec{K}$, y de nuevo con la mano derecha, hemos deducido el sentido de la corriente I_3, que es el representado. Para averiguar la intensidad, con la ley de Biot-Savart:

$$\left.\begin{array}{c} \vec{B_3} = -(B_1 + B_2)\vec{K} \\ \vec{B_3} = -B_3\vec{K} \end{array}\right\} \quad B_3 = B_1 + B_2 \longrightarrow$$

$$\longrightarrow \frac{\mu I_3}{2\pi r_3} = \frac{\mu I_1}{2\pi r_1} + \frac{\mu I_2}{2\pi r_2} \longrightarrow I_3 = 0'2 \cdot \left(\frac{2}{0'04} + \frac{4}{0'08}\right) = 20 \, A$$

PÁGINA 12

b) Con la fuerza de Lorentz, la resolución es inmediata:

$$\vec{F}_M = q(\vec{V} \times \vec{B}) = q \cdot \begin{vmatrix} \vec{\imath} & \vec{\jmath} & \vec{k} \\ 0 & -v & 0 \\ 0 & 0 & -B \end{vmatrix} = qVB\,\vec{\imath} =$$

$$= 1 \cdot 10^{-6} \cdot 10^{5} \cdot 7'5 \cdot 10^{-7}\,\vec{\imath} = 7'5 \cdot 10^{-8}\,\vec{\imath} \ N$$

$\boxed{\text{PROBLEMA } 3}$

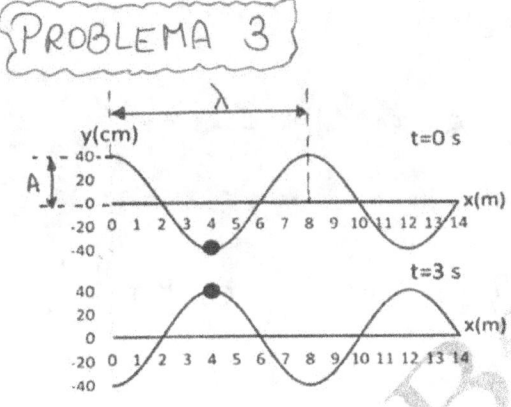

a) Como nos dicen que la boya tarda 3s en pasar de la posición más baja a la más alta:

$$\frac{T}{2} = 3s \longrightarrow T = 6\,s.$$

Por otro lado, de las gráficas proporcionadas, podemos leer:

$$A = 40\,cm = 0'4\,m$$
$$\lambda = 8\,m$$
$$T = 6\,s \longrightarrow f = \frac{1}{T} = \frac{1}{6}\,Hz$$

$$\left. \right\} \ V_p = \lambda \cdot f = \frac{8}{6} = \frac{4}{3}\,m/s$$

b) Como nos dicen que la onda se propaga hacia la izquierda:

$$y(x,t) = A \cdot sen(\omega t + Kx + \varphi_0)$$

donde:

$$\omega = \frac{2\pi}{T} = \frac{2\pi}{6} = \frac{\pi}{3} \ rad/s$$

$$K = \frac{2\pi}{\lambda} = \frac{2\pi}{8} = \frac{\pi}{4} \ rad/m$$

$$\Rightarrow \ y(x,t) = 0'4 \cdot sen\left(\frac{\pi}{3}t + \frac{\pi}{4}x + \varphi_0\right)$$

Para determinar φ_0, vemos que $y(0,0) = 0'4$ y así:

$$0'4 = 0'4 \cdot sen\left(\frac{\pi}{3} \cdot 0 + \frac{\pi}{4} \cdot 0 + \varphi_0\right)$$

$$1 = sen \ \varphi_0 \Rightarrow \varphi_0 = arcsen(1) = \frac{\pi}{2} \ rad$$

Y por tanto:

$$y(x,t) = 0'4 \cdot sen\left(\frac{\pi}{3}t + \frac{\pi}{4}x + \frac{\pi}{2}\right) \ m \quad \left(\begin{array}{c} t \ en \ segundos \\ x \ en \ metros \end{array}\right)$$

Para la velocidad de la boya $(x=4m)$ en $t=3s$:

$$V(x,t) = \frac{\partial y}{\partial t} = 0'4 \cdot \frac{\pi}{3} \cdot cos\left(\frac{\pi}{3}t + \frac{\pi}{4}x + \frac{\pi}{2}\right) \ m/s$$

$$\Rightarrow V(4,3) = 0'4 \cdot \frac{\pi}{3} \cdot cos\left(\frac{\pi}{3} \cdot 3 + \frac{\pi}{4} \cdot 4 + \frac{\pi}{2}\right) = 0 \ m/s$$

PROBLEMA 4

a) Con el periodo de semidesintegración, calculamos el valor de la constante radiactiva del ^{14}C:

$$T_{1/2} = \frac{ln(2)}{\lambda} \longrightarrow \lambda = \frac{ln(2)}{T_{1/2}} = \frac{ln(2)}{5730} \ años^{-1}$$

PÁGINA 14

Y aplicando la ley de desintegración:

$$N = N_0 \cdot e^{-\lambda \cdot t} \implies \frac{53}{100} \cdot \cancel{N_0} = \cancel{N_0} \cdot e^{-\frac{\ln(2)}{5730} \cdot t} \implies$$

$$\implies \ln\left(\frac{53}{100}\right) = -\frac{\ln(2)}{5730} \cdot t \implies t = \frac{-5730 \cdot \ln\left(\frac{53}{100}\right)}{\ln(2)} = 5248'31 \text{ años}$$

El tótem tiene una antigüedad de 5248'31 años y por tanto fue realizado en el 3225 a.C

b) $$^{14}_{6}C \longrightarrow ^{14}_{7}N + ^{A}_{z}X \implies \left\{\begin{array}{l} 14 = 14 + A \rightarrow A = 0 \\ 6 = 7 + z \rightarrow z = -1 \end{array}\right\} \implies ^{0}_{-1}X$$

La partícula X es un electrón $^{0}_{-1}e$ y por tanto la desintegración sufrida ha sido β^-

La energía total relativista:

$$E = E_0 + E_c \longrightarrow E_0 = E - E_c = 0'667 - 0'156 = 0'511 \text{ MeV}$$

$$E_0 = 0'511 \text{ MeV} \times \frac{10^6 eV}{1 \text{ MeV}} \times \frac{1'6 \cdot 10^{-19} J}{1 eV} = 8'176 \cdot 10^{-14} J$$

Y por tanto, la masa en reposo pedida:

$$E_0 = m_0 \cdot c^2 \longrightarrow m_0 = \frac{E_0}{c^2} = \frac{8'176 \cdot 10^{-14}}{(3 \cdot 10^8)^2} = 9'08 \cdot 10^{-31} \text{ kg}$$

PROVES D'ACCÉS A LA UNIVERSITAT	PRUEBAS DE ACCESO A LA UNIVERSIDAD
CONVOCATÒRIA: JULIOL 2023	CONVOCATORIA: JULIO 2023
Assignatura: FÍSICA	Asignatura: FÍSICA

BAREMO DEL EXAMEN: La puntuación máxima de cada problema es de 2 puntos y la de cada cuestión de 1,5 puntos. Se permite el uso de calculadoras siempre que no sean gráficas o programables y que no puedan realizar cálculo simbólico ni almacenar datos o fórmulas en memoria. Los resultados deberán estar siempre debidamente justificados. Realiza primero el cálculo simbólico y después obtén el resultado numérico.

TACHA CLARAMENTE todo aquello que no deba ser evaluado

CUESTIONES (elige y contesta exclusivamente 4 cuestiones)

CUESTIÓN 1 - Interacción gravitatoria
Deduce la expresión del periodo de un satélite que sigue una órbita circular alrededor de un planeta, en función de la masa de este y del radio de la órbita. Alrededor del planeta, de masa M, orbitan dos satélites de igual masa m y radios orbitales r_1 y r_2, siendo $r_2 > r_1$. Discute cuál de los dos satélites orbitará con mayor periodo. Razona también cuál de los dos satélites tendrá menor energía potencial gravitatoria.

CUESTIÓN 2 - Interacción electromagnética
El diagrama muestra dos cargas de magnitudes $-q$ y $9q$ con $q > 0$. Razona cuál de los vectores dibujados representa el vector campo eléctrico total en el punto P. Si los puntos P y S pertenecen a la misma superficie equipotencial, ¿cuál es el trabajo realizado al llevar una carga Q desde el punto P hasta el punto S?

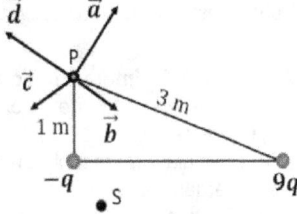

CUESTIÓN 3 - Interacción electromagnética
Un protón se mueve con velocidad $\vec{v}$ y describe una trayectoria circular en un ciclotrón en el que hay un campo magnético constante $\vec{B}$, perpendicular a $\vec{v}$. Escribe la expresión de la fuerza que actúa sobre el protón y representa los vectores velocidad, campo magnético y fuerza. Razona por qué la trayectoria es circular. ¿Cómo cambiaría la trayectoria si se tratara de un neutrón?

CUESTIÓN 4 - Interacción electromagnética
En la figura se muestra una espira circular en el seno de un campo magnético dirigido hacia dentro del plano del papel. Razona si se genera corriente inducida en la espira y en qué sentido, en los siguientes casos: a) el módulo del campo magnético disminuye y la espira permanece fija y b) el radio de la espira aumenta progresivamente y el módulo del campo magnético permanece constante.

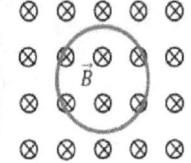

CUESTIÓN 5 - Ondas
Determina el periodo, la longitud de onda, el número de ondas y la velocidad de propagación de una onda sísmica trasversal cuya función es $y(x,t) = 2\,sen(50\,\pi\,t - \frac{\pi}{2}x)$ (todos los valores se expresan en unidades del Sistema Internacional). Si $y(0,t) = 2$ m, determina razonadamente el valor de $y(8,t)$ y el valor de $y(0, t + 0,04)$.

CUESTIÓN 6 - Ondas
Escribe la expresión del nivel sonoro (en dB) en función de la intensidad de un sonido. Demuestra que una persona expuesta a un nivel sonoro de 70 dB recibe una intensidad 100 veces menor que aquella que está expuesta a un nivel sonoro de 90 dB.

CUESTIÓN 7- Óptica geométrica
Demuestra que una lupa produce imágenes derechas de objetos reales si estos se encuentran entre la lupa y su foco objeto, ¿estas imágenes son reales o virtuales? ¿Dónde debería situarse un objeto real si se desea obtener una imagen invertida? ¿Qué ocurre si situamos el objeto justo en el foco objeto de la lupa? Para responder usa en cada caso un trazado de rayos.

CUESTIÓN 8 - Física del siglo XX

La gráfica representa la actividad de una muestra radiactiva en función del tiempo (en días). Utilizando los datos de la gráfica, deduce razonadamente el periodo de semidesintegración de la muestra y la constante de desintegración. Determina el número de periodos necesarios para que la actividad pase a valer 1000 Bq.

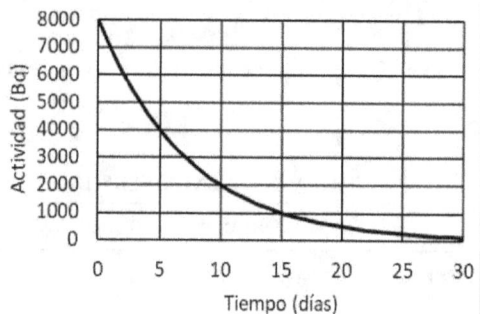

PROBLEMAS (elige y contesta exclusivamente 2 problemas)

PROBLEMA 1 - Interacción gravitatoria

En enero de 2023 el telescopio espacial James Webb descubrió su primer exoplaneta, el LHS 475b. Dicho planeta gira en una órbita circular alrededor de una estrella de masa $M = 5,4 \cdot 10^{29}$ kg. Además, se sabe que tarda 2 días terrestres en describir una órbita.

a) Calcula la distancia a la que se encuentra el planeta del centro de la estrella. Primero deduce razonadamente la expresión simbólica que relaciona dicha distancia con las otras magnitudes conocidas (M y el periodo orbital). (1 punto)

b) En la superficie del planeta la aceleración de la gravedad es de $9,2$ m/s^2 y la velocidad de escape es de $10,8$ km/s. Deduce la expresión de dicha velocidad de escape y calcula el valor de la masa y del radio del planeta. (1 punto)

Dato: constante de gravitación universal, $G = 6,67 \cdot 10^{-11} \frac{\text{N·m}^2}{\text{kg}^2}$

PROBLEMA 2 - Interacción electromagnética

Dos cargas eléctricas de valor $q_A = +2$ μC y $q_B = -2$ μC están situadas en los puntos A(3,0) m y B(0,3) m, respectivamente.

a) Calcula y representa en el punto C(3,3) m los vectores campo eléctrico generados por cada una de las cargas y el campo eléctrico total. (1 punto)

b) Calcula el potencial eléctrico en el punto D(4,4) m. Determina el trabajo para trasladar una carga de 10^{-6} C desde el infinito hasta el punto D. (Considera nulo el potencial eléctrico en el infinito). (1 punto)

Dato: constante de Coulomb, $k = 9 \cdot 10^9 \frac{\text{N·m}^2}{\text{C}^2}$

PROBLEMA 3 - Óptica geométrica

Una lente delgada en aire tiene una distancia focal imagen de -10 cm. A 5 cm de la lente se sitúa un objeto de 2 cm de altura.

a) Calcula la posición y tamaño de la imagen. Razona si la lente es convergente o divergente. (1 punto)

b) Obtén razonadamente la posición de un objeto para que la imagen sea derecha y tenga un tamaño que sea la mitad que el del objeto. Justifica mediante un trazado de rayos la formación de la imagen. (1 punto)

PROBLEMA 4 - Física del siglo XX

En una experiencia se ilumina, con diferentes longitudes de onda, una placa que tiene dos zonas con metales distintos, titanio y un metal A desconocido. Se mide la energía cinética de los fotoelectrones emitidos obteniendo la gráfica adjunta.

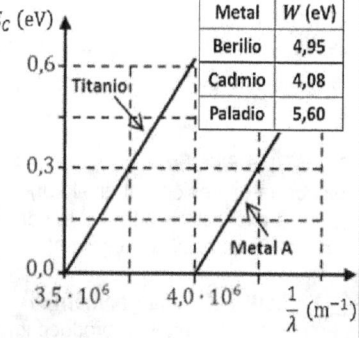

Metal	W (eV)
Berilio	4,95
Cadmio	4,08
Paladio	5,60

a) Calcula razonadamente la longitud de onda umbral para el metal A y su trabajo de extracción. Identifícalo a partir de los datos de la tabla adjunta. (1 punto)

b) Determina la velocidad de los electrones emitidos por el titanio cuando se ilumina con luz de frecuencia $1,13 \cdot 10^{15}$ Hz. ¿Qué sucede con los electrones del metal A si se ilumina con dicha luz? (1 punto).

Datos: constante de Planck, $h = 6,6 \cdot 10^{-34}$ J · s; carga eléctrica del electrón, $e = -1,6 \cdot 10^{-19}$ C; velocidad de la luz, $c = 3 \cdot 10^8$ m/s; masa del electrón, $m_e = 9,1 \cdot 10^{-31}$ kg

CUESTIÓN 1

En su órbita circular, la única fuerza que actúa sobre un satélite m es la fuerza gravitatoria. Aplicando la segunda ley de Newton:

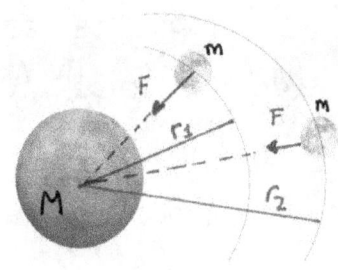

$$F = m \cdot a_N \longrightarrow G \frac{Mm}{r^2} = m \cdot \frac{v^2}{r}$$

$$\longrightarrow G \frac{M}{r} = v^2 \xrightarrow{v = \omega \cdot r} G \frac{M}{r} = \omega^2 \cdot r^2 \xrightarrow{\omega = \frac{2\pi}{T}} G \frac{M}{r} = \frac{4\pi^2}{T^2} r^2$$

$$\longrightarrow T^2 = \frac{4\pi^2 \cdot r^3}{G \cdot M} \implies T = \sqrt{\frac{4\pi^2 \cdot r^3}{G \cdot M}}$$

Veamos la relación entre los periodos:

$$\frac{T_2}{T_1} = \frac{\sqrt{\dfrac{4\pi^2 \cdot r_2^3}{G \cdot M}}}{\sqrt{\dfrac{4\pi^2 \cdot r_1^3}{G \cdot M}}} = \sqrt{\left(\frac{r_2}{r_1}\right)^3} \implies \frac{T_2}{T_1} > 1 \implies T_2 > T_1$$

$$\uparrow \quad r_2 > r_1$$
$$\Downarrow$$
$$r_2/r_1 > 1$$

$\implies$ Órbita con mayor periodo el satélite 2.

Igualmente, la relación entre las energías potenciales:

$$\frac{-E_{P_2}}{-E_{P_1}} = \frac{\dfrac{G Mm}{r_2}}{\dfrac{G Mm}{r_1}} = \frac{r_1}{r_2} \implies \frac{-E_{P_2}}{-E_{P_1}} < 1 \implies$$

$$\frac{r_1}{r_2} < 1$$

$$\implies -E_{P_2} < -E_{P_1} \implies E_{P_2} > E_{P_1}$$

$\implies$ Tiene mayor energía potencial el satélite 2

PÁGINA 1

{CUESTIÓN 2}

Bastará con representar los vectores campo en P para decidir cuál de los vectores propuestos se corresponde con el vector campo eléctrico total. Así:

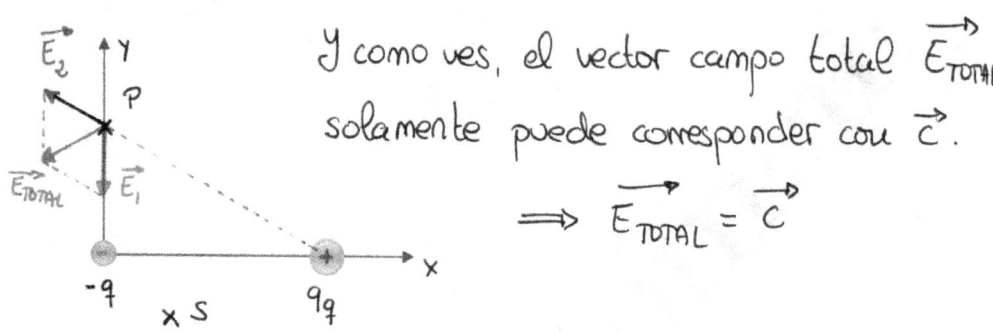

Y como ves, el vector campo total $\vec{E}_{TOTAL}$ solamente puede corresponder con $\vec{c}$.

$$\implies \vec{E}_{TOTAL} = \vec{c}$$

Si los puntos P y S pertenecen a la misma superficie equipotencial entonces $V_P = V_S$, y por tanto el trabajo pedido:

$$W_{P \to S} = -\Delta E_p = -Q \cdot \Delta V = -Q(V_S - V_P) = 0 \ J$$
$$\uparrow \ V_P = V_S$$

{CUESTIÓN 3}

La fuerza magnética que actúa sobre el protón viene dada por:

$$\vec{F}_M = q(\vec{V} \times \vec{B})$$

Al estar definida con el producto vectorial, la fuerza $\vec{F}_M$ será

PÁGINA 2

simultaneamente perpendicular tanto al vector $\vec{v}$ como al vector $\vec{B}$. El sentido de $\vec{F_M}$ puedes determinarlo con la regla de la mano derecha para comprobar que efectivamente es el representado en la figura anterior. Al ser la $\vec{F_M}$ perpendicular a $\vec{v}$, la aceleración que provocará $\vec{F_M}$ sobre q será una aceleración perpendicular a $\vec{v}$. Es decir, una aceleración centrípeta que será capaz de "girar" a $\vec{v}$ cambiando su dirección SIN CAMBIAR SU MÓDULO. En definitiva, al ser $\vec{v}$ perpendicular a $\vec{B}$ la fuerza $\vec{F_M}$ es una fuerza centrípeta en cualquier punto de la trayectoria, lo que originará una trayectoria circular plana.

Como el neutrón no tiene carga ($q = 0$), entonces la fuerza magnética sobre el neutrón seria nula ($\vec{F_M} = \underset{\underset{q=0}{\uparrow}}{q (\vec{v} \times \vec{B})} = \vec{0}$). Y al no sufrir fuerza alguna la trayectoria seria rectilínea.

PÁGINA 3

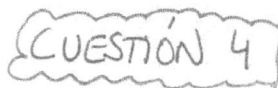

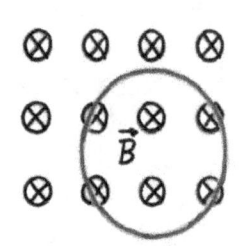

Según la LEY DE FARADAY-HENRY sobre la espira se inducirá una corriente si ésta se ve sometida a una variación del flujo magnético que la atraviesa. El flujo magnético viene dado por:

$$\Phi = \vec{B} \cdot \vec{S} = B \cdot S \cdot \cos(\alpha),$$ siendo α el ángulo que forma el vector campo $\vec{B}$ con el vector superficie $\vec{S}$.

Por otro lado la LEY DE LENZ que el sentido de la corriente inducida debe ser tal que sus efectos se opongan a la causa que la ha provocado.

a) Si el módulo B disminuye, el flujo magnético varía y por tanto, se producirá corriente inducida. Al disminuir el campo entrante, los efectos de la corriente inducida deben generar un campo entrante que compense la variación. Razonando con la regla de la mano derecha es fácil establecer que la corriente inducida tendrá sentido HORARIO.

PÁGINA 4

b) Si el radio de la espira aumenta, está aumentando la superficie S. Por tanto el flujo varía y en consecuencia habrá corriente inducida. Si la espira se hace más grande, habrá más líneas de campo entrante en la espira. Para compensar, la corriente inducida deberá crear un campo saliente que se oponga a dicha variación. Razonando con la regla de la mano derecha, el sentido de la corriente será

ANTIHORARIO.

CUESTIÓN 5

Conocemos la ecuación general de la onda:

$$y(x,t) = A \cdot \text{sen}(\omega t - kx + \varphi_0)$$

Nuestra ecuación: $y(x,t) = 2 \cdot \text{sen}\left(50\pi t - \dfrac{\pi}{2}x\right)$

Basta identificar términos:

$A = 2\ m$

$\omega = 50\pi\ rad/s \rightarrow 2\pi \cdot f = 50\pi \rightarrow f = 25\ Hz \rightarrow T = 0'04s$

$K = \dfrac{\pi}{2}\ rad/m \rightarrow \dfrac{2\pi}{\lambda} = \dfrac{\pi}{2} \rightarrow \lambda = 4\ m$

Y por tanto, la velocidad de propagación:

$$V_p = \lambda \cdot f = 4 \cdot 25 = 100\ m/s$$

PÁGINA 5

Tenemos como dato $y(0,t) = 2m \Rightarrow$

$$\Rightarrow 2\cdot sen(50\pi t) = 2 \longrightarrow sen(50\pi t) = 1$$

$$\downarrow sen^2(x) + cos^2(x) = 1$$
$$cos(50\pi t) = 0$$

Ahora calculemos:

$$y(8,t) = 2\cdot sen\left(50\pi t - \frac{\pi}{2}\cdot 8\right) = 2\cdot sen(50\pi t - 4\pi) =$$

$$* \; sen(\alpha - \beta) = sen(\alpha)cos(\beta) - cos(\alpha)\cdot sen(\beta)$$

$$= 2\cdot\left[sen(50\pi t)\cdot cos(4\pi) - cos(50\pi t)\cdot sen(4\pi)\right] = 2\cdot 1 = 2m$$

$$y(0, t+0'04) = 2\cdot sen\left(50\pi(t+0'04)\right) = 2\cdot sen(50\pi t + 2\pi) =$$

$$* \; sen(\alpha + \beta) = sen(\alpha)cos(\beta) + cos(\alpha)sen(\beta)$$

$$= 2\cdot\left[sen(50\pi t)\cdot cos(2\pi) + cos(50\pi t)\cdot sen(2\pi)\right] = 2\cdot 1 = 2m$$

Nota:

También hubieras podido EXPLICAR que:

→ Como de $x=0m$ a $x=8m$ hay dos longitudes de onda, ambos puntos vibran en concordancia de fase y por tanto, en un mismo instante "t", ambos vibran con la misma elongación.

→ Como $T=0'04s$, la elongación en "t" y en "t+0'04" el punto $x=0m$ tendrá la misma elongación.

PÁGINA 6

CUESTIÓN 6

El nivel de intensidad sonora o sonoridad viene dada por:

$$\beta = 10 \cdot \log \left(\frac{I}{I_0}\right) \quad (dB)$$

donde:

$I \rightarrow$ Intensidad del sonido

$I_0 \rightarrow$ Intensidad umbral de audición para el humano.

Tenemos $\beta_1 = 70\, dB$ y $\beta_2 = 90\, dB$. Veamos la relación entre las intensidades.

$$\beta = 10 \cdot \log \left(\frac{I}{I_0}\right) \Rightarrow \frac{\beta}{10} = \log \left(\frac{I}{I_0}\right) \Rightarrow I = I_0 \cdot 10^{\beta/10}$$

Por tanto:

$$\frac{I_1}{I_2} = \frac{I_0 \cdot 10^{\frac{\beta_1}{10}}}{I_0 \cdot 10^{\frac{\beta_2}{10}}} = 10^{\frac{\beta_1 - \beta_2}{10}} = 10^{\frac{70-90}{10}} = 10^{-2} = \frac{1}{100} \Rightarrow$$

$$\Rightarrow \frac{I_1}{I_2} = \frac{1}{100} \Rightarrow I_1 = \frac{1}{100} I_2$$

Efectivamente, la intensidad I_1 es 100 veces menor que la intensidad I_2.

PÁGINA 7

CUESTIÓN 7

Una lupa es una lente convergente ($f' > 0$) en la que colocamos el objeto entre la lente y su foco objeto F para obtener imágenes mayores según el trazado:

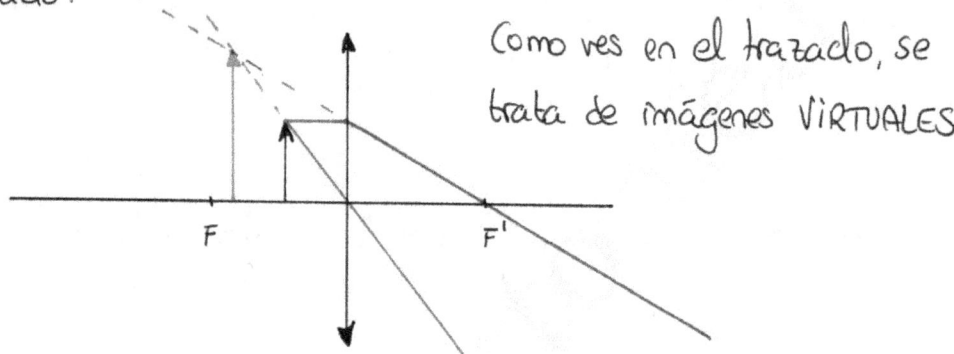

Como ves en el trazado, se trata de imágenes VIRTUALES

Si queremos obtener una imagen invertida, el objeto deberíamos situarlo por detrás del foco objeto F de la lente ($|s| > |f|$) según:

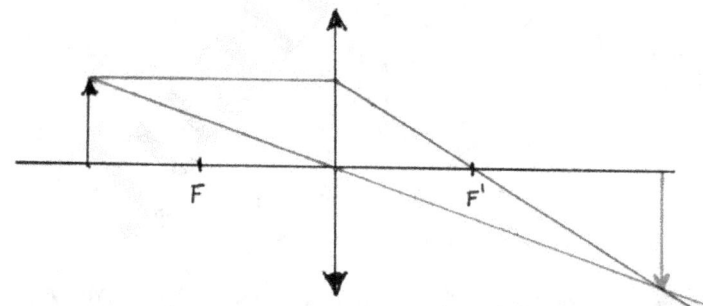

Por último, si situamos el objeto justo en el foco objeto ($s = f$) lo que sucederá es que no habrá imagen ya que los rayos refractados en la lente

©Juan Bertomeu Ferrer
www.bertoblog.com

serán rayos paralelos. Lo puedes ver en el trazado
de rayos:

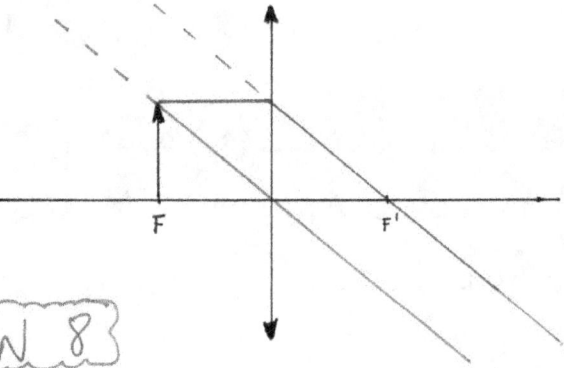

CUESTIÓN 8

El periodo de semidesintegra
-ción $T_{1/2}$ es el tiempo que
transcurre desde que una
muestra radiactiva de

actividad inicial A_0 reduce su actividad a la
mitad ($A = \frac{1}{2} \cdot A_0$). La relación entre ese periodo y
la constante de desintegración se deduce fácilmente
según:

$$A = A_0 \cdot e^{-\lambda \cdot t} \underset{A = \frac{1}{2}A_0}{\overset{t = T_{1/2}}{\Longrightarrow}} \frac{1}{2} A_0 = A_0 \cdot e^{-\lambda \cdot T_{1/2}} \Longrightarrow$$

$$\Rightarrow \ln\left(\frac{1}{2}\right) = -\lambda \cdot T_{1/2} \Rightarrow \ln(1) - \ln(2) = -\lambda \cdot T_{1/2} \Rightarrow \lambda = \frac{\ln(2)}{T_{1/2}}$$

De la gráfica se puede leer claramente como la
muestra reduce su actividad en un 50% cada

5 días y por tanto:

$$T_{1/2} = 5 \text{ días} \implies \lambda = \frac{\ln(2)}{5} \approx 0'13863 \text{ días}^{-1}$$

Por otro lado también leemos en la gráfica que la actividad valdrá 1000 Bq a los 15 días, es decir, cuando hayan transcurrido 3 periodos:

$$8000 \, Bq \xrightarrow[T_{1/2}]{50\%} 4000 \, Bq \xrightarrow[T_{1/2}]{50\%} 2000 \, Bq \xrightarrow[T_{1/2}]{50\%} 1000 \, Bq$$

PROBLEMA 1

a) $T = 2 \text{ días} \times \dfrac{86400 \, s}{1 \text{ día}} = 172800 \, s$

En su órbita circular, la única fuerza sobre LHS-475b es la gravitatoria. Aplicando la 2ª ley de Newton (en dirección radial):

$$F = m \cdot a_c \implies \frac{G M m}{r^2} = m \cdot \frac{v^2}{r} \underset{v = \omega \cdot r}{\implies} \frac{G M}{r} = \omega^2 \cdot r^2 \underset{\omega = \frac{2\pi}{T}}{\implies}$$

$$\implies G \cdot \frac{M}{r} = \frac{4\pi^2}{T^2} \cdot r^2 \implies r = \sqrt[3]{\frac{T^2 \cdot G \cdot M}{4\pi^2}} =$$

$$= \sqrt[3]{\frac{172800^2 \cdot 6'67 \cdot 10^{-11} \cdot 5'4 \cdot 10^{29}}{4\pi^2}} = 3'01 \cdot 10^9 \, m$$

b)

La velocidad de escape se define como la velocidad mínima que hay que comunicar a un objeto para que se aleje indefinidamente del planeta.

Es decir, la velocidad que hay que comunicar para que el objeto alcance el infinito con velocidad nula.

Por el principio de conservación de la energía:

$$Em_{inicial} = Em_{final} \implies E_{P_0} + E_{C_0} = \cancel{E_{P_\infty}}^{0} + \cancel{E_{C_\infty}}^{0}$$

$$\implies -G\frac{Mm}{R} + \frac{1}{2}m \cdot V_{esc}^2 = 0 \implies V_{esc} = \sqrt{\frac{2GM}{R}}$$

Por otro lado, conocemos la aceleración de la gravedad en la superficie de LHS-475b:

$$g = G\frac{M}{R^2} \implies GM = g \cdot R^2$$

Por tanto:

$$V_{esc} = \sqrt{\frac{2GM}{R}} = \sqrt{\frac{2 \cdot g \cdot R^2}{R}} = \sqrt{2gR} \implies V_{esc}^2 = 2gR \implies$$

$$\implies R = \frac{V_{esc}^2}{2g} = \frac{10800^2}{2 \cdot 9'2} = 6'34 \cdot 10^6 m$$

Con lo que $GM = g \cdot R^2 \implies M = \frac{g \cdot R^2}{G} = \frac{9'2 \left(6'34 \cdot 10^6\right)^2}{6'67 \cdot 10^{-11}} = 5'54 \cdot 10^{24} kg$

PROBLEMA 2

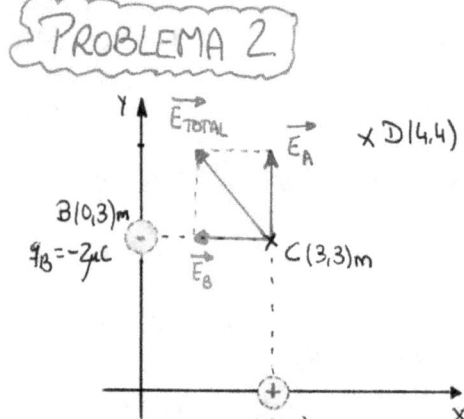

Campo $\vec{E_A}$:

$$\vec{AC} = (3,3)-(3,0) = (0,3)$$

$$r_{AC} = |\vec{AC}| = \sqrt{3^2} = 3m$$

$$\vec{\mu_{r_{AC}}} = \frac{1}{|\vec{AC}|} \cdot \vec{AC} = \frac{1}{3} \cdot (0,3) = (0,1)$$

$$\vec{E_A} = K \cdot \frac{q_A}{r_{AC}^2} \cdot \vec{\mu_{r_{AC}}} =$$

$$= 9 \cdot 10^9 \cdot \frac{2 \cdot 10^{-6}}{3^2} \cdot (0,1) = (0, 2000) \, N/c$$

Campo $\vec{E_B}$:

$$\vec{BC} = (3,3)-(0,3) = (3,0)$$

$$r_{BC} = |\vec{BC}| = \sqrt{3^2} = 3m$$

$$\vec{\mu_{r_{BC}}} = \frac{1}{|\vec{BC}|} \cdot \vec{BC} = \frac{1}{3} \cdot (3,0) = (1,0)$$

$$\vec{E_B} = K \cdot \frac{q_B}{r_{BC}^2} \cdot \vec{\mu_{r_{BC}}} = 9 \cdot 10^9 \frac{(-2 \cdot 10^{-6})}{3^2} \cdot (1,0) = (-2000, 0) \, N/c$$

$$\Rightarrow \vec{E_{TOTAL}} = \vec{E_A} + \vec{E_B} = (-2000, 2000) \, N/c = -2 \cdot 10^3 \, \vec{i} + 2 \cdot 10^3 \, \vec{j} \, N/c$$

b) Calculamos las distancias de q_A y q_B al punto D:

$$\vec{AD} = (4,4)-(3,0) = (1,4) \Rightarrow r_{AD} = |\vec{AD}| = \sqrt{1^2+4^2} = \sqrt{17} \, m$$

$$\vec{BD} = (4,4)-(0,3) = (4,1) \Rightarrow r_{BD} = |\vec{BD}| = \sqrt{4^2+1^2} = \sqrt{17} \, m$$

Por tanto el potencial en D:

$$V_D = V_{D_{q_A}} + V_{D_{q_B}} = K \cdot \frac{q_A}{r_{AD}} + K \cdot \frac{q_B}{r_{BD}} = 0 \, V$$

$$\uparrow \quad r_{AD} = r_{BD}$$
$$q_B = -q_A$$

PÁGINA 12

Y por tanto, el trabajo pedido:

$$W = -q \cdot \Delta V = -q \cdot (V_b^{\,0} - V_\infty^{\,0}) = -q \cdot 0 = 0 \ J$$

PROBLEMA 3

a) Como nos dicen que $f' < 0$ ya sabemos que se trata de una lente divergente. Por tanto:

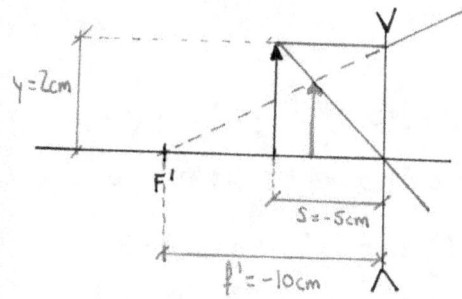

y = 2cm

F'

s = -5cm

f' = -10cm

Con la ecuación de las lentes:

$$\frac{1}{s'} - \frac{1}{s} = \frac{1}{f'}$$

$$\frac{1}{s'} - \frac{1}{-5} = \frac{1}{-10} \Rightarrow$$

$$\Rightarrow \frac{1}{s'} = \frac{-3}{10} \Rightarrow s' = -\frac{10}{3} \ cm$$

Y para el tamaño:

$$A_L = \frac{y'}{y} = \frac{s'}{s} \Rightarrow y' = \frac{s'}{s} \cdot y = \frac{-10/3}{-5} \cdot 2 = \frac{4}{3} \ cm$$

b) Se nos da como dato el aumento lateral $A_L = \frac{1}{2}$. Así:

$$A_L = \frac{s'}{s} \Rightarrow \frac{1}{2} = \frac{s'}{s} \Rightarrow s = 2s'$$

Y con la ecuación de las lentes, de nuevo:

$$\frac{1}{s'} - \frac{1}{s} = \frac{1}{f'} \underset{s=2s'}{\Longrightarrow} \frac{1}{s'} - \frac{1}{2s'} = \frac{1}{f'} \Rightarrow \frac{2-1}{2s'} = \frac{1}{f'}$$

$$\Rightarrow 2s' = f' \underset{2s'=s}{\Longrightarrow} s = f' = -10 \ cm$$

Hay que colocar el objeto sobre el foco imagen F'

©Juan Bertomeu Ferrer
www.bertoblog.com

Veamos el trazado de rayos pedido:

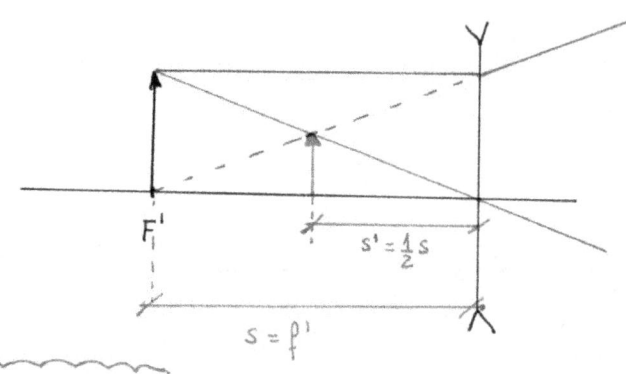

F_1'

$s' = \frac{1}{2}s$

$s = f'$

PROBLEMA 4

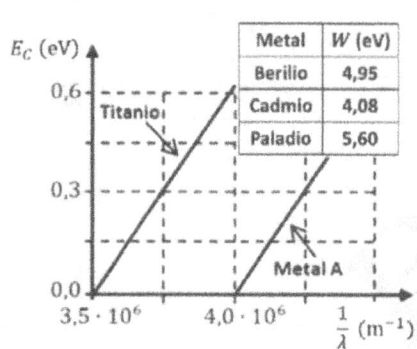

Metal	W (eV)
Berilio	4,95
Cadmio	4,08
Paladio	5,60

Cuando los fotones de la radiación incidente tienen una energía igual al trabajo de extracción del metal, la energía cinética de los electrones es cero.

Por tanto:

$$\frac{1}{\lambda_{máx}} = 4 \cdot 10^{6} \longrightarrow \lambda_{máx} = 2'5 \cdot 10^{-7} \, m$$

$$W_{ext} = h \cdot f_0 = h \cdot \frac{c}{\lambda_{máx}} = \frac{6'6 \cdot 10^{-34} \cdot 3 \cdot 10^{8}}{2'5 \cdot 10^{-7}} = 7'92 \cdot 10^{-19} \, J$$

$$7'92 \cdot 10^{-19} \, J \times \frac{1 \, eV}{1'6 \cdot 10^{-19} \, J} = 4'95 \, eV$$

$$\Longrightarrow El \ metal \ A \ es \ el \ Berilio.$$

PÁGINA 14

b) Para el titanio tenemos:

$$\frac{1}{\lambda_{máx}} = 3'5 \cdot 10^6 \longrightarrow \lambda_{máx} = 2'86 \cdot 10^{-7} \, m$$

$$W_{ext} = h \cdot f_0 = h \cdot \frac{c}{\lambda_{máx}} = 6'6 \cdot 10^{-34} \frac{3 \cdot 10^8}{2'86 \cdot 10^{-7}} = 6'93 \cdot 10^{-19} \, J$$

La energía de cada fotón de la radiación incidente:

$$E_{fotón} = h \cdot f = 6'6 \cdot 10^{-34} \cdot 1'13 \cdot 10^{15} = 7'46 \cdot 10^{-19} \, J$$

Del balance energético del efecto fotoeléctrico:

$$E_{fotón} = W_{ext} + E_{c_{máx}} \implies E_{c_{máx}} = 7'46 \cdot 10^{-19} - 6'93 \cdot 10^{-19} = 5'3 \cdot 10^{-20} \, J$$

Y por tanto la velocidad:

$$E_{c_{máx}} = \frac{1}{2} m \cdot V^2 \implies V = \sqrt{\frac{2 \, E_{c_{máx}}}{m}} = \sqrt{\frac{2 \cdot 5'3 \cdot 10^{-20}}{9'1 \cdot 10^{-31}}} = 3'41 \cdot 10^5 \, m/s$$

Por último, si hubiésemos empleado esta radiación sobre el metal A, no se hubiera producido efecto fotoeléctrico pues:

$$\left.\begin{array}{l} E_{fotón} = 7'46 \cdot 10^{-19} \, J \\[2mm] W_{ext_A} = 7'92 \cdot 10^{-19} \, J \end{array}\right\} \quad E_{fotón} < W_{ext_A} \implies \begin{array}{l} \text{No hay} \\ \text{efecto} \\ \text{fotoeléctrico} \end{array}$$

GENERALITAT VALENCIANA
Conselleria d'Educació,
Universitats i Ocupació

COMISSIÓ GESTORA DE LES PROVES D'ACCÉS A LA UNIVERSITAT

COMISIÓN GESTORA DE LAS PRUEBAS DE ACCESO A LA UNIVERSIDAD

SISTEMA UNIVERSITARI VALENCIÀ
SISTEMA UNIVERSITARIO VALENCIANO

PROVES D'ACCÉS A LA UNIVERSITAT	PRUEBAS DE ACCESO A LA UNIVERSIDAD	
CONVOCATÒRIA: JUNY 2024	CONVOCATORIA: JUNIO 2024	
Assignatura: FÍSICA	Asignatura: FÍSICA	

BAREMO DEL EXAMEN: La puntuación máxima de cada problema es de 2 puntos y la de cada cuestión de 1,5 puntos. Se permite el uso de calculadoras siempre que no sean gráficas o programables y que no puedan realizar cálculo simbólico ni almacenar datos o fórmulas en memoria. Los resultados deberán estar siempre debidamente justificados. Realiza primero el cálculo simbólico y después obtén el resultado numérico.
TACHA CLARAMENTE todo aquello que no deba ser evaluado.

CUESTIONES (elige y contesta exclusivamente 4 cuestiones)

CUESTIÓN 1 - Campo gravitatorio

Define velocidad de escape de un planeta y deduce su expresión, ¿cuánto cambia dicha velocidad si se duplica la masa del cuerpo que escapa? Justifica la respuesta.

CUESTIÓN 2 - Campo gravitatorio

Un satélite artificial se encuentra a una altura de $500\,\text{km}$ sobre la superficie de un planeta. El campo gravitatorio en la superficie del planeta es de $8\,\text{m/s}^2$, ¿cuál es la aceleración de la gravedad a la altura a la que se encuentra el satélite artificial? ¿A qué altura sobre la superficie del planeta el valor de la aceleración de la gravedad se reduce a la mitad del valor en su superficie?

Dato: radio del planeta, $R = 5000\,\text{km}$. Utiliza exclusivamente los datos aportados en el enunciado.

CUESTIÓN 3 - Campo electromagnético

La línea discontinua de la figura representa la trayectoria de una carga, q, entre las posiciones 1 y 2 dentro de un campo magnético uniforme $\vec{B}$. Escribe el nombre y la expresión de la fuerza que el campo ejerce sobre dicha carga. Determina razonadamente el signo de la carga. Explica cuál sería la forma de la trayectoria si por el punto 1 entrara un neutrón con velocidad $\vec{v}$.

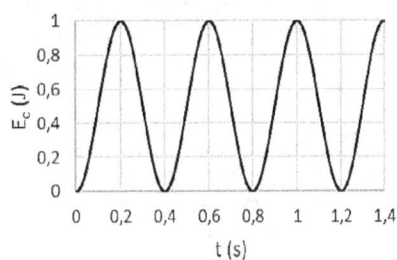

CUESTIÓN 4 - Campo electromagnético

Un hilo conductor rectilíneo de gran longitud, situado a lo largo del eje X, transporta una corriente de intensidad $I = 50$ A en sentido positivo. Determina las coordenadas de los puntos sobre el eje Y en los que el módulo del vector campo magnético generado sea $B = 10^{-5}$ T. Representa la corriente, las líneas de campo magnético y el vector campo magnético, $\vec{B}$, en dichos puntos. Escribe la expresión vectorial del campo magnético en dichos puntos.

Dato: permeabilidad magnética en el vacío, $\mu_0 = 4\pi \cdot 10^{-7}\,\text{T m/A}$

CUESTIÓN 5 - Vibraciones y ondas

En la gráfica adjunta se muestra la energía cinética en función del tiempo de una partícula con movimiento armónico simple. Deduce razonadamente el valor de la energía mecánica del cuerpo, su energía potencial en el instante $t = 0,4\,\text{s}$, el periodo del movimiento y la frecuencia angular.

CUESTIÓN 6 - Vibraciones y ondas

Un rayo de luz se propaga por una fibra de cuarzo rodeada de aire. Tras incidir sobre la superficie cuarzo-aire con un ángulo $\theta = 41,8^\circ$, se propaga paralelamente al eje de la fibra como indica la figura. Explica qué ocurre si el ángulo de incidencia es mayor que $41,8^\circ$ y nombra el fenómeno. Calcula el índice de refracción del cuarzo.

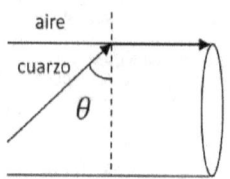

Dato: índice de refracción del aire, $n_a = 1,00$

CUESTIÓN 7- Física relativista, cuántica, nuclear y de partículas

Explica qué es la dualidad onda-corpúsculo y escribe la expresión de la longitud de onda de De Broglie. Calcula la longitud de onda de De Broglie de una espora del hongo *Pilobolus kleinii* que se mueve a una velocidad de 20 m/s, sabiendo que la masa de un millón de esporas es de $1,0$ g.

Dato: constante de Planck, $h = 6,6 \cdot 10^{-34}$ J s

CUESTIÓN 8- Física relativista, cuántica, nuclear y de partículas

Explica brevemente en qué consisten la radiación alfa y la radiación beta y cómo se modifica el núcleo atómico que las emite. Halla razonadamente el número atómico y el número másico del elemento final producido a partir del $^{222}_{86}\text{Rn}$, después de que emita una partícula α y a continuación el producto emita una partícula β^-.

PROBLEMAS (elige y contesta exclusivamente 2 problemas)

PROBLEMA 1- Campo electromagnético

Dos cargas puntuales, $q_1 = 4$ μC y $q_2 = -2$ μC, se encuentran ubicadas en las coordenadas $(0,0)$ m y $(1,0)$ m respectivamente.

a) Calcula razonadamente el vector campo eléctrico total en el punto $(1,1)$ m. Representa gráficamente en dicho punto los vectores campo eléctrico involucrados. (1 punto)

b) Razona por qué el campo total sobre puntos del eje X sólo se puede anular cuando $x > 1$ m. Calcula razonadamente el punto en que dicho campo se anula. (1 punto)

Datos: constante de Coulomb, $k = 9 \cdot 10^9$ N m^2 C^{-2}

PROBLEMA 2 - Vibraciones y ondas

Una ballena azul emite un sonido de frecuencia 25 Hz por agua de mar. Se considera que es una onda armónica y unidimensional que se propaga en el sentido positivo del eje X a una velocidad de 1500 m/s. En $t = 0$ s y $x = 0$ m la función de onda se encuentra en un máximo, de valor 32 μm. Determina:

a) La longitud de onda y la fase inicial. Escribe la función de onda en unidades del Sistema Internacional. Utiliza la función seno para resolver el problema. (1 punto)

b) El valor de la función de onda y la velocidad de vibración de una partícula del medio situada en $x = 300$ m para el instante $t = 1$ s. (1 punto)

PROBLEMA 3 - Vibraciones y ondas

En la figura se representa una lente delgada L, un objeto O y la posición de la imagen O' que se produce.

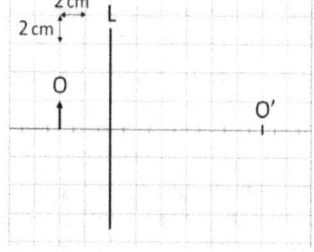

a) Calcula la potencia de la lente, la distancia focal y razona si la lente es convergente o divergente. (1 punto)

b) Realiza un trazado de rayos y razona las características de la imagen. Calcula numéricamente su tamaño. (1 punto)

PROBLEMA 4 - Física relativista, cuántica, nuclear y de partículas

Los muones son partículas elementales, con carga eléctrica negativa, que se forman en las partes altas de la atmósfera y se mueven a velocidades relativistas hacia la superficie de la Tierra. Un muon se forma a 9000 m de altura sobre la superficie de la Tierra y desciende verticalmente con una velocidad $v = 0,9978\,c$. Calcula razonadamente:

a) La energía en reposo y la energía total del muon en electronvoltios. (1 punto)

b) El intervalo de tiempo que tarda dicho muon en alcanzar la superficie, medido en un sistema de referencia ligado a la Tierra y medido en un sistema de referencia que viaje con el muon. (1 punto)

Datos: velocidad de la luz en el vacío, $c = 3 \cdot 10^8$ m/s; masa (en reposo) del muon, $m = 1,8 \cdot 10^{-28}$ kg; carga elemental, $q = 1,6 \cdot 10^{-19}$ C

CUESTIÓN 1

La velocidad de escape se define como la mínima velocidad que hay que comunicarle a un cuerpo para que éste alcance el infinito con velocidad nula. En términos energéticos tendremos que propor-cionar a ese cuerpo una energía cinética para que eso sea posible.

$\infty (E_{p_\infty} = 0 J)$

Como una vez comunicada esa energía cinética, la única fuerza que actúa sobre el cuerpo es la gravitatoria (que es conservativa) la energía mecánica del cuerpo se conserva. Así:

$$\Delta E_m = 0 \Rightarrow E_{m\,inicial} = E_{m\,final} \Rightarrow$$

$$\Rightarrow E_{p_0} + E_{c_0} = \cancel{E_{p_\infty}}^{0} + \cancel{E_{c_\infty}}^{0} \quad \left(\begin{array}{l} \text{porque por hipótesis suponemos} \\ \text{que llega al infinito con} \\ \text{velocidad nula} \end{array} \right)$$

$$\Rightarrow -G\frac{Mm}{R} + \frac{1}{2}m \cdot V_{esc}^2 = 0 \Rightarrow V_{esc} = \sqrt{2\frac{GM}{R}}$$

Y como puedes ver, dicha velocidad no depende de la masa "m" del cuerpo lanzado por lo que, duplicando la masa, no variará la velocidad de escape.

PÁGINA 1

CUESTIÓN 2

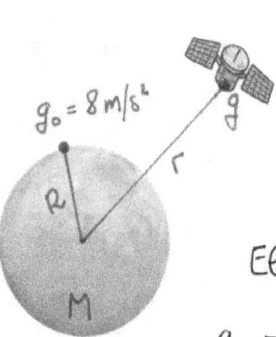

$g_0 = 8 m/s^2$ g

r

R

M

El satélite se encuentra a una distancia "r" del planeta dada por:

$$r = R + h = 5000 + 500 = 5500 km$$

El campo en la superficie:

$$g_0 = \frac{G \cdot M}{R^2} \implies G \cdot M = g_0 \cdot R^2$$

El campo a la altura a la que se encuentra el satélite:

$$g = \frac{G M}{r^2} = \frac{g_0 \cdot R^2}{r^2} \implies g = \frac{8 \cdot 5000^2}{5500^2} = 6'61 \, m/s^2$$

$$\uparrow$$
$$G M = g_0 \cdot R^2$$

Para saber a qué altura sería $g = \frac{1}{2} \cdot g_0 \implies$

$$\implies \frac{G \cdot M}{r^2} = \frac{1}{2} \cdot \frac{G M}{R^2} \implies r^2 = 2 R^2 \implies r = R \sqrt{2}$$

Pero como $r = R + h \implies R + h = R\sqrt{2} \implies h = R\sqrt{2} - R$

$$\implies h = R(\sqrt{2} - 1) = 5000(\sqrt{2} - 1) = 2071'07 \, km$$

CUESTIÓN 3

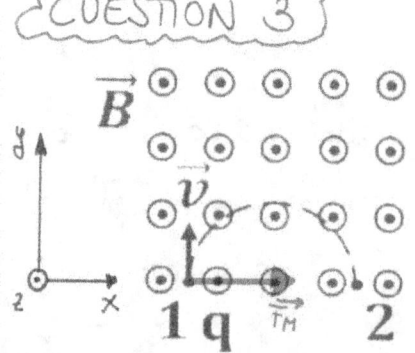

$\vec{B}$

y

$\vec{v}$

z x

$1 q$ $\vec{T_M}$ 2

Teniendo en cuenta el sistema de referencia y la trayectoria dada, podemos ver que:

$$\vec{B} = +B \vec{k}; \quad \vec{V} = +v \vec{j}; \quad \vec{F_M} = +F_M \vec{i}$$

La fuerza magnética sobre la carga q viene dada por: (Fuerza de Lorentz)

$$\vec{F_M} = q\,(\vec{V} \times \vec{B}) = q \cdot \begin{vmatrix} \vec{\imath} & \vec{\jmath} & \vec{k} \\ 0 & v & 0 \\ 0 & 0 & B \end{vmatrix} = q\,VB\,\vec{\imath} \quad (N)$$

Y como $\vec{F_M}$ es $\vec{F_M} = +F_M\,\vec{\imath}$ tiene que ser $q > 0$.

Si por el punto 1 hubiese entrado un neutrón ($q=0$) no hubiera experimentado fuerza magnética y hubiese seguido con su trayectoria rectilínea.

CUESTIÓN 4

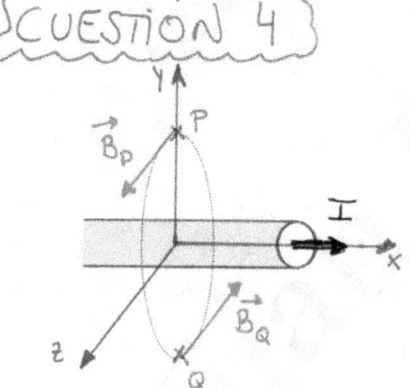

Con la regla de la mano derecha hemos representado el campo $\vec{B}$ en los puntos P y Q que se piden según:

$$\vec{B_P} = +B\,\vec{k} \quad y \quad \vec{B_Q} = -B\,\vec{k}$$

El módulo B de dichos campos, con la ley de Biot:

$$B = \frac{\mu\,I}{2\pi r} \implies r = \frac{\mu\,I}{2\pi B} = \frac{4\pi \cdot 10^{-7} \cdot 50}{2\pi \cdot 10^{-5}} = 1\,m$$

Y por tanto:

$$P\,(0,1,0)\,m \quad con \quad \vec{B_P} = 10^{-5}\,\vec{k}\ (T)$$

$$Q\,(0,-1,0)\,m \quad con \quad \vec{B_Q} = -10^{-5}\,\vec{k}\ (T)$$

PÁGINA 3

CUESTIÓN 5

La energía de una partícula con movimiento armónico simple permanece constante en el tiempo y se "reparte" en cinética y potencial en función de la elongación "x" según:

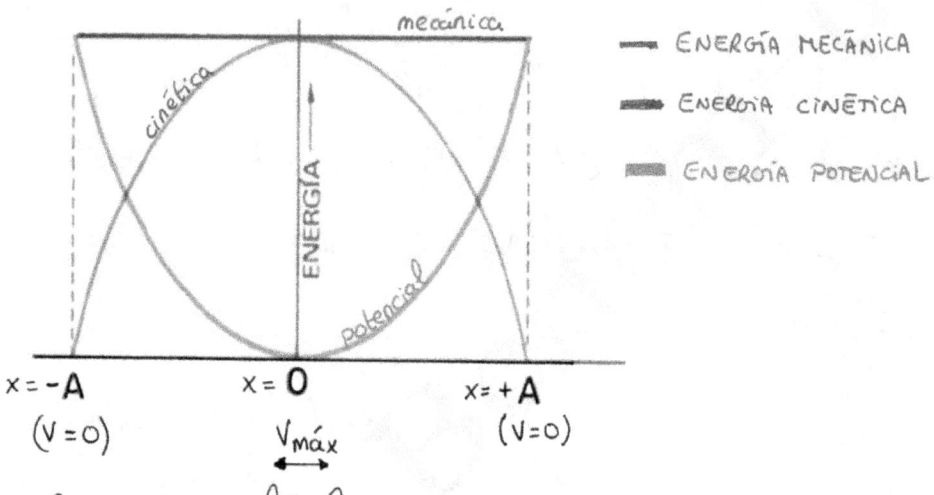

Como ves, es fácil razonar que:

- El valor de la energía cinética máxima es en realidad la energía mecánica, pues cuando sea máxima la velocidad la elongación es nula y por tanto no hay energía potencial.

- Cuando la elongación es máxima ($x = \pm A$), la velocidad es nula y por tanto, al no haber energía cinética, la energía potencial es la energía mecánica.

PÁGINA 4

- Partiendo de una posición sin energía cinética $(x = \pm A)$, ésta se anula cada media oscilación

Por todo ello, y de la gráfica proporcionada:

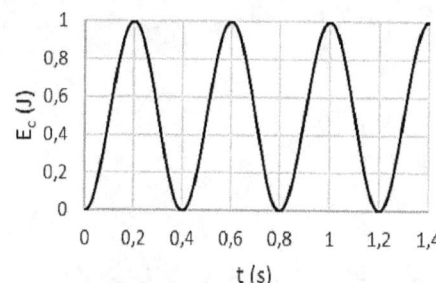

(1) Como la $E_{cmáx} = 1J$, la energía mecánica es:

$$E_m = E_{cmáx} = 1\ J$$

(2) Como en $t = 0'4s$ se tiene $E_c = 0\ J$, entonces:

$$E_m = \cancel{E_c}^{0} + E_p \implies E_p = E_m = 1\ J$$

(3) El cuerpo efectúa una oscilación completa en $t = 0'8s$
Por tanto:

$$T = 0'8\ s \implies \omega = \frac{2\pi}{T} = \frac{2\pi}{0'8} = \frac{5\pi}{2}\ s^{-1}$$

CUESTIÓN 6

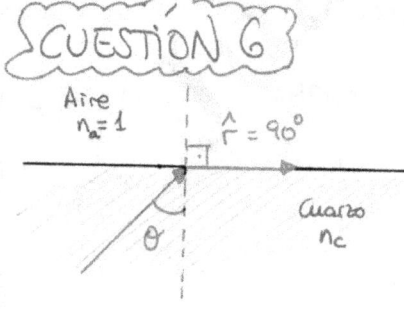

Aplicando Snell el cambio de medio cuarzo – aire:

$$n_c \cdot \text{sen}\ \theta = n_a \cdot \text{sen}\ \hat{r}$$

$$n_c \cdot \text{sen}\ (41'8°) = 1 \cdot \cancel{\text{sen}\ (90°)}^{1}$$

$$n_c = \frac{1}{\text{sen}\ (41'8°)} = 1'5$$

PÁGINA 5

Dado que al ángulo de incidencia θ proporcionado le corresponde una refracción de 90°, sabemos que θ es el ÁNGULO LÍMITE y que para cualquier ángulo de incidencia $\hat{i} > \theta$ se producirá el fenómeno de REFLEXIÓN TOTAL

CUESTIÓN 7

La dualidad onda-corpúsculo es un concepto fundamental de la mecánica cuántica que permite explicar porqué en determinadas circunstancias partículas con momento lineal p se comportan como una onda de longitud λ (como por ejemplo los electrones que atraviesan la ya famosa doble rendija)

La relación entre dichas magnitudes se la debemos a De Broglie, aunque en realidad no es más que una generalización de la expresión del momento de un fotón que permitió a Einstein explicar el efecto fotoeléctrico.

Fotoeléctrico $\longrightarrow$ $E_{fotón} = h \cdot \dfrac{c}{\lambda}$

Relatividad $\longrightarrow$ $E_{fotón}^2 = p^2 \cdot c^2 + \cancel{m_0^2 \cdot c^4}^{\,0}$ (El fotón no tiene masa) $\longrightarrow$ $E_{fotón} = p \cdot c$

PÁGINA 6

De donde vemos que:

$$h \cdot \frac{c}{\lambda} = p \cdot c \implies \boxed{\lambda = \frac{h}{P}}$$

LONGITUD DE ONDA ASOCIADA A UNA PARTÍCULA CON MOMENTO P.

Por tanto:

$$1 \text{ espora} \times \frac{1 g}{10^6 \text{ esporas}} \times \frac{1 kg}{1000 g} = 1 \cdot 10^{-9} kg$$

$$\lambda = \frac{h}{P} = \frac{h}{m \cdot v} = \frac{6'6 \cdot 10^{-34}}{10^{-9} \cdot 20} = 3'3 \cdot 10^{-26} m$$

CUESTIÓN 8

La radiación alfa se da en núcleos masivos y consiste en la emisión de un núcleo de $^4_2 He$

$$^A_Z X \longrightarrow ^{A-4}_{Z-2} Y + ^4_2 He$$

↑ Partícula α

La radiación beta se da en núcleos inestables con exceso de neutrones y la fuerza nuclear débil posibilita que los neutrones se "transformen" en protones emitiendo un electrón según:

$$^A_Z X \longrightarrow ^A_{Z+1} Y + ^0_{-1} e + \overline{\nu}_e$$

↑ Partícula β⁻ (electrón)

PÁGINA 7

Por tanto:

$$^{222}_{86}Rn \xrightarrow{\alpha} {}^{A}_{Z}X + {}^{4}_{2}He \implies \left.\begin{array}{l}222 = A + 4 \\ 86 = Z + 2\end{array}\right\} \quad {}^{218}_{84}X$$

$$^{218}_{84}X \xrightarrow{\beta^{-}} {}^{A}_{Z}Y + {}^{0}_{-1}e \implies \left.\begin{array}{l}218 = A + 0 \\ 84 = Z - 1\end{array}\right\} \quad {}^{218}_{85}Y$$

PROBLEMA 1

a)

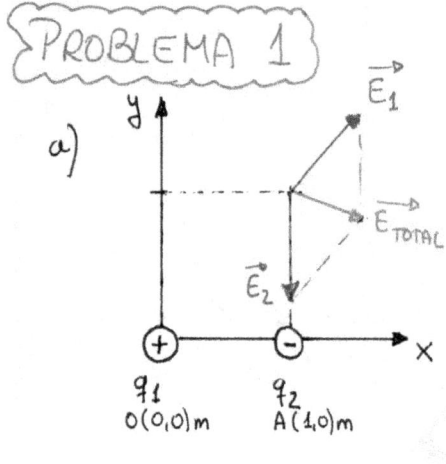

Campo $\vec{E_1}$:

$$\vec{OB} = (1,1) - (0,0) = (1,1)$$

$$r_1 = |\vec{OB}| = \sqrt{1^2 + 1^2} = \sqrt{2}\ m$$

$$\vec{u_{r_1}} = \frac{1}{|\vec{OB}|} \cdot \vec{OB} = \left(\frac{1}{\sqrt{2}}, \frac{1}{\sqrt{2}}\right)$$

$$\vec{E_1} = K \cdot \frac{q_1}{r_1^2} \cdot \vec{u_{r_1}} = 9 \cdot 10^9 \cdot \frac{4 \cdot 10^{-6}}{2} \left(\frac{1}{\sqrt{2}}, \frac{1}{\sqrt{2}}\right)$$

$$\vec{E_1} = \left(9000\sqrt{2},\ 9000\sqrt{2}\right)\ N/C$$

Campo $\vec{E_2}$:

$$\vec{AB} = (1,1) - (1,0) = (0,1)$$

$$r_2 = |\vec{AB}| = \sqrt{1^2} = 1\ m$$

$$\vec{u_{r_2}} = \frac{1}{|\vec{AB}|} \cdot \vec{AB} = (0,1)$$

$$\vec{E_2} = K \cdot \frac{q_2}{r_2^2} \cdot \vec{u_{r_2}} = 9 \cdot 10^9 \cdot \frac{(-2 \cdot 10^{-6})}{1^2} \cdot (0,1) = (0, -18000)\ N/C$$

Por el principio de superposición:

$$\vec{E_{TOTAL}} = \vec{E_1} + \vec{E_2} = \left(12729'92,\ -5272'08\right)\ N/C$$

b)

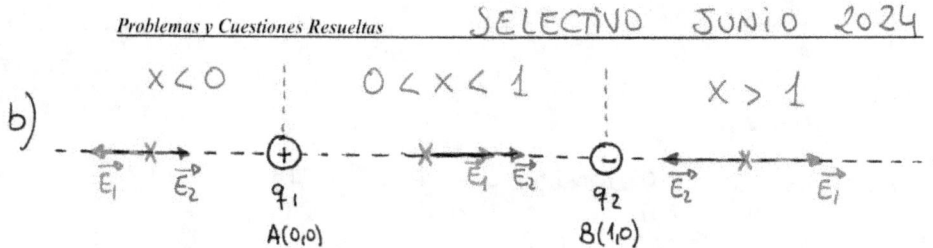

Si $x < 0$: El campo $\vec{E_1}$ siempre tendrá un módulo mayor al campo $\vec{E_2}$ ya que $|q_1| > |q_2|$ y $r_1 < r_2$

Si $0 < x < 1$: Los campos no se pueden anular pues ambos tienen el mismo sentido

Si $x > 1$: Aquí sí que podrá suceder que ambos campos tengan el mismo módulo pues aunque $|q_2| < |q_1|$, "a cambio" está más cerca.

Por tanto, si $\vec{E_{TOTAL}} = \vec{0}$ $\Rightarrow$ $E_1 = E_2$ $\Rightarrow$

$$\Rightarrow K \cdot \frac{|q_1|}{(1+x)^2} = K \cdot \frac{|q_2|}{x^2} \Rightarrow \frac{|q_1|}{|q_2|} = \frac{(1+x)^2}{x^2} \Rightarrow$$

$$\Rightarrow \sqrt{\frac{|q_1|}{|q_2|}} = \frac{1+x}{x} \Rightarrow \sqrt{2} = \frac{1+x}{x} \Rightarrow x\sqrt{2} = 1+x$$

$$\Rightarrow x\sqrt{2} - x = 1 \Rightarrow x(\sqrt{2}-1) = 1 \Rightarrow x = \frac{1}{\sqrt{2}-1} = 1+\sqrt{2} \text{ m}$$

$\Rightarrow$ El campo se anula en el punto $P(2+\sqrt{2}, 0)$ m

PÁGINA 9

PROBLEMA 2

Se nos da la frecuencia $\longrightarrow$ $f = 25\ Hz$

Se nos da la velocidad de propagación $\longrightarrow$ $V_p = 1500\ m/s$

Se nos da la amplitud $\longrightarrow$ $A = 32\ \mu m = 32 \cdot 10^{-6}\ m$

Por tanto:

$$V_p = \lambda \cdot f \longrightarrow \lambda = \frac{V_p}{f} = \frac{1500}{25} = 60\ m$$

La ecuación de la onda:

$$y(x,t) = A \cdot sen\left(2\pi f \cdot t - \frac{2\pi}{\lambda} \cdot x + \varphi_0\right)$$

$$y(x,t) = 32 \cdot 10^{-6} sen\left(50\pi t - \frac{\pi}{30} x + \varphi_0\right)$$

Como nos dicen $y(0,0) = 32 \cdot 10^{-6}\ m \implies$

$$\implies 32 \cdot 10^{-6} = 32 \cdot 10^{-6} \cdot sen\left(50\pi \cdot 0 - \frac{\pi}{30} \cdot 0 + \varphi_0\right)$$

$$\implies 1 = sen(\varphi_0) \implies \varphi_0 = \frac{\pi}{2}\ rad$$

Y la ecuación pedida:

$$y(x,t) = 32 \cdot 10^{-6} sen\left(50\pi t - \frac{\pi}{30} x + \frac{\pi}{2}\right)\ m \quad \left(\begin{array}{c} x\ en\ m \\ t\ en\ s \end{array}\right)$$

b) $y(300,1) = 32 \cdot 10^{-6} sen\left(50\pi \cdot 1 - \frac{\pi}{30} \cdot 300 + \frac{\pi}{2}\right) = 32 \cdot 10^{-6}\ m$

Y por tanto, como en ese instante $(t=1\ s)$ ese punto $(x = 300\ m)$

tiene elongación máxima, tendrá velocidad nula

$$\implies V(300, 1) = 0\ m/s$$

PÁGINA 10

PROBLEMA 3

2 cm

2 cm

L

O

O'

De la figura proporcionada podemos leer los valores:

$$y = 2 cm$$
$$s = -4 cm \; ; \; s' = 12 cm$$

De la ecuación de las lentes delgadas:

$$\frac{1}{s'} - \frac{1}{s} = \frac{1}{f'} \rightarrow \frac{1}{12} - \frac{1}{-4} = \frac{1}{f'} \rightarrow \frac{1}{3} = \frac{1}{f'} \Rightarrow$$

$$\Rightarrow f' = 3 cm \Rightarrow Como \; f' > 0 \Rightarrow Lente \; Convergente$$

La potencia $\Rightarrow P = \dfrac{1}{f'} = \dfrac{1}{3 \cdot 10^{-2}} = 33'33 \; D$

b) El tamaño pedido:

$$\frac{s'}{s} = \frac{y'}{y} \Rightarrow y' = \frac{s'}{s} \cdot y = \frac{12}{-4} \cdot 2 = -6 \; cm$$

Por tanto

$s' > 0 \Rightarrow$ Imagen real.

$y' < 0 \Rightarrow$ Imagen invertida.

$|y'| > |y| \Rightarrow$ Imagen mayor.

El trazado:

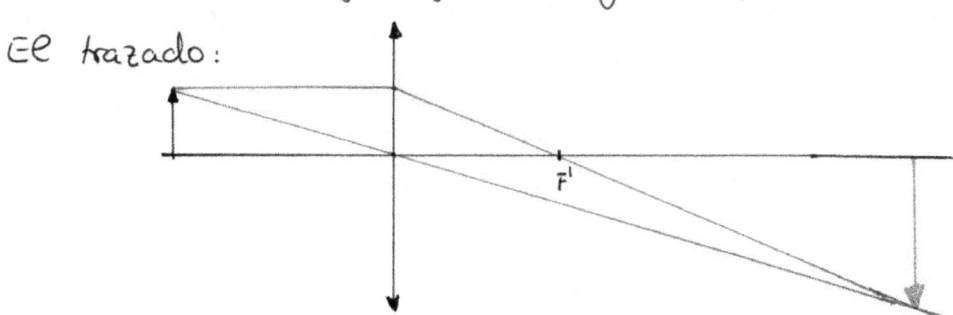

PROBLEMA 4

a) La energía en reposo:

$$E_0 = m_0 \cdot c^2 = 1'8 \cdot 10^{-28} \cdot (3 \cdot 10^8)^2 = 1'62 \cdot 10^{-11} J$$

$$\Rightarrow 1'62 \cdot 10^{-11} J \times \frac{1\,eV}{1'6 \cdot 10^{-19} J} = 1'0125 \cdot 10^8 \, eV$$

El factor de Lorentz:

$$\gamma = \frac{1}{\sqrt{1 - v^2/c^2}} = \frac{1}{\sqrt{1 - 0'9978^2}} = 15'084$$

Y por tanto, la energía total:

$$E = \gamma \cdot E_0 = 15'084 \cdot 1'0125 \cdot 10^8 = 1'5273 \cdot 10^9 \, eV$$

b) Como $e = v \cdot t$, en un sistema de referencia ligado a la Tierra, el muón tardará:

$$t = \frac{e}{v} = \frac{9000}{0'9978 \cdot 3 \cdot 10^8} = 3'01 \cdot 10^{-5} \, s$$

Y en un sistema ligado al propio muón:

$$\Delta t = \gamma \cdot \Delta t_p \Rightarrow \Delta t_p = \frac{\Delta t}{\gamma} = \frac{3'01 \cdot 10^{-5}}{15'084} = 1'99 \cdot 10^{-6} \, s$$

GENERALITAT
VALENCIANA
Conselleria d'Educació,
Universitats i Ocupació

COMISSIÓ GESTORA DE LES PROVES D'ACCÉS A LA UNIVERSITAT

COMISIÓN GESTORA DE LAS PRUEBAS DE ACCESO A LA UNIVERSIDAD

SISTEMA UNIVERSITARI VALENCIÀ
SISTEMA UNIVERSITARIO VALENCIANO

PROVES D'ACCÉS A LA UNIVERSITAT	PRUEBAS DE ACCESO A LA UNIVERSIDAD
CONVOCATÒRIA: JULIOL 2024	CONVOCATORIA: JULIO 2024
Assignatura: FÍSICA	Asignatura: FÍSICA

BAREMO DEL EXAMEN: La puntuación máxima de cada problema es de 2 puntos y la de cada cuestión de 1,5 puntos. Se permite el uso de calculadoras siempre que no sean gráficas o programables y que no puedan realizar cálculo simbólico ni almacenar datos o fórmulas en memoria. Los resultados deberán estar siempre debidamente justificados. Realiza primero el cálculo simbólico y después obtén el resultado numérico.
TACHA CLARAMENTE todo aquello que no deba ser evaluado

CUESTIONES (elige y contesta exclusivamente 4 cuestiones)

CUESTIÓN 1 - Campo gravitatorio

La tercera ley de Kepler establece la relación entre el radio orbital r de un planeta y su periodo T. Si la órbita alrededor del Sol se considera circular, esta relación viene dada por $T^2 = C\,r^3$, donde C es una constante. Deduce razonadamente esta relación, explicando en qué principio o ley física te basas y escribe la expresión de C en función de otras magnitudes ¿Depende el periodo de la masa del planeta? Justifica la respuesta.

CUESTIÓN 2 - Campo electromagnético

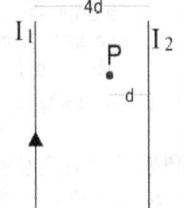

Dos corrientes eléctricas paralelas y de gran longitud están separadas entre sí una distancia $4d$. La corriente $I_1 = 6$ A está dirigida hacia arriba, como aparece en la figura. Determina el valor y sentido de la corriente I_2, para que el campo magnético resultante en el punto P sea nulo. ¿Qué fuerza actuará sobre una carga eléctrica negativa que, pasando por P, se mueva en la misma dirección que las corrientes eléctricas? Razona todas las respuestas.

CUESTIÓN 3 - Campo electromagnético

Dos partículas idénticas de carga $q = 1$ μC y masa $m = 1$ g, se encuentran inicialmente en reposo y separadas por una distancia $d = 1$ m. Calcula la energía mecánica de una de las partículas. Supongamos que una de las partículas permanece fija mientras que la otra se deja libre, ¿cuál es su energía mecánica cuando se encuentra a una distancia de la otra partícula que es diez veces la inicial? Justifica la respuesta. Calcula su velocidad en dicho punto. Nota: considera sólo la interacción electrostática.

Dato: constante de Coulomb, $k = 9 \cdot 10^9$ N m^2/C^2

CUESTIÓN 4 - Campo electromagnético

Una espira circular de radio 30 cm, contenida en el plano XY, se encuentra en una zona con un campo magnético uniforme $\vec{B} = 5\,\vec{k}$ T. Durante $0,1$ s el campo magnético aumenta de forma constante hasta valer $10\,\vec{k}$ T, ¿cuánto valdrá la fuerza electromotriz inducida durante el proceso? Indica cuál será el sentido de la corriente inducida en la espira mediante una figura. Justifica las respuestas indicando la ley física en que te basas.

CUESTIÓN 5 - Vibraciones y ondas

Un objeto de 10 cm de altura está situado a 1 m del vértice de un espejo esférico convexo de 1 m de distancia focal. Calcula la posición y el tamaño de la imagen que se forma. Indica las características de la imagen con la ayuda de un esquema de rayos.

CUESTIÓN 6 - Vibraciones y ondas

Un rayo de luz monocromática pasa de un medio 1 de índice de refracción n_1 a otro medio 2 con índice de refracción n_2. Si se cumple que $n_1 > n_2$, indica y razona cómo cambia la velocidad, v, la frecuencia, f, y la longitud de onda, λ, del rayo al pasar del medio 1 al medio 2.

CUESTIÓN 7- Física relativista, cuántica, nuclear y de partículas

Supongamos que se realiza la fusión nuclear de un núcleo de deuterio con un núcleo de tritio, $_1^2H + _1^3H \rightarrow _{2b}^aX + _0^bY$. Determina a y b e indica razonadamente qué partículas son X e Y. En cada reacción se generan $17,6$ MeV de energía. Utilizando la anterior reacción de fusión, ¿cuántos gramos de deuterio se necesitarían para generar la energía eléctrica consumida en un año por los hogares en una ciudad como Alicante?

Datos: masa del deuterio: $m_D = 3,34 \cdot 10^{-27}$ kg; carga elemental, $q = 1,60 \cdot 10^{-19}$ C; energía eléctrica consumida en un año por los hogares de la ciudad de Alicante, $1,62 \cdot 10^{15}$ J (Fuente: *Datos energéticos de la provincia de Alicante 2010-19*, Agencia Provincial de la Energía de Alicante)

CUESTIÓN 8 - Física relativista, cuántica, nuclear y de partículas

Un láser de fluoruro de kriptón, que se utiliza en experimentos de fusión por confinamiento inercial, puede emitir un haz de luz de longitud de onda 248 nm, con una energía de $1,1 \cdot 10^3$ J en un tiempo de 1 ns. Obtén razonadamente, la energía de un fotón, la potencia del láser (en MW) y el número de fotones que emite este láser en dicho intervalo de tiempo.

Dato: velocidad de la luz en el vacío, $c = 3 \cdot 10^8$ m/s; constante de Planck, $h = 6,63 \cdot 10^{-34}$ J s

PROBLEMAS (elige y contesta exclusivamente 2 problemas)

PROBLEMA 1 - Campo gravitatorio

Un satélite de masa m se mueve con velocidad $v = 5 \cdot 10^5$ m/s en una órbita circular de radio $r = 4 \cdot 10^8$ m alrededor de un planeta de masa M. La energía cinética del satélite es $E_c = 2 \cdot 10^{18}$ J. Calcula:

a) Las masas M del planeta y m del satélite. (1 punto)

b) La energía potencial y la energía mecánica del satélite en su órbita. Calcula también la energía mínima que será necesario aportar para que se aleje indefinidamente del planeta desde la órbita en que se encuentra. (1 punto)

Dato: constante de gravitación universal, $G = 6,67 \cdot 10^{-11}\ \dfrac{\text{N m}^2}{\text{kg}^2}$

PROBLEMA 2- Campo electromagnético

Dada la distribución de cargas de la figura, calcula:

a) El valor de la carga q para que el campo eléctrico sea nulo en el punto $(0,1)$ m. (1 punto)

b) El trabajo necesario para llevar una carga de $5\ \mu C$ desde el infinito (donde tiene energía cinética nula) hasta el punto $(0,1)$ m. (1 punto)

Datos: constante de Coulomb, $k = 9 \cdot 10^9$ N m² C⁻²

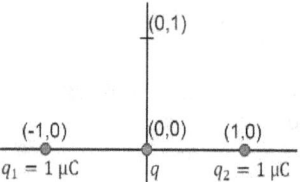

PROBLEMA 3 - Vibraciones y ondas

El agua contenida en un depósito está separada del aire por una placa plana horizontal de vidrio, de espesor $e = 10$ cm, estando su cara inferior en contacto con el agua. Un rayo de luz monocromática de frecuencia $f = 3 \cdot 10^{14}$ Hz, procedente de una lámpara situada en el interior del depósito, incide sobre el vidrio con un ángulo $\theta = 45°$ respecto de la normal a la superficie de la placa. Calcula razonadamente:

a) El ángulo de refracción entre el agua y el vidrio y el ángulo de refracción entre el vidrio y el aire. Representa los rayos en los tres medios. (1 punto)

b) El ángulo de incidencia máximo de entrada del rayo desde el agua a la placa de vidrio, θ_m, para que salga de ésta al aire, así como el tiempo que tarda el rayo en propagarse a través del vidrio cuando incide con este ángulo θ_m. Calcula también la longitud de onda del rayo en el interior de la placa de vidrio. (1 punto)

Datos: $n_{agua} = 1,33$; $n_{vidrio} = 1,62$; $n_{aire} = 1,00$; velocidad de la luz en el aire, $c = 3 \cdot 10^8$ m/s

PROBLEMA 4 - Física relativista, cuántica, nuclear y de partículas

La frecuencia umbral del cátodo de una célula fotoeléctrica es de $f_0 = 5 \cdot 10^{14}$ Hz. Dicho cátodo se ilumina con luz de frecuencia $f = 1,5 \cdot 10^{15}$ Hz. Calcula:

a) La velocidad máxima de los fotoelectrones emitidos desde el cátodo. (1 punto)

b) La diferencia de potencial que hay que aplicar para anular la corriente eléctrica producida en la fotocélula. (1 punto)

Datos: Constante de Planck, $h = 6,63 \cdot 10^{-34}$ J s; masa del electrón, $m_e = 9,1 \cdot 10^{-31}$ kg; velocidad de la luz en el vacío, $c = 3 \cdot 10^8$ m/s; carga elemental, $q = 1,6 \cdot 10^{-19}$ C

CUESTION 1

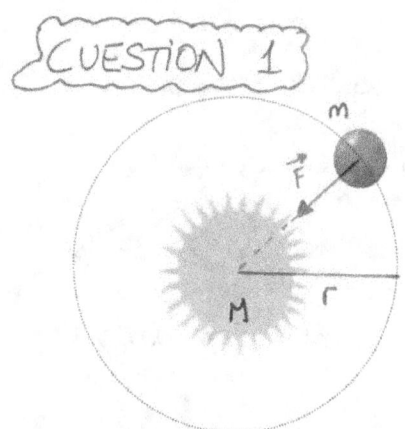

En su órbita circular alrededor del Sol, la única fuerza que actúa sobre el planeta de masa "m" es la fuerza gravitatoria. Aplicando la 2ª Ley de Newton al planeta:

$$F = m \cdot a \implies G \cdot \frac{M \cdot m}{r^2} = m \cdot \frac{v^2}{r} \underset{v = w \cdot r}{\implies} G \frac{M}{r} = w^2 \cdot r^2$$

$$\underset{w = \frac{2\pi}{T}}{\implies} G \frac{M}{r} = \frac{4\pi^2}{T^2} \cdot r^2 \implies T^2 G M = 4\pi^2 \cdot r^3 \implies$$

$$\implies T^2 = \frac{4\pi^2}{G \cdot M} \cdot r^3 \implies \boxed{T^2 = G \cdot r^3} \quad con \quad G = \frac{4\pi^2}{GM}$$

constante!!

Y como puedes ver, el periodo no depende de la masa "m" del planeta.

CUESTION 2

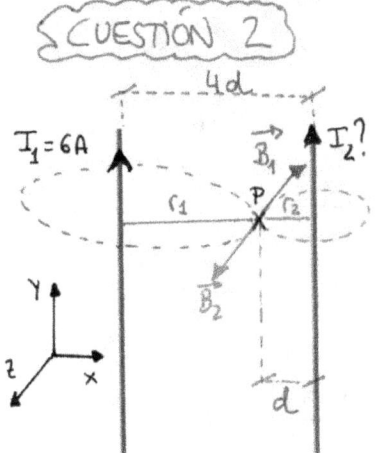

Con la regla de la mano derecha, hemos determinado la dirección y sentido de $\vec{B_1}$ según:

$$\vec{B_1} = - B_1 \cdot \vec{k}$$

Para que $\vec{B_{TOTAL}}$ sea $\vec{B_{TOTAL}} = \vec{0}$ se tendrá que verificar:

PÁGINA 1

(1) Que sea $\vec{B_2} = + B_2 \vec{k}$ Para que eso sea posible, y de nuevo con la regla de la mano derecha, hemos determinado que el sentido de I_2 debe ser el representado

(2) Que los vectores $\vec{B_1}$ y $\vec{B_2}$ tengan el mismo módulo, y con la ley de Biot:

$$B_1 = B_2 \implies \frac{\mu I_1}{2\pi r_1} = \frac{\mu I_2}{2\pi r_2} \implies \frac{I_1}{3d} = \frac{I_2}{d} \implies I_2 = \frac{I_1}{3} = 2A$$

Como en el punto P el campo magnético resultante es nulo, no actuará ninguna fuerza magnética sobre la carga:

$$\vec{F_M} = q\,(\vec{V} \times \vec{B}) = \vec{0}$$
$$\underset{B_{TOTAL} = \vec{0}}{}$$

$\boxed{\text{CUESTIÓN 3}}$

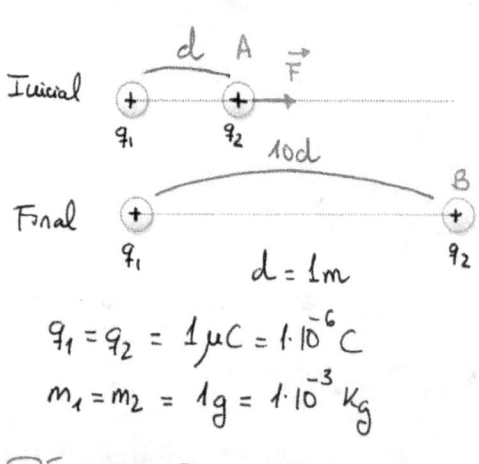

Inicial
q_1 q_2 $\overset{d}{} \overset{A}{} \vec{F}$
10d

Final
q_1 $d = 1m$ q_2 B

$q_1 = q_2 = 1\mu C = 1\cdot 10^{-6} C$

$m_1 = m_2 = 1g = 1\cdot 10^{-3} kg$

La partícula 2, cuando se encuentra en A, tiene una energía mecánica dada por:

$$E_{M_A} = E_{C_A}^{\ 0} + E_{P_A} = K\cdot\frac{q_1\cdot q_2}{d} =$$

$$= 9\cdot 10^9 \cdot \frac{1\cdot 10^{-6}\cdot 1\cdot 10^{-6}}{1} = 9\cdot 10^{-3}\,J$$

PÁGINA 2

En su desplazamiento desde A hasta B, la única fuerza que actúa sobre la partícula 2 es la fuerza eléctrica.

Como la fuerza es conservativa, la energía mecánica en la posición final B es la misma que en la posición inicial A.

$$E_{M_B} = E_{M_A} = 9 \cdot 10^{-3} \, J$$

Para la velocidad pedida, y utilizando precisamente que la energía se conserva:

$$E_{M_B} = E_{M_A} \implies E_{C_B} + E_{P_B} = E_{M_A} \implies E_{C_B} = E_{M_A} - E_{P_B}$$

$$\implies \frac{1}{2} m \cdot V_B^2 = E_{M_A} - K \cdot \frac{q_1 \cdot q_2}{10d} \implies V_B = \sqrt{\frac{2 \cdot \left(E_{M_A} - K\frac{q_1 q_2}{10d} \right)}{m}}$$

$$\implies V_B = \sqrt{2 \cdot \left(\frac{9 \cdot 10^{-3} - \frac{9 \cdot 10^9 \cdot 1 \cdot 10^{-6} \cdot 1 \cdot 10^{-6}}{10}}{1 \cdot 10^{-3}} \right)} = 4'02 \, m/s$$

CUESTIÓN 4

$\vec{B_0} = 5\vec{K} \, T$

$\vec{B} = 10\vec{K} \, T$

Inicial
($t_0 = 0s$)

Final
($t = 0'1s$)

El flujo magnético a través de la espira viene dado por:

$$\phi = \vec{B} \cdot \vec{S} = B \cdot S \cdot \cos(\alpha)$$

Por tanto:

$$\phi_0 = B_0 \cdot S \cdot \cos(\alpha) = 5 \cdot \pi \cdot 0'3^2 \cdot \cos(0°) = 1'41 \, T \cdot m^2$$

$$\phi = B \cdot S \cdot \cos(\alpha) = 10 \cdot \pi \cdot 0'3^2 \cdot \cos(0°) = 2'83 \, T \cdot m^2$$

PÁGINA 3

Según la LEY DE FARADAY - HENRY sobre la espira se inducirá una corriente caracterizada por una fuerza electromotriz (ε) que será igual a la velocidad con la que el flujo magnético ha variado.

Por otro lado, la LEY DE LENZ nos dice que el sentido de la corriente inducida debe ser aquel cuyos efectos se opongan a la variación de flujo que la ha provocado. Por todo ello, y razonando con la regla de la mano derecha:

HORARIO

$$\varepsilon = - \frac{\Delta \Phi}{\Delta t} = - \frac{(2'83 - 1'41)}{0'1} = - 14'2 \text{ V}$$

CUESTIÓN 5

Con la ecuación de los espejos:

$$\frac{1}{s'} + \frac{1}{s} = \frac{1}{f}$$

$$\frac{1}{s'} + \frac{1}{-1} = \frac{1}{1} \rightarrow s' = 0'5 \, m$$

Y para el tamaño de la imagen:

$$A_L = \frac{y'}{y} = \frac{-s'}{s} \rightarrow y' = y \cdot \left(\frac{-s'}{s} \right) = 5 \, cm$$

Se trata de una imagen MENOR ($y' < y$), DERECHA ($A_L > 0$) y VIRTUAL ($s' > 0$)

PÁGINA 4

CUESTIÓN 6

El índice de refracción n_i de un medio "i" es el cociente de la velocidad de propagación de la luz en el vacío y la velocidad de propagación de la luz en el medio "i" considerado.

$$n_i = \frac{c}{V_i} \implies n_1 > n_2 \implies \frac{c}{V_1} > \frac{c}{V_2} \implies \boxed{V_2 > V_1}$$

La frecuencia de la onda es una característica que solamente depende del foco emisor y por tanto no variará cuando la onda cambie de medio $\implies \boxed{f_1 = f_2}$

Por último, y dado que la velocidad de propagación viene dada por $V = \lambda \cdot f$, tendremos:

$$V_2 > V_1 \implies \lambda_2 \cdot \cancel{f_2} > \lambda_1 \cdot \cancel{f_1} \implies \boxed{\lambda_2 > \lambda_1}$$

CUESTIÓN 7

$$_1^2H + {}_1^3H \longrightarrow {}_{2b}^{a}X + {}_0^{b}Y + \rightsquigarrow \qquad E = 17'6 \, MeV$$

De la reacción dada, y teniendo en cuenta que número atómico y número másico se deben conservar:

$$\left.\begin{array}{l} 1 + 1 = 2b + 0 \\ 2 + 3 = a + b \end{array}\right\} \longrightarrow \begin{array}{l} b = 1 \\ a = 4 \end{array} \implies {}_2^4X \quad e \quad {}_0^1Y$$

Por tanto las partículas son:

$^4_2 X \longrightarrow$ Partícula $\alpha \implies {}^4_2 He$

$^1_0 Y \longrightarrow$ Neutrón $\implies {}^1_0 n$

Los gramos de deuterio para producir la energía pedida:

$1'62 \cdot 10^{15} J \times \dfrac{1 eV}{1'6 \cdot 10^{-19} J} \times \dfrac{1 MeV}{10^6 eV} \times \dfrac{1 \text{ núcleo } {}^2_1 H}{17'6 MeV} \times \dfrac{3'34 \cdot 10^{-27} Kg}{1 \text{ núcleo } {}^2_1 H} \times$

$\times \dfrac{1000 g}{1 Kg} = 1921'45 \ g$ de $^2_1 H$

CUESTIÓN 8

La energía de cada uno de los fotones emitidos por el láser:

$E = h \cdot f = h \cdot \dfrac{c}{\lambda} = 6'63 \cdot 10^{-34} \dfrac{3 \cdot 10^8}{248 \cdot 10^{-9}} = 8'02 \cdot 10^{-19} J$

Por tanto, el número de fotones pedido:

$1'1 \cdot 10^3 J \times \dfrac{1 \text{ fotón}}{8'02 \cdot 10^{-19} J} = 1'37 \cdot 10^{21}$ fotones

La potencia del láser será entonces:

$P = \dfrac{E}{t} = \dfrac{1'1 \cdot 10^3}{1 \cdot 10^{-9}} = 1'1 \cdot 10^{12} W \times \dfrac{1 MW}{10^6 W} = 1'1 \cdot 10^6 MW$

PÁGINA 6

PROBLEMA 1

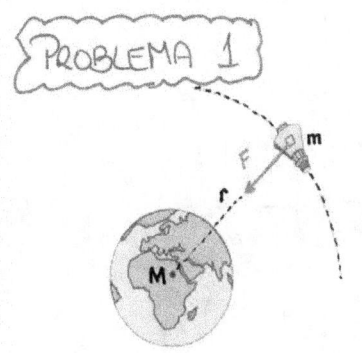

a) En su órbita circular, la única fuerza sobre el satélite es la gravitatoria y aplicando la 2ª Ley de Newton:

$$F = m \cdot a \Rightarrow G \frac{M m}{r^2} = m \cdot \frac{v^2}{r} \Rightarrow$$

$$\Rightarrow M = \frac{r \cdot v^2}{G} = \frac{4 \cdot 10^8 \cdot (5 \cdot 10^5)^2}{6'67 \cdot 10^{-11}} = 1'5 \cdot 10^{30} \, Kg$$

Para la masa "m" del satélite, y conocida la energía cinética de éste:

$$E_c = \frac{1}{2} m \cdot v^2 \longrightarrow m = \frac{2 \cdot E_c}{v^2} = \frac{2 \cdot 2 \cdot 10^{18}}{(5 \cdot 10^5)^2} = 1'6 \cdot 10^7 \, Kg$$

b) La energía potencial será:

$$E_p = -\frac{G M m}{r} = -v^2 \cdot m = -(5 \cdot 10^5)^2 \cdot 1'6 \cdot 10^7 = -4 \cdot 10^{18} \, J$$

$$\uparrow v^2$$

Y por tanto, la energía mecánica:

$$E_M = E_p + E_c = -4 \cdot 10^{18} + 2 \cdot 10^{18} = -2 \cdot 10^{18} \, J$$

Si queremos que el satélite abandone el campo tenemos que conseguir que su energía asociada al campo sea ninguna. ($E_{p\infty} = 0 \, J !!$) Por tanto:

$$W_{Fnc} = \Delta E_m = E_{m\infty}^{0 s} - E_{m_0} = +2 \cdot 10^{18} \, J$$

PÁGINA 7

PROBLEMA 2

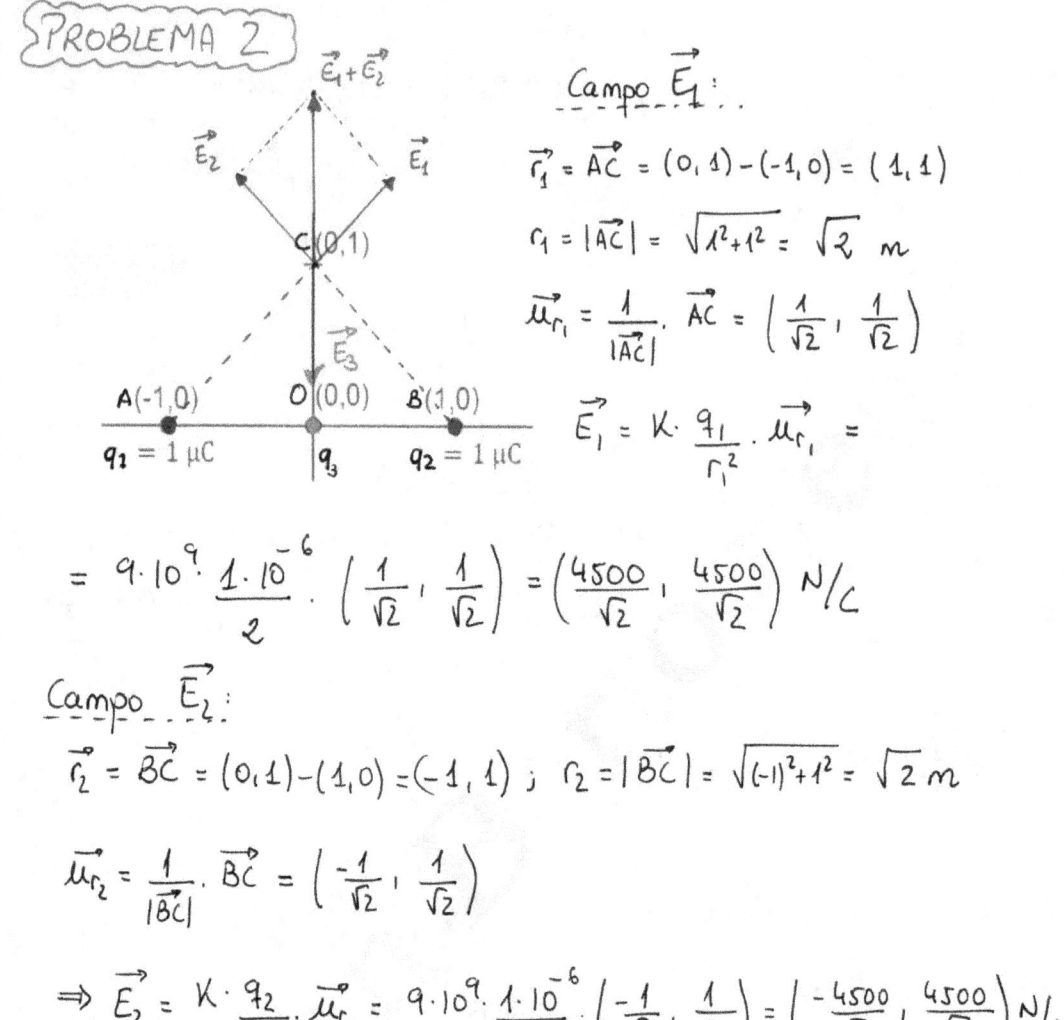

Campo $\vec{E_1}$:

$$\vec{r_1} = \vec{AC} = (0,1) - (-1,0) = (1,1)$$

$$r_1 = |\vec{AC}| = \sqrt{1^2 + 1^2} = \sqrt{2} \ m$$

$$\vec{u_{r_1}} = \frac{1}{|\vec{AC}|} \cdot \vec{AC} = \left(\frac{1}{\sqrt{2}}, \frac{1}{\sqrt{2}} \right)$$

$$\vec{E_1} = K \cdot \frac{q_1}{r_1^2} \cdot \vec{u_{r_1}} =$$

$$= 9 \cdot 10^9 \frac{1 \cdot 10^{-6}}{2} \cdot \left(\frac{1}{\sqrt{2}}, \frac{1}{\sqrt{2}} \right) = \left(\frac{4500}{\sqrt{2}}, \frac{4500}{\sqrt{2}} \right) N/C$$

Campo $\vec{E_2}$:

$$\vec{r_2} = \vec{BC} = (0,1) - (1,0) = (-1,1) \ ; \ r_2 = |\vec{BC}| = \sqrt{(-1)^2 + 1^2} = \sqrt{2} \ m$$

$$\vec{u_{r_2}} = \frac{1}{|\vec{BC}|} \cdot \vec{BC} = \left(\frac{-1}{\sqrt{2}}, \frac{1}{\sqrt{2}} \right)$$

$$\Rightarrow \vec{E_2} = K \cdot \frac{q_2}{r_2^2} \cdot \vec{u_{r_2}} = 9 \cdot 10^9 \frac{1 \cdot 10^{-6}}{2} \left(\frac{-1}{\sqrt{2}}, \frac{1}{\sqrt{2}} \right) = \left(\frac{-4500}{\sqrt{2}}, \frac{4500}{\sqrt{2}} \right) N/C$$

Campo $\vec{E_3}$:

$$\vec{r_3} = \vec{OC} = (0,1) - (0,0) = (0,1) \ ; \ r_3 = |\vec{OC}| = \sqrt{1^2} = 1m$$

$$\vec{u_{r_3}} = \frac{1}{|\vec{OC}|} \cdot \vec{OC} = (0,1) \Rightarrow \vec{E_3} = K \cdot \frac{q_3}{r_3^2} \cdot \vec{u_{r_3}} = \frac{9 \cdot 10^9 \cdot q_3}{1} \cdot (0,1) =$$

$$= (0, 9 \cdot 10^9 q_3) \ N/C$$

PÁGINA 8

Si debe ser $\vec{E}_{TOTAL} = \vec{0} \implies \vec{E}_1 + \vec{E}_2 + \vec{E}_3 = \vec{0} \implies$

$$\implies \left(\frac{4500}{\sqrt{2}}, \frac{4500}{\sqrt{2}} \right) + \left(\frac{-4500}{\sqrt{2}}, \frac{4500}{\sqrt{2}} \right) + \left(0, 9 \cdot 10^9 q_3 \right) = (0,0)$$

$$\implies \frac{9000}{\sqrt{2}} + 9 \cdot 10^9 q_3 = 0 \implies q_3 = \frac{-9 \cdot 10^3}{9 \cdot 10^9 \cdot \sqrt{2}} = \frac{-1}{\sqrt{2}} \cdot 10^{-6} C$$

$$\implies q_3 = \frac{-\sqrt{2}}{2} \mu C \approx -0'71 \mu C$$

b) $W_{F.C} = -\Delta E_p = -q \cdot \Delta V = -q \cdot \left(V_C - \cancelto{0}{V_\infty} \right) = -q \cdot V_C$

Calculamos el potencial en C:

$$V_C = V_{C_{q_1}} + V_{C_{q_2}} + V_{C_{q_3}} = \underbrace{K \cdot \frac{q_1}{r_1} + K \frac{q_2}{r_2}}_{\substack{\text{Iguales!!} \\ q_1 = q_2 \; ; \; r_1 = r_2}} + K \frac{q_3}{r_3} = 2 \frac{K q_1}{r_1} + K \frac{q_3}{r_3} =$$

$$= 2 \cdot \frac{9 \cdot 10^9 \cdot 1 \cdot 10^{-6}}{\sqrt{2}} + \frac{9 \cdot 10^9 \cdot \left(\frac{-\sqrt{2}}{2} \cdot 10^{-6} \right)}{1} = 6363'96 \ V$$

Con lo que:

$$W_{F.C} = -q \cdot V_C = -5 \cdot 10^{-6} \cdot 6363'96 = -0'032 \ J$$

Y por tanto, al ser negativo el trabajo de la fuerza conservativa, será necesaria la acción de una fuerza no conservativa $\implies W_{Fnc} = +0'032 \ J$

PROBLEMA 3

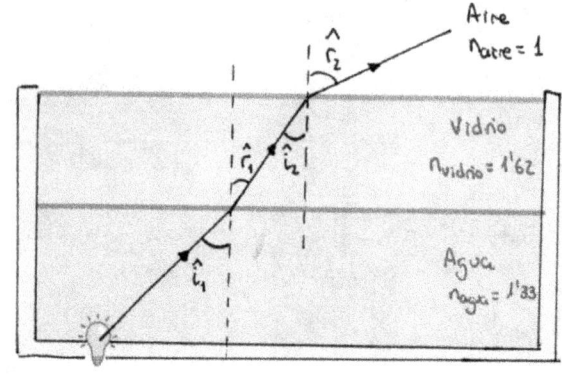

Snell Agua - Vidrio:

$$n_{agua} \cdot sen \, \hat{i}_1 = n_{vidrio} \cdot sen \, \hat{r}_1$$

$$sen \, \hat{r}_1 = \frac{n_{agua} \cdot sen \, \hat{i}_1}{n_{vidrio}}$$

$$\hat{r}_1 = arcsen \left(\frac{1'33 \cdot sen \, 45°}{1'62} \right)$$

$$\Rightarrow \hat{r}_1 = 35'49°$$

Snell Vidrio - Aire:

$$n_{vidrio} \cdot sen (\hat{i}_2) = \cancel{n_{aire}}^{1} \cdot sen (\hat{r}_2) \, , \, y \, como \, \hat{i}_2 = \hat{r}_1$$

$$sen \, \hat{r}_2 = n_{vidrio} \cdot sen (\hat{r}_1) \Rightarrow \hat{r}_2 = arcsen \left(1'62 \cdot sen (35'49°) \right) = 70'13°$$

b) El ángulo de incidencia máximo θ_m para que la luz se refracte en el aire será aquel al que corresponda un ángulo de refracción en el aire de $\hat{r}_2 = 90°$ según:

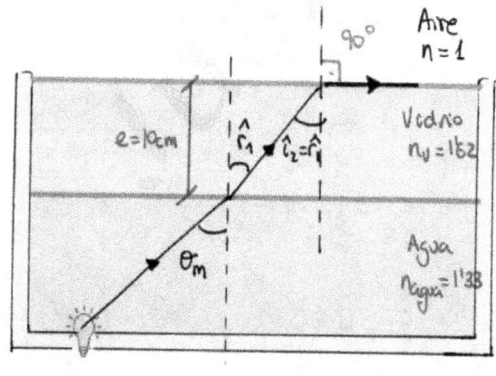

Snell Aire - Vidrio:

$$\cancel{n_{aire}}^{1} \cdot sen (90°)^{\cancel{1}} = n_{vidrio} \cdot sen (\hat{r}_1)$$

$$\hat{r}_1 = arcsen \left(\frac{1}{1'62} \right) = 38'12°$$

Snell Vidrio - Agua:

$$n_V \cdot sen (\hat{r}_1) = n_{agua} \cdot sen (\theta_m)$$

$$\Rightarrow \theta_m = arcsen \left(\frac{1'62 \cdot sen (38'12°)}{1'33} \right) = 48'75°$$

La distancia recorrida por la luz en el vidrio:

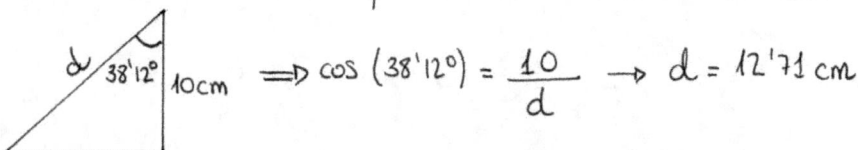

$\Rightarrow \cos(38'12°) = \dfrac{10}{d} \rightarrow d = 12'71 \, cm$

Y la velocidad de la luz en el vidrio:

$$n_v = \dfrac{c}{V} \implies V = \dfrac{c}{n_v} = \dfrac{3 \cdot 10^8}{1'62} = 1'85 \cdot 10^8 \, m/s$$

Por tanto, el tiempo pedido:

$$V = \dfrac{e}{t} \implies t = \dfrac{e}{V} = \dfrac{12'71 \cdot 10^{-2}}{1'85 \cdot 10^8} = 6'87 \cdot 10^{-10} \, s \approx 0'69 \, ns$$

Por último, la longitud de onda de la luz en el vidrio:

$$V = \lambda \cdot f \implies \lambda = \dfrac{V}{f} = \dfrac{1'85 \cdot 10^8}{3 \cdot 10^{14}} = 6'17 \cdot 10^{-7} \, m \approx 617 \, nm$$

PROBLEMA 4

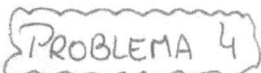

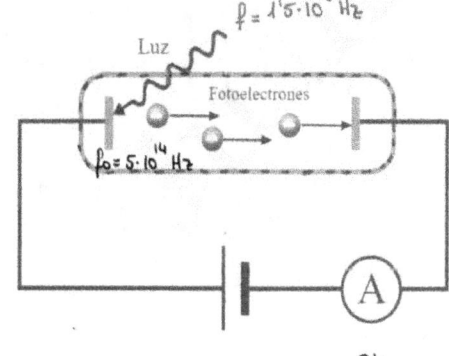

$f = 1'5 \cdot 10^{15} \, Hz$

Luz

Fotoelectrones

$f_0 = 5 \cdot 10^{14} \, Hz$

Del balance energético del efecto fotoeléctrico:

$$E_{1 fotón} = W_{ext} + E_{c máx}$$

$$h \cdot f = h \cdot f_0 + E_{c máx} \implies$$

$$\implies E_{c máx} = hf - hf_0 = h(f - f_0)$$

$$\implies E_{c máx} = 6'63 \cdot 10^{-34} \cdot (1'5 \cdot 10^{15} - 5 \cdot 10^{14}) = 6'63 \cdot 10^{-19} \, J$$

$$\implies E_{c máx} = \dfrac{1}{2} m \cdot V_{máx}^2 \implies V = \sqrt{\dfrac{2 E_c}{m}} = \sqrt{\dfrac{2 \cdot 6'63 \cdot 10^{-19}}{9'1 \cdot 10^{-31}}} = 1'21 \cdot 10^6 \, m/s$$

PÁGINA 11

El potencial de frenado lo calculamos según:

$$-\Delta E_p = \Delta E_c \implies -q \cdot V = E_c \implies V = \frac{E_c}{-q} \implies$$

$$\implies V = \frac{6'63 \cdot 10^{-19}}{1'6 \cdot 10^{-19}} = 4'14 \ V$$